高等职业教育 土建施工类专业教材

GAODENG ZHIYE JIAOYU TUJIAN SHIGONG LEI ZHUANYE JIAOCAI

U0279978

混凝土结构
工程施工

（第2版）

HUNNINGTU JIEGOU
GONGCHENG SHIGONG

主　编　欧阳钦　陈　浩
副主编　唐小强　刘宏敏　于大为
参　编　段　炼　孔令时　唐贤秀　金　芳　张少坤
主　审　沈志勇　黄煜煜

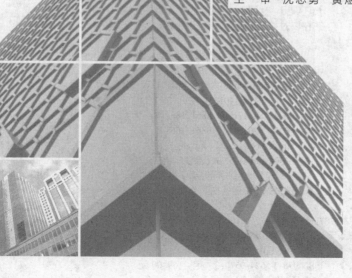

重庆大学出版社

内容提要

本书结合大量工程实例,并结合我国目前高职高专建筑工程技术专业岗位的能力要求、相关课程设置与高职高专的教学特点,结合社会对技术人才的要求,衔接国家现行的有关标准及相关专业施工规范,本着提高学生素质和技能的原则编写而成,反映了国内外混凝土结构工程施工的新技术、新工艺、新方法。本书系统地阐述了混凝土结构工程施工的主要内容,包括混凝土结构施工图的识读、钢筋分项工程施工、模板分项工程施工、混凝土分项工程施工、预应力分项工程施工、结构吊装工程施工等内容。

本书附有大量工程案例,每个项目后附有习题供读者练习。通过对本书的学习,读者可熟悉混凝土结构工程施工的基本理论知识,掌握混凝土结构工程施工工艺和施工方法及质量验收方法,能针对不同的工程实际确定相应的施工方案和技术措施。

本书既可作为高等职业院校建筑工程技术、工程监理、工程造价等土建类专业的教材,也可作为土建类相关专业培训教材和土建工程技术人员的参考书。

图书在版编目(CIP)数据

混凝土结构工程施工 / 欧阳钦,陈浩主编. -- 2 版
. -- 重庆:重庆大学出版社,2022.8
高等职业教育土建施工类专业教材
ISBN 978-7-5624-9570-3

Ⅰ.①混… Ⅱ.①欧… ②陈… Ⅲ.①混凝土结构—
混凝土施工—高等职业教育—教材 Ⅳ.①TU755

中国版本图书馆 CIP 数据核字(2022)第 153273 号

高等职业教育土建施工类专业教材
混凝土结构工程施工(第 2 版)
主 编 欧阳钦 陈 浩
副主编 唐小强 刘宏敏 于大为
主 审 沈志勇 黄煜煜
策划编辑:范春青 林青山
责任编辑:张红梅 版式设计:范春青
责任校对:刘志刚 责任印制:赵 晟

*

重庆大学出版社出版发行
出版人:饶帮华
社址:重庆市沙坪坝区大学城西路 21 号
邮编:401331
电话:(023)88617190 88617185(中小学)
传真:(023)88617186 88617166
网址:http://www.cqup.com.cn
邮箱:fxk@cqup.com.cn(营销中心)
全国新华书店经销
重庆升光电力印务有限公司印刷

*

开本:787mm×1092mm 1/16 印张:26.25 字数:657 千
2016 年 2 月第 1 版 2022 年 8 月第 2 版 2022 年 8 月第 4 次印刷
印数:5 001—7 000
ISBN 978-7-5624-9570-3 定价:59.00 元

前　言（第 2 版）

　　本书自 2016 年 2 月出版发行以来，被很多兄弟院校选用。在此期间，随着建筑行业的发展，国家、行业及地方都相继出台了新的标准和规范，因此书中部分内容急需依据国家规范和行业标准进行更新。同时，新技术、新工艺、新方法的广泛应用，也应结合实际工程案例反映到书中，从而使学生在具备必需的基础理论和专业知识的基础上，重点掌握从事专业领域实际工作的基本技能和高新技术，让学生就业时成为比较全面的应用型人才。

　　本次修订，根据近几年国家相关规范和行业标准的修订和变更，重点对以下内容进行修订：项目 1 主要根据 16G101 图集结合国家设计规范进行了更新；项目 2 中针对钢筋混凝土用钢中的新型 HRB600 钢筋的性能作介绍，并对钢筋机械连接的新工艺作简述；项目 3 依据建筑行业的发展，讲解铝合金模板和建筑施工承插型盘扣件钢管支架这两项新技术；其他项目也进行了少量修订。

　　本版内容共分 6 个项目，主要包括混凝土结构施工图的识读、钢筋分项工程施工、模板分项工程施工、混凝土分项工程施工、预应力分项工程施工、结构吊装工程施工等。

　　本书由湖北水利水电职业技术学院欧阳钦和武汉城市职业学院陈浩担任主编；四川航天职业技术学院唐小强、湖北水利水电职业技术学院刘宏敏和武汉城市职业学院于大为担任副主编；湖北水利水电职业技术学院段炼、孔令时、唐贤秀、金芳、张少坤参编；湖北省新八建设集团有限公司总工程师沈志勇、湖北水利水电职业技术学院黄煜煜担任主审。本书具体编写分工为：项目 1 由欧阳钦、金芳编写；项目 2 由陈浩编写；项目 3 由唐小强编写；项目 4 由于大为、张少坤编写；项目 5 由刘宏敏、段炼编写；项目 6 由唐贤秀、孔令时编写；全书由欧阳钦负责统稿。

　　本书在编写过程中得到了湖北省新八建设集团有限公司、湖北水利水电职技术学院、武汉城市职业学院、四川航天职业技术学院的领导、技术人员和有关同志的支持和帮助，课程团队和企业兼职老师为本书的定位及素材的选取做了大量工作，在此一并致谢！

　　由于编者水平有限，书中难免存在不足和疏漏之处，敬请各位读者批评指正。

编　者

2022 年 3 月

前　言（第1版）

为适应 21 世纪现代职业教育发展需要，结合我国目前高职高专建筑工程技术专业岗位的能力要求、相关课程设置与高职高专的教学特点，结合社会对技术人才的要求，衔接国家现行的有关标准及相关专业施工规范，本着提高学生素质和技能的原则，笔者编写了本书。本书吸收了混凝土结构工程施工的新技术、新工艺、新方法，内容的深度和难度按照高等职业教育的特点设置，重点讲授理论知识在工程实践中的应用，着重培养高等职业学校学生的职业能力。本书的编写，努力体现现代职业教育教学特点，遵照"素质为本、能力为主、需要为准、够用为度"的原则，并结合我国混凝土结构工程施工的实际精选内容，以贯彻理论联系实际、注重实践能力的整体要求，突出针对性和实用性，便于学生学习。

全书共分为 6 个项目，主要包括混凝土结构施工图的识读、钢筋分项工程施工、模板分项工程施工、混凝土分项工程施工、预应力分项工程施工、结构吊装工程施工等。本书附有大量工程案例，每个项目还附有习题供读者练习，既可作为高等职业学校建筑工程技术、工程监理、工程造价等土建类专业的教材，也可作为土建类其他层次职业教育相关专业的培训教材和土建工程技术人员的参考书。

本书由湖北水利水电职业技术学院欧阳钦和武汉城市职业学院陈浩担任主编；四川航天职业技术学院唐小强、湖北水利水电职业技术学院刘宏敏和武汉城市职业学院于大为担任副主编；湖北水利水电职业技术学院段炼、孔令时、唐贤秀和湖北省新八建设集团有限公司夏华参编；湖北水利水电职业技术学院黄煜煜、新八建设集团有限公司总工程师沈志勇担任主审。本书具体项目编写分工为：项目 1 由欧阳钦编写；项目 2 由陈浩编写；项目 3 由唐小强编写；项目 4 由于大为、夏华编写；项目 5 由刘宏敏、段炼共同编写；项目 6 由唐贤秀、孔令时共同编写；全书由欧阳钦负责统稿。

本书在编写过程中得到了湖北省新八建设集团有限公司、湖北水利水电职技术学院、武汉城市职业学院、四川航天职业技术学院的领导、技术人员和有关同志的支持和帮助，课程团队和企业兼职老师为本书的定位及素材的选取做了大量工作，在此一并致谢！

由于编者水平有限，书中难免存在不足和疏漏之处，敬请各位读者批评指正。

编　者
2015 年 9 月

目　录

项目 1
混凝土结构施工图的识读

- **导入案例**　图1.1为某梁平法施工图平面注写方法示例——混凝土结构施工图平面整体表示方法制图规则和构造详图（16G101示例），看图说明梁钢筋的组成，说明钢筋的位置关系，并思考纵向受力钢筋的锚固、搭接要求，箍筋的构造做法，梁侧面构造钢筋、受扭钢筋的做法及要求。
- **基本要求**　通过本项目的学习，学生具备框架结构施工图的识读能力，掌握16G101系列图集的应用，能组织框架结构施工图的图纸会审与交底工作。
- **教学重点及难点**　钢筋锚固中关于直锚、弯锚的概念；框架结构顶层边柱、角柱的构造做法；板的弯锚做法；剪力墙边缘构件的构造做法。

任务 1.1　梁平法施工图的识读与施工

1.1.1　框架梁施工图识读与钢筋构造

1) 梁平面注写方式

梁平法施工图是在梁平面布置图上采用平面注写方式或截面注写方式的表达。截面注写方式，是在分标准层绘制的梁平面布置图上，分别在不同编号的梁中各选择一根梁用剖面号引出配筋图，并在其上注写截面尺寸和配筋具体数值的方式来表达梁平法施工图。这种注写方式较为烦琐，故现多采用平面注写方式表达，只在重点部位或不易用平面注写表达的部位才采用截面注写方式。

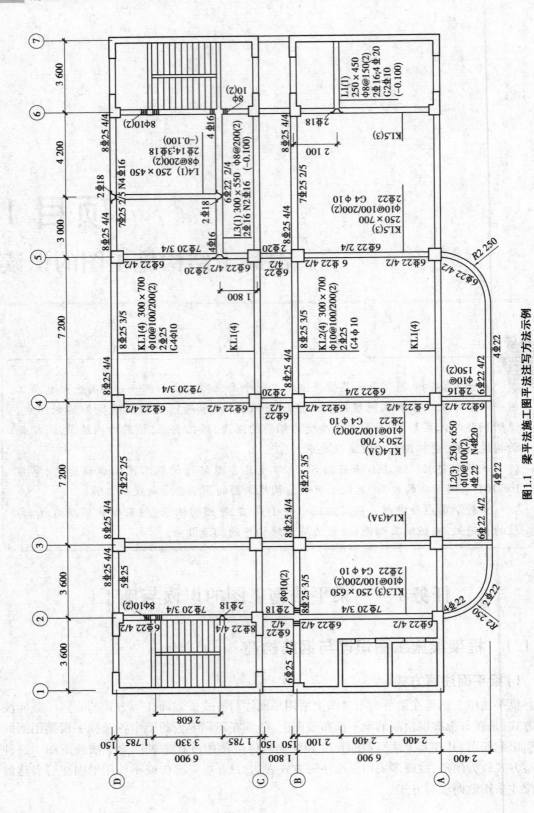

图1.1 梁平法施工图平法注写方法示例

平面注写包括集中标注与原位标注,集中标注表达梁的通用数值,原位标注表达梁的特殊数值。当集中标注中的某项数值不适用于梁的某部位时,该项数值则采用原位标注。施工时,原位标注取值优先。图1.2为梁平面注写示例,本书重点讲解平面注写方式。

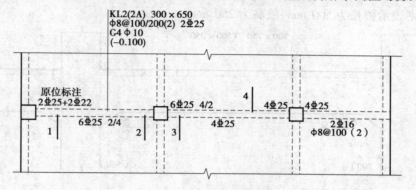

图1.2 梁平面注写示例

(1)梁集中标注

如图1.2所示,梁集中标注的内容有5项必注值及1项选注值(集中标注可以从梁的任意一跨引出)。5项必注值包括梁编号、梁截面尺寸、梁箍筋、梁上部通长筋或架立筋配置、梁侧面纵向构造钢筋或受扭钢筋配置,1项选注值为梁顶面标高高差。

①梁编号。梁编号由梁类型、代号、序号、跨数及是否带悬挑组成,并应符合表1.1的规定。

表1.1 梁编号

梁类型	代 号	序 号	跨数及是否带悬挑
楼层框架梁	KL	××	(××)、(××A)或(××B)
楼层框架扁梁	KBL	××	(××)、(××A)或(××B)
屋面框架梁	WKL	××	(××)、(××A)或(××B)
框支梁	KZL	××	(××)、(××A)或(××B)
非框架梁	L	××	(××)、(××A)或(××B)
悬挑梁	XL	××	(××)、(××A)或(××B)
井字梁	JZL	××	(××)、(××A)或(××B)

在转换层的梁上生根,承托剪力墙的梁称为框支梁KZL,承托框架柱的梁称为托柱转换梁,结构设计中将框支梁和托柱转换梁统称为转换梁,支承转换梁的柱统称为转换柱。当楼层框架扁梁设计有节点核心区时代号为KBH。

非框架梁L、井字梁JZL表示端支座为铰接;当非框架梁L、井字梁JZL端支座上部纵筋为充分利用钢筋的抗拉强度时,在梁代号后加"g"。例如:Lg7(5)表示第7号非框架梁,5跨,端支座上部纵筋为充分利用钢筋的抗拉强度;L6(5)表示第6号非框架梁,5跨,端支座上部纵筋设计为铰接。

②梁截面尺寸。

a. 当为等截面梁时,用 $b×h$ 表示。

b. 当为竖向加腋梁时,用" $b×h$　Y $c_1×c_2$ "表示。其中,c_1 为腋长,c_2 为腋高(图 1.3),Y500×250 则表示腋长为 500 mm、腋高为 250 mm。

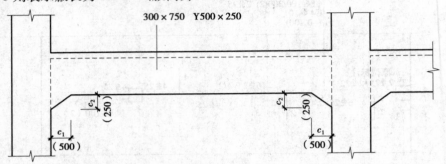

图 1.3　竖向加腋梁截面注写示意图

c. 当为水平加腋梁一侧加腋时,用" $b×h$　PY $c_1×c_2$ "表示,其中,c_1 为腋长,c_2 为腋宽(图 1.4),PY500×250 则表示腋长为 500 mm、腋宽为 250 mm。同时,为表达加腋部位的准确位置,加腋部位应在平面图中绘制出来。

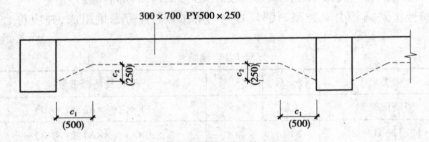

图 1.4　水平加腋梁截面注写示意图

d. 当有悬挑梁且根部和端部的高度不同时,用斜线分隔根部与端部的高度值,即为 $b×h_1/h_2$(图 1.5)。例如:300×700/500 表示梁根部截面高度为 700 mm,端部截面高度为 500 mm。

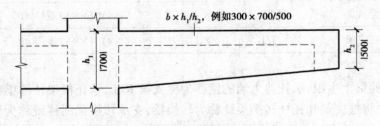

图 1.5　悬挑梁不等高截面注写示意图

🖱️【小任务】

请看图 1.3—图 1.5,说明梁截面尺寸表达的含义,并画出各段截面。

③梁箍筋。梁箍筋包括钢筋级别、直径、加密区与非加密区间距及肢数,该项为必注值。箍筋加密区与非加密区的不同间距及肢数需用斜线"/"分隔;当梁箍筋为同一种间距及肢数时,则不需用斜线。当加密区与非加密区的箍筋肢数相同时,则将肢数注写一次。箍筋肢数应写在括号内。加密区范围见相应抗震等级的标准构造详图。

例如:Φ10@100/200(4),表示箍筋为 HPB300 钢筋,直径为 10 mm,加密区间距为 100 mm,非加密区间距为 200 mm,均为四肢箍;Φ8@100(4)/150(2),表示箍筋为 HPB300 钢筋,直径为 8 mm,加密区间距为 100 mm,四肢箍,非加密区间距为 150 mm,两肢箍。

当抗震设计中的非框架梁、悬挑梁、井字梁及非抗震设计中的各类梁采用不同的箍筋间距及肢数时,也用斜线"/"将其分隔开来。注写时,先注写梁支座端部的箍筋(包括箍筋的箍数、钢筋级别、直径、间距与肢数),再在斜线后注写梁跨中部分的箍筋间距及肢数。

例如:13Φ10@150/200(4),表示箍筋为 HPB300 钢筋,直径为 10 mm,梁的两端各有 13 个四肢箍,间距为 150 mm,梁跨中部分间距为 200 mm,四肢箍。

④梁上部通长筋或架立筋配置(通长筋可为相同或不同直径采用搭接连接、机械连接或焊接的钢筋):所注规格与根数应根据结构受力要求及箍筋肢数等构造要求而定。当同排纵筋中既有通长筋又有架立筋时,应用加号(+)将通长筋和架立筋相连。注写时,需将角部纵筋写在加号的前面,架立筋写在加号后面的括号内,以示不同直径及与通长筋的区别。当全部采用架立筋时,则将其写入括号内。

这里要说明架立筋和通长钢筋的真正含义是什么? 先要了解箍筋的具体含义,因为钢筋混凝土梁总要设箍筋的。有箍筋时,如果没有其他任何东西把它撑起来,它就无依无靠。一般说来,梁的上部均设有负筋,不管它是受力的还是构造的。根据受力或构造,梁设双肢箍或四肢箍。如果是四肢箍,上、下势必有 4 个角点。如果不让 4 个角点空着,则梁上、下也须相应设 4 根钢筋。如为框架梁,梁的两端负筋为受力钢筋,在理论上,梁靠中间 1/3 区段,不受力或只受很小的力。那么梁上部的这一区段,就不用配 4 根纵向钢筋了,可能只需要 2 根。可是箍筋又不能空摆着,就要设根数与箍筋肢数相应的构造钢筋,这些构造钢筋,直径要比受力钢筋小,我们将其称为架立筋。当上部通长钢筋的数量少于箍筋的肢数时,就要用直径较小的钢筋把箍筋空着的角点填补起来。通长钢筋总是放在外侧,架立筋放在中间。架立筋是由于钢筋根数小于箍筋的肢数时,为解决箍筋的绑扎问题而设的,计算结构受力时架立筋不受力。

例如:"2Φ22"用于双肢箍,"2Φ22+4Φ12"用于六肢箍,其中 2Φ22 为通长筋,放在两个角点,4Φ12 为架立筋,放在中间。

当梁的上部纵筋和下部纵筋为全跨相同,且多数跨配筋相同时,此项可加注下部纵筋的配筋值,用分号";"将上部与下部纵筋的配筋值分隔开来,少数跨不同者,采用原位标注处理。

例如:"3Φ22;3Φ20"表示梁的上部配置 3Φ22 的通长筋,梁的下部配置 3Φ20 的通长筋。

⑤梁侧面纵向构造钢筋或受扭钢筋配置。当梁的高度较大时,有可能在梁侧面产生垂直于梁轴线的收缩裂缝,为此应在梁的两侧沿梁长度方向布置纵向构造钢筋。当梁腹板高度 $h_w \geq 450$ mm 时,需配置纵向构造钢筋。

其中对梁腹板高度 h_w 规定如下:对矩形截面,取有效高度 h_0;对于 T 形截面,取有效高度 h_0 减去翼缘高度 h_f;对于 I 形截面,取腹板净高。

对于梁,有效高度 h_0 为梁上边缘至梁下部受拉钢筋的合力中心的距离,即 $h_0 = h - a_s$;当梁下部配置单层纵向钢筋时,为下部纵向钢筋中心至梁底距离;当梁下部配置两层纵向钢筋时,a_s 可取 70 mm,如图 1.6 所示。

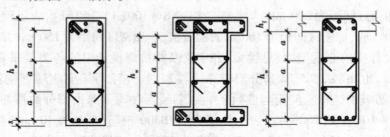

图 1.6　梁纵向构造钢筋中间支座构造

梁侧面纵向构造钢筋当在"集中标注"中进行注写时,为全梁设置;当在"原位标注"中进行注写时,为当前跨设置。所注规格与根数应符合规范规定要求,间距应不大于 200 mm,其注写值应当以大写字母 G 打头,接续注写设置在梁两个侧面的总配筋值,且对称配置,梁侧面纵向构造钢筋的搭接和锚固值可取为 $15d$。

例如:图 1.2 所示集中标注的侧面构造钢筋是 G4Φ10,梁的两个侧面共配置 4Φ10 的纵向钢筋,每侧配置 2Φ10,搭接和锚固值为 $15d$。

当梁侧面需配置受扭纵向钢筋时,此项注写值以大写字母 N 打头,接续注写配置在梁两个侧面的总配筋值,且对称配置。受扭纵向钢筋应满足梁侧面纵向构造钢筋的间距要求,且不再重复配置纵向构造钢筋,其搭接长度为 l_l 或 l_{lE}(抗震),锚固长度为 l_a 或 l_{aE}(抗震),其锚固方式同框架梁下部纵筋。

⑥梁顶面标高高差。梁顶面标高高差是指相对于结构层楼面标高的高差值,对位于结构夹层的梁,则指相对于结构夹层楼面标高的高差。当某梁的顶面高于所在结构层的楼面标高时,其标高高差为正值,反之为负值。该项在选注值有高差时,需将其写入括号内,无高差时可不注。

例如:某结构层的楼面标高为 50.95 m,当某梁的梁顶面标高高差注写为(-0.050)时,即表明该梁顶面标高分别相对于 50.95 m 低 0.05 m,即为 50.90 m。

【知识链接】

一般厕所或阳台相对楼面低 0.03~0.05 m,其范围内的梁、板相应降低标高,此类标注多位于这类部位,故在现场施工识图中应注意相应部位是否有遗漏。

(2)梁原位标注

梁原位标注的内容包括左支座和右支座上部纵筋的原位标注、上部跨中的原位标注、下部纵筋的原位标注、附加箍筋或吊筋。

①梁支座上部纵筋:

a. 当梁上部或下部纵向钢筋多于一排时,各排筋按从上往下的顺序用斜线"/"分开。例如,如图1.2所示第二跨上部纵筋"6 ⚎ 25 4/2",表示上一排纵筋为4 ⚎ 25,下一排纵筋为2 ⚎ 25。

b. 当同排纵筋有两种直径时,用加号(+)将两种直径的纵筋相连,注写时将角部纵筋写在前面。如图1.2所示第一跨上部纵筋"2 ⚎ 25+2 ⚎ 22",表示梁支座上部有4根纵筋,2 ⚎ 25放在角部,2 ⚎ 22放在中部。

c. 当梁中间支座两边的上部纵筋不同时,必须在支座两边分别标注;当梁中间支座两边的上部纵筋相同时,可仅在支座的一边标注配筋值,另一边省去不注(如图1.2第二跨上部纵筋原位标注所示)。因此对于支座两边不同配筋值的上部纵筋,宜尽可能选用相同直径(不同根数),使其贯穿支座,避免支座两边不同直径的上部纵筋均在支座内锚固,以避免梁纵筋密度过大,导致施工不便,影响混凝土浇筑质量。

②上部跨中的原位标注。如图1.7所示,在中间跨梁的左右支座上没有作原位标注,而在跨中的上部进行了原位标注。其实,梁跨中上部纵筋原位标注的格式和左右支座上部纵筋原位标注是一样的。当中间跨梁的跨中上部进行了原位标注时,表示该跨梁的上部纵筋按原位标注的配筋值、从左支座到右支座贯通布置。原因是:中间段跨度较小,两边段跨度较大,对于中间支座梁的上部纵筋取相邻段较大跨度的1/3长度截断,如果按此长度截断,则上部纵筋中间空余段所剩无几,实无必要截断,故对于大小跨中的小跨,跨中上部纵筋一般作贯通布置处理。

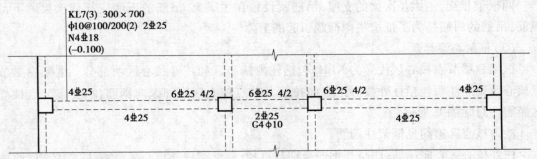

图1.7 大中跨梁的注写示意

同时,如图1.2所示框架梁或非框架梁悬挑端同样采取跨中上部的原位标注,是因为悬挑梁按力学计算为上部受拉结构,梁悬挑端上部纵筋在悬挑端上部贯通,不在悬挑端的1/3跨度处截断,故同样采取跨中上部的原位标注。此两种上部的跨中原位标注所表示的钢筋构造应在实际工作中加以注意。

③梁下部纵筋。梁下部纵向钢筋多于一排时,各排筋按从上往下的顺序用斜线"/"分开。当同排纵筋有两种直径时,用加号"+"将两种直径的纵筋相连,注写时角筋写在前面。当梁下部纵筋不全部伸入支座时,将梁支座下部纵筋减少的数量写在括号内。

例如,梁下部纵筋注写为6 ⚎ 25(-2)/4,则表示上排纵筋为2 ⚎ 25,且不伸入支座;下一排纵筋为4 ⚎ 25,全部伸入支座。

又如,梁下部纵筋注写为2 ⚎ 25+3 ⚎ 22(-3)/5 φ25,则表示上排纵筋为2 ⚎ 25+3 ⚎ 22,其中3 ⚎ 22不伸入支座,下一排纵筋为5 ⚎ 25,全部伸入支座。

16G101-1 图集规定,当梁(不包括框支梁)下部纵筋不全部伸入支座时,不伸入支座的梁下部纵筋截断点距支座边的距离,在标准构造详图中统一取为 $0.1l_{ni}$(l_{ni} 为本跨梁的净跨值)。所以,不伸入支座的纵筋长度是本跨净跨值的 0.8 倍。

④附加箍筋或吊筋。附加箍筋或吊筋,用线引注总配筋值(附加箍筋的肢数注写在括号内),附加箍筋或吊筋的尺寸应根据设计或构造详图,结合其所在位置的主梁和次梁的截面尺寸而定。

第一个附加箍筋在距次梁边沿 50 mm 处开始布置,附加箍筋的间距为 $8d$(d 为附加箍筋的直径),附加箍筋的最大间距应小于等于正常箍筋的间距,当附加箍筋位于箍筋加密区时,附加箍筋的间距尚应小于等于 100 mm,如图 1.8 所示。

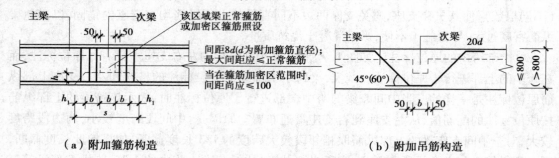

(a)附加箍筋构造　　　　　　　　(b)附加吊筋构造

图 1.8　梁附加箍筋和附加吊筋构造

两根梁相交,主梁是次梁的支座,吊筋就设置在主梁上,吊筋的下底应托住次梁的下部纵筋,吊筋的斜筋是为了抵抗集中荷载引起的剪力。

(3)框架扁梁标注

框架扁梁节点核心区代号为 KBH,包括柱内核心区和柱外核心区两部分。框架扁梁节点核心区钢筋注写包括柱外核心区竖向拉筋及节点核心区附加纵向钢筋,端支座节点核心区尚需注写附加 U 形箍筋。

柱内核心区箍筋见框架柱箍筋。

柱外核心区竖向拉筋,注写其钢筋级别与直径;端支座柱外核心区尚需注写附加 U 形箍筋的钢筋级别、直径及根数。框架扁梁节点核心区附加纵向钢筋以大写字母"F"打头,注写其设置方向(X 向或 Y 向)、层数、每层的钢筋根数、钢筋级别、直径及未穿过柱截面的纵向受力钢筋根数。

例如,KBH1 φ10 F X&Y 2×7 ⏀14 (4),表示框架扁梁中间支座节点核心区:柱外核心区竖向拉筋φ10;沿梁 X 向(Y 向)配置两层 7 ⏀14 附加纵向钢筋,每层有 4 根纵向受力钢筋未穿过柱截面,柱两侧各 2 根;附加纵向钢筋沿梁高度范围均匀布置,如图 1.9(a)所示。

例如,KBH2 φ10,4 φ10,FX2×7 ⏀14(4),表示框架扁梁端支座节点核心区:柱外核心区竖向拉筋φ10;附加 U 形箍筋共 4 道,柱两侧各 2 道;沿框架扁梁 X 向配置两层 7 ⏀14 附加纵向钢筋,有 4 根纵向受力钢筋未穿过柱截面,柱两侧各 2 根;附加纵向钢筋沿梁高度范围均匀布置,如图 1.9(b)所示。

设计、施工时应注意:柱外核心区竖向拉筋在梁纵向钢筋两向交叉位置均布置,当布置方式与图集要求不一致时,应另行绘制详图。框架扁梁端支座节点,柱外核心区设置 U 形箍

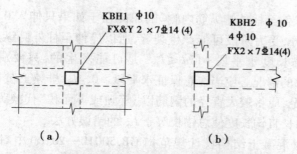

（a）　　　　　　　　　　（b）

图 1.9　框架扁梁节点核心区附加钢筋注写示意

筋及竖向拉筋时，在 U 形箍筋与位于柱外的梁纵向钢筋交叉位置均布置竖向拉筋。当布置方式与图集要求不一致时，设计应另行绘制详图。附加纵向钢筋应与竖向拉筋相互绑扎。

2）框架梁节点构造

本节重点在于掌握抗震框架梁节点构造。掌握了抗震框架梁的构造，就很容易掌握非框架梁的构造，只需要把非抗震框架梁与抗震框架梁区分出来就可以了。抗震楼层框架梁纵向钢筋构造如图 1.10 所示。

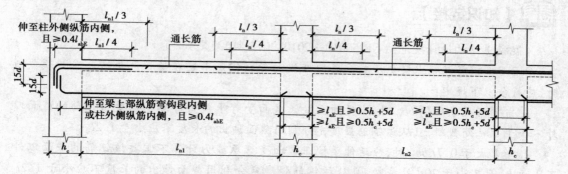

图 1.10　抗震楼层框架梁纵向钢筋构造

（1）框架梁上部钢筋构造

①端支座负筋。中间层框架梁纵向钢筋在端支座内可以采用直锚或者弯折锚固的形式，直线锚固长度满足要求时，可不弯折。注意 l_{aE} 是直锚长度标准，当弯锚时，在弯折点处钢筋的锚固机理发生本质的变化，所以不应以 l_{aE} 作为衡量弯锚总长度的标准，否则属于概念错误。采用弯折锚固时，支座内钢筋直段长度应满足 $\geqslant 0.4l_{abE}(0.4l_{aE})$ 的最小要求。大量的框架节点试验表明，钢筋直段长度 $\geqslant 0.4l_{abE}(0.4l_{aE})$ 加 15d 的弯折段，即使总长度小于 l_{aE}(l_a) 时也可以满足锚固强度的要求。

第一种情况，当柱的截面尺寸较大时，端支座负筋可采用直线锚固，锚固长度不应小于 $l_{abE}(l_{aE})$ 的要求，且伸过柱中心线 5d。

第二种情况，当柱的截面尺寸不足以满足直锚长度要求的，应采用弯折锚固，梁的纵向受力钢筋应伸至节点对边柱纵向钢筋内侧并向下弯折，直段长度应 $\geqslant 0.4l_{abE}(0.4l_{aE})$，弯折段长度应为 15$d$。注意："直锚水平段长度 $\geqslant 0.4l_{abE}(0.4l_{aE})$"只是一个检验梁纵筋在端支座锚固的条件，并不是说可以取定"直锚水平段长度 $= 0.4l_{abE}(0.4l_{aE})$"。图集规定：计算梁纵筋在端支座锚固的时候，首先是"伸至柱外侧纵筋内侧"，然后才比较"直锚水平段长度$\geq 0.4l_{abE}$（$0.4l_{aE}$）"。"伸至柱外侧纵筋内侧"的原因在于如果只伸入$0.4l_{aE}$，这样钢筋处于柱中部的素混凝土部分，受力阶段可能产生裂缝，所以应伸至柱外侧纵筋内侧。这样，当柱子宽度较小时，"直锚长度水平段$+15d \leq l_{aE}$"是可能发生的，只要满足"直锚长度水平段$\geq 0.4l_{aE}$"，就是正常的情况。应当注意保证水平段$\geq 0.4l_{aE}$非常必要，如果伸至柱外侧纵筋内侧的长度不能满足，应将较大直径的钢筋以"等强或等面积"代换为直径较小的钢筋予以满足，而不应采用加长直钩长度使总锚长等于l_{aE}的错误方法。

②中间支座负筋。《混凝土结构设计规范》（GB 50010—2010）中对非通长筋的截断点位置从以下两个方面进行控制：一是从不需要该钢筋的截面伸出的长度；二是从该钢筋强度充分利用截面向前伸出的长度。

G101系列图集为了施工方便，统一取值为框架梁的所有支座和非框架梁（不包括井字梁）的中间支座第一排非通长筋从支座边伸出至$l_n/3$位置，第二排非通长筋从支座边伸出至$l_n/4$位置。l_n的取值规定为：对于端支座，l_n为本跨的净跨值；对于中间支座，l_n为支座两边较大一跨的净跨值。

【知识链接】

《混凝土结构设计规范》（GB 50010—2010,2015版）规定如下：

9.2.3　钢筋混凝土梁支座截面负弯矩纵向受拉钢筋不宜在受拉区截断。当必须截断时，应符合以下规定：

1. 当V不大于$0.7f_tbh_0$时，应延伸至按正截面受弯承载力计算不需要该钢筋的截面以外不小于$20d$处截断，且从该钢筋强度充分利用截面伸出的长度不应小于$1.2l_a$；

2. 当V大于$0.7f_tbh_0$时，应延伸至按正截面受弯承载力计算不需要该钢筋的截面以外不小于h_0且不小于$20d$处截断，且从该钢筋强度充分利用截面伸出的长度不应小于$1.2l_a+h_0$；

3. 若按上述规定确定的截断点仍位于负弯矩受拉区内，则应延伸至按正截面受弯承载力计算不需要该钢筋的截面以外不小于$1.3h_0$且不小于$20d$处截断，且从该钢筋强度充分利用截面伸出的延伸长度不应小于$1.2l_a+1.7h_0$。

但按这样规定施工太过于烦琐，故简化为第一排非通长筋从支座边伸出至$l_n/3$位置，第二排非通长筋从支座边伸出至$l_n/4$位置，其他排非通长筋伸出长度由设计人员指定。

注意：此处为楼层框架梁构造，表1.1中列出了屋面框架梁的编号，楼层框架梁与屋面框架梁构造有何不同？可详见后面章节的顶层锚固重点——上部钢筋锚固的不同之处。

③上部通长筋、架立筋。通长钢筋是为抗震设计构造的要求而设置，非抗震设计的框架梁和非框架梁上部可不设置（一般设置架立筋）。

《建筑抗震设计规范》关于梁的纵向钢筋配置的要求为：沿梁全长顶面和底面的配筋，一、二级不应少于2Φ14，且分别不应少于梁两端顶面和底面纵向钢筋中较大截面面积的1/4，三、四级不应少于2Φ12。

例如，一个框架梁集中标注的上部通长筋为2Φ20；支座原位标注为4Φ22。

在梁支座截面上"左右两侧"为2Φ22，支座负筋就是"与跨中直径不同的钢筋"。如何去理解这句话呢？首先"跨中"的上部通长钢筋就是集中标注的"2 ⏀ 22"，这两根"上部通长钢筋"，到了支座附近就不是 2 ⏀ 20，而变成了 2 ⏀ 22。这里需要说明的是：所谓"上部通长钢筋"不一定是一根筋通到头，而可以是几根筋的"连续作用"。在本例来说，这个"连续作用"的每一处都保证了大于等于 2 ⏀ 20，这就没有违背集中标注"上部通长钢筋 2 ⏀ 20"的规定。

当通长钢筋直径与支座负弯矩钢筋直径相同时，接头位置宜在跨中净跨 1/3 范围内。当通长钢筋直径小于支座负弯矩钢筋直径时，负弯矩钢筋伸出长度按设计要求（一般为 $l_n/3$），通长钢筋与负弯矩钢筋连接如图 1.11 所示。搭接长度按小直径计算，架立钢筋应注写在括号内，当架立钢筋与支座负弯矩钢筋搭接时，其搭接长度为 150 mm。

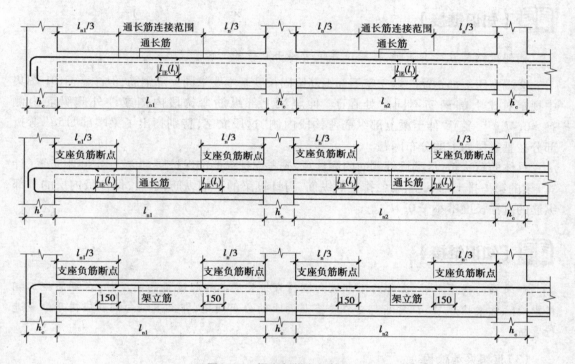

图 1.11 梁上部纵向钢筋连接

（2）框架梁下部钢筋

①中间座下部钢筋。框架梁下部纵向受力钢筋在中间支座范围内应尽量拉通，当不能拉通时按如下方式处理：

第一种情况，下部纵向受力钢筋锚固在节点核心区内：伸入支座内长度 $\geq l_{abE}$（$\geq l_{ab}$），抗震设计时应伸过柱中心线 $5d$，非抗震设计时可不伸过柱中线 $5d$。若柱截面不能满足梁下部钢筋直锚要求或柱两侧梁宽不同时，且梁下部纵向钢筋比较少时，亦可采用此种锚固方式，如图 1.12 所示。

第二种情况，在节点范围之外进行连接：连接位置距离支座边缘不应小于 1.5 倍梁高，宜避开梁端箍筋加密区，且设在距支座 1/3 净跨范围之内，同时接头面积百分率不宜大于50%，如图 1.13 所示。

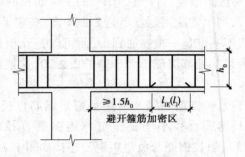

图 1.12　梁下部钢筋在支座处弯锚处理　　　图 1.13　梁下部钢筋在支座范围外连接

【知识链接】

相邻跨钢筋直径不同时,搭接位置位于较小直径的一跨。

②端支座下部钢筋。端支座下部钢筋锚固长度基本要求同上部钢筋,但注意 G101 图集中规定对比上部钢筋不同之处在于"伸至梁上部纵筋弯钩段内侧或柱外侧纵筋内侧且 $\geq 0.4l_{abE}$",多了"伸至梁上部纵筋弯钩段内侧"这段文字,特别指出了梁端部"$15d$"弯折部分在垂直层面上的分布问题。

具体的算法是:从端柱外侧向内侧计算,先考虑柱纵筋的保护层,再按一定间距布置(计算)梁的第一排上部纵筋、第二排上部纵筋,再计算梁的下部纵筋,最后,保证最内层的下部纵筋的直锚长度不小于 $0.4l_{aE}$。

【知识链接】

如果梁的高度不够、上部与下部纵向钢筋弯折长度之和超过梁的高度时,在钢筋施工翻样中应注意梁端部"$15d$"弯折部分在垂直层面上的分布问题,即上下纵向钢筋应错开位置进行弯折。

(3)框架梁加腋构造

如图 1.14 所示,每跨梁端部有一个"c_1 箍筋加密",紧接着又有一个"c_2 梁箍筋加密区长度",可见"c_2 梁箍筋加密区长度"是在"c_1 箍筋加密"之外的,即梁箍筋加密区长度不包含 c_1 箍筋加密的长度。从受力分析上看,框架梁为什么要加腋,这是因为梁端部承受较大的剪力,而箍筋是抗剪的,因此要承受较大剪力而引起箍筋加密区总长度的增大。

加腋钢筋的斜段长度只与"腋长"和"腋高"的尺寸有关。以腋长 c_1 和腋高 c_2 为直角边构成一个直角三角形,这个直角三角形的斜边构成加腋钢筋斜段的一部分,加腋钢筋斜段的另一部分就是插入梁内两边的 l_{aE} 这段长度。

(4)框架梁箍筋的构造

框架梁箍筋的构造如图 1.15 中抗震等级框架梁箍筋构造所示。

①梁支座附近设箍筋加密区,一级抗震其长度 ≥ 500 mm 且 $\geq 2h_b$(h_b 为梁截面高度)。一级抗震等级 KL 和二至四级抗震等级 WKL,其箍筋构造是类似的,区别只在于箍筋加密区

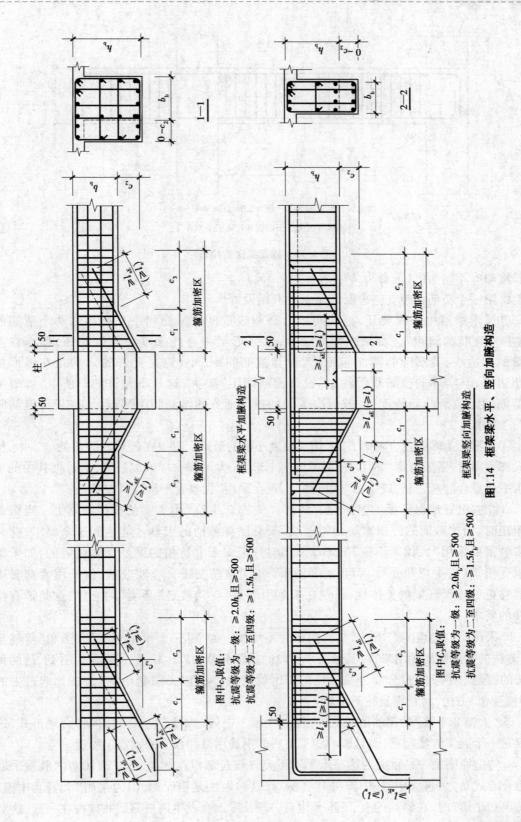

图1.14 框架梁水平、竖向加腋构造

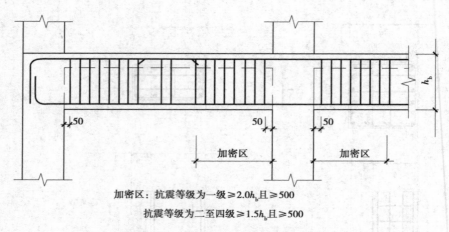

加密区：抗震等级为一级≥2.0h_b且≥500

抗震等级为二至四级≥1.5h_b且≥500

图 1.15 框架梁箍筋构造

的长度略有不同而已(前者为 2h_b，后者为 1.5h_b)。

②第一个箍筋在距支座边缘 50 mm 处开始设置。

③弧形梁沿中心线展开，箍筋间距沿凸面线量度。箍筋间距是指相邻两个箍筋的"箍筋垂直肢的间距"。如果在弧形梁中，以弧形梁中心线来度量箍筋间距，那么在弧形梁的凹边线，其实际的箍筋间距比"设计箍筋间距"小(这是允许的)，但是在弧形梁的凸边线，其实际的箍筋间距就比"设计箍筋间距"要大，这是不允许的。所以，弧形梁的箍筋间距应沿凸面线度量，就解决了梁的任何地方的箍筋间距都不大于"设计箍筋间距"的要求。

④当箍筋为多肢复合箍时，应采用大箍套小箍的形式。过去在进行四肢箍的施工中，很多人都采用过"等箍互套"的方法，即采用两个形状、大小都一样的二肢箍，通过把其中的一段水平边重合起来，而构成一个"四肢箍"。现在采用"大箍套小箍"，其好处是：

a.能够更好地保证梁的整体性。最初，"大箍套小箍"用于梁的抗扭箍筋上。当梁承受扭矩时，沿梁截面的外围箍筋必须连续，只有围绕截面的大箍才能达到这个要求，此时的多肢箍要采用"大箍套小箍"的形状。当时规范对于非抗扭的梁是这样规定的：如果梁不承受扭矩(仅受弯和受剪)，可以采用两个相同箍筋交错套成四肢箍，但采用大箍套小箍能够更好地保证梁的整体性，故现在规范用语为"应"，就是"必须"的意思，这是带有指令性的要求。

b.采用"大箍套小箍"方法，材料用量并不增加。如果把"大箍套小箍"方法和"等箍互套"方法的箍筋图形画出来，对其箍筋水平段的重合部分加以比较，我们就可以看到，这两种方法的箍筋水平段的重合部分是一样的。也就是说，采用"大箍套小箍"方法比起过去的"等箍互套"方法，材料用量并不增加。

⑤"大箍套小箍"的箍筋形状。"大箍套小箍"中的"内箍"应该采用何种合理形式，这不仅是一个施工方法问题，而且影响施工下料的钢筋用量和预算的钢筋工程量。

a.构造原则之一是重叠的箍筋水平段不允许超过两根。例如，施工现场对六肢箍采取的组合方式是"大箍套中箍、中箍再套小箍"。这种做法是错误的，因为采用"大箍套中箍、中箍再套小箍"时，在箍筋的上、下水平边有一段长度上会发生两根箍筋并排拧在一起，这对浇筑混凝土是不利的。因为"钢筋混凝土"的最佳工作状态是每根钢筋周边360°都被混凝土所包围,而三根箍筋并排挤在一起会造成有的钢筋只有部分周边接触到混凝土,因此对于六肢箍应采取一个大箍对应两个相同小箍的形式。

b.构造原则之二是使"内箍"的上下水平边与外箍的重叠部分尽可能地短。例如,对于五肢箍有"内箍中间加单肢箍"与"小箍的外边加一个单肢箍"这两种组合方式,但其效果不同。采用"内箍"中间加单肢箍的形式不好,"内箍"的上下水平边与外箍的重叠部分太长,对混凝土的结合不利;而采用在"小箍"的外边加一个单肢箍的形式较好。

综上所述,"大箍套小箍"中的"内箍"的构造原则如下:对于"偶数肢"的多肢箍来说,是一个"大箍"并列套若干个"小箍",其中"小箍"的尺寸都是一样的。对于"奇数肢"的多肢箍来说,是一个"大箍"并列套若干个"小箍"另加一个单肢,其中"小箍"的尺寸都是一样的。上述这些"大箍套小箍"的构造形式,大家可以参看有关图集做法。

1.1.2 非框架梁施工图识读与钢筋构造

（1）非框架梁纵向钢筋的锚固

①非框架梁上部纵筋在端支座的锚固。纵筋在端支座应伸至主梁外侧纵筋内侧后弯折,当直段长度不小于 l_a 时可不弯锚而采取直锚方式,如不足才采取弯锚。当设计为铰接时,弯锚方式为平直段伸至端支座对边后弯折,且平直段长度 $\geqslant 0.35 l_{ab}$,弯折段长度为 $15d$（ d 为纵向钢筋直径）;当充分利用钢筋的抗拉强度时,弯锚方式为直段伸至端支座对边后弯折,且平直段长度 $\geqslant 0.6 l_{ab}$,弯折段长度为 $15d$。由设计人员在平法施工图中注明采用何种构造,如有不明之处应向设计人员询问清楚,避免出错。

②非框架梁的下部纵向钢筋在中间支座和端支座的锚固长度:对于带肋钢筋为 $12d$,对于光面钢筋为 $15d$（ d 为纵向钢筋直径）。当计算中需要充分利用下部纵向钢筋的抗压强度或抗拉强度,或具体工程有特殊要求时,其锚固长度应由设计者指定。

当梁配有受扭纵向钢筋时,梁下部纵筋锚入支座的长度应为 l_a,在端支座直锚长度不足时可弯锚,弯锚采取充分利用钢筋的抗拉强度方式,直段伸至端支座对边后弯折,且平直段长度 $\geqslant 0.6 l_{ab}$,弯折段长度 $15d$。

非框架梁的配筋构造如图1.16所示。

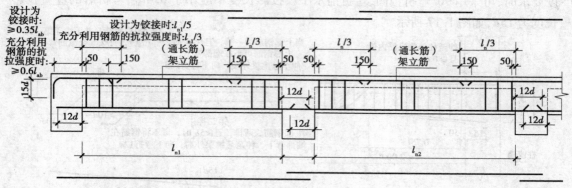

图1.16 非框架梁的配筋构造

【知识链接】

《混凝土结构设计规范》规定如下：

9.2.2　钢筋混凝土简支梁和连续梁简支端的下部纵向受力钢筋，从支座边缘算起伸入支座内的锚固长度应符合下列规定：

1.当 V 不大于 $0.7f_tbh_0$ 时，不小于 $5d$；当 V 大于 $0.7f_tbh_0$ 时，对带肋钢筋不小于 $12d$，对光圆钢筋不小于 $15d$，d 为钢筋的最大直径；

2.如纵向受力钢筋伸入梁支座范围内的锚固长度不符合本条第 1 款要求时，可采取弯钩或机械锚固措施，并应满足本规范第 8.3.3 条的规定采取有效的锚固措施。

现在梁受力钢筋多为带肋钢筋，故图集简化为 $12d$。

（2）非框架梁上部纵筋的延伸长度

①非框架梁端支座上部纵筋的延伸长度：当设计为铰接时，梁端部上部纵筋取 $l_{n1}/5$；当充分利用钢筋的抗拉强度时，梁端部上部纵筋取 $l_{n1}/3$（l_{ni} 为本跨的净跨值）。

②非框架梁中间支座上部纵筋的延伸长度：非框架梁中间支座上部纵筋的延伸长度取 $l_n/3$（l_n 为相邻左右两跨中跨度较大一跨的净跨值）。

（3）通长钢筋接头位置

当梁上部有通长钢筋时，连接位置宜位于跨中 $l_{ni}/3$ 范围内；梁下部钢筋连接位置宜位于支座 $l_{ni}/4$ 范围内；且在同一连接区段内钢筋接头面积百分率不宜大于 50%。

1.1.3　悬挑梁施工图识读与钢筋构造

梁悬挑端的力学特征和一层做法与框架梁内部各跨截然不同，纯悬臂梁及连续梁的悬臂段属于静定结构，悬臂段的竖向承载力失效后将无法进行内力重分配，构件会发生破坏，因此在施工时需采取有效措施。

①纯悬臂梁跨度不大于 2 m 时，按非抗震设计，其位于中间层时，悬臂梁上部纵向钢筋应伸至支座（墙、柱）外侧纵筋内边并向节点内弯折 $15d$。当支座宽度不能满足直线锚固长度要求时，可采用 $90°$ 弯折锚固，弯折前水平段投影长度不应小于 $0.4l_{ab}$，弯折后的竖直投影长度为 $15d$，如图 1.17 所示。

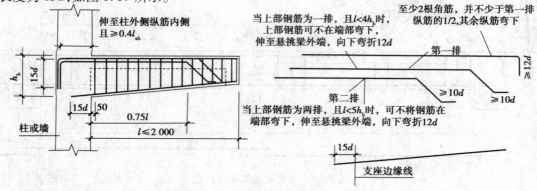

图 1.17　纯悬挑梁构造

②位于楼层或屋面带连续内跨梁的悬臂梁在节点(墙、柱)或支座(梁)处的构造措施如下:

a.悬臂梁与其内跨梁顶标高相同时,梁上部纵向钢筋应贯穿节点(墙、柱)或支座(梁),如图 1.18(a)所示。

b.位于中间层,且 $\Delta_h/(h_c-50)>1/6$ 时,梁上部纵向钢筋宜在节点(墙、柱)处截断分别锚固,内跨框架梁、悬臂梁上部纵筋按框架中间层端节点构造锚固措施,如图 1.18(b)和(c)所示。

c.位于中间层,且 $\Delta_h/(h_c-50)<1/6$ 时,梁上部纵向钢筋应坡折贯穿节点(墙、柱)或支座(梁),当支座为梁时也可用于屋面,如图 1.18(d)和(e)所示。

d.位于屋面, $\Delta_h/(h_c-50)\leqslant1/6$ 时,梁上部受力钢筋在节点(墙、柱)或支座(梁)处分别锚固,当支座为梁时也可用于中间层楼面,如图 1.18 图(f)和(g)所示。

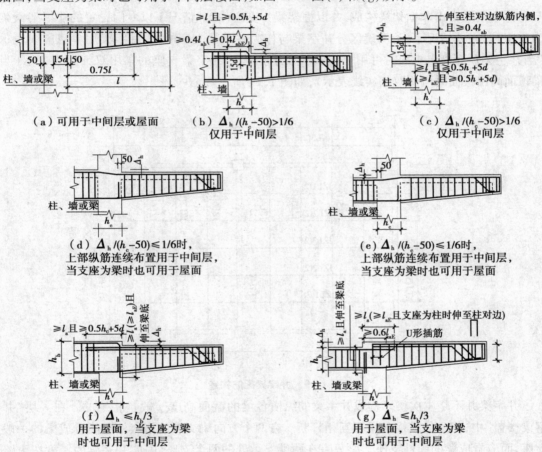

图 1.18 悬臂梁配筋构造

③位于屋面的悬臂梁与内跨框架梁底标高相同时,柱纵筋可按中柱节点考虑(节点处内跨框架梁负弯矩远大于悬臂梁负弯矩的情况除外)。

④悬臂梁剪力较大且全长承受弯矩,在悬臂梁中存在着比一般梁更为严重的斜弯现象和撕裂裂缝引起的应力延伸,在梁顶截断纵筋存在着引起斜弯失效的危险,因此上部纵筋不应在梁的上部切断。

a.悬臂梁上部钢筋中,应有至少2根角筋且不少于第一排纵筋的1/2伸至悬臂梁外端,并向下弯折$12d$;其余钢筋不应在梁上部截断,而应在不需要该钢筋处向下作45°或60°弯折,首先弯折第二排钢筋,弯折后的水平段为$10d$,如图1.18所示。当梁上部设有第三排钢筋时,其伸出长度应由设计者注明。

b.当悬挑长度较小、截面又比较高时,会出现不满足斜弯尺寸要求的现象,此时宜将上部所有纵筋均伸至悬臂梁外端,向下弯折$12d$。

⑤当悬臂梁端部设有封边梁或次梁时,应根据计算在次梁一侧设置附加横向箍筋,承担其集中荷载。

1.1.4 井字梁钢筋构造与施工图识读

井字梁通常由非框架梁构成,并以框架梁为支座(特殊情况下以专门设置的非框架大梁为支座)。在此情况下,为明确区分井字梁与作为井字梁支座的梁,井字梁用单粗虚线表示(当井字梁顶面高出板面时可用单粗实线表示),作为井字梁支座的梁用双细虚线表示(当梁顶面高出板面时可用双细实线表示),如图1.19所示。

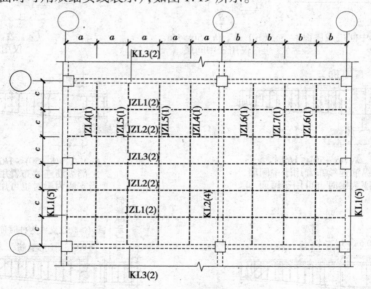

图1.19 井字梁配筋构造

井字梁并不是主次梁。构成井字梁的纵横各梁的截面高度一般是相等的。在一块"井字梁楼盖"中,相交的纵横各梁不互相打断。在两个方向梁交点的格点处不能看成梁的一般支座,而应看成梁的弹性支座。梁只有在两端支承处的两个支座,因此井字梁的跨度按大跨计算,而不是按彼此断开的小跨计算。井字梁在施工中,一般是短向的梁放在下面,长向的梁放在上面;梁的下部纵筋是短向梁的放在下面,长向梁的放在上面;上部纵筋也是短向梁的放在下面,长向梁的放在上面。由于两个方向的梁并非主、次梁结构,所以两个方向的梁在格点处不必设附加横向钢筋。但是在格点处,两个方向的梁在其上部应配置适量的构造负钢筋,不宜少于2根φ12,以防在荷载不均匀分布时产生的负弯矩,这种负钢筋一般相当于其下部纵向受拉主钢筋截面积的1/5~1/4,如图1.20所示。

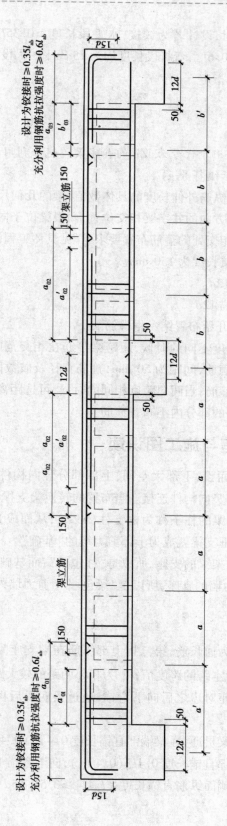

图1.20 井字梁配筋构造

①上部纵筋在端支座弯锚时,设计若为铰接,水平段长度≥$0.35l_{ab}$;设计为充分利用钢筋的抗拉强度时,水平段长度≥$0.6l_{ab}$,弯折段长度均为$15d$。图中"设计为铰接"和"充分利用钢筋的抗拉强度"由设计人员指定。

【知识链接】

图1.20中"设计按铰接时"用于代号为JZL的井字梁,"充分利用钢筋的抗拉强度时"用于代号为JZLg的井字梁(注意后缀符号g)。

②施工时,井字梁支座上部纵筋外伸长度的具体数值,梁的几何尺寸与配筋数值详见具体工程设计。另外,在纵横两个方向的井字梁相交位置,两根梁位于同一层面钢筋的上下交错关系以及两方向井字梁在该相交处的箍筋布置要求,详见具体工程说明。

③架立筋与支座负筋的搭接长度为150 mm。

④下部纵筋在端支座直锚$12d$。

⑤下部纵筋在中间支座直锚$12d$。

⑥从距支座边缘50 mm处开始布置第一根箍筋。

⑦井字梁交叉处,当两向跨度不同的时候,短跨梁箍筋在相交范围内通长设置,设计无要求时相交处两侧各附加3道箍筋,间距为50 mm,箍筋直径及肢数同梁内箍筋,另一根梁在与该梁重叠的部分内不布置箍筋;当两向跨度相同的时候,可选距离支座较近的那根梁通布箍筋,另一根梁在与该梁重叠的部分内不布置箍筋。

1.1.5　框支梁钢筋构造与施工图识读

框支梁是应建筑功能要求而设,下部大空间,上部部分竖向构件不能直接连续贯通落地,而通过水平转换结构与下部竖向构件连接。当布置的转换梁支撑上部的剪力墙时,转换梁称为框支梁(KZL),支撑框支梁的柱子称为框支柱(KZZ),从而成为一个"结构转换层",这个结构转换层上的框支柱和框支梁就成为上部剪力墙的"基础"。

举例说明如下:框架柱是框架梁的支座,所以是"柱包梁";而基础主梁是框架柱的支座,所以是"梁包柱";框支梁是剪力墙的支座,所以是"梁包墙"(剪力墙外侧纵筋插在框支梁角筋的内侧),如图1.21所示。

(1)框支梁钢筋构造

①框支梁第一排上部纵筋为通长筋,第二排上部纵筋在端支座附近断在$l_{n1}/3$处,在中间支座附近断在$l_n/3$处、(l_{n1}为本跨的跨度值;l_n为相邻两跨的较大跨度值)。

②框支梁上部纵筋伸入支座对边之后向下弯锚,通过梁底线后再下插$l_{aE}(l_a)$,其直锚水平段≥$0.4l_{aE}(l_a)$。

③框支梁侧面纵筋也是全梁贯通,在梁端部直锚长度$0.4l_{aE}(0.4l_a)$,横向弯锚$15d$。

④框支梁下部纵筋在梁端部直锚长度$0.4l_{aE}(0.4l_{ab})$,向上弯锚$15d$。

⑤当框支梁的下部纵筋和侧面纵筋直锚长度≥l_{aE}且≥$0.5h_c+5d$时,可不必往上或水平弯锚。

⑥框支梁箍筋加密区长度为 $\geqslant 0.2 l_n$ 且 $\geqslant 1.5 h_b$（h_b 为梁截面高，l_n 为净跨较大值）。

⑦框支梁拉筋直径同箍筋，水平间距为非加密区箍筋间距的两倍，竖向沿梁高间距 $\leqslant 200\ mm$，上下相邻两排拉筋错开设置。

⑧梁纵向钢筋的连接宜采用机械连接接头（这一点区别于其他类型的梁，主要是保证结构的安全性）。

⑨新图集做法中上部剪力墙钢筋竖向钢筋采用直锚，而取消了绕过梁底的 U 形筋，其中墙体的竖向钢筋直锚长度 $\geqslant l_{aE}（l_a）$，边缘构件的紧向钢筋的直锚长度 $\geqslant 1.2 l_{aE}（1.2 l_a）$，这样施工更简捷。

（2）框支柱钢筋构造

①框支柱的柱底纵筋的连接构造同抗震框架柱。

②柱纵向钢筋的连接宜采用机械连接接头。

③框支柱部分纵筋延伸到上层剪力墙楼板底，部分纵筋直伸入上层剪力墙暗柱中去（原则为能通则通）。

④框支柱的箍筋同框架柱的箍筋。

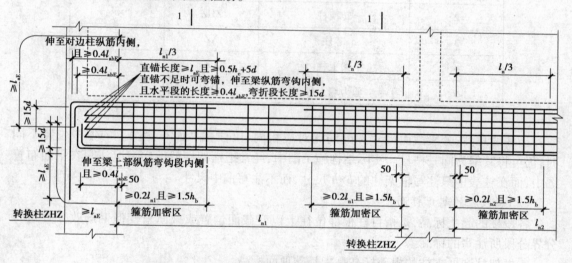

图 1.21 框支梁配筋构造（也可用于托柱转换梁 TZL）

任务 1.2 柱平法施工图识读与施工

1.2.1 柱平法施工图设计规则

平法柱的注写方式分为列表注写方式和截面注写方式。一般的施工图都采用列表注写方式，所以下面只介绍列表注写方式。

列表注写方式是指在柱平面布置图上，分别在同一个编号的柱中选择一个（有时要选择几个）截面标注几何参数代号，在柱表中注写柱号、柱段起止标高、几何尺寸（含柱截面对轴线的偏心情况）与配筋的具体数值，并配以各种柱截面形状及配筋类型图的方式，来表达柱平法施工图。

列表注写方式通过把各种柱的编号、截面尺寸、偏中情况、角部纵筋、b 边一侧中部筋和 h 边一侧中部筋、箍筋类型号和箍筋规格间距注写在一个柱表中,着重反映同一个柱在不同楼层上"变截面"的情况;同时,在结构平面图上标注每个柱的编号和偏中情况。下面先介绍柱表的内容。

1.2.2　柱表的内容

柱表的内容主要包括柱编号、各段柱的起止标高、截面尺寸、柱纵筋、箍筋类型、箍筋注写、箍筋图形等,现分述如下。

（1）柱编号

柱编号由柱类型、代号和序号组成,如表 1.2 所示。

表 1.2　柱编号表

顺序号	柱类型	代　号	序　号
1	框架柱	KZ	××
2	转换柱	ZHZ	××
3	芯柱	XZ	××
4	梁上柱	LZ	××
5	剪力墙上柱	QZ	××

当柱的总高、分段截面尺寸和配筋均对应相同,仅柱在平面布置图上的偏中位置不同时,仍可将其编为同一柱号。实际结构施工图中,经常把框架柱的偏中情况注写在平面布置图中,而在柱表中只注写框架柱的 $b×h$ 尺寸,而不注写偏中尺寸。

（2）各段柱的起止标高

各段柱的起止标高,是指自柱根部位往上以变截面位置或截面未变但钢筋改变处进行分界分段所注写的标高。

①框架柱和框支柱的根部标高是指基础顶面标高。

②芯柱的根部标高是指根据结构实际需要而定的起始位置标高。

③梁上柱的根部标高是指梁顶面标高。

④剪力墙上柱的根部标高分为两种:当柱纵筋锚固在墙顶部时,其根部标高为墙顶面标高;当柱与剪力墙重叠一层时,其根部标高为墙顶面往下一层的结构层楼面标高。

（3）截面尺寸

①对于矩形柱,应注写截面尺寸 $b×h$,至于框架柱的偏中尺寸 b_1、b_2 和 h_1、h_2,直接标注在柱平面布置图上。

②对于圆柱,表中 $b×h$ 一栏改用圆柱直径数字前加 D 表示。

③对于芯柱,根据结构需要确定其截面尺寸,并按标准构造详图施工,设计可不用注写。

（4）柱纵筋

当柱纵筋直径相同、各边根数也相同时,将纵筋注写在"全部纵筋"一栏中。除此之外,柱纵筋分角筋、截面 *b* 边中部纵筋和 *h* 边中部纵筋 3 项应分别注写,因为这 3 种纵筋的钢筋规格有可能是不同的。

（5）箍筋类型

箍筋类型号及箍筋肢数,可在箍筋类型栏内注写,并按图集的规定绘制柱截面形状及箍筋类型号。各种箍筋类型号所对应的箍筋形状,如图 1.22 所示。

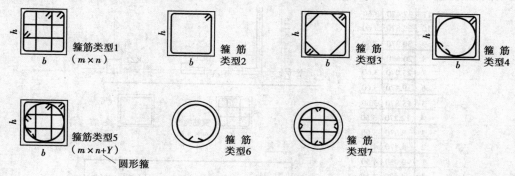

图 1.22 各种柱箍筋形状

（6）箍筋注写

箍筋注写包括钢筋级别、直径和间距。

①当为抗震设计时,用斜线"/"区分柱端箍筋加密区域柱身非加密区长度范围内箍筋的不同间距。施工人员根据标准构造详图的规定,在其规定的几种长度值中取其最大值作为加密区长度。例如:"φ10@100/250"表示箍筋为 HPB300 钢筋,直径为 10 mm,加密区间距为 100 mm,非加密区间距为 250 mm。

②当箍筋沿柱全高为一种间距时,则不用"/"线进行区分。例如:"φ10@100"表示箍筋为 HPB300 钢筋,直径为 10 mm,间距为 100 mm,沿柱全高加密。

③当圆柱采用螺旋箍筋时,需要在箍筋前加"L"。例如:"Lφ10@100/250"表示采用螺旋箍筋,其箍筋为 HPB300 钢筋,直径为 10 mm,加密区间距为 100 mm,非加密区间距为 250 mm。

④当为抗震设计,且柱（包括芯柱）纵筋采用搭接连接时,在柱纵筋搭接长度范围内的箍筋均应按≤5*d*（*d* 为柱纵筋较小直径）及≤100 mm 的间距加密。

（7）箍筋图形

工程项目涉及的各种箍筋类型图及箍筋复合的具体方式,必须画在表的上部或图中的适当位置,并在其上标注与表中对应的 *b*、*h* 及编上类型号。

当为抗震设计时,确定箍筋肢数时要满足对柱纵筋至少"隔一拉一"以及箍筋肢数的要求。

（8）关于截面偏中尺寸标注的问题

截面偏中尺寸标注不要列入柱表,而直接在结构平面图布置柱子且标注出框架柱的偏中尺寸,这也与平法梁截面偏中尺寸标注的做法是一致的。梁的截面偏中尺寸是直接在结构平面图布置梁的时候进行标注的。

1.2.3 关于"层号"的概念问题

由于柱是一种垂直构件,所以柱纵筋的长度和箍筋的个数都与层高有关,弄清楚"层号"

的概念,就可以清楚地知道框架柱在各楼层发生"变截面"的情况。按平法设计绘制结构施工图时,应用表格或其他方式注明包括地下或地上各层的结构层楼(地)面标高、结构层高及相应的结构层号。

某工程"柱平法施工图"左边有一个"结构层楼面标高、结构层高"的垂直分布图,如图1.23 所示。在这个图中,左边一栏注写"标高",右边一栏注写"层高"。

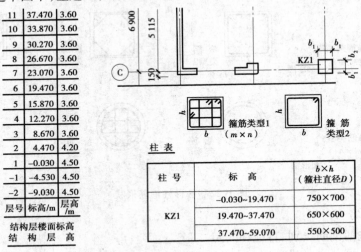

图 1.23　柱列表注写示例

结构层号应与建筑层号一致。例如,从图 1.20 的柱表可知,KZ1 有 3 个"变截面"的楼层段,柱表中是以"标高段"来划分的,即:

−0.030 ~ 19.470	750×700
19.470 ~ 37.470	650×600
37.470 ~ 59.070	550×500

结合结构层楼面标高、结构层高的垂直分布图来说明这个问题。若以"19.470"这个变截面分界点为例,在垂直分布图中,标高"19.470"所对应的层号为"6",也就是说,KZ1 的第 1 个变截面楼层在"第 6 层"。请注意,这是建筑楼层号。但是在施工中,我们还是应该按"结构"的概念来进行操作。在根据平法施工图进行施工的时候,需要进行一种层号的认定工作。

按上述 KZ1 柱表中的 3 个"变截面"的楼层段,认定结构施工的具体表述是:

第 1 层至第 5 层	750×700
第 6 层至第 10 层	650×600
第 11 层至第 15 层	550×500

这对处理框架柱的"变截面"是十分重要的,因为第 5 层和第 10 层是变截面的"关节楼层"。而变截面的"关节楼层"在顶板以下要进行纵向钢筋的特殊处理。所以,规定变截面的"关节楼层"不能纳入"标准层"。

1.2.4　抗震 KZ 纵向钢筋连接构造

在平法柱的节点构造图中,抗震 KZ 纵向钢筋连接构造是平法柱节点构造的核心。在图1.24 中,画出了抗震框架柱 KZ 纵向钢筋的一般连接构造,有柱纵筋绑扎搭接、机械连接和焊接连接 3 种连接方式,应重点掌握柱纵筋机械连接和焊接连接的要求。

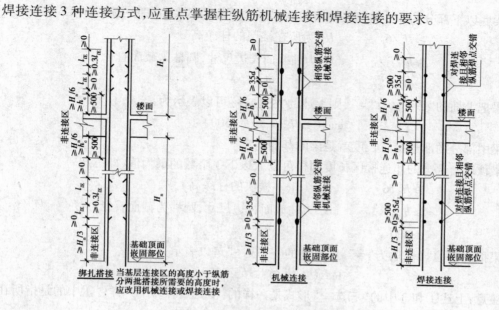

图 1.24 抗震框架柱纵向钢筋连接构造

由于柱纵筋的绑扎搭接连接不适合在实际工程中使用,所以我们应重点掌握柱纵筋的机械连接和焊接连接的构造。另外,还有 3 种特殊情况的连接,应正确地加以掌握。

1)柱纵筋的非连接区

"非连接区"是指柱纵筋不允许在这个区域内进行连接。无论是哪一种连接都必须遵守这项规定。

(1)嵌固部位定义

基础顶面以上有一个"非连接区",其长度是 $\geq H_n/3$(H_n 是指从基层顶面到顶板梁底的柱的净高)。

"基础顶面嵌固部位"一词实际上是出自《高层建筑混凝土结构技术规程》(JGJ 3—2010)(以下简称《高规》)和《建筑抗震设计规范》(GB 50011—2010)(以下简称《抗规》),它是个平面位置,作为施工人员一般很难判断其具体位置。嵌固部位是强度概念,"嵌固部位是预期塑性铰出现的部位",其水平位移为零。嵌固部位应根据工程设置的是什么类型的基础来确定:

①如果是箱形基础,其"基础顶面嵌固部位"就是箱形基础的顶面,也就是地下室顶板的顶面或地下室中层。

②如果是筏形基础,而且是基础梁顶面高于基础板顶面的"正筏板",其"基础顶面嵌固部位",就是基础主梁的顶面。

③如果是条形基础,则"基础顶面嵌固部位",就是基础主梁的顶面。

④如果是独立基础或桩承台,则"基础顶面嵌固部位",就是柱下平台的顶面。

(2)"非连接区"长度

楼层梁上下部位的范围形成一个"非连接区",其长度由 3 部分组成,即梁底以下部分、梁中部分和梁顶以上部分。这 3 个部分构成一个完整的"柱纵筋非连接区"。

①梁底以下部分的非连接区长度可以取以下 3 个数的最大值,即三选一:

$$\geqslant H_n/6 \quad (H_n \text{ 为所在楼层的柱净高})$$

$$\geqslant h_c \quad (h_c \text{ 为柱截面长边尺寸,圆柱为截面直径})$$

$$\geqslant 500$$

如果把上面的"≥"取为"=",则上述的"三选一"可以表示为:

$$\max(\geqslant H_n/6; \geqslant h_c; 500)$$

②梁中部分的非连接区长度就是梁的截面高度。

③梁顶以上部分的非连接区长度同样可以取以下 3 个数的最大值,即三选一:

$$\geqslant H_n/6 \quad (H_n \text{ 为上一楼层的柱净高})$$

$$\geqslant h_c \quad (h_c \text{ 为柱截面长边尺寸,圆柱为截面直径})$$

$$\geqslant 500$$

如果把上面的"≥"取为"=",则上述的"三选一"可以表示为:

$$\max(\geqslant H_n/6; \geqslant h_c; 500)$$

应注意:上述①和③中的"三选一"形式是一样的,但是内容却不一样。①中的是指所在楼层的柱净高,而③中的是指上一楼层的柱净高。

2) 切断点

确定了柱纵筋非连接区的范围,就确定了柱纵筋切断点的位置。这个"切断点"可以选择在非连接区边缘。

柱纵筋为什么要切断呢? 这是因为工程施工是分楼层进行的。在基础施工的时候,都留有柱纵筋的基础插筋,然后在进行每一楼层施工的时候,楼面上都要伸出柱纵筋的插筋。而柱纵筋的"切断点"就是下一楼层伸出的插筋与上一楼层柱纵筋的连接点。

3) 柱相邻纵向钢筋连接接头要相互错开

相关规范规定,在同一截面内钢筋接头面积百分率不应大于 50% 。关于柱纵向钢筋连接接头相互错开的距离,与钢筋连接的方式密切相关,现分述如下。

(1)机械连接

若采用常用的"直螺纹套筒接头",其具体错开距离 $\geqslant 35d$。在做工程预算或施工下料时,接头错开距离可以取为 $35d$。

相关规范规定,抗震框架柱 KZ1 的基础插筋伸出基础梁顶面以上的长度是 $H_n/3$,但不是所有的基础插筋都伸出 $H_n/3$,而是要把这些接头错开。例如 1 个 KZ1 有 20 根基础插筋,其中有 10 根插筋是伸出基础顶面 $H_n/3$ 的,另外 10 根插筋伸出基础顶面($H_n/3+35d$)。柱纵筋长短筋的整个差距向上一直维持,直到顶层。

还要注意,柱纵筋的标注是按角筋、b 边中部筋和 h 边中部筋来分别标注的,这 3 种钢筋的直径可能不一样,所以,要按这 3 种钢筋分别设置长短钢筋。

(2)焊接连接

焊接连接接头的错开距离为 $\geqslant 35d$ 且 $\geqslant 500$ mm。

焊接连接常用的有电渣压力焊和闪光对焊。现在不提倡搭接焊,因为搭接焊造成上下纵向钢筋的轴心不能重合,也就难以保证上下纵筋的轴心在一条直线上。而且焊缝区占有空间,影响柱纵筋的保护层和柱纵筋之间的净距。

采用机械连接和对焊连接,当上下层的柱纵筋直径相等时是没有问题的,当上下层的柱纵筋直径在两个级差之内时,也是可以的。而当上下层的柱纵筋直径超过两个级差时,只能采用绑扎搭接连接。

(3)绑扎搭接连接

绑扎搭接连接长度为 l_{lE}(l_{lE} 是抗震的绑扎搭接长度),绑扎搭接接头错开的净距离为 $0.3l_{lE}$。

图集上列出了对绑扎搭接连接的技术要求,但是这不等于是鼓励使用绑扎搭接连接,相反,钢筋的绑扎搭接连接是最不可靠、最不安全好、最不经济的做法。

钢筋混凝土结构是钢筋和混凝土的对立统一体。钢筋的优势在于抗拉,混凝土的优势在于抗压,钢筋混凝土构件就是把它们有机地统一起来,充分发挥这两种材料的优势。而钢筋混凝土结构维持安全和可靠的条件是:把钢筋用在适当的位置,并且让混凝土360°地包裹每一根钢筋。

但是,传统的钢筋绑扎搭接连接是把两根钢筋并排地紧靠在一起,再用绑丝(细铁丝)绑扎起来。这根细细的铁丝是不可能固定这两根搭接连接的钢筋的,固定这两根搭接连接的钢筋要靠包裹它们的混凝土。但是,这两根紧靠在一起的钢筋,每根钢筋只有约270°的周长被混凝土所包围,所以达不到被混凝土360°包裹的要求,从而大大地降低了混凝土构件的强度。许多力学实验都表明,构件的破坏点就在钢筋绑扎搭接连接点上,即使增大绑扎搭接的长度,也无济于事。

为了克服传统的钢筋绑扎搭接连接的缺点,最近提出了"有净距的绑扎搭接连接"的做法,对改善混凝土360°包裹钢筋有所帮助,但是却较大地增加了施工的难度。

同时,无论是传统的钢筋绑扎搭接连接,还是改进的钢筋绑扎搭接连接,都不可避免地造成了"两根钢筋轴心错位"的事实,而且"有净距的绑扎搭接连接"的做法还使得两根钢筋轴心的错位更大。这将会降低钢筋在混凝土构件中的力学作用。但是,如果采用机械连接和对焊连接,将保证被连接的两根钢筋轴心相对一致。

在钢筋绑扎搭接连接不可靠和不安全的同时,钢筋绑扎搭接连接又是不经济的。因为钢筋的绑扎搭接连接长度 l_{lE} 是受拉钢筋锚固长度 l_{aE} 的 1.2 倍以上。以 $\Phi 25$ 钢筋(混凝土强度等级 C30,三级抗震等级)为例,一个钢筋搭接点的绑扎搭接连接长度 l_{lE} 为:

$$l_{lE} = 1.2 l_{aE} = 1.2 \times 37d = 1.2 \times 37 \times 25 \text{ mm} = 1\ 110 \text{ mm}$$

由此可见,一根钢筋的一个绑扎搭接连接点要多用 1 m 多长的钢筋,材料成本高于采用焊接或机械连接的成本,又达不到质量和安全的要求,所以不少正规的施工企业在施工组织设计中规定,当钢筋直径在 14 mm 以下时才使用绑扎搭接连接,而当钢筋直径在 14 mm 以上时使用机械焊接或对焊焊接。

【小任务】

针对柱的纵向钢筋连接构造,思考柱接头可分为几个截面进行连接?是否一定为两个截面?

1.2.5 框架柱纵向钢筋不同时连接构造

1) 上柱比下柱钢筋多时的连接构造

上柱钢筋比下柱多时,构造处理如图1.25所示。上柱多出的钢筋锚入下柱(楼面以下)为$1.2l_{aE}$(注意:在计算l_{aE}的数值时,按上柱的钢筋直径计算),重点看上柱多出的钢筋锚入下柱的做法和锚固长度,楼面以上部分可以不用理会。因为图中采用的是绑扎连接构造做法,而实际上很少采用绑扎搭接连接,工程多采用机械连接或对焊连接。所以,实际工程的柱纵筋连接方式多采用机械连接或对焊连接方式,按上节中框架柱的纵向钢筋连接方式处理即可。

2) 下柱钢筋比上柱钢筋多时的连接构造

下柱钢筋比上柱多时构造处理如图1.26所示,下柱多出的钢筋伸入楼层梁,从梁底算起伸入楼面梁的长度为$1.2l_{aE}$。如果楼层框架梁的截面高度小于$1.2l_{aE}$,下柱钢筋可以伸出楼面以上。重点看下柱多出的钢筋锚入上柱的做法和锚固长度,楼面以上部分可以不用理会。同样地,图中采用的是绑扎连接构造做法,而实际上很少采用绑扎搭接连接,工程多采用机械连接或对焊连接。所以,实际工程的柱纵筋连接方式多采用机械连接或对焊连接方式,按上节中框架柱的纵向钢筋连接方式处理即可。

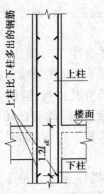

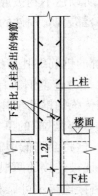

图1.25　上柱比下柱钢筋多的构造处理　　　　图1.26　下柱比上柱钢筋多的构造处理

特别注意,当下柱截面尺寸大于上柱的截面尺寸时,下柱多的钢筋可采用伸至楼面以下弯直钩,直钩长度可按变截面尺寸情况处理。

3) 上柱钢筋比下柱钢筋大时的连接构造

上柱钢筋比下柱大时,柱钢筋连接不在楼面以上部分进行,而改在下柱以内进行,并且整个绑扎搭接连接区都在下柱的"上部非连接区"之外进行。如果上柱纵筋和下柱纵筋还在楼面之上进行连接,会造成上柱柱根部位的柱纵筋直径小于柱中部的柱纵筋直径的不合理现象。因为在水平地震力的作用下,上柱根部和下柱顶部这一范围是最容易被破坏的部位,如果我们在施工中,把下柱直径较小的柱纵筋伸出上柱根部以上和上柱纵筋连接,这样,上柱根部就成为"细钢筋"了,这就削弱了上柱根部的抗震能力。同时下柱的顶部有一个非连接区,其长度就是前面讲过的"三选一",所以必须把上柱纵筋向下伸到这个非连接区的下方,才能与下柱钢筋进行连接。

绑扎搭接连接的做法为柱纵筋的绑扎搭接连接有两个绑扎搭接区,每个绑扎搭接区的长度为 l_{lE},两个绑扎搭接区之间的净距离为 $0.3\,l_{lE}$,最上面的绑扎搭接区紧贴着下柱顶部非连接区的下边界,如图 1.27 所示。

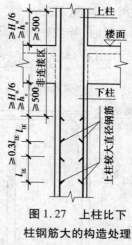

图 1.27 上柱比下柱钢筋大的构造处理

1.2.6 抗震 KZ 边柱和角柱柱顶纵向钢筋构造

框架顶层端节点的梁、柱端均主要承受负弯矩作用,相当于 90°折梁,节点外侧钢筋不是锚固受力,而属于搭接传力问题,故不允许将柱外侧纵向钢筋伸至框架梁内锚固,将梁上部钢筋伸入节点。因此,梁上部纵向钢筋与柱抗震框架柱(KZ)边柱和角柱柱顶纵向钢筋构造分别是节点外侧和梁端顶面 90°弯折搭接(简称为"柱锚梁"),以及柱顶部外侧直线搭接(简称为"梁锚柱")这两种做法,当柱钢筋不小于梁的钢筋时,可采用"柱筋作为梁上部钢筋使用"的节点构造。

1)柱外侧纵筋作为梁上部纵筋使用(图 1.28)

"柱筋作为梁上部钢筋使用"是新增加的构造做法,并注明:柱外侧纵向钢筋直径不小于梁上部钢筋时,可弯入梁内作梁上部纵筋。当然,在实际施工的时候,还是要考虑钢筋定长尺寸的限制,柱子外侧纵筋在伸入梁的时候,在柱梁交叉的核心区内不能进行搭接,应在伸出柱内侧以外以后,在梁的" $l_{n1}/3$ "(梁的 1/3 净跨长度)的范围以外部分进行连接。

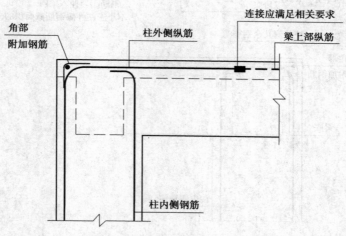

图 1.28 柱筋作为梁上部钢筋使用

2)节点外侧和梁端顶面 90°弯折搭接(柱锚梁)构造

(1)当边柱外侧纵筋配筋率≤1.2% 时(图 1.29)

梁上部纵向钢筋伸至柱外侧纵筋内侧弯折,弯折段伸至梁底(而不是 $15d$),部分柱外侧纵向钢筋(假定称为"钢筋①")伸入梁内与梁上部纵筋搭接,总的搭接长度不小于 $1.5l_{abE}(1.5l_{ab})$,该部分钢筋截面积不应小于柱外侧纵向钢筋全部面积的 65%。其余部分柱外侧钢筋(假定称为"钢筋②")位于柱顶第1层时,伸至柱内边后向下弯折8d;位于柱顶第2层时,伸至柱内边截断。

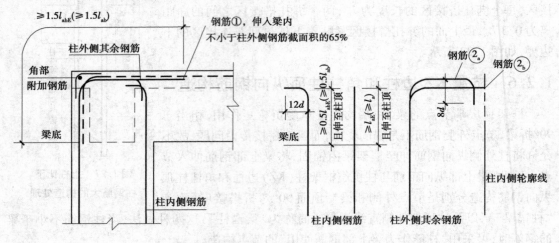

注:当柱外侧钢筋配筋率≤1.2%时,钢筋①一次截断

图1.29　节点外侧和梁端顶面90°搭接(一)

(2)当边柱外侧纵筋配筋率≥1.2%时(图1.30)

当边柱外侧纵筋配筋率≥1.2%时,柱外侧纵筋的两批截断点相距20d,即一半的柱外侧纵筋伸入屋面框架梁$1.5l_{abE}(1.5l_{ab})$;另一半的柱外侧纵筋伸入顶梁$1.5l_{abE}(1.5l_{ab})+20d$。WKL上部纵筋的直钩伸至梁底(而不是15d),当加腋时伸至腋根部位置。

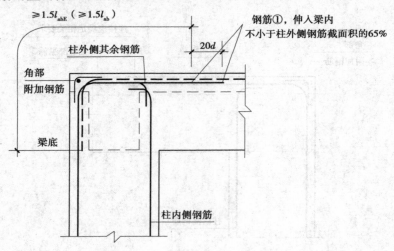

注:当柱外侧钢筋配筋率>1.2%时,钢筋①一次截断

图1.30　节点外侧和梁端顶面90°搭接(二)

配筋率按公式$\rho = A_s/A_c$计算,式中A_s为柱外侧纵向钢筋面积,A_c为柱截面面积。例如柱为500 mm×500 mm,角筋$4\,\phi 25$,每边各有$6\,\phi 22$。

配筋率$\rho = (490.625 \times 2 + 379.94 \times 6)/(500 \times 500) = 1.3\% > 1.2\%$,此时应分两批截断。

（3）当柱截面比较宽时（图1.31）

当柱截面比较宽，钢筋①未伸至柱内边已经满足 $1.5l_{abE}(1.5l_{ab})$ 的要求时，其弯折后包括弯弧在内的水平段长度不应小于 $15d$。

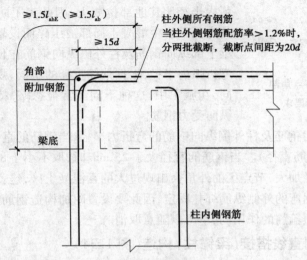

图1.31　节点外侧和梁端顶面90°搭接（三）（柱比较宽时）

如梁的截面高度较大，梁、柱纵向钢筋相对较小，从梁底算起的直线搭接长度未延伸至柱顶即已满足 $1.5l_{abE}(1.5l_{ab})$ 的要求时，应将搭接长度延伸至柱顶并满足搭接长度 $1.7l_{abE}$ $(1.7l_{ab})$ 的要求。这就是说，当发生这种情况的时候，不应该采用"柱插锚梁"的做法，而应该采用"梁锚柱"的做法。

（4）当有 ≥100 mm 的现浇板时（图1.32）

当有 ≥100 mm 的现浇板时，可伸入现浇板内。

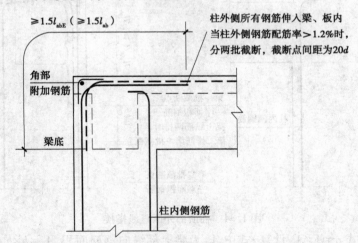

图1.32　节点外侧和梁端顶面90°搭接（四）（现浇板厚度不小于100 mm）

3）直角状钢筋的构造（图1.33）

直角状钢筋是在屋面框架梁与边柱相交的角部外侧设置的一种附加钢筋（当柱纵筋直

径≥25 mm 时设置)。直角状钢筋边长各为300 mm,间距≤150 mm,但不少于3 Φ10。在角部设置1根10 mm的附加钢筋,当有框架边梁通过时,此钢筋可以取消。

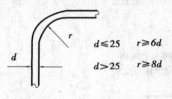

$d \leqslant 25 \quad r \geqslant 6d$

$d > 25 \quad r \geqslant 8d$

图1.33 顶层节点角部纵向钢筋弯折要求

由于在框架柱顶层端节点处,柱外侧纵向受力钢筋弯弧内半径比其他部位要大,因此为了防止节点内弯折钢筋的弯弧下发生混凝土局部被压碎而设置直角状钢筋。框架梁上部纵向钢筋及柱外侧纵向钢筋在顶层端节点上角处的弯折弧内半径,根据钢筋直径的不同,规定弯折内半径也不同,在施工中,这种不同经常被忽略,特别是框架梁的上部纵向受力钢筋。

梁上部纵向受力钢筋及柱外侧纵向钢筋的弯折内半径,当钢筋的直径不大于25 mm 时,取不小于$6d$(d为钢筋直径)。当钢筋的直径大于25 mm 时,取不小于$8d$。由于顶层柱外侧纵向钢筋的弯折半径加大,节点区的外角会出现过大的素混凝土区,这就造成柱顶部分的加密箍筋无法与已经拐弯的外侧纵筋绑扎固定,因此要设置附加构造钢筋,而这几根直角状钢筋正是起到固定柱顶箍筋的作用的,不可以随意取消。

4)柱顶部外侧直线搭接(梁锚柱)构造(图1.34)

柱外侧纵向钢筋伸至柱顶截断(不必弯折);梁上部纵向钢筋伸至柱外侧纵向钢筋内侧弯折,与柱外侧纵向钢筋搭接长度不应小于$1.7l_{abE}(1.7l_{ab})$,且应伸过梁底。当梁上部纵向钢筋配筋率大于1.2%时,宜分两批截断,截断点之间距离不宜小于$20d$。当梁上部纵筋为两排时,第二排纵筋宜第一批截断。

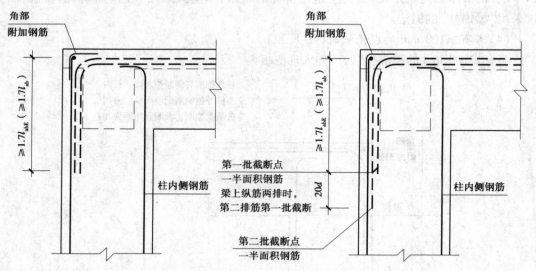

图1.34 柱顶部外侧直线搭接

配筋率按公式$\rho = A_s / A_b$计算,式中A_s为梁上部纵向钢筋面积,$A_b = b \times h$为梁截面面积。例如,梁为250 mm×600 mm,上部钢筋4 Φ25+2 Φ22,配筋率$\rho = (490.625 \times 4 + 379.94 \times 2) / (250 \times 600) = 1.8\% > 1.2\%$,此时应分两批截断,且第二排纵筋宜第一批截断。

5）"顶梁边柱"各种节点构造的比较

新增"柱外侧纵筋弯入梁内作梁上部纵筋"是最好的构造做法，它的特点是同一根钢筋既作柱的外侧纵筋又作梁的上部纵筋，省去了在节点区钢筋搭接或锚固的麻烦，减少了节点核心区钢筋的稠密度，也节约了钢筋材料。但受"当柱外侧纵筋直径大于等于梁上部纵筋直径"的条件影响，其使用范围受一定的限制。

节点外侧和梁端顶面90°搭接（柱锚梁）的优点是施工方便，梁上部钢筋不伸入柱内，有利于在梁底标高处设置柱内混凝土的施工缝，适用于梁上部钢筋和柱外侧钢筋数量不是过多的情况；缺点是造成梁端上部水平钢筋密度增大，不利于混凝土的浇筑。

柱顶部外侧直线搭接的优点是柱外侧钢筋不伸入梁内，避免了节点部位钢筋拥挤的情况，有利于混凝土的浇筑；缺点是由于梁上部纵筋插入柱内较长，所以施工缝不能留在梁底。另外，使用"梁锚柱"所用的钢筋略多于"柱锚梁"。

6）抗震边柱、角柱柱顶等截面伸出时的纵向钢筋构造

抗震边柱、角柱柱顶等截面伸出时纵向钢筋构造如图 1.35 所示。

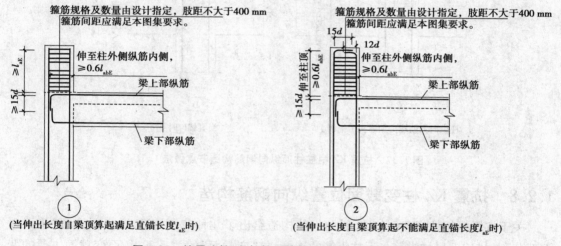

图 1.35　抗震边柱、角柱柱顶等截面伸出时纵向钢筋构造

1.2.7　抗震 KZ 中柱柱顶纵向钢筋构造

关于抗震框架柱中柱柱顶纵向钢筋有 4 个节点构造，如图 1.36 和图 1.37 所示。

节点 A：当柱顶周围没有现浇板时，不能伸入梁内的柱纵筋只能向柱内弯钩，柱纵筋伸至柱顶后向内弯折 $12d$。

节点 B：这是首选方案，其条件是顶层现浇板厚度不小于 100 mm，但必须保证柱纵筋伸入梁内的长度 $\geqslant 0.5 l_{abE}$，柱纵筋伸至柱顶后向外弯折 $12d$。

节点 A 和节点 B 的做法类似，只是一个是柱纵筋的弯钩朝内拐，另一个是柱纵筋的弯钩朝外拐钩。显然，弯钩朝外拐的做法更有利，更有助于混凝土的浇筑。

节点 C：柱纵筋端头加锚头（锚板）技术要求同前，伸至柱顶，且 $\geqslant 0.5\ l_{abE}$。

节点 D：当柱纵筋直锚 $\geqslant l_{abE}$ 时，可以直锚伸至柱顶。

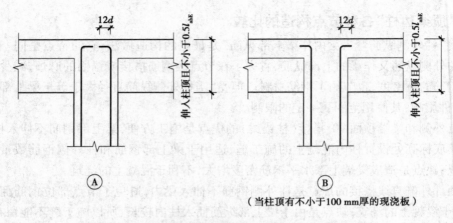

图 1.36　抗震 KZ 中柱柱顶纵向钢筋构造节点做法 A、B

（当柱顶有不小于 100 mm 厚的现浇板）

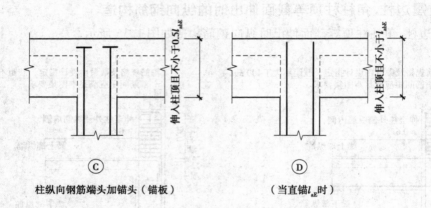

柱纵向钢筋端头加锚头（锚板）　　　　（当直锚 l_{aE} 时）

图 1.37　抗震 KZ 中柱柱顶纵向钢筋构造节点做法 C、D

1.2.8　抗震 KZ 柱变截面位置纵向钢筋构造

关于抗震框架柱变截面位置,纵向钢筋构造给出了几种节点构造,重点要注意"楼面以上部分"是描述上层柱纵筋与下柱纵筋的连接,与"变截面"的关系不大,而变截面主要的变化在"楼面以下"。因此,其实后面的图形讲述了"变截面"构造的两种做法:一种是在"$\Delta/h_b \leqslant 1/6$"的情形下变截面的做法,另一种是在"$\Delta/h_b > 1/6$"的情形下变截面的做法(Δ 是上下柱同向侧面错台的宽度,h_b 是框架梁的截面高度),如图 1.38 所示。

(1)当"斜率比较小"时($\Delta/h_b \leqslant 1/6$)

柱纵筋的做法:可以由下柱弯折连续通到上柱。

(2)当"斜率较大"时($\Delta/h_b > 1/6$)

柱纵筋的做法:下柱纵筋伸至本层柱顶后弯折 $12d$,此时须保证下柱纵筋直锚长度 $0.5l_{ab}$,上柱纵筋必须伸入下柱 $1.2l_a$。

端柱变截面时变截面的错台在外侧,其内侧有框架梁,此时下柱纵筋伸至梁顶后弯锚进框架梁后再伸入达到 l_a,上柱纵筋仍必须伸入下柱 $1.2l_a$,如图 1.39 所示。

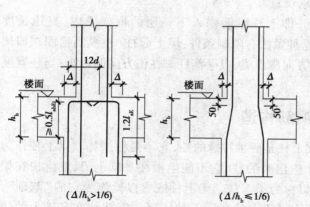

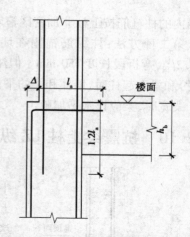

图 1.38 抗震 KZ 柱变截面位置纵向钢筋构造　　　图 1.39 端柱变截面纵向钢筋构造

1.2.9　抗震剪力墙上柱 QZ 纵向钢筋构造

剪力墙上柱 QZ 也是一种结构转换层,其上层是柱,下层是剪力墙。抗震剪力墙上柱 QZ 与下层剪力墙有两种锚固构造,如图 1.40 所示。

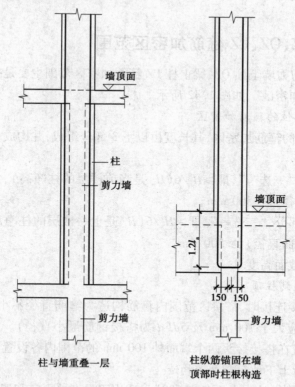

柱与墙重叠一层　　　　　　柱纵筋锚固在墙
　　　　　　　　　　　　　顶部时柱根构造

图 1.40　抗震剪力墙上柱 QZ 纵向钢筋构造

第一种方法:剪力墙上柱 QZ 与下层剪力墙重叠一层。把上层框架柱的全部柱纵筋向下伸至下层剪力墙的楼面上,也就是与下层剪力墙重叠整整一个楼层,在墙顶面标高以下锚固范围内的柱箍筋按上柱非加密区箍筋要求设置。

第二种方法:柱纵筋锚固在墙顶部,即上柱纵筋锚入下一层的框架梁内,直锚长度为 $1.2l_{aE}$,弯折段长度 150 mm。但注意这种做法有限制条件:墙上起柱(柱纵筋锚固在墙顶部时)和梁上起柱时,墙体和梁的平面外方向应设梁,以平衡柱脚在该方向的弯矩;当柱宽度大于梁宽时,梁应设水平加腋。

1.2.10　抗震梁上柱 LZ 纵向钢筋构造

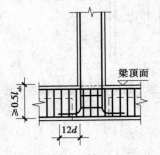

图 1.41　梁上柱 LZ 纵筋构造

梁上柱是一种特殊的柱,它不是框架柱。梁上柱作为半空中生出来的柱,它不能生根在基础上,只能生根在梁上,所以称为梁上柱。梁上柱既然以梁作为它的"基础",这就决定了梁上柱在梁上的锚固与框架柱在基础上的锚固是类似的,即梁上柱 LZ 纵筋"坐底"并弯直钩 15d,要求锚固垂直段伸到梁底 $\geqslant 20d$ 且 $\geqslant 0.6l_{abE}$ 处,如图 1.41 所示,同时柱插筋在梁内的部分只需设置两道柱箍筋,其作用是固定柱插筋。梁上起柱时,梁的平面外方向应设梁,以平衡柱脚在该方向的弯矩;当柱宽度大于梁宽时,梁应设水平加腋。

1.2.11　抗震 KZ、QZ、LZ 箍筋加密区范围

抗震框架柱 KZ、剪力墙上柱 QZ、梁上柱 LZ 箍筋加密区范围主要是指框架柱纵筋"非连接区",也就是"箍筋加密区",如图 1.42 所示。

(1)楼板梁上下部位的箍筋加密区

楼板梁上、下部位的箍筋加密区,其长度由以下 3 部分组成,并构成一个完整的"箍筋加密区"。

①梁底以下部分,"三选一",即 $\geqslant H_n/6$(H_n 是当前楼层的柱净高)、$\geqslant h_c$(h_c 为柱截面长边尺寸,圆柱为截面直径)、$\geqslant 500$ mm。

②楼板顶面以上部分,"三选一",即 $\geqslant H_n/6$(H_n 是上一楼层的柱净高)、$\geqslant h_c$(h_c 为柱截面长边尺寸,圆柱为截面直径)、$\geqslant 500$ mm。

③再加上一个梁截面高度。

(2)箍筋加密区直到柱顶

当柱纵筋采用搭接连接时,搭接区范围内箍筋构造为箍筋直径不小于 $d/4$(d 为搭接钢筋最大直径),间距不应大于 100 mm 及 5d(d 为搭接钢筋最小直径)。同时,当受压钢筋直径大于 25 mm 时,尚应在搭接接头两个端面外 100 mm 的范围内各设置两道箍筋。

(3)底层刚性地面上下的箍筋加密构造

"抗震 KZ 在底层刚性地面上下各加 500"只适用于没有地下室和架空层的建筑,因为如果有地下室,底层(即一层)就是楼面而不是地面了。

何为刚性地面?横向压缩变形小、竖向比较坚硬的地面属于刚性地面,其平面内的刚度比较大,在水平力作用下,平面内变形很小。例如,岩板地面(如花岗岩板块地面)是刚性地面,

混凝土强度等级大于等于 C20,厚度为 200 mm 的混凝土地面是刚性地面。

若是地面的标高(±0.00)落在基础顶面的范围内,则这个上下 500 mm 的加密区就与 $H_n/3$ 的加密区重合了。因此,这两种箍筋加密区不必重复设置了。

(4)短柱箍筋加密构造

当柱净高(包括因嵌砌填充墙等形成的柱净高)与柱截面长边尺寸或圆柱直径形成 $H_n/h_c \leq 4$ 的短柱时,其箍筋沿柱全高加密。

在实际工程中,短柱出现较多的部位在地下室。当地下室层高较小时,容易形成 $H_n/h_c \leq 4$ 的情况。

以上这些关于柱箍筋加密的规定,在实际工程的施工和预算工作中都要加以注意。一般情况,施工图中对于框架柱箍筋加密的要求,都应该予以明确的说明。如果缺少说明,则应根据规范和标准图集的规定,向设计师落实具体的做法。

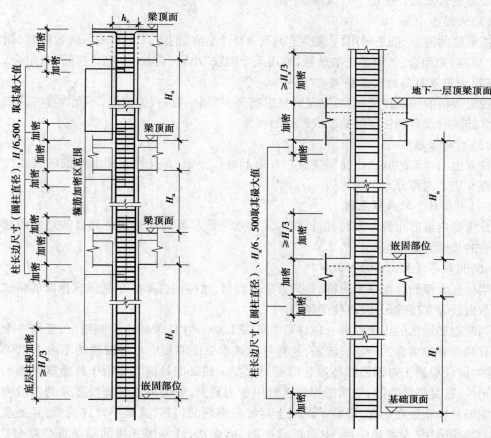

图 1.42 柱的箍筋加密区　　　　图 1.43 嵌固部位下移后地下室 KZ 的箍筋加密区范围

(5)地下室框架柱嵌固部位

有地下室时,需要根据实际工程情况由设计注明嵌固部位,箍筋加密区范围如图 1.43 所示。当框架柱嵌固部位不在地下室顶板,但仍需考虑地下室顶板对上部结构实际存在嵌固作用时,此时首层柱端箍筋加密区长度范围及纵筋连接位置均按嵌固部位要求设置,箍筋加密区亦如图 1.43 所示。

1.2.12　框架柱的复合箍筋

根据构造要求:当柱截面短边尺寸大于 400 mm 且各边纵向钢筋多于 3 根时,或当截面短边尺寸不大于 400 mm 但各边纵向钢筋多于 4 根时,应设置复合箍筋。图 1.44 中列出了几例复合箍筋的构成及安装方法。

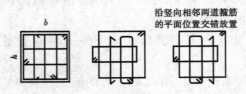

图 1.44　复合箍筋的构成及安装方法

设置复合箍筋要遵循下列原则。

(1)大箍套小箍

矩形柱的箍筋,都是采用"大箍"里面套若干"小箍"的方式。如果是偶数肢数,用几个两肢"小箍"来组合;如果是奇数肢数,则用几个两肢"小箍"再加上一个"拉筋"来组合。

(2)内箍或拉筋的设置要满足"隔一拉一"

设置内箍的肢或拉筋时,要满足对柱纵筋至少"隔一拉一"的要求,不允许存在两根相邻的柱纵筋同时没有钩住箍筋的肢或拉筋的现象。

(3)对称性原则

柱 b 边上箍筋的肢或拉筋都应该在 b 边上对称分布,并且柱 h 边上箍筋的肢或拉筋都应该在 h 边上对称分布。

(4)内箍水平段最短原则

在考虑内箍的布置方案时,应该使内箍的水平段尽可能地最短（其目的是使内箍与外箍重合的长度为最短）。

(5)内箍尽量做成标准格式

当柱复合箍筋存在多个内箍时,只要条件许可,这些内箍都应尽量做成标准的格式。内箍尽量做成等宽度的形式,以便于施工。

判断箍筋做法的正确性和合理性可参见图 1.45。在柱子的 4 个侧面上,任何一个侧面上只有两根并排重合的一小段箍筋,这样可以基本保证混凝土对每根箍筋不小于 270° 的包裹,这对保证混凝土对钢筋的有效黏结至关重要。如果把等箍互套用于外箍就破坏了外箍的封闭性,这是很危险的;如果把等箍互套用于内箍上,就会造成外箍与互套的两段内箍有共段钢筋并排重叠在一起,影响了混凝土对每段钢筋的包裹,这是不允许的,而且还多用了钢筋。如果采用"大箍套中箍、中箍再套小箍"的做法,柱侧面并排的箍筋重叠就会达到 3 根、4 根甚至更多,这更影响了混凝土对每段钢筋的包裹,而且还浪费更多的钢筋。因此,大箍套中箍、中箍再套小箍的做法是最不可取的做法。

如图 1.45 所示,柱的箍筋做法应尽可能使内箍的宽度尺寸一致,这样方便施工,同时能使内箍的宽度尽量达到最小,即减小箍筋水平段的重合长度。柱的大箍套小箍中的"隔一拉一"的意思就是:相邻两根箍筋的垂直肢之间最多只允许有一根柱纵筋不被箍筋拉住。如果把柱的箍筋换成拉筋,相邻两根拉筋之间最多只允许存在一根柱纵筋。

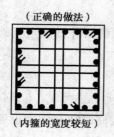 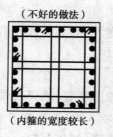 

图 1.45 柱箍筋做法

1.2.13 框架柱的基础插筋

框架柱的基础插筋有 4 种构造做法,这些构造做法主要按两个原则进行分类,如图 1.46 所示。

(1)按柱的位置进行分类

图 1.46 中,第一种和第二种做法是当柱插筋保护层厚度大于 $5d$ 时(通常为中柱),柱插筋在基础内设置间距不大于 500 mm,且不少于两道矩形封闭箍筋(非复合箍)。第三种和第四种做法为柱插筋保护层厚度小于等于 $5d$(通常为边柱),柱插筋在基础内设置锚固区横向箍筋。锚固区横向箍筋就是柱插筋在基础锚固段内满布箍筋(仅布置外围大箍),锚固区横向箍筋应满足直径 $\geq d/4$(d 为插筋最大直径),间距 $\leq 10d$(d 为插筋最小直径)且 ≤ 100 mm 的要求。

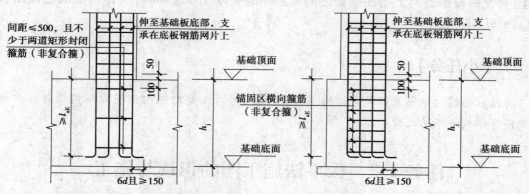

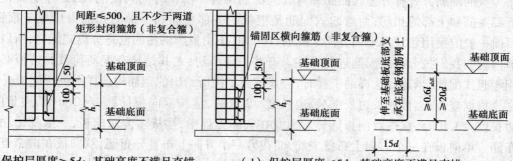

图 1.46 柱插筋在基础中的锚固构造

（2）按基础厚度进行分类

第一种和第三种做法当基础厚度大于 $l_{aE}(l_a)$ 时,第二种和第四种做法当基础厚度不大于 $l_{aE}(l_a)$ 时,考虑柱插筋是否应加弯折。

（3）构造做法说明

第一种构造做法为当柱插筋保护层厚度大于 $5d$,同时基础厚度大于 $l_{aE}(l_a)$ 时,柱插筋插至基础底板支在底板钢筋网上,并弯折 $6d$ 且大于等于 150 mm,同时在基础内设置间距不大于 500 mm,且不少于两道矩形封闭箍筋(非复合箍)。

第二种构造做法为当柱插筋保护层厚度大于 $5d$,同时基础厚度不大于 $l_{aE}(l_a)$ 时,柱插筋插至基础底板支在底板钢筋网上,且锚固垂直段不小于 $0.6l_{aE}(0.6l_a)$,并弯折 $15d$,同时在基础内设置间距不大于 500 mm,且不少于两道矩形封闭箍筋(非复合箍)。

第三种构造做法为当柱插筋保护层厚度不大于 $5d$,同时基础厚度大于 $l_{aE}(l_a)$ 时,柱插筋插至基础底板支在底板钢筋网上,并弯折 $6d$ 同时大于等于 150 mm,在基础内设置锚固区横向箍筋。

第四种构造做法为当柱插筋保护层厚度不大于 $5d$,同时基础厚度不大于 $l_{aE}(l_a)$ 时,柱插筋插至基础底板支在底板钢筋网上,且锚固垂直段不小于 $0.6l_{aE}(0.6l_a)$,并弯折 $15d$,在基础内设置锚固区横向箍筋。

当柱为轴心受压或小偏心受压独立基础、条形基础高度不小于 1 200 mm 时,或当柱为大偏心受压,独立基础、条形基础高度不小于 1 400 mm 时,可仅将柱四角插筋伸至底板钢筋网上(伸至底板钢筋网上的柱插筋之间间距不应大于 1 000 mm),其他钢筋满足锚固长度 $l_{aE}(0.6l_a)$ 即可。

【小任务】

总结柱的纵向钢筋直锚与弯锚的不同之处,同时对比梁的纵向钢筋弯锚构造与柱的纵向钢筋弯锚构造不同之处。

任务 1.3 板平法施工图的识读与施工

板的配筋方式有分离式配筋和弯起式配筋两种。所谓分离式配筋,就是分别设置板的下部主筋和上部的扣筋;而弯起式配筋是把板的上部主筋和下部的扣筋设计成一根钢筋。目前一般的民用建筑都采用分离式配筋,16G101-1 图集所讲述的也是分离式配筋,所以在本节内容中我们按分离式配筋进行讲述。有些工业厂房,尤其是具有振动荷载的楼板必须采用弯起式配筋,当遇到这样的工程时,应该按施工图所给出的钢筋构造详图进行施工。

根据规范,当板的长边长度/短边长度≤2.0 时,应按双向板计算;当 2.0<长边长度/短边长度≤3.0 时,宜按双向板计算。因此在实际工程中,楼板多为双向板,一般都采用双向布筋。单向板在一个方向上布置主筋,而在另一个方向上布置分布筋;双向板在两个互相垂直的方向上都布置主筋。此外,配筋的方式有单层布筋和双层布筋两种。单层布筋就是在板的下部布置贯通纵筋,在板的周边布置扣筋(非贯通纵筋);双层布筋就是在板的上部和下部都布置贯通纵筋。

1.3.1 板钢筋标注

板钢筋标注分为集中标注和原位标注两种。集中标注的主要是针对板的贯通纵筋；原位标注主要是针对板的非贯通纵筋。

1)板块集中标注

板集中标注以板块为单位。对于普通楼面，两向均以一跨为一块板。板块集中标注的内容为：板块编号、板厚、贯通纵筋，以及当板面标高不同时的标高高差。

（1）板块编号

板块编号如表1.3所示。

表1.3　板块编号

板类型	代　号	序　号	例　子
楼面板	LB	××	LB1
屋面板	WB	××	WB1
悬挑板	XB	××	XB1

（2）板厚注写

板厚注写为 $h=×××$（h 为垂直于板面的厚度），例如 $h=100$。

当悬挑板的端部改变截面厚度时，注写为 $h=×××/×××$（斜线前为板根的厚度，斜线后为板端的厚度），例如 $h=80/60$。

（3）贯通纵筋

贯通纵筋按板块的下部纵筋和上部纵筋分别注写（当板块上部不设贯通纵筋时则不注）。图集规定：以 B 代表下部，T 代表上部，B&T 代表下部与上部。X 向贯通纵筋以 X 打头，Y 向贯通纵筋以 Y 打头，两向贯通纵筋配置相同时以 X&Y 打头。

如图1.47所示，双向板的配筋（双层布筋）标注为：

LB1 $h=100$

B:X&Y φ8@150

T:X&Y φ8@150

上述标注表示：编号为 LB1 的楼面板，厚度为 100 mm，板下部配置的贯通纵筋无论 X 向和 Y 向都是 φ8@150，板上部配置的贯通纵筋无论 X 向和 Y 向都是 φ8@150。

如图1.47所示，双层板的配筋（单向布筋）标注为：

LB2 $h=120$

B:X φ12@150;

　　Y φ12@150

上述标注表示：编号为 LB2 的屋面板，厚度为 120 mm，板下部配置的贯通纵筋 X 向是 φ10@150，Y 向是 φ8@120，板上部未配置贯通纵筋。板的周边需要布置扣筋，扣筋一般见图的原位标注。

同一编号板块的类型、板厚和贯通纵筋均相同，但板面标高、跨度、平面形状以及板支座

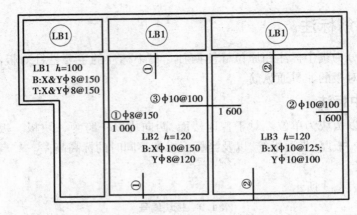

图 1.47　同一编号板标注示例

上部非贯通纵筋可以不同,如同一编号板块的平面形状可为矩形、多边形及其他形状等。施工和预算时,分别计算各块板的混凝土与钢材用量应根据其实际平面形状。

　　例如,虽然 LB1 的钢筋标注只在某一块楼板上进行,但是,本楼层上所有注明"LB1"的楼板都执行上述标注的配筋。尤其值得指出的是,无论是矩形板还是 L 形板,都执行同样的配筋。当然,对这些尺寸不同或形状不同的楼板,要分别计算每一块板的钢筋配置。

　　(4)板面标高高差

　　板面标高高差是指相对于结构层楼面标高的高差,应将其注写在括号内。有高差则注,无高差不注。例如,(-0.0500)表示本板块比本层楼面标高低 0.050 m。

　　这类情况多出现在阳台、厕所这类房间或者错层结构,如果出现此类情况,周边板上的扣筋只能做成单侧扣筋,即周边扣筋不能跨越边梁扣到标高较低的板上。

2)板支座原位标注

　　板支座原位标注为:板支座上部非贯通纵筋(即扣筋)和悬挑板上部受力钢筋。

　　(1)板支座原位标注的基本方式

　　板支座原位标注的钢筋,应在配置相同跨的第一跨表达(当在梁悬挑部位单独配置时则在原位表达)。在配置相同跨的第一跨(或梁悬挑部位),垂直于板支座(梁或墙)绘制一段适宜长度的中粗实线(当该筋通长设置在悬挑板或短跨板上部时,实线段应画至对边或贯通短跨),以该线段代表支座上部非贯通纵筋,并在线段上方注写钢筋编号(如①、②等)、配筋值、横向连续布置的跨数(注写在括号内,且当为一跨时可不注),以及是否横向布置到梁的悬挑端。例如,(××)为横向布置的跨数,(××A)为横向布置的跨数及一端的悬挑梁部位,(××B)为横向布置的跨数及两端约悬挑梁部位。

　　在线段的下方位置注写板支座上部非贯通筋自支座中线向跨内的伸出长度。当中间支座上部非贯通纵筋向支座两侧对称伸出时,可仅在支座一侧线段下方标注伸出长度,另一侧不注。注意:标注长度为自支座中线向跨内的伸出长度,如有的轴线不为居中时则要进行换算,而结构设计规范中要求为伸出长度从梁边算起不小于 $l_n/4$(l_n 为板的净跨长度)。

　　(2)板支座原位标注的各种情况

　　①单侧扣筋布置(单跨布置)。例如:图 1.48 上面一跨的单侧扣筋①号钢筋,在扣筋的上部标注⚷8@150,在扣筋的下部标注为 1 000。这表示编号为①号的扣筋,规格和间距为⚷8@150,从梁中线向跨内的延伸长度为 1 000 mm。其他部位的①号扣筋在下部没有任何

标注,这表示此处①号扣筋执行前面①号扣筋的原位标注,而且这个①号扣筋是"1 跨"。同时注意旁边在⑦号扣筋的上部标注为⑦(2),则表示这个⑦号扣筋是"2 跨"的(即在相邻的二跨连续布置,从标注跨向右数二跨)。

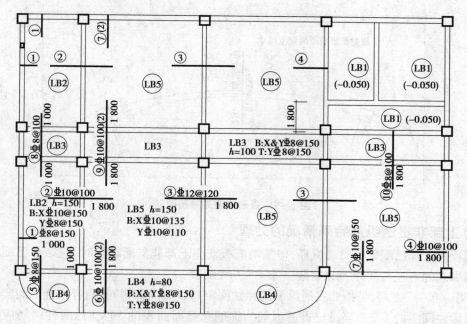

图 1.48   板标注示例

②双侧扣筋布置。例如:图 1.48 中一根横跨一道框架梁的双侧扣筋③号钢筋,在扣筋的上部标注 Φ12@ 120,在扣筋下部的右侧标注为 1 800,而在扣筋下部的左侧为空白,没有尺寸标注。这表示编号为③号的扣筋,规格和间距为 Φ12@ 120,从梁中线向右侧跨内的延伸长度为 1 800 mm,而因为扣筋的右侧没有尺寸标注,则表明该扣筋向支座两侧对称延伸,即向左侧跨内的延伸长度也是 1 800 mm。

③贯通短跨全跨的扣筋布置。例如:图 1.48 左边第二跨的⑨号扣筋,在扣筋的上部标注 Φ10@ 100(2),在扣筋下部左端标注延伸长度为 1 800 mm,在扣筋中段横跨两梁之间没有尺寸标注,在扣筋下部右端标注延伸长度为 1 800 mm。

对于贯通短跨全跨的扣筋,规定贯通全跨的长度值不注,所以中段短跨扣筋贯通全跨,两边各向外延伸长度均是 1 800 mm。这个扣筋上部标注的后面有"(2)",说明这个扣筋⑨在相邻的两跨之内设置。实行标注的与前跨即是"第 1 跨",第 2 跨在第 1 跨的右边。

同时注意,图中第 4 跨中横跨两道梁的⑩号扣筋,在扣筋的上部标注 Φ10@ 100(2),在扣筋下部左端标注延伸长度为 1 800 mm,在扣筋下部右端没有尺寸标注。这种扣筋与上例不同,它在该轴线的上面没有向跨内的延伸长度,也就是说,该轴线的梁是这根扣筋的端节点。大家注意:因为此处板标高不一样为(-0.05),扣筋无法拉通,故不能向该跨内的延伸长度。

④贯通全悬挑长度的扣筋布置。例如:图 1.48 下边第 2 跨⑥号扣筋覆盖整个延伸悬挑板,在扣筋的上部标注 Φ10@ 100(2),在扣筋下部向跨内的延伸长度标注为 1 800,覆盖延伸悬挑板一侧的延伸长度不作标注。这表示编号为⑥号的扣筋,规格和间距为 Φ10@ 100,向跨内的延伸长度为 1 800 mm,悬挑板段延伸长度为板挑出长度减去保护层厚度。

⑤弧形支座上的扣筋布置。当板支座为弧形、支座上方非贯通纵筋呈放射状分布时，设计者应注明配筋间距的度量位置并加注"放射分布"4个字，必要时应补绘平面配筋图，如图1.49所示。

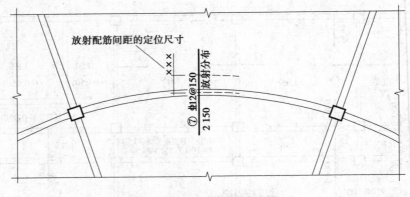

图1.49 弧形支座处放射配筋

3）上部非贯通纵筋特殊情况的处理

当板的上部已配置有贯通纵筋，但需增配板支座上部非贯通纵筋时，应结合已配置的同向贯通纵筋的直径与间距，采取"隔一布一"方式配置。

"隔一布一"方式，是指非贯通纵筋的标注间距与贯通纵筋相同，两者组合后的实际间距为各自标注间距的1/2。当设定贯通纵筋为纵筋总截面面积的50%时，两种钢筋应取相同直径；当设定贯通纵筋大于或小于总截面面积的50%时，两种钢筋取不同直径。

例如，板上部已配置贯通纵筋Φ12@250，该跨同向配置的上部支座非贯通纵筋为⑤Φ12@250，表示在该支座上部设置的纵筋实际为Φ12@125，其中一半为贯通纵筋，另一半为⑤号非贯通纵筋。

又如，板上部已配置贯通纵筋Φ10@250，该跨配置的上部同向支座非贯通纵筋为③Φ12@250，表示该跨实际设置的上部纵筋为Φ10和Φ12间隔布置，二者之间间距为125 mm。

施工时应注意：当支座一侧设置了上部贯通纵筋（在板集中标注中以T打头），而在支座另一侧仅设置了上部非贯通纵筋时，如果支座两侧设置的纵筋直径、间距相同，应将二者连通，避免其各自在支座上部分别锚固。

1.3.2 楼板钢筋构造

1）楼板端部支座的钢筋构造

（1）当端部支座为梁时（图1.50）

①板下部贯通纵筋锚固要求：板下部贯通纵筋在支座的直锚长度≥5d且至少到梁中线（d为纵向钢筋直径）；对于梁板式转换层的板，当支座尺寸满足直线锚固要求时，下部贯通纵筋锚固长度不应小于l_{ab}，且至少伸到支座中线；当支座尺寸不满足直线锚固要求时，板纵筋可采用90°弯折锚固方式，此时板上、下部纵筋伸至竖向钢筋内侧并向支座内弯折，平直段长度≥0.6l_{abE}，弯折段长度15d。

②板上部纵向钢筋锚固要求：当设计按铰接时，平直段伸至圈梁外侧角筋内侧后弯折，

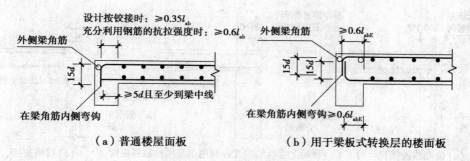

图 1.50 端部支座为梁

且平直段长度≥0.35l_{ab},弯折段长度15d;当充分利用钢筋的抗拉强度时,直段伸至端支座对边后弯折,且平直段长度≥0.6l_{ab},弯折段长度15d(其实在钢筋计算时,上述弯锚平直段是作为一个验算条件,在施工图中采用何种构造由设计者确定)。

注意锚固长度均采用l_{ab}不是l_{abE},因为在板的设计中不考虑抗震因素,所以在上部贯通纵筋弯锚长度的计算中采用l_{ab}不是l_{abE}。梁板式转换层的板l_{ab}、l_{abE}按抗震等级四级取值,设计也可根据实际工程情况另行指定。

(2)当端部支座为剪力墙中间层时(图1.51)

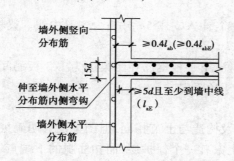

图 1.51 端部支座为剪力墙(括号内的数值用于梁板式转换层的板)

①板下部贯通纵筋锚固要求:板下部贯通纵筋在支座的直锚长度≥5d且至少到梁中线,对梁板式转换层的板,下部贯通纵筋在支座的直锚长度为l_{aE},当板下部纵筋直锚长度不足时,可采用弯锚同梁板式转换层的楼面板。

②板上部纵向钢筋锚固要求:板上部贯通纵筋伸到墙身外侧水平分布筋的内侧,且平直段长度≥0.4l_{ab}(l_{abE}),弯折段长度15d。

(3)当端部支座为剪力墙墙顶时(图1.52)

①板端按铰接设计时,板上部贯通纵筋伸到墙身外侧水平分布筋的内侧,且平直段长度≥0.35l_{ab},弯折段长度15d 板下部贯通纵筋在支座的直锚长度≥5d且至少到梁中线。

②板端上部纵筋按充分利用钢筋的抗拉强度时,板上部贯通纵筋伸到墙身外侧水平分布筋的内侧,且平直段长度≥0.6l_{ab},弯折段长度15d,板下部贯通纵筋在支座的直锚长度≥5d且至少到梁中线。

③搭接连接,墙外侧水平分布筋伸至板顶弯折15d,板上部贯通纵筋与墙外侧水平分布筋搭接l_l且断点位置低于板底;板下部贯通纵筋在支座的直锚长度≥5d且至少到梁中线。

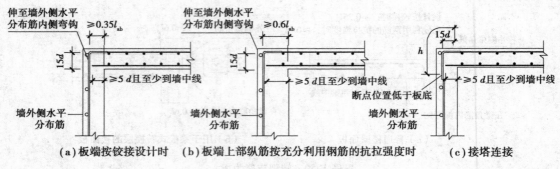

（a）板端按铰接设计时　（b）板端上部纵筋按充分利用钢筋的抗拉强度时　（c）接塔连接

图1.52　端部支座为砌体墙

【小任务】

请对比总结柱的纵向钢筋、梁的纵向钢筋、板的钢筋弯锚构造不同之处。

2）楼板中间支座的钢筋构造

板的中间支座为混凝土剪力墙、砌体墙或圈梁时，其钢筋构造相同，如图1.53所示。

（1）下部纵筋

①与支座垂直的贯通纵筋：伸入支座5d且至少到梁中线。梁板式转换层的板，下部贯通纵筋在支座的直锚长度为l_a。

②与支座同向的贯通纵筋：第一根钢筋在距梁边为1/2板筋间距处开始设置。下部纵筋的连接位置宜在距支座1/4净跨内。

（2）上部纵筋

①扣筋向跨内延伸长度及构造与上节相同，但图集没有明确规定扣筋腿的长度计算方法，一般认为扣筋的水平段上方有一个保护层，而扣筋腿的下端点以下还要有一个保护层，否则就会发生露筋，所以扣筋腿的长度=板厚度-2个保护层厚度，但也有人认为只用减上方的一个保护层厚度。在实际工程中，施工单位必须要求设计方明确这个问题。

②贯通纵筋：

a.与支座垂直的贯通纵筋：贯通跨越中间支座，上部贯通纵筋连接区在跨中1/2跨度范围之内（即$l_n/2$，l_n为扣除了支座宽度的净跨跨度）。

b.当相邻等跨或不等跨的上部贯通纵筋配置不同时，应将配置较大者越过其标注的跨数终点或起点延伸至相邻跨的跨中连接区域连接。

c.与支座同向的贯通纵筋：第1根钢筋在距梁边为1/2板筋间距处开始设置。

3）板上部贯通纵筋

（1）板上部贯通纵筋

板上部贯通纵筋横跨一个整跨或几个整跨，两端伸至支座梁（墙）外侧纵筋的内侧，弯锚长度为15d。当直锚长度≥l_a时，可不弯锚。

（2）端支座为梁时板上部贯通纵筋的计算

先计算直锚长度，直锚长度=梁截面宽度-保护层厚度-梁箍筋直径-梁角筋直径。当满足直锚长度≥l_a时可不弯折；如不满足，则弯折15d。

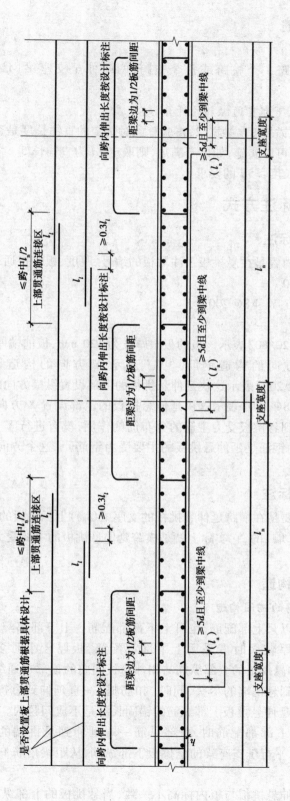

图1.53 有梁楼盖楼面板LB和屋面板WB钢筋构造

4)板下部贯通纵筋

(1)板上部贯通纵筋

板下部贯通纵筋横跨一个整跨或几个整跨,两端伸至支座梁(墙)的中心线,且直锚长度≥5d。

(2)端支座为梁时板下部贯通纵筋的计算

先计算直锚长度,直锚长度=梁宽/2,再验算此时选定的直锚长度是否大于等于5d。如果满足直锚长度≥5d,则可以实施;如果不满足,则取定5d为直锚长度。实际工程中,1/2梁厚一般都能够满足直锚长度≥5d的要求。

1.3.3 悬挑板的标注方式

1)悬挑板的集中标注

悬挑板集中标注的内容是在悬挑板上注写板的编号、厚度、板的贯通纵筋和构造钢筋。

例如:XB2 $h=120/80$

$\quad\quad$ B:X_c $\phi 8@150$;Y_c $\phi 8@200$

$\quad\quad$ T:X $\phi 8@180$

悬挑板的板厚"$h=120/80$"表示该板的板根厚度为120 mm、板前端厚度为80 mm;上述标注的"X_c"表示 X 方向的构造钢筋,"Y_c"表示 Y 方向的构造钢筋。所以,上述"B:X_c $\phi 8@150$;Y_c $\phi 8@200$"表示这块延伸悬挑板的下部设置纵横方向的构造钢筋。

上述标注的"T:X $\phi 8@180$"表示这块延伸悬挑板的上部设置 X 方向的贯通纵筋,这个方向的贯通纵筋其实起到悬挑板受力主筋的分布筋的作用,没有进行 Y 方向顶部贯通纵筋的集中标注(这个方向的钢筋是延伸悬挑板的主要受力钢筋)。这个方向的钢筋由"悬挑板的原位标注"来布置。

2)悬挑板的原位标注

悬挑板原位标注主要是在横跨延伸悬挑板的支座梁(墙)上标注板的非贯通纵筋。这些非贯通纵筋是垂直于梁(墙)的,它实际上就是横跨延伸悬挑板的主要受力钢筋,这在前面已论述,不再重复。

3)悬挑板的钢筋构造

(1)延伸悬挑板纵筋的锚固构造

延伸悬挑板纵筋可以只上部配筋,也可上下部都配筋。上下部都配筋可以抵抗温度应力的开裂影响,所以板厚较大时多采用上下部都配筋,板厚较小时多采用仅上部配筋如图1.54所示。当延伸悬挑板的上部纵筋与相邻跨板同向的顶部贯通纵筋贯通时,把跨内板的顶部纵筋一直延伸到悬挑端的尽头,同时"扣筋腿"一直延伸到悬挑端的下端(板厚减保护层的厚度),此时的延伸悬挑板上部纵筋的锚固长度是不成问题的。

延伸悬挑板采用上下部都配筋时,下部纵筋一端延伸到悬挑端的尽头,另一端伸入梁内≥12d且过中心线。平行于支座梁的悬挑板下部纵筋,从距梁角筋1/2板筋间距处开始设置。

如图1.55所示,延伸悬挑板与板内标高不一致,当悬挑板的上部纵筋是顶部非贯通纵

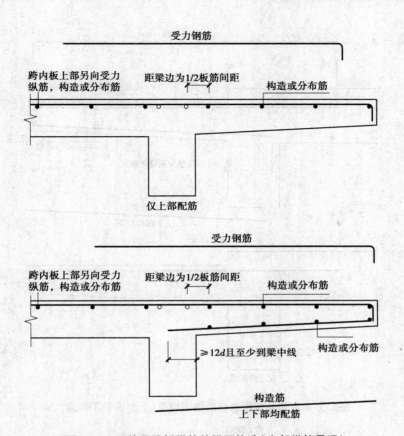

图 1.54 延伸悬挑板纵筋的锚固构造(上部纵筋贯通)

筋(扣筋)时,插入支座梁达到锚固长度即可,其他处理同上。

(2)纯悬挑板上部纵筋的锚固构造

如图 1.56 所示,纯悬挑板上部纵筋伸至支座梁远端的梁角筋的内侧,水平锚固段长度 $\geq 0.6 l_{ab}$,然后弯折 $15d$,其他构造与前者相同。

(3)悬挑板厚 ≥ 150 mm 时的处理

如图 1.57 所示,当悬挑板厚 ≥ 150 mm 时,若无支撑板,应作封边处理。封边处理有两种做法:第一种做法为单独做 U 字形封边,平直段长度 $\geq 15d$ 且不小于 200 mm;第二种做法为板上部纵筋和下部纵筋伸至尽头之后,都要弯直钩到悬挑板底或板面。

4)板翻边 FB 构造

板翻边高度 ≤ 300 mm,可以是上翻或下翻,翻边高度 ≥ 300 mm 时(例如为阳台栏板时),按板挑檐构造进行处理。当两条板边缘线都是实线时,表示上翻边;当外边缘线是实线、而内边缘线是虚线时,表示下翻边。

例如,FB1(3)表示编号为 1 的板翻边,跨数为 3 跨(当为 1 跨时可不标注跨数);

60×300 表示该翻边的宽度为 60 mm,高度为 300 mm;

B2 φ6 表示该翻边的下部贯通纵筋(当与板内同向纵筋相同时可不标注);

T2 φ6 表示该翻边的上部贯通纵筋(当与板内同向纵筋相同时可不标注)。

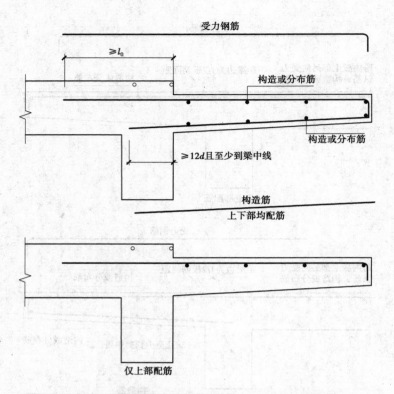

图 1.55 延伸悬挑板纵筋的锚固构造(上部纵筋不贯通)

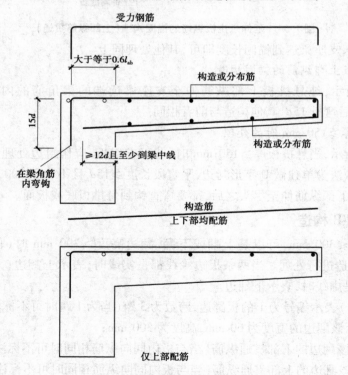

图 1.56 纯悬挑板纵筋的锚固构造

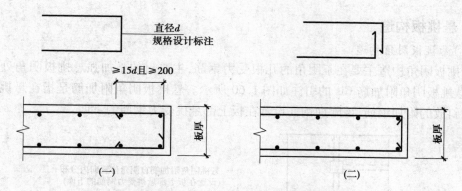

图 1.57　当板厚大于 150 mm 时无支撑板的端部封边处理

（1）上翻边构造

如图 1.58 所示，悬挑板的上翻边都使用上翻边筋。当悬挑板上下部均配筋时，悬挑板下部纵筋上翻与上翻边筋的上沿相连；当悬挑板仅上部均配筋时，上翻边筋直接插入悬挑板的端部。

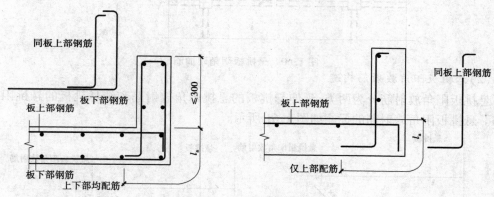

图 1.58　上翻边构造

（2）下翻边构造

利用悬挑板上部纵筋下弯作为下翻边的钢筋使用，如图 1.59 所示。当悬挑板仅上部配筋时，下翻边仅使用悬挑板上部纵筋下弯即可；当悬挑板上下部配筋时，除利用悬挑板上部纵筋下弯以外，还得使用下翻边筋。

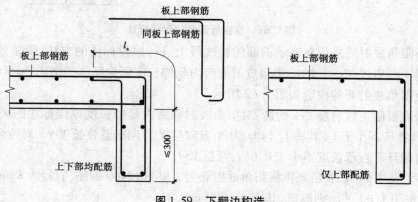

图 1.59　下翻边构造

5)悬挑板构造

(1)悬挑板阴角构造

悬挑板阴角构造主要在于阴角的几根受力钢筋,主要目的是加强悬挑板阴角处的钢筋锚固,悬挑板阴角附加筋 Cis 的引注如图 1.60 所示。悬挑板阴角附加筋是指在悬挑板的阴角部位斜放的附加钢筋,该附加钢筋设置在板上部悬挑受力钢筋的下面。

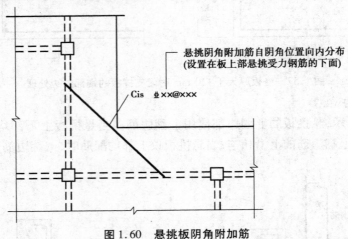

图 1.60　悬挑板阴角附加筋

(2)悬挑板阳角放射筋构造

悬挑板阳角放射筋分为两类:延伸悬挑板的悬挑阳角放射筋和纯悬挑板的悬挑阳角放射筋。悬挑板阳角放射筋的标注如图 1.61 所示。

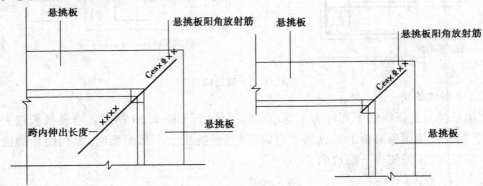

图 1.61　悬挑板阳角放射筋标注

悬挑板阳角放射筋采用在表示钢筋的粗线段上进行原位标注的方法,阳角放射筋在悬挑端原位标注的格式:Ces ×Φ××,阳角放射筋跨内延伸长度原位标注的格式:××××。

悬挑板阳角放射筋的构造如图 1.62 所示。

延伸悬挑板阳角放射筋 Ces 构造:对阳角放射筋跨内延伸长度原位标注的说明为:$\geq l_X$ 与 l_Y 之较大者且不小于 l_a(其中 l_X 与 l_Y 为 X 方向与 Y 方向的悬挑长度)。对纯悬挑向梁内伸至支座内侧且平直段长度不小于 $0.6l_{ab}$,弯折 15d。

例:注写 Ces7 Φ8 系表示悬挑板阳角放射筋为 7 根 HRB400 钢筋,直径为 8 mm。构造筋 Ces 的个数按图 1.62 的原则确定,其中 $a \leq 200$ mm。

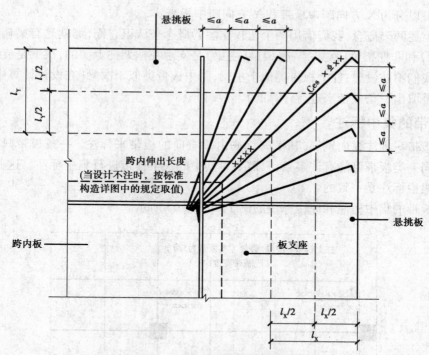

图 1.62　悬挑板阳角放射筋标注构造

1.3.4　无梁楼盖的平法标注

1)无梁楼盖的基本概念

有梁楼盖就是我们常见的楼板,框架梁支承在框架柱上面,板支承在梁上面;而无梁楼盖则是把板直接支承在柱上面,为了加入柱顶部的支承面积,在柱顶部设置了柱帽。

2)无梁楼盖板平法标注的主要内容

板平面注写主要有两部分内容——板带集中标注和板带支座原位标注。因此,重点是针对板带进行集中标注或是原位标注。

3)无梁楼盖板平法标注的基本方法

(1)板带的概念

在有梁楼盖中,楼板的周边是梁。扩展到剪力墙结构和砌体结构,楼板的周边是梁或墙。因此,对于大面积的楼面板,可以由不同位置的梁或墙将其分割为一块一块面积较小的平板,方便我们对其进行配筋处理。

但是对于大面积的无梁楼盖板,该如何进行划分呢?为此,提出了按板带划分的理论。所谓板带,就是将无梁楼盖板沿一定方向平行切开成若干条带子。沿 X 方向进行划分的板带,可称为 X 方向板带;沿 Y 方向进行划分的板带,可称为 Y 方向板带。

(2)无梁楼盖的板带划分

无梁楼盖的板带分为柱上板带和跨中板带。通过柱顶之上的板带,就称为柱上板带。按不同的方向来划分,柱上板带又可以分为 X 方向柱上板带和 Y 方向柱上板带。

相邻两条柱上板带之间部分的板带,就称为跨中板带。同样,按不同的方向来划分,跨中板带又可以分为 X 方向跨中板带和 Y 方向跨中板带。

对于上述两个概念,我们借用两个比较熟悉的概念来认识它们,那就是有梁楼盖中的框架梁(主梁)和非框架梁(次梁)。框架梁(主梁)是支承在框架柱上面的,次梁是支承在主梁上面的。我们不妨设想:柱上板带类似于主梁,跨中板带类似于次梁(在设计计算中,板的计算也经常是取出一条板带来进行计算的)。

4)板带的集中标注

每条板带只标注纵向钢筋,其横向钢筋由垂直向的板带来标注。一条板带只有一个集中标注。同一类板带可能有许多条,只需要对其中的一条板带进行集中标注。这些规定,与平法梁的集中标注是一致的。

柱上板带的集中标注和原位标注的例子如图 1.63 所示。

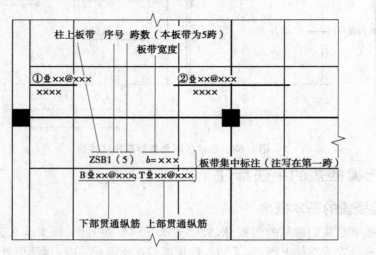

图 1.63　板带标注示例

板带集中标注的内容为:板带编号,板带厚及板带宽,箍筋和贯通纵筋。其中,除了"箍筋"是选注项之外(仅当柱上板带设计为暗梁时才标注),其余各项都是必注项。

(1)柱上板带的编号(如图 1.63 所示)

例如,ZSB1(5):"1"是柱上板带的序号,"(5)"表示本板带为 5 跨。

ZSB5(3A):"5"是柱上板带的序号,"(3A)"表示本板带为 3 跨、一端带悬挑。

另外,"A"表示一端带悬挑,"B"表示两端带悬挑,与平法梁的表示方法是完全一致的。

ZSB3(3B):"3"是柱上板带的序号,"(3B)"表示本板带为 3 跨、两端带悬挑。

(2)跨中板带的编号(如图 1.64 所示)

例如,KZB2(5):"2"是跨中板带的序号,"(5)"表示本板带为 5 跨。

另外,"A"表示一端带悬挑、"B"表示两端带悬挑等,与平法梁的表示方法是完全一致的。

KZB6(3A):"6"是跨中板带的序号,"(3A)"表示本板带为 3 跨、一端带悬挑。

KZB4(3B):"4"是跨中板带的序号,"(3B)"表示本板带为 3 跨、两端带悬挑。

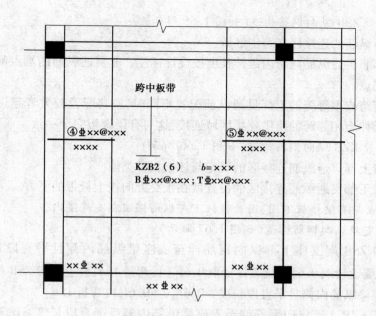

图 1.64 柱上板带标注示例

注意：相邻等跨板带的上部贯通纵筋应在跨中 1/3 跨长范围内连接；当同向连续板带的上部贯通纵筋配置不同时，应将配置较大者越过其标注的跨数终点或起点，伸至相邻跨的跨中连接区域连接。

5) 板带支座的原位标注

原位标注就是对一条板带各支座的非贯通纵筋进行标注。标注的基本方法为以一段与板带同向的中粗实线段代表板带支座上部非贯通纵筋，对柱上板带以实线段贯穿柱上区域绘制；对跨中板带以实线段贯穿柱网轴线绘制。在线段上方注写钢筋编号、配筋值。在线段下方注写自支座中线向两侧跨内的延伸长度。

当板带支座非贯通纵筋仅在一侧跨内方向标注延伸长度(例如"1 800")，而在另一侧没有标注延伸长度时，认为板带支座非贯通纵筋自支座中线向两侧对称延伸，即另一侧的延伸长度也是 1 800 mm。

当板带非贯通纵筋配置在有悬挑端的边柱上时，该筋延伸至悬挑尽端的延伸长度不标注，只标注支座中线到另侧跨内的延伸长度。此时，该非贯通纵筋延伸至悬挑尽端的延伸长度根据平面图上的悬挑长度来计算。

不同部位的板带支座上部非贯通纵筋相同者，可仅在一个部位进行注写，其余部位则在代表非贯通纵筋的线段上注写编号。

当板带上部已经配有贯通纵筋、但需增加配置板带支座上部非贯通纵筋时，应结合已配同向贯通纵筋的直径与间距，采用"隔一布一"的方式。这种注写规定与有梁楼盖板的相应规定完全一致。

6) 板带的纵向钢筋构造

柱上板带和跨中板带的纵向钢筋构造与有梁楼板的纵向钢筋构造类似，其上部贯通纵筋连接区的位置也和有梁楼板大体一致。

（1）柱上板带 ZSB 纵向钢筋构造（如图 1.65 所示）

①上部贯通纵筋的连接区在跨中区域。

②板带上部非贯通纵筋向跨内延伸长度按设计标注。非贯通纵筋的端点就是上部贯通纵筋连接区的起点。

③当相邻等跨或不等跨的上部贯通纵筋配置不同时，应将配置较大者越过其标注的跨数终点或起点延伸至相邻跨的跨中连接区域连接，这与有梁楼板完全一致。

（2）跨中板带 KZB 纵向钢筋构造（如图 1.66 所示）

①跨中板带上部贯通纵筋连接区的规定与柱上板带类似。

②跨中板带下部贯通纵筋连接区的位置就在正交方向柱上板带的下方。

注意：这一点与有梁楼板不同，因为楼板下部纵筋锚固在支座梁内。

（3）板带端支座纵向钢筋构造（如图 1.67 所示）

①柱上板带 ZSB 端支座上部纵向钢筋伸至支座梁纵筋内侧且平直段长度 $\geqslant 0.6l_{ab}$ 或 $0.6l_{abE}$（非抗震设计取 $0.6l_{ab}$，抗震设计取 $0.6l_{abE}$），弯折 $15d$；柱上板带 ZSB 端支座下部纵向钢筋伸至支座梁纵筋内侧且平直段长度 $\geqslant 0.6l_{ab}(\geqslant 0.6l_a)$，弯折 $15d$。

②跨中板带 KZB 上部纵向钢筋伸至支座梁纵筋内侧且平直段长度 $\geqslant 0.35l_{ab}$ 或 $0.6l_{ab}$（设计按铰接时取 $0.35l_{ab}$，充分利用钢筋的抗拉强度时取 $0.6l_{ab}$），弯折 $15d$；柱上板带 ZSB 端支座下部纵向钢筋伸至支座 $12d$ 且至少到梁中线。

（4）板带悬挑端纵向钢筋构造（图 1.68）

板带的上部贯通纵筋与非贯通纵筋一直伸至悬挑端部，然后拐 90° 的直钩伸至板底。板带悬挑端的整个悬挑长度包含在正交方向边柱列柱上板带宽度范围之内。

7）暗梁钢筋构造

柱上板带暗梁只适用于无柱帽的无梁楼盖，有柱帽的无梁楼盖不必设置暗梁。

如图 1.69 所示，箍筋从柱外侧 50 mm 开始设置，箍筋加密区长度为从柱外侧算 $3h$（h 为板厚），并且箍筋加密仅用于抗震设计时。暗梁中纵向钢筋连接、锚固及支座上部纵筋的伸出长度等要求同轴线处柱上板带中纵向钢筋，这表明暗梁的上部非贯通纵筋的伸出长度与柱上板带原位标注的非贯通纵筋的伸出长度一致。假定柱上板带上部非贯通纵筋的伸出长度标注为"1 800"，则暗梁的架立筋就在这里与上部非贯通纵筋连接。

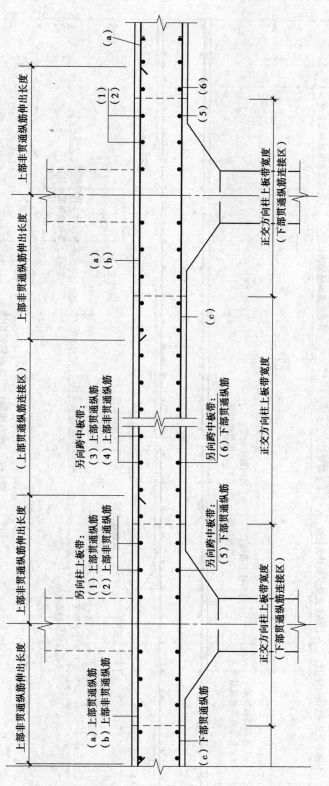

图1.65 柱上板带ZSB纵向钢筋构造

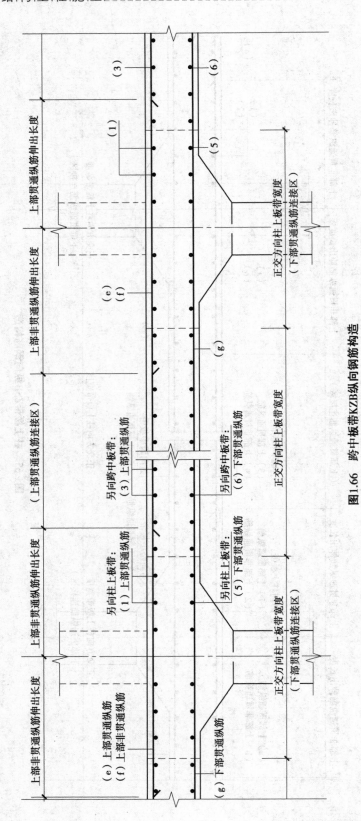

图1.66 跨中板带KZB纵向钢筋构造

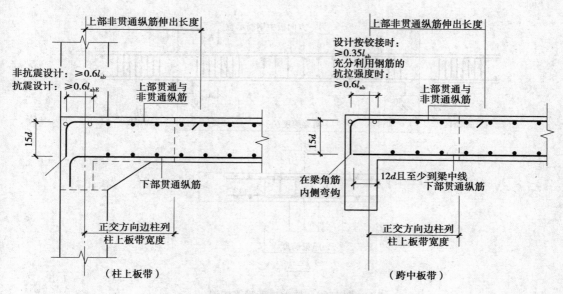

图 1.67 板带端支座纵向钢筋构造

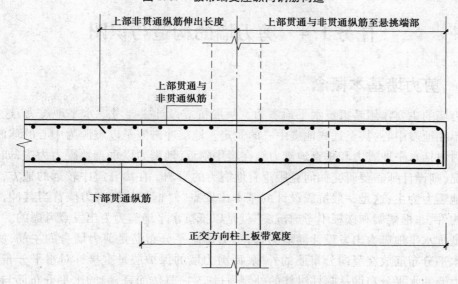

图 1.68 板带悬挑端纵向钢筋构造

【小任务】

请总结无梁楼盖与有梁楼盖构造不同之处。

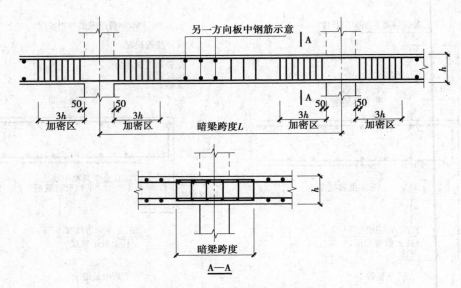

图 1.69 柱上板带暗梁构造

任务 1.4 剪力墙的构造与识图

1.4.1 剪力墙基本概念

剪力墙的主要作用是抵抗水平地震力。一般抗震设计主要考虑水平地震力,这是基于建筑物不在地震中心、甚至远离地震中心的假定。地震冲击波是以震源为中心的球面波,因此地震力包括水平地震力和垂直地震力。在震中附近,地震力以垂直地震力为主,如果考虑这种情况,则设计师需要研究如何克服垂直地震力的影响。在离开震中较远的地方,地震力以水平地震力为主,这是一般抗震设计的基本出发点。"框架柱和剪力墙首当其冲,框架梁是耗能构件、非框架梁和楼板不考虑抗震"就是以抵抗水平地震力为出发点考虑的。

从抵抗水平地震力出发设计的剪力墙,剪力墙水平分布筋是剪力墙身的主筋,所以,剪力墙身水平分布筋放在竖向分布筋的外侧,而剪力墙的保护层是直接针对水平分布筋而言的。剪力墙的水平分布筋从暗柱纵筋的外侧通过暗柱,具体而言,墙的水平分布筋与暗柱箍筋平行、与暗柱箍筋在同一个垂直层面上通过暗柱。

从分析剪力墙承受水平地震力的过程来看,剪力墙受水平地震力作用来回摆动时,基本上以墙肢的垂直中线为拉压零点线,墙肢中线两侧一侧受拉一侧受压且周期性变化,拉应力或压应力值越往外越大,至边缘达最大值。为了加强墙肢抵抗水平地震力的能力,需要在墙肢边缘处对剪力墙身进行加强,这就是要在墙肢边缘设置边缘构件(暗柱或端柱)的原因。所以说,暗柱或端柱不是墙身的支座,暗柱和端柱这些边缘构件与墙身本身是一个共同工作的整体(属于同一个墙肢)。

1.4.2 剪力墙的构件

剪力墙结构包含一种墙身、两种墙柱和三种墙梁。

1) 墙身

剪力墙水平分布筋除了抗拉以外,另一个主要作用是抗剪,所以剪力墙水平分布筋必须伸到墙肢的尽端,即伸到边缘构件(暗柱和端柱)外侧纵筋的内侧,而不能只伸入暗柱一个锚固长度,暗柱虽然有箍筋,但是暗柱的箍筋不能承担墙身的抗剪功能。剪力墙身竖向分布筋也可能受拉,但是墙身竖向分布筋不抗剪,所以一般墙身竖向分布筋按构造设置。

2) 墙柱

传统习惯将剪力墙柱分成暗柱和端柱两大类。暗柱宽度等于墙的厚度,所以暗柱是隐藏在墙内看不见的,这就是"暗柱"名称的由来。端柱的宽度比墙厚度要大,一般认为约束边缘端柱的长宽尺寸要大于等于两倍墙厚。当前新图集中把暗柱和端柱统称为"边缘构件",这是因为这些构件被设在墙肢的边缘部位(墙肢可以理解为一个直墙段)。这些边缘构件又划分为构造边缘构件和约束边缘构件两大类。构造边缘构件在编号时以字母 G 开头(例如GBZ),约束边缘构件在编号时以字母 Y 开头(例如YBZ)。

从构造上可以看出,约束边缘构件要比构造边缘构件在抗震作用上要强一些。所以,约束边缘构件(约束边缘暗柱和约束边缘端柱)应用在抗震等级较高(例如一级抗震等级)的建筑;构造边缘构件(构造边缘暗柱和构造边缘端柱)应用在抗震等级较低的建筑。有时候,底部的楼层(例如第一层和第二层)采用约束边缘构件,而在以上的楼层采用构造边缘构件。这样,同一位置上的一个暗柱,在底层的楼层编号为YBZ,而到了上面的楼层却变成了GBZ,在审阅图纸时尤其要注意这一点。

3) 墙梁

剪力墙梁主要包含连梁(LL)、暗梁(AL)和边框梁(BKL)3 种,如图 1.70 所示。

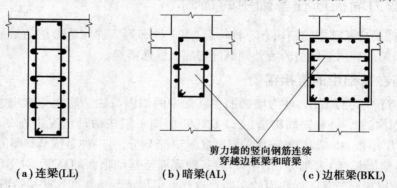

剪力墙的竖向钢筋连续
穿越边框梁和暗梁

(a)连梁(LL)　　　(b)暗梁(AL)　　　(c)边框梁(BKL)

图 1.70　墙梁的 3 种形式

(1)连梁(LL)

连梁(LL)其实是一种特殊的墙身,它是上下楼层窗(门)洞口之间的那部分水平的窗间墙。至于同一楼层相邻两个窗口之间的垂直窗间墙,一般是暗柱。

(2)暗梁(AL)

暗梁与暗柱有些共同性,它们都是隐藏在墙身内部看不见的构件,都是墙身的一个组成部分。同时,剪力墙的暗梁和砖混结构的圈梁也有些共同之处:圈梁一般设置在楼板之下,现浇圈梁的梁顶标高一般与板顶标高相齐;暗梁也通常设置在楼板之下,暗梁的梁顶标高一般与板顶标高对齐,它们都是墙身的一个水平线性"加强带"。暗梁不是一种受弯构件,因此,暗梁的配筋就是所标注的钢筋截面全长贯通布置的,这与框架梁有上部非贯通纵筋和箍筋加密区存在极大的差异,施工中应加以注意。

剪力墙的暗梁也不是剪力墙身的支座,暗梁本身是剪力墙的加强带。所以,当每层的剪力墙顶部设置有暗梁时,剪力墙竖向钢筋不能锚入暗梁。如果是中间楼层,则剪力墙竖向钢筋穿越暗梁直伸入下一层;如果当前层是顶层,则剪力墙竖向钢筋应该穿越暗梁锚入现浇板内。在这里说明剪力墙竖向分布钢筋方折伸入板内的构造不是"锚入板中",而是完成墙与板的相互连接,因为板不是墙的一个支座——理解了这点将有助于理解后节提到的地下室顶层剪力墙竖向钢筋的锚固。

(3)边框梁(BKL)

边框梁(BKL)与暗梁有很多共同之处:边框梁也一般是设置在楼板以下的部位;边框梁也不是一个受弯构件。因此,边框梁(BKL)的配筋就是所标注的钢筋截面全长贯通布置的,这与框架梁有上部非贯通纵筋和箍筋加密区存在极大的差异,施工中应加以注意。但是边框梁毕竟和暗梁不一样,它的截面宽度比暗梁宽,也就是说,边框梁的截面宽度大于墙身厚度,因而形成了凸出剪力墙墙面的一个"边框"。由于二者都设置在楼板以下的部位,所以设置边框梁就可以不设暗梁。但暗梁(AL)与连梁(LL)、边框梁(BKL)与连梁(LL)可以同时设置。

边框梁有两种:一种是纯剪力墙结构设置的边框梁;另一种是框剪结构中框架梁延伸入剪力墙中的边框梁。前者保护层按梁取或按墙取均可(当然按梁取钢筋省一点),后者宜按梁取,以保证钢筋笼的尺寸不变。

1.4.3 剪力墙插筋在基础中的锚固

剪力墙插筋在基础中的锚固有 3 种构造,第 1 种和第 2 种构造做法为墙插筋在基础中的直接锚固,第 3 种构造做法为墙外侧纵筋与底板纵筋搭接。

1)插筋在基础中的直接锚固

从图 1.71 中可以看出,剪力墙插筋在基础中的锚固与柱插筋在基础中的锚固做法大体相近,锚固构造(一)和锚固构造(二)及其断面图一般按两种情况进行划分:一种是按墙插筋保护层厚度 $\leqslant 5d$ 或墙插筋保护层厚度 $\geqslant 5d$ 来划分,另一种是按基础厚度 $h_j > l_{aE}(l_a)$ 或 $h_j \leqslant l_{aE}(l_a)$(锚固长度)来划分(图中 h_j 为基础底面至基础顶面的高度,对于带基础梁的基础,h_j 为基础梁顶面至基础梁底面的高度),这样就可以清楚地掌握这些构造图的原理。

(1)墙插筋在基础中的锚固构造(一)(墙插筋保护层厚度 $>5d$)

当基础厚度大于锚固长度时,即 $h_j > l_{aE}(l_a)$ 时,剪力墙插筋基础板底部支在底板钢筋网上,弯折 $6d$,剪力墙插筋在基础内设置间距 $\leqslant 500$ mm,且不少于两道水平分布筋与拉筋。

当基础厚度不大于锚固长度时,即 $h_j \leqslant l_{aE}(l_a)$ 时,剪力墙插筋基础板底部支在底板钢筋网上,且锚固垂直段 $\geqslant 0.6 \, l_{aE}(l_a)$,弯折 $15d$,剪力墙插筋在基础内设置间距 $\leqslant 500$ mm,且不少于两道水平分布筋与拉筋(其原理同柱插筋中箍筋——保证混凝土浇筑时柱不发生扭曲变形)。

(2)墙插筋在基础中的锚固构造(二)(墙插筋保护层厚度 $\leqslant 5d$)

当基础厚度大于锚固长度时,即 $h_j > l_{aE}(l_a)$ 时,剪力墙插筋基础板底部支在底板钢筋网

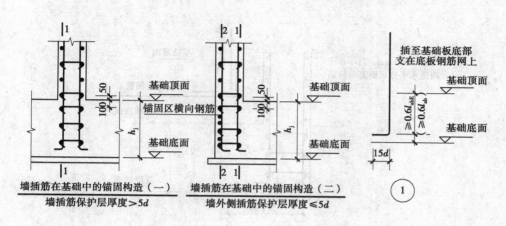

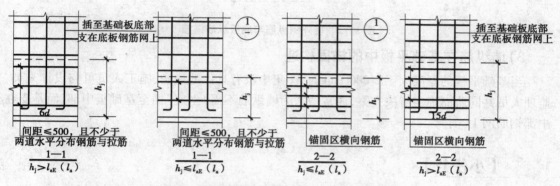

图 1.71　插筋在基础中的锚固构造（一）和锚固构造（二）

上,弯折 $6d$,剪力墙墙插筋在基础内设置锚固区横向钢筋。

当基础厚度不大于锚固长度时,即 $h_j \leqslant l_{aE}(l_a)$ 时,剪力墙插筋基础板底部支在底板钢筋网上,且锚固垂直段 $\geqslant 0.6\ l_{aE}(l_a)$,弯折 $15d$,剪力墙墙插筋在基础内设置锚固区横向钢筋。

锚固区横向钢筋应满足直径 $\geqslant d/4$(d 为插筋最大直径)、间距 $\leqslant 10d$(d 为插筋最小直径)且 $\leqslant 100$ mm 的要求。如果基础截面形状不规则,在出插筋部分保护层厚度不一致的情况下(如部分 $>5d$、部分 $\leqslant 5d$),保护层厚度小于 $5d$ 的部位应设置锚固区横向钢筋,即采用分类处理的方法。

纵观上述各种情况,墙插筋必须"坐底",即插筋下端设弯钩放在基础底板钢筋网上。当弯钩水平段不满足要求时,应加长或采取其他措施。这点同柱插筋相同,要求插筋不能悬空,以免浇筑混凝土时插筋下坠出现外伸长度不足的情况。

2）墙外侧纵筋与底板纵筋搭接

如图 1.72 所示,基础底板下部钢筋弯折段应伸至基础顶面标高处,墙外侧纵筋插至板底后弯锚,与底板下部纵筋搭接 $l_{lE}(l_l)$,弯折 $15d$,剪力墙插筋在基础内设置间距 $\leqslant 500$ mm,且不少于两道水平分布筋与拉筋,墙内侧纵筋的插筋构造同上。

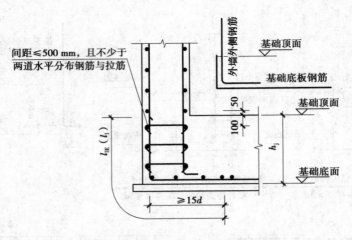

图 1.72　墙外侧纵筋与底板纵筋搭接

3) 墙纵筋在基础平板中的锚固构造

当基础平板的厚度大于 2 000 mm 时,图集中没有具体的做法,施工人员可与设计人员、监理人员共同协商确定解决方案,通常做法为墙纵筋不需"坐底"插至基础板中部,而是支在中部钢筋网上。

【小任务】

总结柱的纵向钢筋与剪力墙的纵向钢筋在基础中锚固构造做法的不同之处,通过对比来加强认识。

1.4.4　剪力墙注写与构造

剪力墙平法施工图是指在剪力墙平面布置图上采用列表注写方式或截面注写方式表达。目前在施工图多采用列表注写方式,本节主要介绍列表注写方式。

1) 剪力墙身表注写及构造

剪力墙身表注写示例如表 1.4 所示。

表 1.4　剪力墙身表(示例)

编号	标高/m	墙厚/mm	水平分布筋	垂直分布筋	拉筋(双向)
Q1	−0.05 ~ 30.25	300	φ12@200	φ12@200	φ6@600@600
	30.25 ~ 59.05	250	φ12@200	φ12@200	φ6@600@600

(1)注写墙身编号

在编号时如若干墙柱的截面尺寸与配筋均相同,仅截面与轴线的关系不同,可将其编为同一墙柱号。如若干墙身的厚度尺寸和配筋均相同,仅墙厚与轴线的关系不同或墙身长度不同,也可将其编为同一墙身号,但应在图中注明与轴线的几何关系。同时,标注水平与竖向分布钢筋的排数(当墙身所设置排数为 2 时可不注写)。

如图 1.73 所示,分布钢筋网的排数规定如下:非抗震时,当剪力墙厚度大于 160 mm 时,应配置双排;当其厚度不大于 160 mm 时,宜配置双排;有抗震要求时,当剪力墙厚度不大于 400 mm 时,应配置双排;当其厚度大于 400 mm 但不大于 700 mm 时,宜配置 3 排;当剪力墙厚度大于 700 mm 时,宜配置 4 排。各排水平分布筋和竖向分布筋的直径和根数宜保持一致,这也为拉筋的连接创造了条件。剪力墙采用拉筋把外侧钢筋网和内侧钢筋网连接起来,如果剪力墙身设置 3 排或更多排的钢筋网,拉筋还要把中间排的钢筋网固定起来。

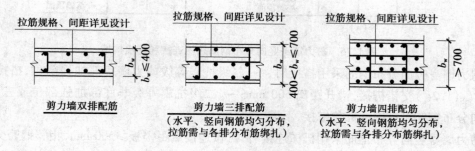

图 1.73 剪力墙身构造

（2）注写各段墙身起止标高

自墙身根部往上以变截面位置或截面未变但配筋改变处为界分段注写各段墙身起止标高。墙身根部标高是指基础顶面标高(如为框支剪力墙结构则为框支梁顶面标高)。

（3）注写水平分布钢筋、竖向分布钢筋和拉筋的具体数值

注写数值为一排水平分布钢筋和竖向分布钢筋的规格与间距,具体设置几排已经在墙身编号后面表达。要注意剪力墙身的拉筋配置应注明其钢筋规格、间距和布置方式,特别布置方式是"双向"或是"梅花双向"时应注明,而拉筋的间距一般是水平分布钢筋和竖向分布钢筋间距的两倍或三倍,这和梁侧面纵向构造钢筋的拉筋通常为"梅花双向"两倍并不需要设计师标注是截然不同的。

（4）剪力墙竖向分布钢筋构造

①剪力墙竖向分布钢筋连接构造如图 1.74 和图 1.75 所示。

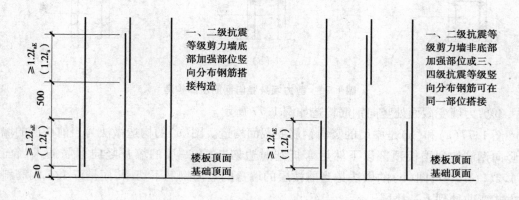

图 1.74 剪力墙身竖向分布钢筋搭接构造

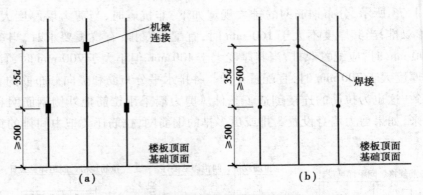

图 1.75　剪力墙身竖向分布钢筋机械连接和焊接构造

　　剪力墙身竖向分布钢筋采用搭接时，一、二级抗震等级剪力墙底部加强部位，搭接长度为 $1.2l_{aE}(1.2l_a)$ 交错搭接，错开距离 500 mm；一、二级抗震等级非底部加强部位或三、四等级竖向分布钢筋可在同一部位搭接，不需要错开。

　　剪力墙身竖向分布钢筋采用机械连接时，机械连接点距楼板≥500 mm，相邻钢筋交错搭接，错开距离 $35d$；采用焊接连接时，焊接点距楼板≥500 mm，相邻钢筋交错搭接，错开距离 $35d$，同时不小于 500 mm。

　　②剪力墙竖向钢筋顶部构造如图 1.76 所示，其中图（a）为边柱或边墙的竖向钢筋顶部构造；图（b）为中柱或中墙的竖向钢筋顶部构造，构造做法同为竖向钢筋伸入屋面板或楼板顶部，然后弯直钩≥$12d$；图（c）为剪力墙竖向钢筋在边框梁的锚固构造，因边框梁高度较高，剪力墙竖向钢筋直径较小，通常采用直锚 $l_{aE}(l_a)$ 即可。

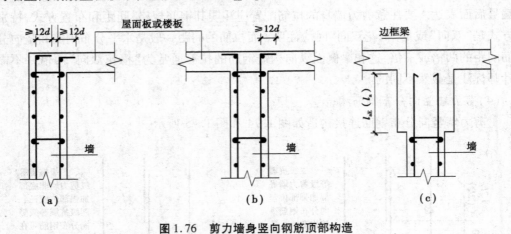

图 1.76　剪力墙身竖向钢筋顶部构造

　　③剪力墙变截面处竖向钢筋构造如图 1.77 所示。

　　图 1.77（a）和（b）是中墙的竖向钢筋变截面构造。图（a）的构造做法为当前楼层的墙身的竖向钢筋伸到楼板顶部以下然后弯折到对边切断，上一层的墙身竖向钢筋插入当前楼层 $1.2l_{aE}(1.2l_a)$；图（b）的做法是当前楼层的墙身的竖向钢筋不切断，而是以 1/6 钢筋斜率的方式弯曲伸到上一楼层。

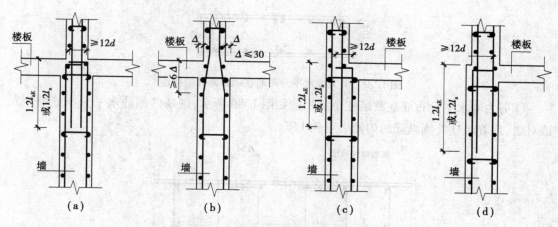

图 1.77 剪力墙变截面处竖向钢筋构造

在框架柱变截面构造中也有类似的做法——竖向钢筋不切断,而以 1/6 钢筋斜率的方式弯曲伸到上一楼层。但是与框架柱有所不同,剪力墙这种变截面构造做法有限制条件,变截面每边尺寸改变不应大于 30 mm;另外一个不同点在于框架柱纵筋的 1/6 钢筋斜率完全在框架梁柱的交叉节点内完成(在整个梁高范围内),但剪力墙的斜钢筋如果要在楼板之内完成 1/6 钢筋斜率是难以达到的,所以竖向钢筋早在楼板下方很远的地方就开始进行弯折。

图 1.77(c)和(d)是边墙的竖向钢筋变截面构造,边墙外侧的竖向钢筋垂直地通到上一楼层,这符合"能通则通"的原则。边墙内侧的竖向钢筋伸至楼板顶部以下然后弯折 $\geq 12d$,上一层的墙柱和墙身竖向钢筋插入当前楼层 $1.2l_{aE}(1.2l_a)$。

上下楼层的竖向钢筋规格发生变化时,也可参照当前做法——当前楼层的墙身的竖向筋伸入楼板顶部以下然后弯折 $\geq 12d$,上一层的墙身竖向钢筋插入当前楼层 $1.2l_{aE}(1.2l_a)$。其实各种构造做法原理是一致的,在实际施工可根据情况灵活运用。

(5)墙身水平钢筋的构造

①墙身水平钢筋的搭接构造:剪力墙水平钢筋的搭接长度 $\geq 1.2l_{aE}$($\geq 1.2 l_a$),沿高度每隔一根错开搭接,相邻两个搭接区之间错开的净距离 ≥ 500 mm。

②端部无暗柱时剪力墙水平钢筋端部做法通常有两种,如图 1.78 所示:第一种做法为当墙身厚度较小时,端部 U 形筋与水平钢筋搭接 $l_{lE}(l_1)$,墙端部设置双列拉筋;第二种做法为墙身两侧水平钢筋伸至墙端弯钩 10d,墙端部设置双列拉筋,通常剪力墙端部一般都设置边缘构件(暗柱或端柱),但这种情况不多。

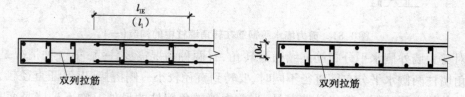

图 1.78 端部无暗柱时剪力墙水平钢筋端部做法

③剪力墙水平分布筋在端部暗柱墙中的构造如图 1.79 所示,剪力墙的水平分布筋从暗柱纵筋的外侧,然后弯 15d 的直钩。

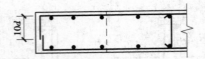

图 1.79　剪力墙水平分布筋在端部暗柱的构造

④剪力墙水平分布筋在翼墙柱中的构造如图 1.80 所示,端墙两侧的水平分布筋伸至翼墙对边,顶着暗柱外侧纵筋的内侧后弯钩 15d。

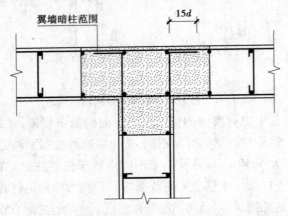

图 1.80　剪力墙水平分布筋在翼墙暗柱的构造

⑤剪力墙水平钢筋在转角墙柱中的构造有以下 3 种:

a. 第一种做法如图 1.81 所示,剪力墙外侧水平分布筋连续通过转角,在转角的单侧进行搭接,这是传统的构造做法。剪力墙分布筋从暗柱纵筋的外侧通过暗柱,绕出暗柱的另一侧以后同另一侧的水平分布筋搭接长度 $\geq 1.2 l_{aE}(1.2 l_a)$,上下相邻两排水平筋交错搭接,错开距离 ≥ 500 mm。剪力墙的内侧水平分布筋伸至转角墙对边纵筋内侧后弯钩 15d。

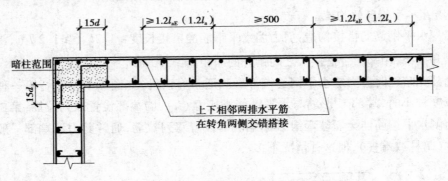

图 1.81　剪力墙水平钢筋在转角墙柱中的构造(一)

针对剪力墙外侧水平分布筋连续通过转角,有两种情况需要注意:第一种情况是,当剪力墙转角墙柱两侧水平分布筋直径不同时,要转到直径较小一侧搭接,以保证直径较大一侧的水平抗剪能力不减弱。第二种情况是,当剪力墙转角墙柱的另外一侧不是墙身而是连梁时,墙身的外侧水平分布筋不能拐到连梁外侧进行搭接,而应该把连梁的外侧水平分布筋拐过转角墙柱,与墙身的水平分布筋进行搭接。这样做的原因在于连梁的上方和下方都是门窗洞口,所以连梁这种构件比墙身较为薄弱,如果连梁的侧面纵筋发生截断和搭接就会使本来薄弱的构件更加薄弱,这是不可取的。

b.第二种做法为剪力墙外侧水平分布筋连续通过转角,轮流在转角的两侧进行搭接,如图1.82所示。

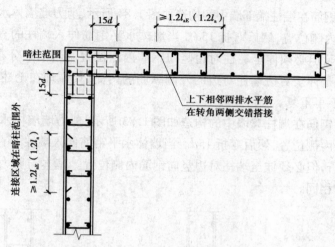

图1.82 剪力墙水平钢筋在转角墙柱中的构造(二)

这种做法的特点在于剪力墙外侧水平分布筋分层在转角的两侧轮流搭接,第1层水平分布筋从某侧(水平墙)连续通过转角,伸至另一侧(垂直墙)进行搭接≥$1.2l_{aE}$(≥$1.2l_a$),而下一层的水平分布筋则从垂直墙连续通过转角,伸至水平墙进行搭接≥$1.2l_{aE}$(≥$1.2l_a$),第3层的水平分布筋又从水平墙连续通过转角,伸至垂直墙进行搭接,第4层以此类推。剪力墙内侧水平分布筋伸至转角墙对边纵筋内侧后弯钩$15d$。

这种做法的条件是转角两侧的墙厚和配筋应该是相同的,因此不会出现第一种做法中的那两种特别情况。

c.第三种做法为剪力墙外侧水平分布筋在转角处搭接,如图1.83所示。

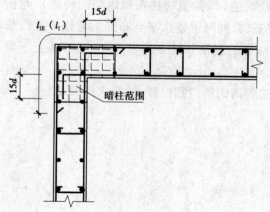

**图1.83 剪力墙水平钢筋
在转角墙柱中的构造(三)**

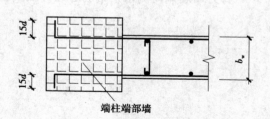

**图1.84 剪力墙水平钢筋
在端柱端部墙中的构造**

这种做法的特点在于剪力墙外侧水平分布筋不是连续通过转角,而就在转角处进行搭接,接长度 $l_{lE}(l_l)$。剪力墙内侧水平分布筋同样伸至转角墙对边纵筋内侧后弯钩 $15d$。

具体工程中采用哪一种构造,由设计人员在图纸中注明。

⑥水平钢筋在端柱中的构造如下:

a.剪力墙水平钢筋在端柱端部墙中的构造如图1.84所示,剪力墙墙体水平钢筋必须伸入端柱对边竖向钢筋内侧位置,然后弯折 $15d$。当墙体水平钢筋伸入端柱的直锚长度 $\geqslant l_{aE}(l_a)$ 时,可不必上下弯折,但必须伸至端柱对边竖向钢筋内侧位置。当水平分布筋伸入端柱时,则水平分布筋应该是伸至对边端柱对边的外侧纵筋的内侧,其原理在论述弯锚与直锚的区别时已阐明,此处不再重复。

b.剪力墙水平钢筋在端柱翼墙中的构造如图1.85所示,剪力墙墙体水平钢筋必须伸入端柱对边竖向钢筋内侧位置,然后弯折 $15d$。当墙体水平钢筋伸入端柱的直锚长度 $\geqslant l_{aE}(l_a)$ 时,可不必上下弯折,但必须伸至端柱对边竖向钢筋内侧位置。基本与剪力墙水平钢筋在端柱端部墙中的构造相同。

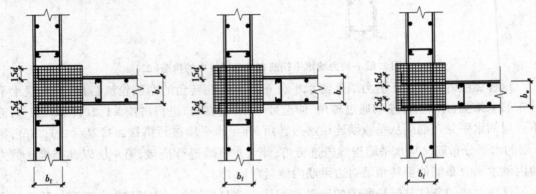

图 1.85　剪力墙水平钢筋在端柱翼墙中的构造

c.剪力墙水平钢筋在转角墙端柱中的构造如图1.86所示,其构造要点在于剪力墙外侧水平钢筋从端柱纵筋的外侧伸入端柱,伸至端柱对边(即伸至端柱角部纵筋的内侧),弯折 $15d$。其区别于前两种做法之处在于多一个验算条件,同时保证水平分布筋的弯锚平直段长度 $\geqslant 0.6l_{abE}$(或 $0.6l_{ab}$)。当墙体水平钢筋伸入端柱的直锚长度 $\geqslant l_{aE}(l_a)$ 时,可不必上下弯折,但必须伸至端柱对边竖向钢筋内侧位置。

剪力墙墙体内侧水平钢筋必须伸入端柱对边竖向钢筋内侧位置,然后弯折 $15d$。

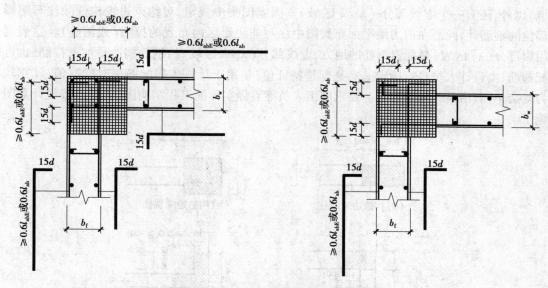

图 1.86 剪力墙水平钢筋在转角墙端柱中的构造

2）剪力墙边缘构件注写及构造

（1）边缘构件分类（表 1.5）

表 1.5 边缘构件编号

墙柱类型	代 号	序 号
约束边缘构件	YBZ	××
构造边缘构件	GBZ	××
非边缘暗柱	AZ	××
扶壁柱	FBZ	××

约束边缘暗柱、约束边缘端柱、约束边缘翼墙、约束边缘转角墙现在统一编号为约束边缘构件，同时在列表中应按构造要求注明尺寸。对于非边缘暗柱、扶壁柱，在列表中按构造要求标注尺寸即可。

（2）剪力墙柱截面形状与几何尺寸

根据国家新的设计规范，剪力墙的构造边缘构件如图 1.87 所示。

根据国家新的设计规范，剪力墙的约束边缘构件如图 1.88 所示。

所有构造边缘构件翼缘部分标注的都是不确定尺寸，所以需注明阴影部分尺寸。

约束边缘构件适用于较高抗震等级剪力墙的较重要部位，其纵筋、箍筋配筋率和形状有较高的要求，需注明阴影部分尺寸。

注意：剪力墙平面布置图中应注明约束边缘构件沿墙肢长度 l_c（约束边缘翼墙中沿墙肢长度尺寸为 $2b_f$ 时可不注）。

对比二者的不同之处，构造边缘构件只有阴影部分，而约束边缘构件除阴影部分（λ_v 区域)以外,还有一个虚线部分($\lambda_v/2$ 区域)。国家图集中规定,对约束边缘构件除注写阴影部位的箍筋外,尚需在剪力墙平面布置图中注写非阴影区内布置的拉筋(或箍筋)。这表明阴影部分(λ_v 区域)是配置箍筋的地方,虚线部分($\lambda_v/2$ 区域)的钢筋构造是加密拉筋,也可配箍筋,由设计人员自行确定。λ_v 是配箍特征值,是用于计算体积配筋率时的数值,计算较为复杂,一般由设计人员计算。要求施工人员能看懂实际的工程结构图,正确地按设计意图施工。

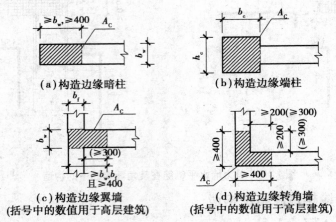

(a)构造边缘暗柱　　　　　(b)构造边缘端柱

(c)构造边缘翼墙　　　　　(d)构造边缘转角墙
(括号中的数值用于高层建筑)　(括号中的数值用于高层建筑)

图 1.87　构造边缘构件(标准类型)

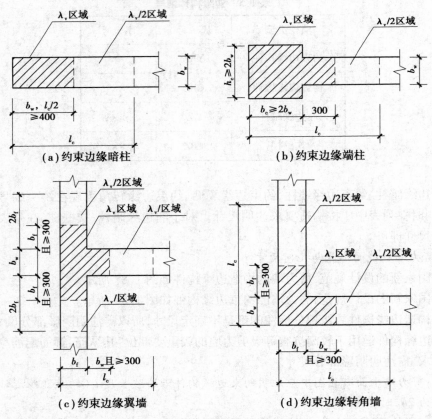

(a)约束边缘暗柱　　　　　(b)约束边缘端柱

(c)约束边缘翼墙　　　　　(d)约束边缘转角墙

图 1.88　约束边缘构件(标准类型)

（3）剪力墙边缘构件阴影区纵筋排布规则

以剪力墙边缘构件为例（图中箍筋仅为示意），边缘构件阴影区纵筋宜采用同一种直径，且不应超过两种。当纵筋直径为两种时，大直径纵筋优先布置在①钢筋（阴影区端部和交叉部位）位置。

当大直径纵筋根数少于②钢筋（阴影区端部和交叉部位钢筋根数）时，对于一字形边缘构件和 T 形构造边缘构件，大直径纵筋优先布置在靠近剪力墙端头位置的①钢筋处。对于其他类型边缘构件，大直径纵筋优先布置在交叉位置的①钢筋外。沿墙长度方向，边缘构件纵筋宜均匀布置，纵筋间距宜取 $100 \sim 200$ mm 且不大于墙竖向分布筋间距；当墙厚 300 mm $\leqslant b_w \leqslant 400$ mm 时，在墙厚 b_w 方向应增加①纵筋。

如图 1.89 所示，对于一字形边缘构件，如果图示钢筋采用同一直径（如图示均为 12 φ14），则布置较为简单；如果为 6 φ16+6 φ14，则 6 根 φ16 布置在①处，6 根 φ14 布置在②处。

如图 1.90 所示，对于 L 形边缘构件，如果图示钢筋采用同一直径（如图示均为 24 φ14），则布置较为简单；如果为 12 φ16+12 φ14，则 12 根 φ16 布置在①处，12 根 φ14 布置在②处。

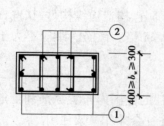

图 1.89 一字形边缘构件纵筋排布规则

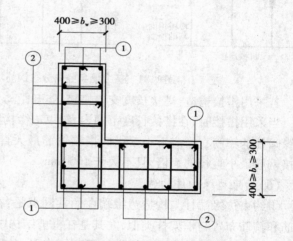

图 1.90 L 形边缘构件纵筋排布规则

【小任务】

对于 T 形边缘构件，纵筋布置规则与前 L 形、一字形相同，同学们可自行思考其排列规则，画出实例图。

（4）剪力墙边缘构件阴影区箍（拉）筋排布规则

约束边缘构件采用箍筋或拉筋逐排拉结，根据边缘构件中间钢筋接结方式分为两种：第1 种中间全为拉筋拉结，这种比较简单；第 2 种中间钢筋采用组合拉结，即采用箍筋结合拉筋拉结，如中间钢筋为偶数排则全都采用箍筋拉结，如中间钢筋为奇数排时则全都采用箍筋拉结，如图 1.89 所示，拉筋宜在远离边缘构件阴影区端头布置。

边缘构件阴影区箍（拉）筋宜采用同种直径，不应超过两种，以图 1.90 边缘构件为例；当箍筋为不同直径时，直径较大的箍（拉）筋与纵筋①拉结，直径较小的箍（拉）筋与纵筋②拉结。

（5）剪力墙构造边缘构件钢筋构造

①构造边缘端柱仅在矩形柱的范围内布置纵筋和箍筋。其箍筋布置为复合箍筋,与框架柱类似。凡是拉筋都应该拉住纵横方向的钢筋,所以,暗柱的拉筋也要同时勾住暗柱的纵筋和箍筋。

②纵向钢筋连接构造。

如图 1.91 所示,若采用机械连接构造:第一个连接点距楼板顶面（或基础顶面）500 mm,相邻钢筋交错连接,焊接构造与机械连接构造类似。

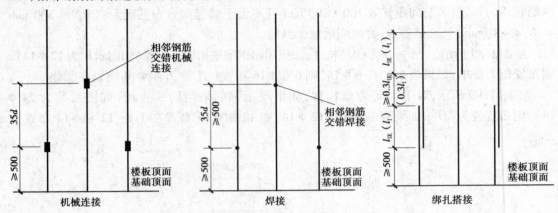

图 1.91 剪力墙身竖向分布钢筋焊接和机械连接构造

若采用搭接构造:搭接长度交错搭接,错开距离为 $0.3l_{lE}$。

当采用搭接时,在搭接长度范围内,约束边缘构件阴影部分、构造边缘构件、扶壁柱及非边缘暗柱的箍筋直径应不小于纵向搭接钢筋最大直径的 0.25 倍。箍筋间距应不大于纵向搭接钢筋最小直径的 5 倍,且不大于 100 mm。

（6）约束边缘构件构造

①约束边缘端柱与构造边缘端柱的共同点是:在矩形柱的范围内布置纵筋和箍筋。其纵筋和箍筋布置与框架柱类似,尤其是在框剪结构中端柱往往会兼作框架柱用。

约束边缘端柱与构造边缘端柱的不同点是:约束边缘端柱的"λ_v 区域",也就是阴影部分（即配箍区域）,不但包括矩形柱的端部而且伸出一段翼缘,这段伸出翼缘的净长要求不小于 300 mm。约束边缘端柱还有一个"$\lambda_v/2$ 区域",这部分的配筋特点为加密拉筋。

②约束边缘暗柱与构造边缘暗柱的共同点是:在暗柱的端部或者角部都有一个阴影部分（即配箍区域）。凡是拉筋都应该拉住纵横方向的钢筋,所以暗柱的拉筋也要同时勾住暗柱的纵筋和箍筋。

约束边缘暗柱与构造边缘暗柱的不同点是:约束边缘暗柱除了阴影部分（即配箍区域）以外,在阴影部分与墙身之间还存在一个非阴影区,非阴影区有两种配筋形式:第一种配筋特点为加密拉筋,墙身拉筋是"隔一拉一"或"隔二拉一",而在这个"非阴影区"要求每个竖向分布筋都设置拉筋。第二种为设置外围封闭箍筋,该封闭箍筋伸入阴影区内一倍纵向钢筋间距,并箍住该纵向钢筋,封闭箍筋内设置拉筋,拉筋应同时勾住竖向钢筋和外封闭箍筋。

③剪力分布筋计入约束边缘构件体积配箍率的构造做法:在约束边缘构件转角处既有墙身水平分布筋又有边缘构件的箍筋,钢筋重复较多,当然水平必须贯通。有人认为可以不

用配箍筋,这种想法是错误的。因为暗柱或端柱不是墙身的支座,暗柱和端柱这些边缘构件与墙身本身是一个共同工作的整体,约束边缘构件所配箍筋计入体积配箍率,而分布筋不计入体积配筋率。

但如果约束边缘构件体积配箍率要求不高时,用水平筋的布置可以节省约束边缘构件的箍筋布置,但计入的墙水平分布钢筋的体积配箍率不应大于总体积配箍率的30%。此时约束边缘构件阴影区的构造特点是:水平分布筋和暗柱箍筋分层间隔布置,即一层水平分布筋、一层箍筋,再一层水平分布筋、一层箍筋等,如图 1.92 所示。

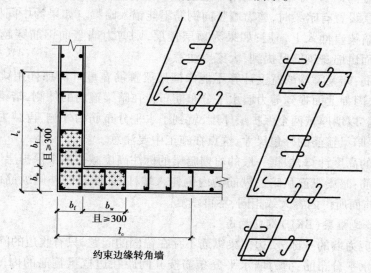

约束边缘转角墙

图 1.92　剪力分布筋计入约束边缘构件体积配箍率的构造做法

3)剪力墙墙梁注写与构造

(1)墙梁编号(表 1.6)

表 1.6　墙梁编号

墙梁类型	代　号	序　号
连梁	LL	××
连梁(对角暗撑配筋)	LL(JC)	××
连梁(交叉斜筋配筋)	LL(JX)	××
连梁(集中对角斜筋配筋)	LL(DX)	××
连梁(跨高比不小于5)	LLK	××
暗梁	AL	××
边框梁	BKL	××

(2)剪力墙暗梁(AL)钢筋构造

暗梁的纵筋沿墙肢方向贯通布置,暗梁的箍筋也是沿墙肢方向全长布置的,不存在箍筋加密区和非加密区。暗梁是剪力墙的一部分,所以,暗梁纵筋不存在锚固的问题,只有收边的问题。暗梁对剪力墙有阻止开裂的作用,是剪力墙的一道水平线性加强带。暗梁一般设置在剪力墙靠近楼板底部的位置,作用类似砖混结构的圈梁。

①剪力墙水平分布筋:剪力墙水平分布筋按其间距在暗梁箍筋的外侧布置,当设计未注写时,侧面构造钢筋同剪力墙水平分布筋。暗梁隐藏在墙内,墙身水平分布筋在整个墙面(包括暗梁区域)满布。

②剪力墙竖向钢筋:剪力墙的暗梁不是剪力墙身的支座,暗梁本身是剪力墙的加强带,所以当每个楼层设置有暗梁时,剪力墙竖向钢筋不能锚入暗梁。如果为中间楼层,则剪力墙竖向钢筋穿越暗梁直伸入上一层;如果为顶层楼层,则剪力墙竖向钢筋穿越暗梁锚入现浇板。这点在前面讲墙身钢筋已提到,大家要注意。

③暗梁箍筋:暗梁箍筋的宽度计算不能像框架梁箍筋宽度计算那样用梁宽度减两倍保护层厚度得到,因为上面提到剪力墙水平分布筋布置在暗梁箍筋的外侧,暗梁的宽度计算以墙厚作为基数。以墙厚减两个保护层厚度,就到了水平分布筋的外侧,再减去两个水平分布筋直径,才到了暗梁箍筋的外包尺寸,这点在施工中要注意。

暗梁箍筋的高度计算,根据一般的习惯暗梁的标注高度减去两个保护层厚度即可。

④暗梁纵筋:暗梁纵筋从暗柱纵筋的内侧伸入端柱内,伸至墙外侧纵筋内侧后弯折,弯折 $15d$。这与前面所讲内容大致相同,不再重复。

(3)剪力墙边框梁(BKL)钢筋构造

边框梁是剪力墙的一部分,边框梁纵筋不存在锚固的问题,只有收边的问题。

①剪力墙水平分布筋:剪力墙水平分布筋按其间距在边框梁箍筋的内侧布置,这点与暗梁不同。

②剪力墙竖向钢筋:剪力墙的边框梁不是剪力墙身的支座,边框梁本身是剪力墙的加强带,所以当每个楼层设置有边框梁时,剪力墙竖向钢筋不能锚入边框梁。如果为中间楼层,则剪力墙竖向钢筋穿越边框梁直伸入上一层,如果为顶层楼层,则剪力墙竖向钢筋穿越边框梁锚入现浇板,这点与暗梁相同。

③边框梁的箍筋:因为剪力墙水平分布筋按其间距在边框梁箍筋的内侧布置,所以计算方式与普通梁相同,不同于暗梁的是要多减两个水平分布筋的直径。

④边框梁纵筋:边框梁多与端柱发生联系,其锚固方式与暗梁基本相同,边框梁的纵筋伸入端柱内,伸至端柱外侧纵筋内侧后弯折 $15d$。

(4)剪力墙连梁(LL)钢筋构造

①连梁(LL)纵向钢筋的锚固。连梁的支座就是墙柱和墙身,所以连梁的钢筋设置具备支座的构件的某些特点,与梁构件有些类似。连梁以暗柱或端柱为支座,连梁主筋锚固起点应当从暗柱或端柱的边缘算起。

如图 1.93 所示,当端部洞口连梁的纵向钢筋在端支座(暗柱或端柱)的直锚长度 $\geqslant l_{aE}(l_a)$ 且 $\geqslant 600$ mm 时,可不必往上(下)弯锚,即采用直锚。连梁纵筋在中间支座的直锚长度为 l_{aE} 且 $\geqslant 600$ mm 时,也采用直锚方式。

当暗柱或端柱的长度小于钢筋的锚固长度时,连梁主筋伸至暗柱或端柱外侧纵筋的内侧后弯钩 $15d$,即采用弯锚方式。

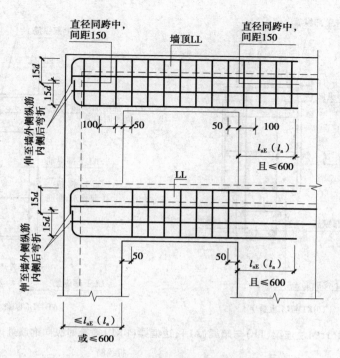

图 1.93　剪力墙连梁(LL)钢筋构造

②连梁的箍筋。楼层连梁的箍筋仅在洞口范围内布置。第一个箍筋设置在距支座边缘50 mm 处。顶层连梁的箍筋在全梁范围内布置。洞口范围内的第一个箍筋在距支座处边缘50 mm 处设置，支座范围内的第一个箍筋在距支座边缘100 mm 处设置。

注意：在顶层连梁构造图支座范围内箍筋直径同跨中的箍筋直径，支座范围内箍筋间距为 150 mm。

③连梁(LL)与暗梁(AL)、边框梁(BKL)重叠时纵向钢筋处理。当连梁与暗梁、边框梁重叠(两个梁顶标高相同)时，如图 1.94 所示，第一排上部纵向钢筋为 BKL 或 AL 的上部纵筋，第二排上部纵筋为连梁上部附加纵筋，当连梁上部纵筋计算面积大于边框梁或暗梁时，下部钢筋仍为各自梁的钢筋。连梁上部附加纵筋、连梁下部纵筋直锚长度≥$l_{aE}(l_a)$且≥600 mm。

至于箍筋，连梁截面宽度与暗梁相同(一般暗梁的截面高度小于连梁)，所以重叠部分的连梁箍筋兼作暗梁箍筋。对于边框梁，边框梁的截面宽度大于连梁，边框梁与连梁各布各的箍筋，互不干扰。

④剪力墙水平分布筋与连梁的关系。剪力墙身水平分布筋从连梁的外侧通过连梁。当然可能出现连梁的侧面纵向构造钢筋大于剪力墙身水平分布筋的情况，具体施工应与设计人员协调处理。

⑤连梁的拉筋：当梁宽≤350 mm 时为 6 mm，梁宽>350 mm 时为 8 mm，拉筋间距为两倍箍筋间距，竖向沿侧面水平筋"隔一拉一"。

⑥连梁 LL(JX)交叉斜筋构造：当洞口连梁截面宽度不小于 250 mm 时，可采用交叉斜筋配筋。当洞口连梁截面宽度不小于 400 mm 时，可采用集中对角斜筋配筋或对角暗撑配筋。

如图 1.95 所示，连梁 LL(JX)交叉斜筋配筋构造由折线筋和对角斜筋组成，锚固长度均为≥$l_{aE}(l_a)$且≥600 mm。交叉斜筋配筋连梁的水平钢筋及箍筋形成的钢筋网之间应采用

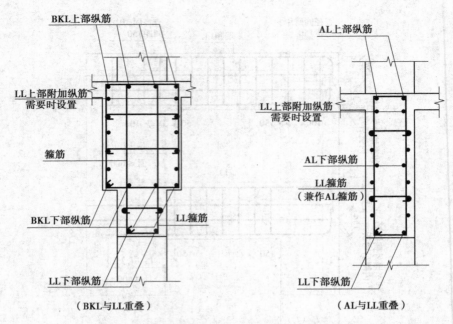

图 1.94　连梁(LL)与暗梁(AL)、边框梁(BKL)重叠时纵向钢筋处理

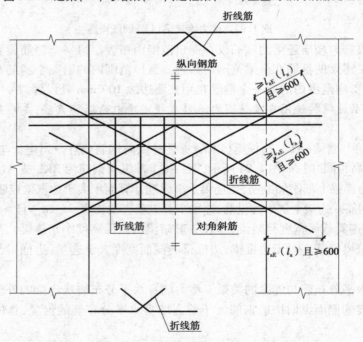

图 1.95　连梁交叉斜筋配筋构造

拉筋拉结,拉筋直径不宜小于 6 mm,间距不宜大于 400 mm。

⑦剪力墙连梁 LL(DX)集中对角斜筋钢筋构造。连梁 LL(DX)集中对角斜筋钢筋构造,仅有对角斜筋。锚固长度均为≥$l_{aE}(l_a)$且≥600 mm。集中对角斜筋配筋连梁应在梁截面内沿水平方向及竖直方向设置双向拉筋,拉筋应勾住外侧纵向钢筋,间距不应大于 200 mm,直径不应小于 8 mm。

⑧剪力墙连梁 LL(JC)对角暗撑构造：每根暗撑由纵筋、箍筋和拉筋组成，纵筋锚固长度均为≥$l_{aE}(l_a)$且≥600 mm。对角暗撑配筋连梁中暗撑箍筋的外缘沿梁截面宽度方向不宜小于梁宽的一半，另一方向不宜小于梁宽的1/5；对角暗撑约束箍筋肢距不应大于350 mm。对角暗撑配筋连梁的水平钢筋及箍筋形成的钢筋网之间应采用拉筋拉结，拉筋直径不宜小于6 mm，间距不宜大于400 mm。

1.4.5　剪力墙洞口补强构造

这里所说的"洞口"，是指在剪力墙身上开的小洞，不是门窗洞口，后者由连梁和暗柱所构成。洞口钢筋包括补强钢筋或补强暗梁纵向钢筋、箍筋、拉筋，同时产生钢筋的截断或连梁箍筋截断的处理方式。

1）剪力墙洞口的表示方法

在图中或列表中，洞口的中心位置应引注：洞口编号、洞口几何尺寸、洞口中心相对标高、洞口每边补强钢筋。

矩形洞口编号为 JD××，矩形洞口几何尺寸为 $b×h$，圆形洞口为 YD××，圆形洞口几何尺寸为 D，洞口中心相对标高是相对于结构楼层面标高的洞口中心标高。

2）墙身洞口钢筋的截断

如图 1.96 所示，在洞口处被截断的剪力墙水平筋和竖向筋截断后，在洞口处弯折至保护层位置为止。

3）矩形洞口补强处理

（1）洞口洞宽、洞高均小于等于300 mm 时

过洞口的钢筋不截断，设置补强钢筋。若缺省标注补强钢筋，即为构造补强钢筋，洞口每边补强钢筋是2 φ12 且不小于同向被切断钢筋总面积的50%。

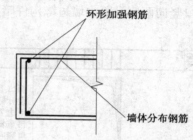

图 1.96　墙身洞口钢筋的截断构造

例如，若洞口切断4 φ10 的墙身分布筋，每边补强纵筋 max（2 φ12,4 φ10×50%），即每边补强纵筋按2 φ12 执行。若洞口切断6 φ12 的墙身分布筋，每边补强纵筋 max（2 φ12,6 φ12×50%），即每边补强纵筋按3 φ12 执行。

（2）洞口的洞宽、洞高大于300 mm，均不大于800 mm 时

如设置构造补强钢筋，则本项免注，如设置补强纵筋大于构造配筋，此项注写每边补强钢筋数值。当洞宽、洞高方向补强钢筋不一致时，应分别注写洞宽方向、洞高方向补强钢筋，以"/"分隔。

例如："JD3 400×300 +3.100"，表示3 号矩形洞口，宽400 mm、高300 mm，洞口中心距本结构层楼面3 100 mm，洞口每边补强钢筋按构造配置（计算方法同洞口洞宽、洞高均小于等于300 mm 时构造处理）。又如"JD2 400×300 +3.100　3 ⊈14"，表示3 号矩形洞口，宽400 mm、高300 mm，洞口中心距本结构层楼面3 100 mm，洞口每边补强钢筋3 ⊈14。再如"JD4 400×300 +3.100　3 ⊈18/ 3 ⊈14"，表示4 号矩形洞口，洞宽方向洞口每边补强钢筋3 ⊈18，洞高方向洞口每边补强钢筋3 ⊈14。

如图 1.97 所示，洞口两边补强钢筋伸出洞口长度均为≥$l_{aE}(l_a)$且≥600 mm。

（3）洞口的洞宽、洞高均大于800 mm 时

如图 1.98 所示，洞口上下设补强暗梁，洞口竖向两侧设剪力墙边缘构件，补强暗梁纵筋

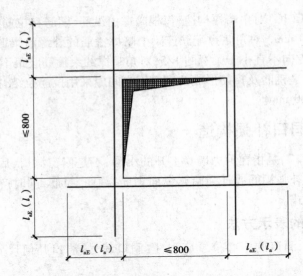

图 1.97　洞口的洞宽、洞高均不大于 800 mm 时的补强处理

每边伸过洞口长度不小于 l_{aE}，补强暗梁箍筋的高度为 400 mm。暗梁宽度同所在的剪力墙，洞口竖向两侧设剪力墙边缘构件暗柱、端柱，由设计人员具体确定。

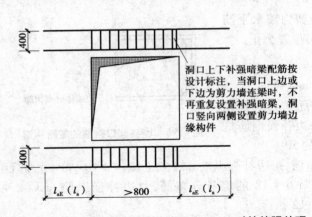

图 1.98　洞口的洞宽、洞高均大于 800 mm 时的补强处理

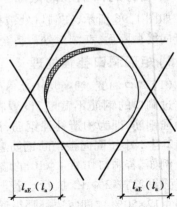

图 1.99　圆形洞口直径>300 mm 且≤800 mm 时的补强处理

4)圆形洞口补强处理

(1)圆形洞口直径不大于 300 mm 时

过洞口的钢筋不截断，设置补强钢筋。补强钢筋布置与矩形洞口相同，共 4 个边，补强钢筋每边伸出洞口 l_{aE}。

(2)300 mm<圆形洞口直径≤800 mm 时

过洞口的钢筋截断，设置补强钢筋。补强钢筋布置与矩形洞口不同，共 3 个对边即 6 个边，补强钢筋直锚长度为 l_{aE}(锚固长度从钢筋交叉点算起)，如图 1.99 所示。

(3)圆形洞口直径>800 mm 时

如图 1.100 所示，过洞口的钢筋被截断，洞口上下设补强暗梁，当洞口上边或下边为剪力墙连梁时，不再重复设置补强暗梁。洞口竖向两侧设剪力墙边缘构件，并在圆形洞口四角

45°切线位置加斜筋,洞口边缘设环形加强筋。

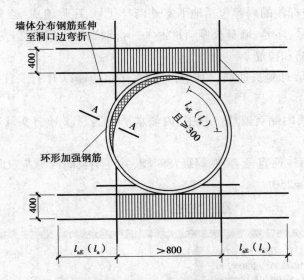

图 1.100 圆形洞口直径>800 mm 时的补强处理

5) 连梁圆形洞口补强处理

连梁圆形洞口不能开得过大,不宜超过梁的 1/3,洞口必须开在连梁中间 1/3 位置以内,洞口到连梁上下边缘的净距离不小于梁高的 1/3 同时不小于 200 mm,同时洞口必须设预埋套管,补强纵筋每边伸过洞口 l_{aE},如图 1.101 所示。

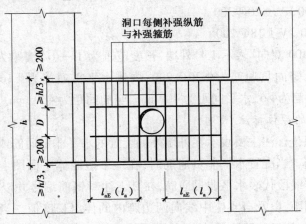

图 1.101 连梁圆形洞口补强处理

1.4.6 地下室外墙注写与构造

1) 地下室外墙的标注

地下室外墙平面注写方式,包括集中标注墙体编号、厚度、贯通筋、拉筋等和附加非贯通筋等两部分内容。当仅设置贯通筋、未设置附加非贯通筋时,仅做集中标注。

（1）地下室外墙集中标注的内容

地下室外墙集中标注的内容包括地下室外墙身代号、序号组成（表达为 DWQ××），地下室外墙编号，包括代号、序号、墙身长度（注为××—××轴）；地下室外墙厚度 b_w＝××；地下室外墙的外侧、内侧贯通筋和拉筋。

①以 OS 代表外墙外侧贯通筋。其中，外侧水平贯通筋以 H 打头注写，外侧竖向贯通筋以 V 打头注写。

②以 IS 代表外墙内侧贯通筋。其中，内侧水平贯通筋以 H 打头注写，内侧竖向贯通筋以 V 打头注写。

③以 tb 打头注写拉筋直径、强度等级及间距，并注明双向或梅花双向。例如图 1.102 中"DWQ1（①—⑥），b_w＝250

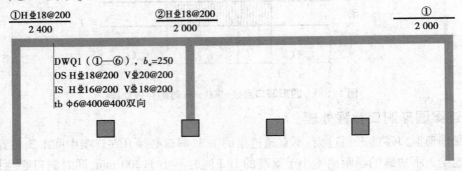

图 1.102　地下室外墙注写示例

OS—H Φ18@ 200，V Φ20@ 200

IS—H Φ16@ 200，V Φ18@ 200

tb—ϕ 6@ 400@ 400 双向"表示 1 号外墙，长度范围为①—⑥，墙厚为 250 mm；外侧水平贯通筋为 Φ18@ 200，竖向贯通筋为 Φ20@ 200；内侧水平贯通筋为 Φ16@ 200，竖向贯通筋为 Φ18@ 200；双向拉筋为 ϕ6，水平间距为 400 mm，竖向间距为 400 mm。

（2）地下室外墙的原位标注

地下室外墙的原位标注主要表示在外墙外侧配置的水平非贯通筋或竖向非贯通筋。

①水平非贯通筋。当配置水平非贯通筋时，在地下室墙体平面图上原位标注。在地下室外墙外侧绘制粗实线段代表水平非贯通筋，在其上注写钢筋编号并以 H 打头注写钢筋强度等级、直径、分布间距，以及自支座中线向两边跨内的伸出长度值。当自支座中线向两侧对称伸出时，可仅在单侧标注跨内伸出长度值，另一侧不注，此种情况下非贯通筋总长度为标注长度的 2 倍。边支座处非贯通钢筋的伸出长度值从支座外边缘算起。

地下室外墙外侧非贯通筋通常采用"隔一布一"方式与集中标注的贯通筋间隔布置，其标注间距应与贯通筋相同，二者组合后的实际分布间距为各自标注间距的1/2。

②竖向非贯通筋。如图 1.103 所示，当在地下室外墙外侧底部、顶部、中层楼板位置配置竖向非贯通筋时，应补充绘制地下室外墙竖向截面轮廓图，并在其上原位标注。表示方法为：在地下室外墙竖向截面轮廓图外侧绘制粗实线段代表竖向非贯通筋，在其上注写钢筋编号并以 V 打头注写钢筋强度等级，直径、分布间距，以及向上（下）层的伸出长度，并在外墙

（这是与 BT 楼梯的区别），踏步段下端扣筋从低端平板分界处算起伸出水平投影长度≥l_n/4（l_n 为梯板跨度水平长度）且同时≥20d。

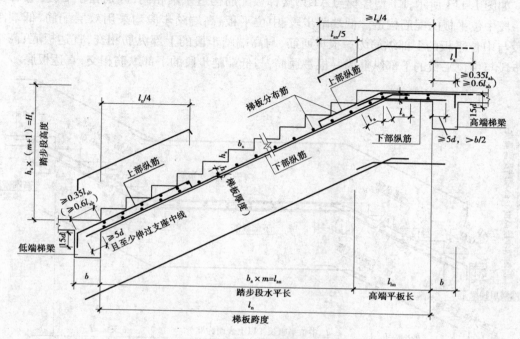

图 1.111　CT 楼梯配筋构造

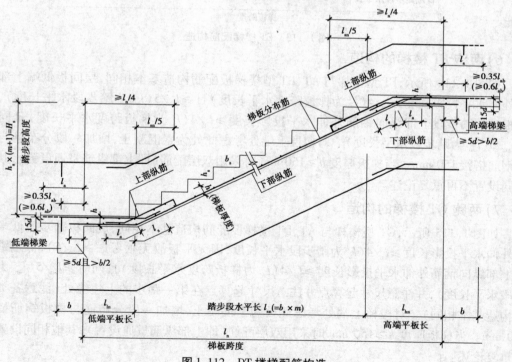

图 1.112　DT 楼梯配筋构造

5) ET 楼梯的构造

如图 1.113 所示,ET 型楼梯与 AT 型楼梯板配筋构造基本相同,区别在于 ET 型楼梯多了一段中位平板的配筋构造。低端踏步段、中位平板、高端踏步段均采用双层配筋,低端踏步段与中位平板的上部纵筋为一根贯通筋,与高端踏步段的上部纵筋相交,直达板底;高端踏步段与中位平板的下部纵筋为一根贯通筋,与低端踏步段的下部纵筋相交,直达板底。

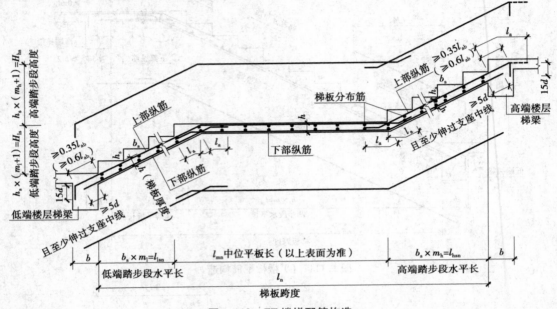

图 1.113　ET 楼梯配筋构造

6) 两跑 FT 楼梯的构造

如图 1.114 所示,FT 型楼梯与 AT、BT 型楼梯板配筋构造基本相同,层间板低端上部纵筋外伸水平投影长度 $\geq l_n/4$(l_n 为梯板跨度水平长度)且 $\geq l_{sn}/5$(l_{sn} 为踏步段水平长度),层间板高端踏步段上部纵向钢筋外伸水平投影长度 $\geq l_n/4$(l_n 为梯板跨度水平长度)且同时 $\geq l_{sn}/5$(l_{sn} 为踏步段水平长度)。对楼层上端处考虑此处为素混凝土,增加一段分布筋与梯板钢筋搭接 150 mm。当梯板厚度 $h\geq150$ mm 时采用双层配筋(即上部纵筋贯通设置),其他相同设置不再重复论述。

7) 两跑 GT 楼梯的构造

如图 1.115 所示,GT 型楼梯与 AT、DT 楼梯板配筋构造基本相同,层面板踏步段低端扣筋外伸水平投影长度 $\geq l_n/4$(l_n 为踏步段水平长度,因无平板故无须考虑 $\geq l_{sn}/5$),低端踏步段上部纵向钢筋外伸水平投影长度 $\geq l_n/4$(l_n 为梯板跨度水平长度)且同时 $\geq l_{sn}/5$(l_{sn} 为踏步段水平长度),并注意尺寸起算点并注意尺寸起算点在第一踏步的上边缘处(注意各类楼梯构造基本相同)。对楼梯上端处考虑此处为素混凝土,增加一段分布筋与梯板钢筋搭接 150 mm。当梯板厚度 $h\geq150$ mm 时采用双层配筋(即上部纵筋贯通设置),其他相同设置不再重复论述。

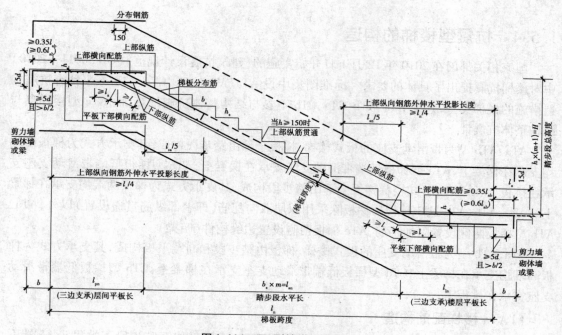

图 1.114　FT 型楼梯配筋构造

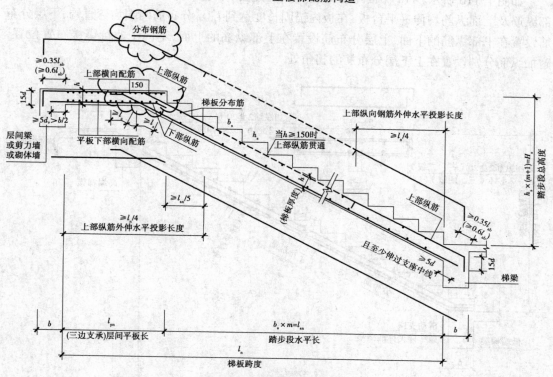

图 1.115　GT 型楼梯配筋构造

1.5.4 抗震型楼梯的构造

国家相关部门在2010年12月1日开始实施的《建筑抗震设计规范》（GB 50011—2010）中对楼梯抗震提出了具体的要求。标准图集中设 ATa、ATb、ATc、CTa、CTb 等5种有抗震构造措施的楼梯类型，其中 ATa、ATb、CTa、CTb 不参与结构整体抗震计算，而 ATc 型楼梯参与结构整体抗震计。

ATa、ATb 型为带滑动支座的板式楼梯，梯板全部由踏步段构成，其支承方式为梯板高端均支承在梯梁上，ATa 型梯板低端带滑动支座支承在梯梁上，ATb 型梯板低端带滑动支座支承在挑板上，ATc 型板式楼梯梯板全部由踏步段构成，其支承方式为梯板两端均支承在梯梁上。ATa、ATb、ATc 这3种楼梯梯板除采用双层双向配筋（即上部纵筋贯通设置）以外，ATa、ATb 型梯板两侧设置附加钢筋，ATc 梯板两侧设置边缘构件（暗梁）。

CTa、CTb 型为带滑动支座的板式楼梯，梯板由踏步段和高端平板构成，其支承方式为梯板高端均支承在梯梁上，CTa 型梯板低端带滑动支座支承在梯梁上，CTb 型梯板低端带滑动支座支承在挑板上。

1）ATa 楼梯配筋构造

如图1.116所示，ATa 梯板配筋构造为双层配筋，下端平伸至踏步段下端尽头，上端下部纵筋及上部纵筋均伸进平台板，在板内锚固长度达到 l_{ab}。分布筋两端均弯直钩，下层分布筋设置在下部纵筋的下面，上层分布筋设置在上部纵筋的上面，不同于非抗震楼布置位置，附加纵筋分别设置在上下层分布筋的拐角处。

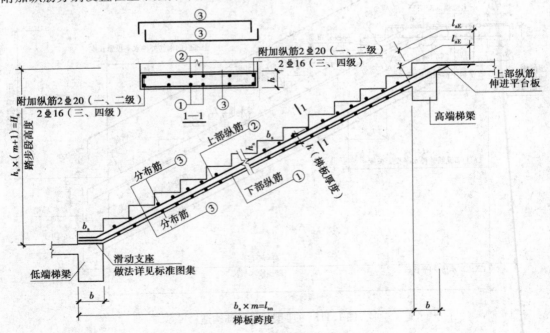

图1.116 ATa 楼梯配筋构造图

如图1.117所示，滑动支座构造分为3种：采用预埋钢板时，用同样大小的两块分别预埋在梯梁顶和踏步段下端，施工时钢板之间满铺石墨粉；当采用聚乙烯四氟板时，梯段浇筑时应在垫板上铺塑料薄膜;当采用塑料片板时,基本方法同聚乙烯四氟板。

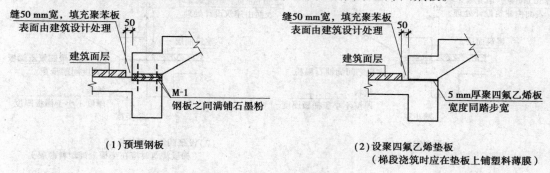

（1）预埋钢板

（2）设聚四氟乙烯垫板
（梯段浇筑时应在垫板上铺塑料薄膜）

图 1.117　ATa 楼梯滑动支座构造

2) ATb 楼梯配筋构造

如图 1.118、图 1.119 所示,ATb 型梯板配筋构造楼梯同 ATa 型楼梯,除了滑动支座有区别外,ATa 梯板落在梯梁上,而 ATb 型梯板直接落在梯梁的挑板上,其余配筋构造都是一样的。梯梁挑板伸出长度等于踏步宽,厚度不小于梯板厚度。

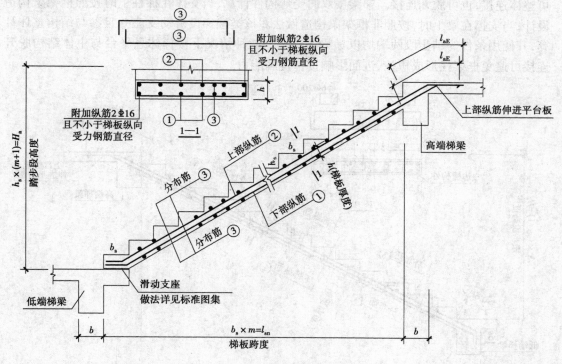

图 1.118　ATb 楼梯配筋构造图

3) ATc 楼梯配筋构造

如图 1.120 所示,ATc 型楼梯作为斜撑构件,梯板厚度应按计算确定,且不宜小于 140 m,梯板两侧设置边缘构件(暗梁),边缘构件的宽度取 1.5 倍板厚;边缘构件纵筋数量,当抗震等级为一、二级时不少于 6 根,当抗震等级为二、四级时不少于 4 根;纵筋直径不小于 Φ12,

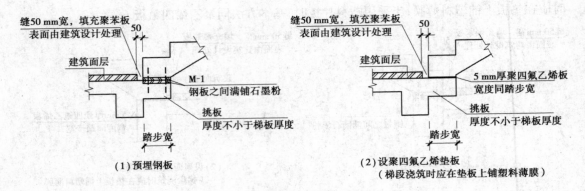

图 1.119 ATb 楼梯滑动支座构造

且不小于梯板纵向受力钢筋的直径;箍筋直径不小于Φ6,间距不大于200 mm,配筋踏步段纵向钢筋是双层配筋,上端上下部纵筋均伸进平台板,在板内锚固,下端上下部钢筋弯锚入低端梯梁,在上部纵筋和下部纵筋之间设置拉结筋增加上下部纵筋的整体性和抗震性,边缘构件相当于抗震剪力墙的端部暗梁,设置在踏步段的两侧。该类型楼梯休息平台与主体结构可整体连接,也可脱开连接。梯梁按双向受弯构件计算,当支撑在梯柱上时按照框架梁构造设计;当支撑在梁上时,按照非框架梁构造做法。该类楼梯设滑动支座并且参与结构整体计算,其使用条件为踏步段两端均以梯梁为支座。此种情况下楼梯休息平台与主体结构脱开连接可避免框架柱形成短柱,进而影响楼梯抗震能力。

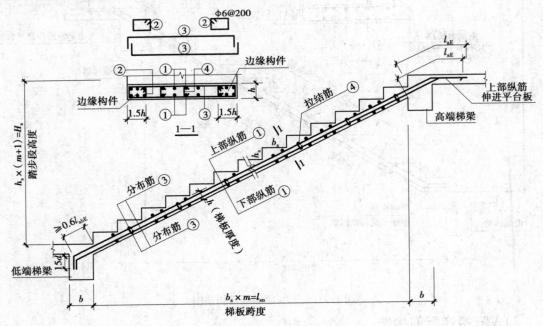

图 1.120 ATc 楼梯配筋构造

4) CTa、CTb 楼梯配筋构造

如图 1.121 所示 CTa、CTb 型梯板配筋构造基本同 Ata、ATb 型楼梯,只是多一个高端平板,此处不再重复。

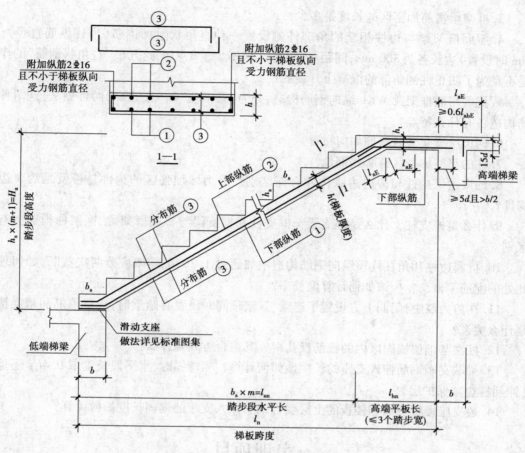

图 1.121　CTa 型楼梯板配筋构造

项目小结

　　本章内容涉及的知识点比较多,重点和难点是钢筋锚固概念中弯锚与直锚的原理,要求学生在掌握混凝土结构施工图识读和构造的基础上,重点掌握顶层边柱和角柱的做法,掌握柱在基础中的构造做法、剪力墙边缘构件的构造处理和板端支座的锚固做法,熟悉框支柱、框支梁与普通框架梁、框架柱的构造做法不同之处,熟悉箍筋构造的要求。

　　学习本章内容时应注意采用对比的方法:梁弯锚长度与柱、板弯锚长度的区别;剪力墙边缘构件和剪力墙墙身钢筋构造的区别;抗震屋面框架梁 WKL 纵向钢筋构造中"梁锚柱"和"柱锚梁"两种做法的区别及优缺点。

复习思考题

　　1.框架梁箍筋加密区的长度是多少?

　　2.梁通长钢筋采用搭接,在搭接区箍筋要不要加密?

3. 框架梁箍筋加密区的长度是多少？

4. 屋面框架梁与边柱相交的角部外侧设置一种直角状附加钢筋（当柱纵筋直径 ≥25 mm 时设置）边长各为 300 mm，间距 ≤150 mm，但不少于 3 Φ10，这几根"直角状钢筋"的作用是不是为了防止柱侧角部的混凝土开裂的？

5. 抗震屋面框架梁 WKL 纵向钢筋构造，分为"梁锚柱"和"柱锚梁"两种做法，这两种钢筋构造各有什么特点？

6. 两道次梁交叉时箍筋如何布置？

7. 柱的箍筋加密区有哪些部位？

8. 约束边缘构件和构造边缘构件有何区别？剪力墙加强区的构件是否就是约束边缘构件？

9. 什么是框支柱？什么是框支梁？框支柱和框支梁与普通框架梁、框架柱构造上有何区别？

10. 抗震边柱和角柱柱顶纵向钢筋构造中如超过 1.2% 配筋率应分两次截断，如何理解此处的配筋率概念？应该如何计算配筋率？

11. 在剪力墙中，门洞上方设置了连梁、且墙顶同时设置有暗梁时，连梁箍筋和暗梁箍筋是什么关系？

12. 柱在基础层锚固区内的箍筋设几根？其组合方式是什么？

13. 梁端支座钢筋伸入支座的长度该如何计算？当弯锚时，水平段长度取 $0.4l_{aE}$ 还是 h_c（伸到柱边减保护层）？

14. 边支座楼板负筋和楼板的上层受力钢筋伸入支座的锚固长度如何计算？

实训项目

请根据所学制图和构造知识，自行绘制梁、板、柱结构施工图各一张，要求在梁结构图中包括框架梁、悬挑梁、加腋部分、主次梁交叉部分等内容，在柱结构图中包括奇数肢、偶数肢等不同柱截面配筋，在板结构图中包括贯通配筋、非贯通配筋、悬挑板配筋形式。

项目 2
钢筋分项工程施工

●导入案例 某框架梁结构施工图如图 2.1 所示,抗震等级为三级,混凝土结构的环境类别为一类,混凝土强度为 C30,板厚为 120 mm,框架柱为 600 mm×600 mm。

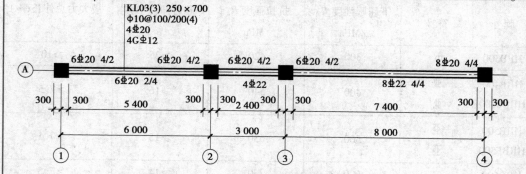

图 2.1 框架梁结构图图例

请根据该图组织钢筋分项工程施工,并编制钢筋分项工程施工方案,内容包括钢筋的检验、钢筋的配料、钢筋加工、钢筋安装及验收等。

●基本要求 通过本章的学习,使学生掌握钢筋的种类、性能及进场验收,掌握钢筋配料、代换及钢筋连接工艺,钢筋加工和安全施工,能进行钢筋工程的验收和评定。

●教学重点及难点 编制钢筋配料单,钢筋连接方法的选择及施工工艺。

任务 2.1 钢筋分类及验收

2.1.1 钢筋品种及规格

钢筋混凝土用钢筋主要有热轧光圆钢筋、热轧带肋钢筋、余热处理钢筋、冷轧带肋钢筋、冷轧扭钢筋、冷拔螺旋钢筋、冷拔低碳钢丝等。钢筋工程施工宜用高强度钢筋及专业化生产的成型钢筋。

1)热轧钢筋

热轧钢筋是最常用的钢筋,有热轧光圆钢筋(HPB)、热轧带肋钢筋(HRB)和余热处理钢筋(RRB)3 种。热轧钢筋按强度等级分为 300 MPa 级、400 MPa 级、500 MPa 级、600 MPa 级 4 个等级;按牌号分为 HPB300、HRB400、HRBF400、RRB400、HRB500、HRBF500、HRB600 及 RRB500 等,其中 HPB 为热轧光圆钢筋的英文(Hot-rolled Plain Bar)缩写;HRB 为热轧带肋钢筋的英文(Hot-rolled Ribbed Bar)缩写;"HRBF"牌号的钢筋为细晶粒热轧钢筋,它是在热轧过程中,通过控轧和控冷工艺形成的细晶粒,晶粒度不粗于 9 级。

(1)钢筋的力学性能

热轧钢筋的力学性能应符合表 2.1 的规定。

表 2.1 钢筋的力学性能

牌号	符号	下屈服强度 R_{el} /MPa	抗拉强度 R_m /MPa	断后伸长率 A /%	最大力总伸长率 A_{gt} /%
HPB300	φ	300	420	≥25	≥10
HRB400 HRBF400	Φ Φ^F	400	540	≥16	≥7.5
HRB500 HRBF500	Φ Φ^F	500	630	≥15	≥7.5
HRB600		600	730	≥14	≥7.5

注:1. 表中屈服强度的符号 f_{yk} 在相关钢筋产品标准中表达为 R_{el},抗拉强度的符号 f_{stk} 在相关钢筋产品标准中表达 R_m。

2. RRB400 屈服强度、抗拉强度同相同等级钢筋,断后伸长率 A≥14%,最大力总伸长率 A_{gt}≥5.0%;RRB500 屈服强度、抗拉强度同相同等级钢筋,断后伸长率 A≥13%,最大力总伸长率 A_{gt}≥5.0%。

对有抗震设防要求的结构,其纵向受力钢筋的性能应满足设计要求;当设计无具体要求时,对按一、二、三级抗震等级设计的框架和斜撑构件(含梯段)中的纵向受力普通钢筋应采用 HRB400E、HRB500E、HRBF335E、HRBF400E、HRBF500E 钢筋(牌号后加 E),E 为"地震"的英文(Earthquake)的首字母,牌号带"E"钢筋反向弯曲试验要求作为常规检验项目,其强度和最大力下总伸长率的实测值要求应符合下列规定:

①钢筋的抗拉强度实测值与屈服强度实测值的比值不应小于1.25。

②钢筋的屈服强度实测值与屈服强度标准值的比值不应大于1.30。

③钢筋的最大力下总伸长率不应小于9%。

📖【知识链接】

　　与国际接轨,新规范取消了235 MPa、335 MPa级钢筋,但最新HRB600钢筋符号暂未确定,原因在于新标准目前仅有HRB600钢筋的屈服强度标准值,并没有给出钢筋的抗拉强度设计值,抗压钢筋强度设计值等,钢筋强度设值=钢筋屈服强度标准值/γ_s(材料分项系数),HRB600的材料分项系数是取1.1还是取1.15,还是其他值目前不得而知,需要待相关标准或规范给出HRB600钢筋材料分项系数取值,即给出HRB600钢筋抗拉及抗压设计强度值后方可应用。

　　(2)外形、尺寸、质量及允许偏差

　　①外形:按热轧光圆钢筋是经热轧成型、横截面通常为圆形、表面光滑的成品钢筋。热轧带肋钢筋是经热轧成型、横截面通常为圆形且表面带肋的混凝土结构用钢材。月牙肋的钢筋,其横肋不与纵肋相连,横肋的高度向两端逐步降低,呈月牙状(图2.2),这就避免了纵横肋相交处的应力集中现象,从而使钢筋的疲劳强度和冷弯性能得到改善,且在轧制过程中不易卡辊,生产较为顺畅。与螺纹、等高肋钢筋相比,月牙肋钢筋与混凝土的黏结强度略有降低。

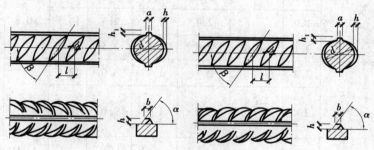

图2.2　月牙肋钢筋外形图

📖【知识链接】

　　螺纹钢筋的直径是它的当量直径。当钢筋带肋时,它的直径并不是做外圆的投影轮廓,而是当量直径,就是当钢筋受力时相当于同等材料的钢筋直径,这与等截面代换有异曲同工之处。

　　②尺寸及允许偏差:圆钢筋当直径$d \leq 12$ mm时,直径允许偏差±0.3 mm;当直径为14~22 mm时,直径允许偏差±0.4 mm,光圆钢筋的不圆度≤0.4 mm。

　　对于表面形状为月牙肋的钢筋,其尺寸及允许偏差应符合表2.2的规定。

　　③长度及允许偏差:钢筋可以盘卷交货,每盘应是一条钢筋,允许每批有5%的盘数(不足两盘时可有两盘)由两条钢筋组成。其盘重及盘径由供需双方协商确定。钢筋通常按定

尺长度交货。光圆钢筋按定尺长度交货时直条钢筋的长度允许偏差为 0 ~ +50 mm。带肋钢筋按定尺交货时其长度允许偏差为±25 mm,当要求最小长度时,其偏差为+50 mm;当要求最大长度时,其偏差为-50 mm。

表 2.2 月牙肋钢筋尺寸及允许偏差

公称直径	内径 d		横肋高 h		纵肋高 h_1（不大于）	横肋宽 b	纵肋宽 a	间距 l		横肋末端最大间隙（公称周长的 10% 弦长）
	公称尺寸	允许偏差	公称尺寸	允许偏差				公称尺寸	允许偏差	
6	5.8	±0.3	0.6	±0.3	0.8	0.4	1.0	4.0		1.8
8	7.7		0.8	+0.4 −0.3	1.1	0.5	1.5	5.5		2.5
10	9.6		1.0	±0.4	1.3	0.6	1.5	7.0	±0.5	3.1
12	11.5	±0.4	1.2		1.6	0.7	1.5	8.0		3.7
14	13.4		1.4	+0.4 −0.5	1.8	0.8	1.8	9.0		4.3
16	15.4		1.5		1.9	0.9	1.8	10.0		5.0
18	17.3		1.6		2.0	1.0	2.0	10.0		5.6
20	19.3		1.7	±0.5	2.1	1.2	2.0	10.0		6.2
22	21.3	±0.5	1.9		2.4	1.3	2.5	10.5	±0.8	6.8
25	24.2		2.1	±0.6	2.6	1.5	2.5	10.5		7.7
28	27.2		2.2		2.7	1.7		12.5		8.6
32	31		2.4	+0.8 −0.7	3.0	1.9	3.0	14.0		9.9
36	35		2.6	+1.0 −0.8	3.2	2.1	3.5	15.0	±1.0	11.1
40	38.7	±0.7	2.9	±1.1	3.5	2.2	3.5	15.0		12.4
50	48.5	±0.8	3.2	±1.2	3.8	2.5	4.0	16.0		15.5

④质量及允许偏差见表 2.3 和表 2.4。

表 2.3 钢筋公称截面面积及理论质量

公称直径/mm	公称截面面积/mm²	理论质量/（kg · m⁻¹）
6(6.5)	28.27(33.18)	0.222(0.260)
8	50.27	0.395
10	78.54	0.617

续表

公称直径/mm	公称截面面积/mm²	理论质量/(kg·m⁻¹)
12	113.1	0.888
14	153.9	1.21
16	201.1	1.58
18	254.5	1.998
20	314.2	2.466
22	380.1	2.984
25	490.9	3.853
28	615.8	6.313
32	804.2	7.99
36	1 018	8.903
40	1 257	9.865
50	1 964	15.414

注:表中的理论质量按密度 7.85 g/cm³ 计算,公称直径 6.5 mm 的产品为过渡性产品。

表 2.4　钢筋实际质量与理论质量的允许偏差表

公称直径/mm	实际质量与理论质量的偏差/%
6 ~ 12	±7
14 ~ 20	±5
22 ~ 25	±4

⑤弯曲度和端部:直条钢筋的弯曲度应不影响正常使用,总弯曲度不大于钢筋总长度的 0.40% 。钢筋端部应剪切正直,局部变形应不影响使用。

2)冷轧钢筋

冷轧带肋钢筋是用热轧圆盘条经冷轧后,在其表面带有沿长度方向均匀分布的四面、三面或二面横肋的钢筋。

冷轧带肋钢筋的牌号由 CRB 和钢筋的抗拉强度的最小值构成。C、R、B 分别为冷轧、带肋、钢筋 3 个词的英文首位字母。冷轧带肋钢筋分为 CRB550、CRB600H、CRB650、CRB650H、CRB800、CRB800H、CRB970 这 7 个牌号。CRB550 及 CRB600H 为普通钢筋混凝土用钢筋,其他牌号为预应力混凝土用钢筋,牌号末尾带有"H"字母的钢筋为高延性冷轧带肋钢筋。冷轧带肋钢筋的外形应符合图 2.3,相应的尺寸、质量、允许偏差应符合表 2.5、表 2.6 的规定。

CRB550、CRB650H 钢筋的公称直径范围分别为 4～12 mm 及 5～12 m,CRB650 以上牌号钢筋的公称直径为 4,5,6 mm。

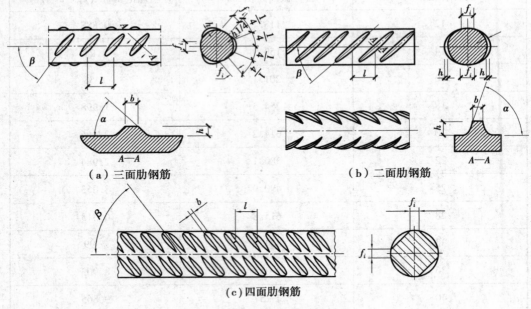

（a）三面肋钢筋　　　　　　　　　　　　　　（b）二面肋钢筋

（c）四面肋钢筋

图 2.3　冷轧带肋钢筋外形图

表 2.5　三面肋和两面肋钢筋的尺寸、质量及允许偏差表

公称直径 d/mm	公称横截面面积 /mm²	质 量		横肋中心点高		横肋 1/4 处高 $h_{1/4}$ /mm	横肋顶宽 b/mm	横肋间距		相对肋面积 f_r 不小于
		理论质量/ (kg·m⁻¹)	允许偏差 /%	h /mm	允许偏差 /mm			l /mm	允许偏差 /%	
4	12.6	0.099		0.30		0.24		4.0		0.036
4.5	15.9	0.125		0.32		0.26		4.0		0.039
5	19.6	0.154		0.32		0.26		4.0		0.039
5.5	23.7	0.186		0.40		0.32		5.0		0.039
6	28.3	0.222		0.40	+0.10 -0.05	0.32		5.0		0.039
6.5	33.2	0.261		0.46		0.37		5.0		0.045
7	38.5	0.302		0.46		0.37		5.0		0.045
7.5	44.2	0.347		0.55		0.44		6.0		0.045
8	50.3	0.395	±4	0.55		0.44	-0.2d	6.0	±15	0.045
8.5	56.7	0.445		0.55		0.44		7.0		0.045
9	63.6	0.499		0.75		0.60		7.0		0.052
9.5	70.8	0.556		0.75		0.60		7.0		0.052
10	78.5	0.617		0.75		0.60		7.0		0.052
10.5	86.5	0.679		0.75	±0.10	0.60		7.4		0.052
11	95.0	0.746		0.85		0.68		7.4		0.056
11.5	103.8	0.815		0.95		0.76		8.4		0.056
12	113.1	0.888		0.95		0.76		8.4		0.056

表 2.6　四面肋钢筋的尺寸、质量及允许偏差应表

公称直径 d/mm	公称横截面面积 /mm²	质量		横肋中心点高		横肋1/4处高 $h_{1/4}$ /mm	横肋顶宽 b/mm	横肋间距		相对肋面积 f_r 不小于
		理论质量/ $(kg \cdot m^{-1})$	允许偏差 /%	h /mm	允许偏差 /mm			l /mm	允许偏差 /%	
6.0	28.3	0.222	±4	0.46	+0.10 −0.05	0.37	0.2d	5.0	±15	0.039
7.0	38.5	0.302		0.46		0.37		5.0		0.045
8	50.3	0.395		0.55		0.44		6.0		0.045
9	63.6	0.499		0.75		0.60		7.0		0.052
10	78.5	0.617		0.75	+0.10	0.60		7.0		0.052
11	95.0	0.746		0.85		0.68		7.4		0.056
12	113.1	0.888		0.95		0.76		8.4		0.056

钢筋通常按盘卷交货,CRB550 钢筋也可按直条交货。由于冷轧带肋钢筋为加工钢筋,所以钢筋按直条交货时,其长度及允许偏差由供需双方协商确定。

直条钢筋的每米弯曲度不大于 4 mm,总弯曲度不应大于钢筋总长度的 0.40%。

3)冷轧扭钢筋

冷轧扭钢筋是用低碳钢热轧圆盘条经专用钢筋冷轧扭调直、冷轧并冷扭(或冷滚)一次成型、具有规定截面形式和相应节距的连续螺旋状钢筋。冷轧扭钢筋的标记由产品名称代号 CTB 表示;强度级别代号为 550 和 650;标志代号为 ϕ^T;冷轧扭钢筋按其截面形状不同分为 3 种类型:近似矩形截面为 Ⅰ 型,近似正方形截面为 Ⅱ 型,近似圆形截面为 Ⅲ 型,如图 2.4 所示。

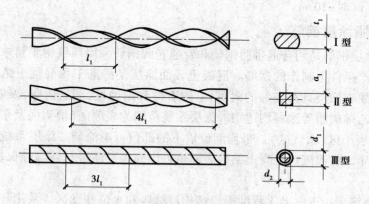

图 2.4　冷轧扭钢筋形状及截面控制尺寸

冷轧扭钢筋采用低碳钢的牌号应为 Q235 或 Q215,采用低碳钢的牌号应为 Q235 或 Q215。当采用 Q215 牌号时,其碳的含量不应低于 0.12%。550 级 Ⅱ 型和 650 级 Ⅲ 型冷轧扭钢筋应采用 Q235 牌号,注意冷轧扭钢筋单位质量与前面的热轧钢筋、冷轧带肋钢筋不同,见表 2.7。

表 2.7　冷轧扭钢筋的公称横截面面积和理论质量表

强度级别	型　号	公称直径 d/mm	公称横截面面积 A_s/mm^2	理论质量/(kg·m^{-1})
CTB550	I	6.5	29.50	0.232
		8.0	45.30	0.356
		10	68.30	0.536
		12	96.14	0.755
	II	6.5	29.20	0.229
		8.0	42.30	0.332
		10	66.10	0.519
		12	92.74	0.728
	III	6.5	29.86	0.234
		8	45.24	0.355
		10	70.69	0.555
CTB650	III	6.5	28.20	0.221
		8	42.73	0.335
		10	66.76	0.524

　　冷轧扭钢筋实际质量与理论质量的负偏差不应大于 5%。

　　冷轧扭钢筋定尺长度尺寸允许偏差为:单根长度大于 8 m 时±15 mm,单根长度单根长度小于或等于 8 m 时±10 m。

4)环氧树脂涂层钢筋

　　环氧树脂涂层钢筋是用普通带肋钢筋和普通光圆钢筋采用环氧树脂粉末以静电喷涂的方法,在工厂生产条件下制作的钢筋。混凝土表面涂层是海港工程混凝土结构耐久性特殊防护措施之一,要求涂层具有良好的耐碱性、附着性和耐蚀性,环氧树脂、聚氨酯、丙烯酸树脂、氯化橡胶和乙烯树脂等涂料均适用。涂层涂装范围为表湿区(浪溅区及平均潮位以上的水位变动区)和表干区(大气区)。平均潮位以下的部位可不涂装。涂层系统的设计使用年限不应少于 10 年。在浪溅区混凝土结构表面也可用硅烷浸渍进行防腐蚀保护,使用前应进行喷涂试验。

　　环氧涂层钢筋适用于海港工程混凝土结构浪溅区和水位变动区。采用环氧涂层钢筋的混凝土应为优质混凝土或高性能混凝土,可同时掺加钢筋阻锈剂,但不得与外加电流阴极保护联合使用。钢筋阻锈剂常用于构件混凝土保护层偏薄、混凝土氯离子含量超标及恶劣环境中的重要工程的浪溅区和水位变化区。

2.1.2 钢筋质量检验

1）热轧钢筋检验分类

热轧的检验分为特征值检验和交货检验。

特征值检验适用于下列情况：

①供方对产品质量控制的检验。

②需方提出要求，经供需双方协议一致的检验。

③第三方产品认证及仲裁检验。

可以看出，特征值检验是生产厂家在出厂时或使用单位特别要求由厂家（或第三方）做出的检验，该检验由厂家试验部门或第三方检验部门做出。

2）热轧钢筋交货检验

交货检验为施工单位在钢筋进场做的检验，适用于钢筋验收批的检验。钢筋进场时，应检查产品合格证和出厂检验报告，并按相关标准的规定进行抽样检验。

（1）验收内容

钢筋材料进入施工现场后，主要有两项检查验收内容：一是作为产品对其质量证明文件的检查验收，以及对相应钢筋实物的品种、规格、外观、数量等的检查核对；二是对于钢筋力学性能的复验。此外，根据建筑钢筋市场的实际情况，增加了质量偏差作为钢筋进场验收的要求。对用于某些特殊部位或有特殊要求的钢筋，尚应进行符合某些特殊性能要求的检验。

（2）质量合格文件

钢筋质量合格文件的检查验收，主要是检查产品合格证和出厂检验报告。产品合格证是该批产品质量符合相关标准要求的证明，同时也是生产厂家承诺该批产品质量责任的"责任书"，我国的产品质量法对此有详细规定。施工时，进场钢筋的质量证明文件是最重要的工程技术资料之一，应纳入施工档案进行管理。

质量合格文件的检查并非仅对资料本身进行翻阅查看，更重要的是应该将资料与其所代表的实物对照核查。对于钢筋实物，仅凭外观、规格等检查还难以判定其真实质量，但是按照质量证明文件对实物进行检查仍然是必不可少的环节，有时从外观瑕疵观察和资料分析对比的某些矛盾迹象中也能够发现进场钢筋存在的问题，如混料错批等。质量合格文件的检查中，对于不能取得原件的资料，当采用复印件代替时，应符合复印文件的有关规定。

（3）见证检验

为防止施工单位在取样时弄虚作假，住建部规定对重要的建筑材料都应进行见证取样和送检。见证检验是在监理单位或建设单位监督下，由施工单位有关人员现场取样，并送至具备相应资质的检测单位所进行的检测。见证取样和送检，是为了规范施工试验的行为。为提高抽样真实性和合法性的措施，其比例分为30%见证试验和其余70%的常规试验。

3) 热轧钢筋验收批的划分及检验方法

（1）验收批的划分

钢筋混凝土用热轧钢筋,同一公称直径和同一炉罐号组成的钢筋应分批检查和验收,一批钢筋代表数量为 60 t。60 t 取两拉两弯外,每超过 40 t,增加一个拉伸和弯曲试样。

允许由同一牌号、同一冶炼方法、同一浇注方法的不同炉罐号组成混合批,但各炉罐号含碳量之差不大于 0.02%,含锰量之差不大于 0.15%,混合批的质量不大于 60 t。

进场检验时,批量应按下列情况确定:

①对同一厂家、同一牌号、同一规格的钢筋,当一次进场的数量大于该产品的出厂检验批量时,应划分为若干个出厂检验批量,按出厂检验的抽样方案执行。

②对同一厂家、同一牌号、同一规格的钢筋,当一次进场的数量小于或等于该产品的出厂检验批量时,应作为一个检验批量,然后按出厂检验的抽样方案执行。

③对不同时间进场的同批钢筋,当确有可靠依据时,可按一次进场的钢筋处理。

（2）检验项目和取样数量

每批热轧钢筋的检验项目、取样方法和试验方法应符合表 2.8 的规定。

表 2.8　热轧钢筋的检验项目、取样数量及取样方法

序号	检验项目	取样数量	取样方法
1	化学成分（熔炼分析）	1	
2	拉伸	2	不同根（盘）钢筋切取
3	弯曲	2	不同根（盘）钢筋切取
4	反向弯曲	1	任意 1 根（盘）钢筋切取
5	尺寸	逐支	逐根（盘）
6	表面	逐支目测	逐根（盘）
7	质量偏差	进场取 5 根	不同根（盘）钢筋切取
8	金相组织	2	不同根（盘）钢筋切取
9	疲劳试验	5	不同根（盘）钢筋切取
10	晶粒度	2	不同根（盘）钢筋切取
11	连接性能		按相关焊接、机械连接规范执行

注:钢筋的金相组织应主要是铁素体加珠光体,基体上不应出现回火马氏体组织,供货方能保证可不做检验。检验疲劳性能、晶粒度、连接性能只进行型式检验,即仅在原料、生产工艺、设备有重大变化及新产品生产时进行检验,HPB300 钢筋不必做反向弯曲试验。

钢筋进场时,应按国家现行相关标准的规定抽取试件做力学性能和质量偏差检验,检验结果必须符合有关标准的规定。对于化学成分项目,由厂家在特征值检验中进行,使用单位

可根据工程实际情况选做。如采用国外钢筋则必须进行化学成分检验,同时应提供商检报告等材料。细晶粒热轧钢筋应做晶粒度检验,其晶粒度不粗于 9 级,如供方能保证可不做晶粒度检验。

(3)表面质量

对于钢筋外观质量的要求比较简单和直观:钢筋应外形平直、外观无损伤,表面不得有裂纹、油污、颗粒状或片状老锈。只要经过钢丝刷刷过的试样的质量、尺寸、横截面积和拉伸性能不低于相关要求,则锈皮、表面不平整或氧化铁皮不作为拒收的理由。

带肋钢筋应在其表面轧上牌号标志,还可依次轧上经注册的厂名(或商标)和公称直径毫米数,钢筋牌号以阿拉伯数字或阿拉伯数字加英文字母表示,HRB335、HRB400、HRB500 分别以 3、4、5 表示,HRBF335、HRBF400、HRBF500 分别以 C3、C4、C5 表示,HRB400E、HRBF500E 分别以 4E、5E 表示,HRBF400E、HRBF500E 分别以 C4E、C5E 表示。厂名以汉语拼音字头表示,例如武汉钢铁集团出厂标志为"WG",这可查找国家钢铁生产厂家目录。公称直径毫米数以阿拉伯数字表示。

(4)尺寸测量

钢筋进场前先做尺寸测量。

①光圆钢筋:首先测量一个方向直径,然后测量另一个90°方向直径,取平均值为该钢筋直径,同时判断其不圆度是否符合规范要求,其合格判断标准见上节内容。

②带肋钢筋:带肋钢筋内径的测量应精确到 0.1 mm。带肋钢筋纵肋、横肋高度的测量采用测量同一截面两侧横肋中心高度平均值的方法,即测取钢筋最大外径,减去该处内径,所得数值的一半为该处肋高,应精确到 0.1 mm。带肋钢筋横肋间距采用测量平均肋距的方法进行测量,即测取钢筋上面上第 1 个与第 11 个横肋的中心距离,该数值除以 10 即为横肋间距,应精确到 0.1 mm。

(5)质量偏差的测量

测量钢筋质量偏差时,试样应从不同根钢筋上截取,数量不少于 5 支,每支试样长度不小于 500 mm。长度应逐支测量,精确到 1 mm。测量试样总质量时,应精确到不大于总质量的 1%。

钢筋实际质量与理论质量的偏差为:

质量偏差 =[试样实际总质量 − 试样总长度 × 理论质量]/(试样总长度 × 理论质量)

钢筋质量允许偏差见上节内容。

(6)拉伸、弯曲、反向弯曲试验

①拉伸、弯曲、反向弯曲试验试样不允许进行车削加工。

②计算钢筋强度用截面面积采用表 2.9 所列公称横截面积,注意不是现场检测中实际尺寸横截面积。

③拉伸试验。拉伸试样夹具之间的最小自由长度应符合表 2.9 的要求。

表 2.9　拉伸试样夹具之间的最小自由长度

单位:mm

钢筋公称直径	试样夹具之间的最小自由长度
$d \leq 25$	350
$25 < d \leq 32$	400
$32 < d \leq 50$	500

两端长度根据实验机夹具要求确定。对试件按国标规定进行拉伸试验,直至试件拉裂。对直径 28～40 mm 各牌号钢筋的断后伸长率可降低 1%;直径大于 40 mm 各牌号钢筋的断后伸长率可降低 2%。

④弯曲试验。热轧钢筋按表 2.10 规定的弯芯直径弯曲 180°后,要求钢筋受弯曲部位表面不得产生裂纹。

表 2.10　钢筋弯芯直径

牌　号	公称直径 d/mm	弯芯直径
HPB235 HPB300	6～22	d
HPB335 HPB335E HPBF335 HPBF330E	6～25	$3d$
	28～40	$4d$
	>40～50	$5d$
HPB400 HPB400E HPBF400 HPB400E	6～25	$4d$
	28～40	$5d$
	>40～50	$6d$
HPB500 HPB500E HPBF500 HPB500E	6～25	$6d$
	28～40	$7d$
	>40～50	$8d$
HRB600	6～25	$6d$
	28～40	$7d$
	>40～50	$8d$

⑤反向弯曲性能。根据需方要求,钢筋可进行反向弯曲性能试验。反向弯曲试验的弯芯直径比弯曲试验相应增加一个钢筋公称直径。

反向弯曲试验过程为:先正向弯曲 90°后再反向弯曲 20°。两个弯曲角度均应在去载之前测量。反向弯曲试验时,经正向弯曲后的试样,应在 100 ℃温度下保温不少于 30 min,经自然冷却后再反向弯曲。当供方能保证钢筋经人工时效后的反向弯曲性能时,正向弯曲后的试样也可在室温下直接进行反向弯曲。经反向弯曲试验后,钢筋受弯曲部位表面不得产生裂纹。

4）冷轧带肋钢筋验收批的划分及检验方法

（1）组批规则

冷轧带肋钢筋应按批进行检查和验收。每批应由同一牌号、同一外形、同一规格、同一生产工艺和同一交货状态钢筋组成，每批不大于 60 t。

（2）检查项目和取样数量

冷轧带肋钢筋检验的取样数量应符合表 2.11 的规定。

表 2.11　冷轧带肋钢筋的检验项目及取样数量

序号	检验项目	取样数量
1	拉伸试验	每盘1个
2	弯曲试验	每批2个
3	反复弯曲试验	每批2个
4	应力松弛试验	定期1个
5	尺寸	逐盘或逐根
6	表面	逐盘或逐根
7	质量偏差	每盘1个

（3）尺寸、表面质量、质量偏差

冷轧带肋钢筋的尺寸、表面质量及质量偏差的测量基本同热轧钢筋，不再重复。

（4）拉伸、弯曲试验

拉伸试验基本同热轧钢筋，不再重复。

反复弯曲试验的弯曲半径应符合表 2.12 的规定。

表 2.12　冷轧带肋钢筋反复弯曲试验的弯曲半径

单位：mm

钢筋公称直径	4	5	6
弯曲半径	10	15	15

5）冷轧扭钢筋验收批的划分及检验方法

（1）验收分批规则

冷轧扭钢筋验收批应由同一型号、同一强度等级、同一规格尺寸、同一台（套）轧机生产的钢筋组成，且每批不应大于 20 t，不足 20 t 按一批计。

（2）检查项目和取样数量

①出厂检验：冷轧扭钢筋的出厂检验以验收批为基础。

②出现下列情况之一者，冷轧扭钢筋应进行型式检验：

a. 新产品或老产品转厂生产的试制定型鉴定（包括技术转让）。

b. 正式生产后，当结构、材料、工艺有改变而可能影响产品性能时。

c. 正常生产每台（套）钢筋冷轧扭机累积产量达 1 000 t 后周期性进行。

d. 长期停产后恢复生产时。

e. 出厂检验与上次型式检验有较大差别时。

f. 国家质量监督机构提出进行型式检验要求时。

冷轧扭钢筋的出厂检验和型式检验的项目、取样数量应符合表 2.13 的规定。

表 2.13　冷轧扭钢筋的项目内容及取样数量

序号	检验项目	取样数量	
		出厂检验	型式检验
1	外观	逐根	逐根
2	截面控制尺寸	每批 3 根	每批 3 根
3	节距	每批 3 根	每批 3 根
4	定尺长度	每批 3 根	每批 3 根
5	质量	每批 3 根	每批 3 根
6	化学成分		每批 3 根
7	拉伸试验	每批 2 根	每批 3 根
8	弯曲试验	每批 1 根	每批 3 根

（3）判定规则

当全部检验项目均符合规定时,该批型号的冷轧扭钢筋判定为合格。

当检验项目中一项或几项检验结果不符合相关规定时,应从同一批钢筋中重新加倍随机抽样,对不合格项目进行复检。若试样复检后合格,则可判定该批钢筋合格。否则应根据不同项目按下列规则判定:

①当抗拉强度、伸长率、180°弯曲性能不合格或质量负偏差大于 5% 时,判定该批钢筋为不合格。

②当钢筋力学与工艺性能合格,但截面控制尺寸(轧扁厚度、边长或内外圆直径)不符合规定值时,该批钢筋应复验后降直径规格使用。

2.1.3　钢筋进场管理

①施工现场的钢筋原材料及半成品存放及加工场地应采用混凝土硬化,且排水效果良好。对非硬化的地面,钢筋原材料及半成品应架空放置。

②钢筋在运输和存放时,不得损坏包装和标志,并应按牌号、规格、炉批分别堆放整齐,避免锈蚀或油污。

③钢筋存放时,应挂牌标示钢筋的级别、品种、状态,加工好的半成品还应标示出使用的部位。

④钢筋存放及加工过程中,不得污染。

⑤钢筋有轻微的浮锈可以在除锈后使用。但锈蚀严重的钢筋,应在除锈后,根据锈蚀情况降规格使用。

⑥冷加工钢筋应及时使用,不能及时使用的应做好防潮和防腐保护。

⑦当钢筋在加工过程中出现脆裂、裂纹、剥皮等现象,或施工过程中出现焊接性能不良或力学性能显著不正常等现象时,应停止使用该批钢筋,并重新对该批钢筋的质量进行检测、鉴定。

任务 2.2 钢筋一般规定

2.2.1 混凝土保护层

1)混凝土结构的环境类别

混凝土结构的耐久性应根据环境类别和设计使用年限进行设计。环境类别是指混凝土暴露表面所处的环境条件,应按表 2.14 的要求划分。

表 2.14 混凝土结构的环境类别

环境类别	条 件
一	室内干燥环境; 无侵蚀性静水浸没环境
二 a	室内潮湿环境; 非严寒和非寒冷地区的露天环境; 非严寒和非寒冷地区与无侵蚀性的水或土壤直接接触的环境; 严寒和寒冷地区的冰冻线以下与无侵蚀性的水或土壤直接接触的环境
二 b	干湿交替环境; 水位频繁变动环境; 严寒和寒冷地区的露天环境; 严寒和寒冷地区冰冻线以上与无侵蚀性的水或土壤直接接触的环境
三 a	严寒和寒冷地区冬季水位变动的环境; 受除冰盐影响的环境; 海风环境
三 b	盐渍土环境; 受除冰盐作用的环境; 海岸环境
四	海水环境
五	受人为或自然的侵蚀性物质影响的环境

注:1.室内潮湿环境是指构件表面经常处于结露或湿润状态的环境;

2.严寒和寒冷地区的划分应符合下列规定:

严寒地区:最冷月平均温度≤0 ℃,日平均温度≤5 ℃的天数≥145 d;

寒冷地区:最冷月平均温度-10 ~ 0 ℃,日平均温度≤5 ℃的天数为90 ~ 145 d;

3.海岸环境和海风环境宜根据当地情况,考虑主导风向及结构所处迎风、背风部位等因素的影响,由调查研究和工程经验确定;

4.受除冰盐影响环境为受到除冰盐盐雾影响的环境;受除冰盐作用环境指被除冰盐溶液溅射的环境以及使用除冰盐地区的洗车房、停车楼等建筑;

5.暴露环境是指混凝土结构表面所处的环境。

2)混凝土保护层的最小厚度

①构件中受力钢筋的保护层厚度(钢筋外边缘至构件表面的距离)不应小于钢筋的公称直径。设计使用年限为50年的混凝土结构,最外层钢筋的保护层厚度应符合表2.15的规定。原有规范保护层厚度为受力钢筋至混凝土边缘的距离,新规范考虑混凝土耐久性的问题改为最外侧钢筋,因此对于梁柱现在多数情况箍筋为最外边缘钢筋,少数情况可能出现拉筋为最外边缘钢筋,钢筋翻样和安装时应注意这种情况。

表 2.15　钢筋的混凝土保护层最小厚度

单位:mm

环境类别	一	二 a	二 b	三 a	三 b
板、墙	15	20	25	30	40
梁、柱	20	25	35	40	50

注:1.混凝土强度等级不大于 C25 时,表中保护层厚度增加 5 mm;

2.钢筋混凝土基础宜设置混凝土垫层,基础中钢筋的保护层厚度应从垫层顶面起,且不应小于 40 mm。

②当有充分依据并采取下列有效措施时,可适当减小混凝土保护层的厚度:

a.构件表面有可靠的防护层。

b.采用工厂化生产的预制构件。

c.在混凝土中掺加阻锈剂或采用阴极保护处理等防锈措施。

d.当地下室墙体采取可靠的建筑防水做法或防护措施时,与土层接触一侧钢筋的保护层厚度可适当减少,但不应小于 25 mm。

③当梁、柱、墙中纵向受力钢筋的混凝土保护层厚度大于 50 mm 时,素混凝土厚度过大容易出剥落现象,所以宜对保护层采取有效的构造措施(如在保护层内配置防裂、防剥落的钢筋网片等)。

④特殊条件下的混凝土保护层厚度要求如下:

a.设计使用年限为 100 年的混凝土结构、最外层钢筋的混凝土保护层厚度不应小于表2.14数值的1.4倍。

b.机械连接套筒的保护层厚度宜满足有关钢筋最小保护层厚度的规定。

c.防水混凝土结构钢筋保护层厚度应根据结构的耐久性和工程环境选用,迎水面钢筋保护层厚度不应小于 50 mm。

2.2.2 钢筋锚固与搭接连接长度

1）钢筋锚固

（1）钢筋锚固原理

钢筋混凝土结构中，两种性能不同的材料能够共同受力是由于它们之间存在着黏结锚固作用。这种作用使接触界面两边的钢筋与混凝土之间能够实现应力传递，从而在钢筋与混凝土中建立起结构承载所必需的工作应力。

影响钢筋在混凝土中锚固作用的因素有：混凝土强度等级、保护层厚度、钢筋锚固长度、配筋情况、弯钩和机械锚固（焊钢筋、穿孔塞焊、锚栓锚头等附加锚固措施），以及锚固区内侧向压力的约束等。

（2）钢筋的基本锚固长度

我国规范中的受拉钢筋最小锚固长度是根据系统试验研究及可靠分析的结果并参考国外标准确定的。受拉光圆钢筋主要靠钢筋与混凝土的黏结作用和钢筋末端弯钩的机械锚固作用，根据控制滑移增长率不致过大的黏结刚度条件；变形钢筋的黏结力主要靠横肋对混凝土的咬合和周围混凝土的约束作用，在分析中考虑混凝土保护层厚度等于受力钢筋直径及具有较小的配箍率的情况确定的。普通钢筋的基本锚固长度 l_{ab} 应按表 2.16 取用。

表 2.16　普通钢筋的基本锚固长度 l_{ab}

钢筋种类	混凝土强度等级								
	C20	C25	C30	C35	C40	C45	C50	C55	≥C60
HPB300	$39d$	$34d$	$30d$	$28d$	$25d$	$24d$	$23d$	$22d$	$21d$
HRB335 HRB335F	$38d$	$33d$	$29d$	$27d$	$25d$	$23d$	$22d$	$21d$	$21d$
HRB400 HRBF400 RRB400	—	$40d$	$35d$	$32d$	$29d$	$28d$	$27d$	$26d$	$25d$
HRB500 HRBF500	—	$48d$	$43d$	$39d$	$36d$	$34d$	$32d$	$31d$	$30d$

注：HRB335 钢筋在《钢筋混凝土用钢　第 2 部分：热轧带肋钢筋》（GB/T 1499.2—2018）中被取消，但结构设计规范和 16G101 图集编制时间较早尚未更新，故此处仍沿用原来规范，特此说明。后面表中仍保留 HRB335 钢筋，HRB600 钢筋尚没有对结构设计取值，故无相应数据。

表 2.16 中对 400 MPa 及以上的钢筋在 C20 混凝土没有规定数值，原因在于国家设计规范规定如下：

①素混凝土结构的混凝土强度等级不应低于 C15；钢筋混凝土结构的混凝土强度等级不应低于 C20；采用强度等级 400 MPa 及以上的钢筋时，混凝土强度等级不应低于 C25。

②预应力混凝土结构的混凝土强度等级不宜低于 C40，且不应低于 C30。

③承受重复荷载的钢筋混凝土构件，混凝土强度等级不应低于 C30。

（3）受拉钢筋的锚固长度

受拉钢筋的锚固长度应根据锚固条件按式（2.1）计算，且不应小于 200 mm。

$$l_a = \zeta_a l_{ab} \tag{2.1}$$

式中　l_a——受拉钢筋的锚固长度,按表 2.16 取用;

　　　ζ_a——锚固长度修正系数,按表 2.17 取用。多于一项时,可按连乘计算,但不应小于 0.6。

表 2.17　锚固长度修正系数 ζ_a 表

锚固条件		ζ_a	
当带肋钢筋的公称直径大于 25 mm 时		1.10	
环氧树脂涂层带肋钢筋		1.25	—
施工过程中易受扰动的钢筋		1.10	
锚固钢筋的保护层厚度	3d	0.80	注:中间按内插取值,此处 d 为锚固钢筋的直径
	5d	0.70	

当纵向受拉普通钢筋末端采用弯钩或机械锚固措施时,包括弯钩或锚固端头在内的锚固长度(投影长度)可取基本锚固长度的 0.6,这点正好与板的构造中的要求一致。受拉钢筋锚固长度 l_a 见表 2.18。

表 2.18　受拉钢筋锚固长度 l_a

钢筋种类	混凝土强度等级										
	C20	C25		C30		C35		C40		C45	
	$d\leqslant25$	$d\leqslant25$	$d>25$	$d\leqslant25$	$d>25$	$d\leqslant25$	$d>25$	$d\leqslant25$	$d>25$	$d\leqslant25$	$d>25$
HPB300	39d	34d	—	30d	—	28d	—	25d	—	24d	—
HRB335 HRBF335	38d	33d	—	29d	—	27d	—	25d	—	23d	—
HRB400 HRBF400 RRB400	—	40d	44d	35d	39d	32d	35d	29d	32d	28d	31d
HRB500 HRBF500	—	48d	53d	43d	47d	39d	43d	36d	40d	34d	37d

钢筋种类	混凝土强度等级					
	C35		C40		C60	
	$d\leqslant25$	$d>25$	$d\leqslant25$	$d>25$	$d\leqslant25$	$d>25$
HPB300	23d	—	22d	—	21d	—
HRB335 HRBF335	22d	—	21d	—	21d	—
HRB400 HRBF400 RRB400	27d	30d	26d	29d	25d	28d
HRB500 HRBF500	32d	35d	31d	24d	30d	33d

（4）纵向受拉钢筋的抗震锚固长度

纵向受拉钢筋的抗震锚固长度 l_{aE}、l_{abE} 应按式（2.2）、式（2.3）计算

$$l_{abE} = \zeta_{aE} l_{ab} \qquad (2.2)$$

$$l_{aE} = \zeta_{aE} l_a \qquad (2.3)$$

式中　ζ_{aE}——纵向受拉钢筋抗震锚固长度修正系数，对一、二级抗震等级取 1.15，对三级抗震等级取 1.05，对四级抗震等级取 1.0，四级抗震时，$l_{aE} = l_a$。

纵向受拉钢筋的抗震锚固长度见表 2.19、表 2.20。

表 2.19　抗震设计时受拉钢筋基本锚固长度 l_{abE}

钢筋种类	抗震等级	混凝土强度等级								
		C20	C25	C30	C35	C40	C45	C50	C55	≥C60
HPB300	一、二级	45d	39d	35d	32d	29d	28d	26d	25d	24d
	三级	41d	36d	32d	29d	26d	25d	24d	23d	22d
HRB335 HRBF335	一、二级	44d	38d	33d	31d	29d	26d	25d	24d	24d
	三级	40d	35d	31d	28d	26d	24d	23d	22d	22d
HRB400 HRBF400 RRB400	一、二级	—	46d	40d	37d	33d	32d	31d	30d	29d
	三级	—	42d	37d	34d	30d	29d	28d	27d	26d
HRB500 HRBF500	一、二级	—	55d	49d	45d	41d	39d	37d	36d	35d
	三级	—	50d	45d	41d	38d	36d	34d	33d	32d

表 2.20　受拉钢筋抗震锚固长度 l_{aE}

钢筋种类及抗震等级		混凝土强度等级								
		C20	C25		C30		C35		C40	
		d≤25	d≤25	d>25	d≤25	d>25	d≤25	d>25	d≤25	d>25
HPB300	一、二级	45d	39d	—	35d	—	29d	—	29d	—
	三级	41d	36d	—	32d	—	26d	—	26d	—
HRB335 HRBF335	一、二级	44d	38d	—	33d	—	31d	—	29d	—
	三级	40d	35d	—	31d	—	28d	—	26d	—
HRB400 HRBF400	一、二级	—	46d	51d	40d	45d	37d	40d	33d	37d
	三级	—	42d	46d	37d	41d	34d	37d	30d	34d
HRB500 HRBF500	一、二级	—	55d	61d	49d	54d	45d	49d	41d	46d
	三级	—	50d	56d	45d	49d	41d	45d	38d	42d

续表

钢筋种类及抗震等级		混凝土强度等级							
		C45		C50		C55		C60	
		$d \leqslant 25$	$d > 25$	$d \leqslant 25$	$d > 25$	$d \leqslant 25$	$d > 25$	$d \leqslant 25$	$d > 25$
HPB300	一、二级	$28d$	—	$26d$	—	$25d$	—	$24d$	—
	三级	$25d$	—	$24d$	—	$23d$	—	$22d$	—
HRB335 HRBF335	一、二级	$26d$	—	$25d$	—	$24d$	—	$24d$	—
	三级	$24d$	—	$23d$	—	$22d$	—	$22d$	—
HRB400 HRBF400 RRB400	一、二级	$32d$	$36d$	$31d$	$35d$	$30d$	$33d$	$29d$	$32d$
	三级	$29d$	$33d$	$28d$	$32d$	$27d$	$30d$	$26d$	$29d$
HRB500 HRBF500	一、二级	$39d$	$43d$	$37d$	$40d$	$36d$	$39d$	$35d$	$38d$
	三级	$36d$	$39d$	$34d$	$37d$	$33d$	$36d$	$32d$	$35d$

2)纵向钢筋受拉钢筋搭接

（1）纵向钢筋受拉钢筋搭接构造

同一构件中相邻纵向受力钢筋的绑扎搭接接头宜相互错开。钢筋绑扎搭接接头连接区段的长度为1.3倍搭接长度，凡搭接接头中点位于该连接区段长度内的搭接接头，均属于同一连接区段。同一连接区段内纵向受力钢筋搭接接头面积百分率为该区段内有搭接接头的纵向受力钢筋与全部纵向受力钢筋截面面积的比值（图2.5）。

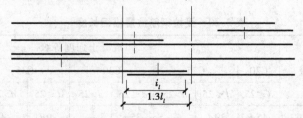

图2.5　同一连接区段内的纵向受拉钢筋绑扎搭接接头

注：图中所示同一连接区段内的搭接接头钢筋为两根，当钢筋直径相同时，钢筋搭接接头面积百分率为50%。

位于同一连接区段内的受拉钢筋搭接接头面积百分率要求：对梁类、板类及墙类构件，不宜大于25%；对柱类构件，不宜大于50%。当工程中确有必要增大受拉搭接钢筋接头面积百分率时，对梁类构件，不应大于50%；对板、墙、柱及预制构件的拼接处，可根据实际情况放宽。

（2）纵向钢筋受拉钢筋搭接长度

非抗震纵向受拉钢筋绑扎搭接长度应根据锚固条件按式（2.4）计算，且不应小于300 mm：

$$l_1 = \zeta_1 l_a \tag{2.4}$$

式中　l_a——受拉钢筋的锚固长度，按前节计算取用；

ζ_1——纵向受拉钢筋搭接长度修正系数按表 2.21 取用。

抗震纵向受拉钢筋绑扎搭接长度应根据锚固条件按式(2.5)计算

$$l_{lE} = \zeta_1 l_{aE} \tag{2.5}$$

表 2.21 纵向受拉钢筋搭接长度修正系数 ζ_1

纵向受拉钢筋搭接接头面积百分率/%	≤25	50	100
ζ_1	1.2	1.4	1.6

注:1. 当直径不同的钢筋搭接时,l_l、l_{lE} 按直径较小的钢筋计算;

2. ζ_1 为纵向钢筋搭接长度修正系数,当纵向钢筋搭接接头百分率为表的中间值时,可按内插取值。

(3)纵向受压钢筋搭接长度

构件中的纵向受压钢筋当采用搭接连接时,其受压搭接长度不应小于确定的纵向受拉钢筋搭接长度的 70%,且不应小于 200 mm。

2.2.3 钢筋质量计算

计算钢筋的质量,必须先算出钢筋的体积,再乘以钢筋单位体积的质量,1 cm³ 钢材的质量为 0.007 85 kg。现场为了简化计算,对于圆形截面取 1 m 长度的钢筋质量作为单位质量计算,即 $G = 785\,0 \times 10^{-9} \times (\pi d^2/4) \times 100\,0 = 0.006\,17 d^2$(d 单位为 mm)。

当钢筋带肋时,它的直径并不是做外圆的投影轮廓,而是当量直径,就是当钢筋受力时相当于同等材料的钢筋直径。因此前节中热轧带肋钢筋、冷轧带肋钢筋的单位质量可利用此公式进行计算,但对冷轧扭钢筋或其他非圆形截面钢材,此公式不适用。

钢筋每米质量常用数据如下:

圆钢:每米质量(kg)= 0.006 17×直径×直径

方钢:每米质量(kg)= 0.007 85×边宽×边宽

六角钢:每米质量(kg)= 0.006 8×对边距离×对边距离

八角钢:每米质量(kg)= 0.006 5×对边距离×对边距离

螺纹钢:每米质量(kg)= 0.006 17×直径×直径

角钢:每米质量(kg)= 0.007 85×(边宽+边宽-边厚)×边厚

扁钢:每米质量(kg)= 0.007 85×厚度×边宽

无缝钢管:每米质量(kg)= 0.024 66×壁厚×(外径-壁厚)

接缝钢管:每米质量(kg)= 0.024 66×壁厚×(外径-壁厚)

中厚钢板:每米质量(kg)= 7.85×厚度

薄钢板:每米质量(kg)= 7.85×厚度

任务 2.3 钢筋配料

钢筋配料是现场钢筋的深化设计,即根据结构配筋图,先绘出各种形状和规格的单根钢筋简图并加以编号,然后分别计算钢筋下料长度和根数,填写配料单。

2.3.1 钢筋下料长度计算

钢筋因弯曲或弯钩会使其长度变化,在配料中不能直接根据图纸中尺寸下料,必须了解混凝土保护层、钢筋弯曲、弯钩等规定,再根据图中尺寸计算其下料长度。施工图(钢筋图)中所指的钢筋长度是钢筋外缘至外缘之间的长度,即外包尺寸,下料长度计算是将外包尺寸转换为轴线长度。

各种钢筋下料长度计算如下:

直钢筋下料长度 = 构件长度 - 保护层厚度 + 弯钩增加长度

弯起钢筋下料长度 = 直段长度 + 斜段长度 - 弯曲调整值 + 弯钩增加长度

箍筋下料长度 = 箍筋周长 + 箍筋调整值

1)弯曲调整值

(1)钢筋弯曲特点

钢筋弯曲特点有:一是沿钢筋轴线方向会产生变形,主要表现为长度的增加或减小,即以轴线为界,往外凸的部分(钢筋外皮)受拉伸而长度增加,而往里凹的部分(钢筋内皮)受压缩而长度减小;二是弯曲处形成圆弧,而钢筋的量度方法一般沿直线量外包尺寸。因此,弯曲钢筋的量度尺寸大于下料尺寸,而两者之间的差值称为弯曲调整值。

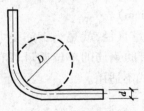

图 2.6 钢筋弯曲形式

(2)钢筋弯曲调整值计算

对钢筋进行弯折时,图 2.6 中用 D 表示弯折处圆弧所属圆的直径,通常称为弯弧内直径。钢筋弯曲调整值与钢筋弯弧内直径和钢筋直径有关。钢筋弯折的弯弧内直径应符合下列规定:

钢筋弯折的弯弧内直径应符合下列规定:

①光圆钢筋,不应小于钢筋直径的 2.5 倍。

②335 MPa 级、400 MPa 级带肋钢筋,不应小于钢筋直径的 4 倍。

③500 MPa 级带肋钢筋,当直径为 28 mm 以下时不应小于钢筋直径的 6 倍,当直径为 28 mm 及以上时不应小于钢筋直径的 7 倍。

④位于框架结构顶层端节点处的梁上部纵向钢筋和柱外侧纵向钢筋,在节点角部弯折处,当钢筋直径为 28 mm 以下时不宜小于钢筋直径的 12 倍,当钢筋直径为 28 mm 及以上时不宜小于钢筋直径的 16 倍。

⑤箍筋弯折处尚不应小于纵向受力钢筋直径;箍筋弯折处纵向受力钢筋为搭接钢筋或并筋时,应按钢筋实际排布情况确定箍筋弯弧内直径。

⑥钢筋做不大于 90° 弯折时,弯折处的弯弧内直径不应小于钢筋直径的 5 倍。

以弯起钢筋弯折 90° 的情况为例,由图 2.7 可知量度差值发生在弯曲部位。其弯折量度差值为:

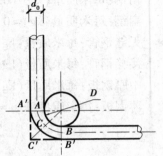

图 2.7 90°弯折量度差图

$$A'C' + B'C - ACB = 2\left(\frac{D}{2} + d_0\right) - \frac{1}{4}\pi(D + d_0) \quad (2.6)$$

弯起钢筋弯折处的弯曲直径 D 不宜小于钢筋直径 d_0 的 5 倍。将 $D = 5d_0$ 代入式(2.6)，有 $A'C' + C'B' = 2 \times (5d_0/2 + d) = 7d_0$，弧 $ACB = 1/4 \times (5d_0 + d) = 4.71d_0$，$7d_0 - 4.71d_0 = 2.29d_0$。因此，90°弯折量度差值为 $2.29d_0$。同理可计算出不同弯折角度时的量度差值。为简便下料计算，可分别取其近似值如下：30°弯折时，量度差值取 $0.3d_0$；45°弯折时取 $0.5d_0$；60°弯折时取 $0.9d_0$；90°弯折时取 $2d_0$；135°弯折时取 $3d_0$。

2)末端弯钩增长值

弯钩形式最常用的有半圆弯钩、直弯钩和斜弯钩。180°半圆弯钩为最常见的一种；90°直弯钩常用于柱立筋的下部、板面负弯矩筋、附加钢筋和无抗震要求的箍筋中；135°斜弯钩只用在直径较小的钢筋中。

钢筋混凝土施工及验收规范规定，HPB300 钢筋末端应做 180°弯钩，其弯弧内直径不应小于钢筋直径的 2.5 倍，弯钩的弯后平直部分长度不应小于钢筋直径的 3 倍。当设计要求钢筋末端需做 135°弯钩时，HRB400 钢筋的弯弧内直径不应小于钢筋直径的 4 倍，弯钩的弯后平直部分长度应符合设计要求。

因此有时为简化计算，将平直部分长度和弯曲调整值合并在一起计算，称为弯钩增长值。

当弯 180°时，弯钩部分的中心线(含平直段)长为：

$$AF = ABC + CF = \frac{1}{2}\pi(D + d_0) + CF$$

当 $D = 2.5d_0$，平直段长度 $CF = 3d_0$ 时：

$$AF = \frac{\pi}{2}(2.5d_0 + d_0) + 3d_0 = 8.5d_0$$

因钢筋外包尺寸量至 E 点，所以弯钩增长值为：

$$EF = AF - AE = AF - \left(\frac{D}{2} + d_0\right) = 8.5d_0 - \left(\frac{2.5d_0}{2} + d_0\right) = 6.25d_0$$

光圆钢筋 180°弯钩增长值如图 2.8 所示。

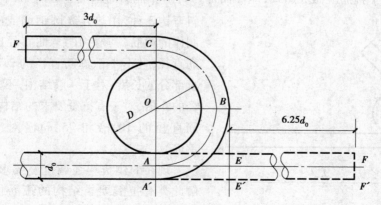

图 2.8　钢筋 180°弯钩增长值

光圆钢筋的弯钩增加长度，按图 2.9 所示的简图(弯弧内直径为 $2.5d$、平直部分为 $3d$)

计算:对半圆弯钩为 6.25d,对直弯钩为 3.5d,对斜弯钩为 4.9d。

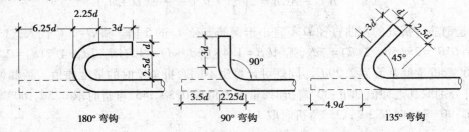

图 2.9　钢筋弯钩计算简图

【小任务】

国家规范明确钢筋弯折后,平直部分长度不宜小于 3d,故上述图例为计算总结。请同学们尝试进行 90°、135°的弯钩计算,并验算是否正确。

【知识链接】

光圆钢筋是指 HPB300 级钢筋,由于钢筋表面光滑,只靠摩阻力锚固,锚固强度很低,一旦发生滑移即被拔出,因此其末端应做 180° 弯钩,如图 2.9 所示。作受压钢筋时可不做弯钩。板中分布钢筋(不作为抗温度收缩钢筋使用),或者按构造详图已经设有 ≤15d 直钩时,可不再设 180° 弯钩。同时在计算锚固长度时应注意所增加的 6.25d,不要误将原有锚固长度减去 6.25d 作为平直段长度,这是错误的。

3)箍筋下料长度

箍筋下料长度可用外包尺寸或内包尺寸两种计算方法。混凝土保护层厚度是指外缘钢筋至混凝土表面的距离。一般箍筋为梁、柱的最外缘钢筋,所以现在多以外包尺寸计算方法为主,本书主要讲述外包尺寸计算方法。

一般情况下箍筋应做成闭式,即四面都为封闭。箍筋的末端一般有半圆弯钩、直弯钩、斜弯钩 3 种,用热轧光圆钢筋或冷拔低碳钢丝制作的箍筋,其弯钩的弯曲直径应大于受力钢筋直径,且不小于箍筋直径的 2.5 倍。弯钩平直部分的长度:对于一般结构,不宜小于箍筋直径的 5 倍,对于有抗震要求的结构,不应小于钢筋直径的 10 倍和 75 mm(对于直径 6 mm 钢筋)。

现在的建筑均强调抗震要求,本书举例讲解此类有抗震要求结构的箍筋长度的计算方法,如图 2.10 所示。135° 弯钩的计算:*AB* 段为箍筋弯钩的平直部分,一般抗震结构取值为 10d,该部分暂不考虑,弯曲调整值只计算 *BCD* 段。

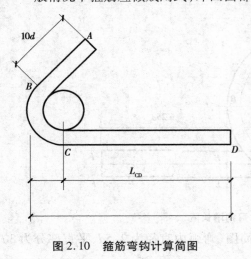

图 2.10　箍筋弯钩计算简图

轴线尺寸：$L_1 = L_{CD} + \pi \times (D+d) \times (135/360) = L_{CD} + 4.123d$

量度尺寸：$L_2 = L_{CD} + D/2 + d = L_{CD} + 2.25d$

调整值为：$L_1 - L_2 = 4.123d - 2.25d = 1.873d \approx 1.9d$

为简化计算，一般将箍筋弯钩加长值和弯折量度差值合并成箍筋调整值一项，箍筋弯钩的平直段为 $10d$，加调整值等于 $11.9d$。

计算时先按外包尺寸计算出箍筋的周长，再加上箍筋调整值即为箍筋下料长度。

箍筋下料长度 $= 2 \times [($混凝土构件长边 $- 2 \times$ 保护层厚度$) + ($混凝土构件短边 $- 2 \times$ 保护层厚度$)] + 2 \times 11.9d$（如钢筋直径小于 8 mm 则改为 2×75 mm）

施工现场为了简便下料计算，此处一般不减 3 个 90° 的弯曲调整值。

弯起钢筋斜长系数见表 2.22。

表 2.22　弯起钢筋斜长系数

弯起角度	$\alpha = 30°$	$\alpha = 45°$	$\alpha = 60°$
斜边长度 s	$2h_0$	$1.414h_0$	$1.15h_0$
底边长度 l	$1.732h_0$	h_0	$0.575h_0$
增加长度$(s-l)$	$0.268h_0$	$0.414h_0$	$0.575h_0$

注：h_0 为弯起高度。

现在国家结构标准图集已采用分离钢筋设计为主，不再弯起钢筋设计构造，此处大家有所了解即可。

4）钢筋长度计算中的特殊问题

（1）变截面构件箍筋

根据比例原理，每根钢筋的长短差数 **Δ** 如图 2.11 所示。

$$\Delta = (L_c - L_d)/(n-1) \qquad (2.7)$$

式中　L_c——箍筋的最大高度；

　　　L_d——箍筋的最小高度；

　　　n——箍筋个数，$n = s/a + 1$；

　　　s——最长箍筋和最短箍筋之间的总距离；

　　　a——箍筋间距。

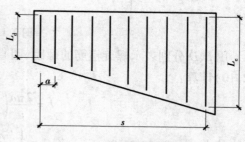

图 2.11　变截面构件箍筋

（2）圆形构件钢筋

①按弦长布置：先计算钢筋所在处弦长，再减去两端保护层厚度，就得钢筋长度，如图 2.12 所示。

当配筋为单数间距时：

$$l_i = a\sqrt{(n+1)^2 - (2i-1)^2} \ 或 \ l_i = \frac{D}{n+1}\sqrt{(n+1)^2 - (2i-1)^2} \qquad (2.8)$$

当配筋为双数间距时：

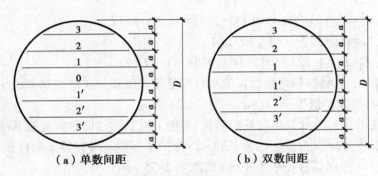

（a）单数间距　　　　　（b）双数间距

图 2.12　圆形构件钢筋（按弦长布置）

$$l_i = a\sqrt{(n+1)^2 - (2i)^2} \text{ 或 } l_i = \frac{D}{n+1}\sqrt{(n+1)^2 - (2i)^2} \tag{2.9}$$

式中　l_i——第 i 根（从圆心向两边计数）钢筋所在的弦长；

　　　a——钢筋间距；

　　　n——钢筋根数，等于 $n = D/a - 1$（ D 为圆直径）；

　　　i——从圆心向两边计数的序号数。

②按圆形布置：采用比例方法求每根钢筋的圆直径，再乘以圆周率算得钢筋长度。

（3）螺旋箍筋长度计算

在圆形截面的构件（如桩、柱等）中，经常配螺旋状箍筋，这种箍筋绕着主筋圆表面缠绕，如图 2.13 所示。

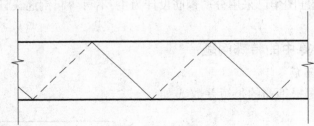

图 2.13　螺旋箍筋

用 p、D 分别表示螺旋箍筋的螺距、圆直径，则下料长度（以每米长的钢筋骨架计）按式（2.10）计算：

$$l = \frac{2\pi a}{p}\left(1 - \frac{t}{4} - \frac{3}{64}t^2\right) \tag{2.10}$$

其中　　　　　　　　　$a = \frac{1}{4}\sqrt{p^2 + 4D^2}, t = \frac{4a^2 - D^2}{4a^2}$

式中　l——每米长钢筋骨架所缠绕的螺旋状箍筋长度，m；

　　　p——螺距，mm；

　　　D——螺旋箍筋的圆直径（取箍筋中心距），mm。

考虑在钢筋施工过程中对螺旋箍筋下料长度并不要求过高（一般是用盘条状钢筋直接放盘卷成），而且还受到某些具体因素的影响（例如钢筋回弹力大小、钢筋接头的多少等），使计算结果与实际产生人为的误差，因此，过分强调计算精确度并不具有实际意义，所以在实际施工中,也可以套用机械工程中计算螺杆行程的公式计算螺旋箍筋的长度,将螺旋线展开成一直角三角形。其高为螺距 p,底宽为展开的圆周长,便得到式(2.11)。

$$l = \frac{1}{p}\sqrt{(\pi D)^2 + p^2} \tag{2.11}$$

式中 $1/p$——每米长钢筋骨架缠多少圈钢筋。

对一些外形比较复杂的构件,用数学方法计算钢筋长度有困难时,也可利用 CAD 软件进行电脑放样的办法求钢筋长度。

2.3.2 钢筋配料注意事项

钢筋配料是钢筋加工中的一项重要工作,合理地配料能使钢筋得到最大限度的利用,并使钢筋的安装和绑扎工作简单化。钢筋配料是依据钢筋表合理安排同规格、同品种的下料,使钢筋的出厂规格长度能够得以充分利用,或使库存各种规格和长度的钢筋得以充分利用。

(1)归整相同规格和材质的钢筋

下料长度计算完毕后,把相同规格和材质的钢筋进行归整和组合,同时根据现有钢筋的长度和能够及时采购到的钢筋的长度进行合理组合加工。

(2)合理利用钢筋的接头位置

对有接头的配料,在满足构件中接头的对焊或搭接长度接头错开的前提下,必须根据钢筋原材料的长度来考虑接头的布置。要充分考虑原材料被截下来的一段长度的合理使用,如果能够使一根钢筋正好分成几段钢筋的下料长度,则是最佳方案,但这往往难以做到,所以在配料时要尽量地使用被截下的一段能够长一些,不致使余料成为废料,使钢筋能得到充分利用。

(3)钢筋配料应注意的事项

配料计算时,要考虑钢筋的形状和尺寸在满足设计要求的前提下,应有利于加工安装。配料时,要考虑施工需要的附加钢筋,如板双层钢筋中保证上层钢筋位置的撑脚、墩墙双层钢筋中固定钢筋间距的撑铁、柱钢筋骨架增加四面斜撑等。根据钢筋下料长度计算结果和配料选择后,汇总编制钢筋配单。在钢筋配料单中必须反映出工程部位、构件名称、钢筋编号、钢筋简图及尺寸、钢筋直径、钢号、数量、下料长度、钢筋质量等。列入加工计划的配料单,将每一编号的钢筋制作一块料牌作为钢筋加工的依据,并在安装中作为区别各工程部位、构件和各种编号钢筋的标志。钢筋配料单和料牌应严格校核,必须准确无误,以免造成返工浪费。

2.3.3 钢筋代换

当钢筋的品种、级别或规格需作变更时,应办理设计变更文件。例如若出现采购问题,市场暂时没有该型号或直径钢筋,可采用别的型号或直径钢筋进行代换。

1)代换原则

①等强度代换:当构件受强度控制时,钢筋可按强度相等的原则进行代换。

②等面积代换:当构件按最小配筋率配筋时、钢筋可按面积相等的原则进行代换。

③当构件受裂缝宽度或挠度控制时,代换后应进行裂缝宽度或挠度验算。

2)等强代换方法

建立钢筋代换公式的依据为代换后的钢筋强度大于等于代换前的钢筋强度,按式(2.12)计算。

$$A_{S2} f_{y2} n_2 \geqslant A_{S1} f_{y1} n_1 \tag{2.12}$$

式中　A_{S2}——代换钢筋的计算面积;

　　　A_{S1}——原设计钢筋的计算面积;

　　　n_2——代换钢筋根数;

　　　n_1——原设计钢筋根数;

　　　f_{y2}——代换钢筋抗拉强度设计值;

　　　f_{y1}——原设计钢筋抗拉强度设计值。

有两种特例,当代换前后钢筋牌号相同(即 $f_{y2} = f_{y1}$),而直径不同时,简化式为:
$A_{S2} n_2 \geqslant A_{S1} n_1$。

当代换前后钢筋直径相同(即 $A_{S2} = A_{S1}$),而牌号不同时,简化式为:$f_{y2} n_2 \geqslant f_{y1} n_1$。

3)代换注意事项

①构件截面的有效高度影响。

对于受弯构件,钢筋代换后,有时由于受力钢筋直径加大或钢筋根数增多,而需要增加排数,则构件的有效高度 h_0 减小,使截面强度降低。通常对这种影响可凭经验适当增加钢筋面积,然后再作截面强度复核。

②代换后,应仍能满足各类极限状态的有关计算要求及必要的配筋构造规定(如受力钢筋和箍筋的最小直径、间距、锚固长度、配筋百分率及混凝土保护层厚度等),例如按最小配筋率所配钢筋时,必须等面积进行代换,而不能按等强度代换。

③对抗裂要求高的构件(如吊车梁、薄腹梁、屋架下弦等),不得用光圆钢筋代替HRB400、HRB500 带肋钢筋,以免降低抗裂度。

2.3.4　钢筋翻样实例

在上节案例中,根据钢筋构造要求做出钢筋施工模拟翻样图,如图 2.14 所示。

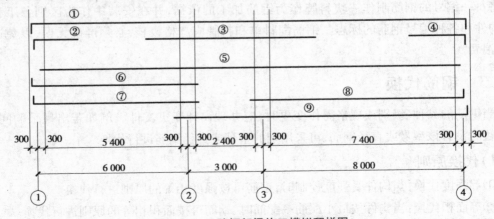

图 2.14　三跨框架梁施工模拟翻样图

1)上部钢筋

（1）抗震锚固长度计算

本工程抗震等级为三级抗震，钢筋等级为 HRB400 钢筋，钢筋直径 20 mm<25 mm，混凝土强度为 C30，l_{aE} 查表确定纵向受拉钢筋为 37d。

当 $d=22$ mm，$l_{aE}=37\times20=740$（mm）。

（2）端支座锚固判断

柱宽为 600 mm，小于 l_{aE}，故上部钢筋采用弯锚。

（3）钢筋长度计算

此处暂不考虑钢筋连接问题，按整根通长钢筋计算。

第一排钢筋伸入支座长度应考虑与柱外侧纵向钢筋叠放情况，即梁的钢筋应伸至柱的外侧纵筋内侧弯折，故伸入长度应减去混凝土保护层厚度、柱箍筋直径、柱的主筋直径。本工程混凝土结构环境类别为一类，故查表得混凝土保护层厚度为 20 mm。为简化计算，对于柱的箍筋直径通常取 10 mm，柱的主筋直径通常取 25 mm。故第一排钢筋伸入柱的长度为：600−20−10−25＝545（mm）。

第二排钢筋增加考虑第一排钢筋的叠放情况，故伸入柱的长度为 600−20−10−25−25＝520（mm），此处为简化计算，梁的主筋直径通常取 25 mm。

钢筋伸出支座的长度，第一排钢筋为跨度值的 1/3，第二排钢筋为跨度值的 1/4，故伸出长度分别为 5 400/4＝1 350（mm）和 7 400/4＝1 850（mm）。

钢筋弯折长度为 15×20＝300（mm）。

中间支座钢筋按通长考虑。

2)下部钢筋

（1）抗震锚固长度计算

本工程抗震等级为三级抗震，钢筋等级为 HRB400 钢筋，钢筋直径 22 mm<25 mm，混凝土强度为 C30，l_{aE} 查表确定纵向受拉钢筋为 37d。当 $d=22$ mm，$l_{aE}=37\times22=814$（mm）。

（2）端支座锚固判断

柱宽为 600 mm，小于 l_{aE}，故上部钢筋采用弯锚。

（3）钢筋长度计算

①伸入端柱长度。

第一排钢筋伸入端柱支座长度应考虑与柱外侧纵向钢筋叠放情况，即梁的钢筋应伸至柱的外侧纵筋内侧弯折，故伸入长度应依次减去混凝土保护层厚度、柱箍筋直径、柱的主筋直径。本工程混凝土结构环境类别为一类，故查表得混凝土保护层厚度为 20 mm。为简化计算，对于柱的箍筋直径通常取 10 mm，柱的主筋直径通常取 25 mm。故第一排钢筋伸入柱的长度为：600−20−10−25＝545（mm）。

第二排钢筋增加考虑第一排钢筋的叠放情况，故伸入柱的长度为 600−20−10−25−25＝520（mm）。此处为简化计算，梁的主筋直径通常取 25 mm。

钢筋伸出支座的长度，第一排钢筋为跨度值的 1/3，第二排钢筋为跨度值的 1/4，故伸出长度分别为 5 400/4＝1 350（mm）和 7 400/4＝1 850（mm）。

弯折长度为 $15d$，左支座为 $15×20＝300（mm）$，右支座为 $15×22＝330（mm）$

②伸入中间柱长度，按锚固长度考虑取 $37d$，对应Φ20 钢筋为 $37×20＝740（mm）$，Φ22 钢筋为 $37×22＝814（mm）$，右支座为 $15×22＝330（mm）$。

3）腰筋

此处标注值以大写字母"G"打头，表明梁侧面纵向为构造钢筋，并非受扭钢筋，故锚固值为 $15d$。

故伸长两边端柱的长度为 $15×12＝180（mm）$。

三跨框架梁主筋图如图 2.15 所示。

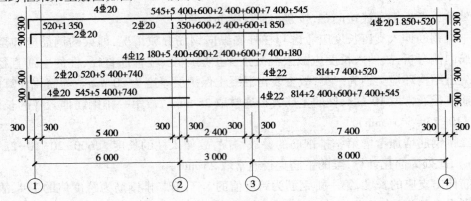

图 2.15　三跨框架梁主筋图

4）箍筋

本工程抗震等级为三级，弯钩为 $135°$，弯钩长度 $l_w＝max（11.9d,75+1.9d）$，梁的箍筋直径为 $\phi8$，故弯钩长度为 $11.9d$。

梁箍筋为四肢箍，故采用大箍套小箍的形式。首先计算大箍，大箍外包尺寸为梁的截面尺寸减两个保护层厚度，混凝土结构的环境类别为一类，故梁的保护层厚度为 20 mm。

大箍的外包宽度＝梁宽$-2×$混凝土保护层厚度$＝250-2×20＝210（mm）$。

大箍的外包高度＝梁宽$-2×$混凝土保护层厚度$＝700-2×20＝660（mm）$。

大箍箍筋计算长度$＝2×（$箍筋的外包宽度$+$箍筋的外包高度$）+2×11.9d＝2×（210+660）+2×11.9×10＝1\ 978（mm）$。

对于小箍的计算，小箍外包高度同大箍的外包高度，小箍外包宽度按 4 根纵筋均匀分布，内箍勾住第②、③两根纵筋计算，如图 2.16 所示。

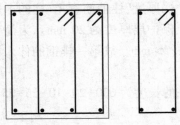

图 2.16　四肢箍形式

设大箍的净宽度为 B，小箍的净宽度为 b，纵筋（有 4 根）直径为 d，纵筋之间净距为 a，有时为了简化计算，也可把 d 用 25 来代替，计算公式为：$3B+4d＝B,a＝（B-4d）/3$。

大箍的净宽度为外包尺寸减去箍筋直径：$B＝210-2×10＝190（mm），a＝（190-4×25）/3＝30（mm）$

小箍外包宽度$＝（30+2×25+2×10）＝100（mm）$

小箍箍筋计算长度$＝2×（$箍筋的外包宽度$+$箍筋的外包高度$）+2×11.9d＝2×（100+660）+2×11.9×10＝1\ 758（mm）$。

【小任务】

我们可以推导出"偶数肢多肢箍"的通用计算方法,设大箍的净宽度为 B,小箍的净宽度为 b,纵筋(有 m 根)直径为 d,纵筋之间净距为 a,"m 肢箍"有 $m-1$ 个净距,则 $(m-1)a+md=B$。所以,$a=(B-md)/(m-1)$,内箍的宽度 $b=a+nd_{纵}+2d_{箍}$(n 为所套根数)。此推导公式对奇数肢多肢箍不适用,但原理一样。同学们可尝试推导五肢箍、七肢箍的计算方法。

每跨箍筋根数=(加密区长度-50)/加密区间距+1+非加密区长度/非加密区间距-1+(加密区长度-50)/加密区间距+1

本工程抗震等级为三级,加密区长度为 $1.5h_b$,梁为 700 mm,加密区长度为 1 050 mm,计算如下:

第一跨根数=2×[(1 050-50)/100+1]+(5 400-2×1 050)/200-1=22+16=38(根),
第二跨根数=2×[(1 050-50)/100+1]+(2 400-2×1 050)/200-1=22+1=23(根),
第三跨根数=[(1 050-50)/100+1+(7 400-2×1 050)]/200-1=22+27=49(根),
总根数为=38+23+49=110(根)。

5)拉筋

本工程梁宽为 300 mm,小于 350 mm,拉筋直径为 φ6,抗震等级为三级,弯钩为 135°,弯钩长度 $l_w=\max(11.9d,75+1.9d)$,故弯钩长度为 75+1.9d。

拉筋长度=箍筋的外包宽度+2×(75+1.9d)=210+172.8=382.8(mm)

注意拉箍间距为框架非加密区间距的 2 倍,并竖向错开布置,拉箍根数计算如下:

根数=2×[(5 400-2×50)/400+(2 400-2×50)/400+(7 400-2×50)/400]=2×39=78(根)

【小任务】

请根据以上计算结果,做出钢筋翻样表,统计此框架梁的各种钢筋的质量,并通过这个实例思考对柱、板钢筋翻样应注意的问题。

任务 2.4 钢筋加工

2.4.1 钢筋的除锈

钢筋由于保管不善或存放时间过久,会受潮生锈。在生锈初期,钢筋表面呈黄褐色,称水锈或色锈,这种水锈除在焊点附近必须清除外,一般可不处理。但是当钢筋锈蚀进一步发展,钢筋表面已形成一层锈皮,受锤击或碰撞可见其剥落时,这种铁锈不能很好地和混凝土黏结,影响钢筋和混凝土的握裹力,并且在混凝土中继续发展,需要清除。钢筋除锈可采用机械除锈和手工除锈两种方法。

1）机械除锈

机械除锈可采用钢筋除锈机或钢筋冷拉、调直过程除锈,对直径较细的盘条钢筋,可通过冷拉和调直过程自动去锈;对粗钢筋可采用圆盘铁丝刷除锈机除锈。

2）手工除锈

手工除锈可采用钢丝刷、砂盘、喷砂等除锈方式或酸洗除锈。工作量不大或在工地设置的临时工棚中操作时,可用麻袋布擦或用钢刷子刷;对于较粗的钢筋,可用砂盘除锈法,即制作钢槽或木槽,在槽内放置干燥的粗砂和细石子,将有锈的钢筋穿进砂盘中来回抽拉。

3）锈蚀严重钢筋

对于有起层锈片的钢筋,应先用小锤敲击,使锈片剥落干净,再用砂盘或除锈机除锈;对于因麻坑、斑点及锈皮去层而使钢筋截面损伤的钢筋,使用前应鉴定是否降级使用或做其他处置。

2.4.2 钢筋调直

钢筋应平直、无局部曲折,否则会影响钢筋受力,甚至会使混凝土提前产生裂缝,如未调直就直接下料,会影响钢筋的下料长度,并影响后续工序的质量。调直可采用调直机调直和卷扬机冷拉调直两种方法。

1）钢筋调直机

钢筋调直机用于圆钢筋的调直,并可清除其表面的氧化皮和污迹。目前常用的钢筋调直机有 GT3/8(图 2.17)、GT6/12、GT10/16 等型号。

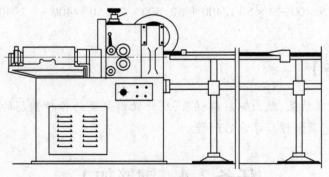

图 2.17　GT3/8 型钢筋调直机

2）数控钢筋调直切断机

数控钢筋调直切断机是在原有调直机的基础上应用电子控制仪,准确控制钢丝断料长度,并自动计数。该机的工作原理如图 2.18 所示。在该机摩擦轮(周长 100 mm)的同轴上装有一个穿孔光电盘(分为 100 等份),光电盘的一侧装有一只小灯泡,另一侧装有一只光电管。当钢筋通过摩擦轮带动光电盘时,灯泡光线通过每个小孔照射光电管,就被光电管接收而产生脉冲信号(每次信号为钢筋长 1 mm),控制仪长度部位数字上立即示出相应读数。当信号积累到给定数字(即钢丝调直到所指定长度时),控制仪立即发出指令,使切断装置切断钢丝,与此同时,长度部位数字回到零,根数部位数字示出根数。这样连续作业,当根数信号积累至给定数字时,即自动切断电源,停止运转。

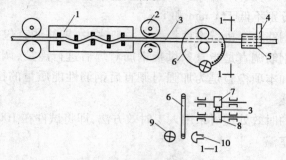

图2.18 数控钢筋调直切断机工作简图
1—调直装置;2—牵引轮;3—钢筋;4—上刀口;5—下刀口;
6—光电盘;7—压轮;8—摩擦轮;9—灯泡;10—光电管

数控钢筋调直切断机已在有些构件厂采用,断料精度高(偏差仅 1~2 mm),并实现了钢丝调直切断自动化。采用此机时,要求钢丝表面光洁、截面均匀,以免钢丝移动时速度不匀,影响切断长度的精确性。

3)卷扬机拉直设备

该法设备简单,宜用于施工现场或小型构件厂。钢筋夹具常用的有月牙式、偏心式这两种夹具。月牙式夹具主要适用于 HPB235、HPB300、HRB335 级粗细钢筋,偏心式夹具适用于 HPB235 级盘圆钢筋拉直。施工时应注意,对盘圈钢筋调直时长度不应过短,否则会产生较大的浪费。

4)钢筋调直后的检验

钢筋调直后应进行力学性能和质量偏差的检验。盘卷钢筋和直条钢筋调直后的断后伸长率、质量负偏差应符合表2.23规定。

表2.23 盘卷钢筋和直条钢筋调直后的断后伸长率、质量负偏差要求

钢筋牌号	断后伸长率 A/%	质量偏差/%	
		直径 6~12 mm	直径 14~16 mm
HPB300	≥21	≥-10	—
HRB335、HRBF335	≥16	≥-8	≥-6
HRB400、HRBF400	≥15		
RRB400	≥13		
HRB500、HRBF500	≥14		

注:断后伸长率 A 的量测标距为 5 倍钢筋直径。

采用无延伸功能的机械设备调直的钢筋,可不进行此项检验。

检查数量:同一厂家、同一牌号、同一规格调直钢筋、质量不大于 30 t 为一批,每批见证取 3 件试件。

检验方法:3 个试件先进行质量偏差检验,再取其中 2 个试件经时效处理后进行力学性能检验。检验质量偏差时,试件切口应平滑且与长度方向垂直,且长度不应小于 500 mm;长度和质量量测的精度分别不低于 1 mm 和 1 g。

用于工程的调直钢筋均要执行本项检验。一般来说,钢筋调直包括盘卷钢筋的调直和直条钢筋调直。直条钢筋调直是指直条供货钢筋对焊后进行冷拉,调直连接点处弯折并检验焊接接头质量。增加本项检验是为加强对调直后钢筋性能质量的控制,防止冷拉加工过度改变钢筋的力学性能。

钢筋冷拉调直后的时效处理可采用人工时效方法,即将试件在 100 ℃沸水中煮 60 min,然后在空气中冷却至室温。

2.4.3 钢筋切断

钢筋切断可用手动切断器(小于 12 mm)、钢筋切断机(直径 50 mm 以下)、乙炔或电弧割切或锯断(大于 40 mm)这 3 种方法。

施工中,采用钢筋切断机(图 2.19)进行钢筋切割是一种效率较高的方法。施工中不提倡采取电弧熔断钢筋的方法进行钢筋切断,因为热切割容易引起钢筋局部力学性能改变,且造成钢筋断面不平整等问题,特别如机械连接钢筋端头、电渣焊钢筋等对端面尺寸要求较高的接头钢筋严禁采用电弧熔断钢筋。但是,对于某些要求断口必须平整的钢筋,进行切断加工时不能使用切断机,此时应使用切割机械如砂轮锯等切割,使钢筋的切口平整,并与钢筋轴线垂直。钢筋切断机主要技术性能如表 2.24 所示。

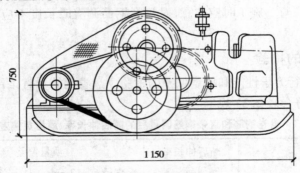

图 2.19 GQ40 型钢筋切断机

表 2.24 钢筋切断机主要技术性能

参数名称	型 号			
	GQ40	GQ40A	GQ40B	GQ50
切断钢筋直径 d/mm	6~40	6~40	6~40	6~50
切断次数/(次·min^{-1})	40	40	40	50
功率/kW	3	3	3	5.5

注:G 表示钢筋,Q 表示切断,后面的数字表示其运用范围。

2.4.4 钢筋弯曲成型

将已切断、配好的钢筋弯曲成所规定的形状尺寸,是钢筋加工的一道主要工序。钢筋弯曲成型要求加工的钢筋形状正确,平面上没有翘曲不平的现象,便于绑扎安装。钢筋弯曲成型有手工和机械弯曲成型两种方法。

1)钢筋弯曲设备

（1）钢筋弯曲机具

钢筋弯曲机主要用于主筋弯曲成型,弯箍机主要用于箍筋弯曲成型。

钢筋弯曲机主要有 GW32、GW32A、GW40、GW32A、GW50 这 5 种,其符号表示含义同钢筋切割机,即 G 表示钢筋,W 表示弯曲,后面的数字表示其运用范围。

弯箍机型号分类及技术性能见表 2.25。

表 2.25　钢筋弯箍机主要技术性能

参数名称	型　号			
	SGWK8B	GJG4/10	GJG4/12	LGW60Z
弯曲钢筋直径 d/mm	4 ~ 8	4 ~ 10	4 ~ 12	4 ~ 10
钢筋抗拉强度/ MPa	450	450	450	450

（2）手工弯曲工具

手工弯曲成型所用的工具一般在工地自制,可采用手摇扳手弯制细钢筋,采用卡筋与扳头弯制粗钢筋。

2)弯曲成型工艺

（1）画线钢

钢筋弯曲前,对形状复杂的钢筋（如弯起钢筋）,应根据钢筋料牌上标明的尺寸,用石笔将各弯曲点位置画出。画线时应注意以下几点:

①根据不同的弯曲角度扣除弯曲调整值,其扣法是从相邻两段长度中各扣一半。

②钢筋端部带半圆弯钩时,该段长度画线时增加 $0.5d$（d 为钢筋直径）。

③画线工作宜从钢筋中线开始向两边进行;两边不对称的钢筋,也可从钢筋一端开始画线,如画到另一端有出入时,则应重新调整。

例如,某工程有一根 $\phi 20$ 的弯起钢筋,其所需的形状和尺寸如图 2.20 所示。

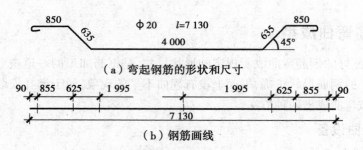

（a）弯起钢筋的形状和尺寸

（b）钢筋画线

图2.20　弯起钢筋的画线（单位：mm）

画线方法如下：

第1步，在钢筋中心线上画第1道线；

第2步，取中段4 000/2−0.5d/2＝1 995 mm，画第2道线。

第3步，取斜段635−2×0.5d/2＝625 mm，画第3道线。

第4步，取直段850−0.5d/2＋0.5d＝855 mm，画第4道线。

上述画线方法仅供参考。第一根钢筋成型后应与设计尺寸校对一遍，完全符合后再成批生产。

（2）钢筋弯曲成型

钢筋在弯曲机上成型时（图2.21），心轴直径应是钢筋直径的2.5～5.0倍，成型轴宜加偏心轴套，以便适应不同直径的钢筋弯曲需要。弯曲细钢筋时，为了使弯弧一侧的钢筋保持平直，挡铁轴宜做成可变挡架或固定挡架（加铁板调整）。

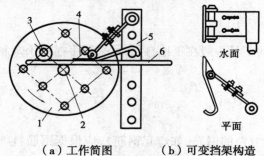

（a）工作简图　　　　（b）可变挡架构造

图2.21　钢筋弯曲成型

1—工作盘；2—心轴；3—成型轴；4—可变挡架；5—插座；6—钢筋

钢筋弯曲点线和心轴的关系，如图2.22所示。由于成型轴和心轴在同时转动，就会带动钢筋向前滑移。因此，钢筋弯90°时，弯曲点线约与心轴内边缘齐平；弯180°时，弯曲点线距心轴内边缘为（1.0～1.5）d（钢筋硬时取大值）。

（a）弯90°　　　　　　　　　　（b）弯180°

图2.22　弯曲点线与心轴关系

1—工作盘；2—心轴；3—成型轴；4—固定挡铁；5—钢筋；6—弯曲点线

（3）曲线形钢筋成型

弯制曲线形钢筋时,可在原有钢筋有曲机的工作盘中央放置一个十字撑和钢套,另外在工作盘4个孔内插上短轴和成型锅套(和中央钢套相切)。插座板上的挡轴钢套尺寸,可根据钢筋曲线形状选用。钢筋成型过程中,成型钢套起顶弯作用,十字撑只协助推进,如图2.23所示。

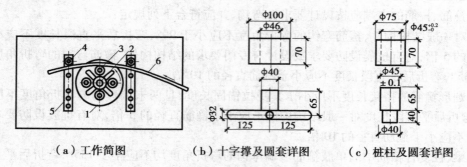

（a）工作简图 （b）十字撑及圆套详图 （c）桩柱及圆套详图

图2.23 曲线形钢筋成型

1—工作盘;2—十字撑及钢套;3—桩柱及圆套;4—挡轴圆套;5—插座板;6—钢筋

（4）螺旋形钢筋成型

螺旋形钢筋成型,小直径钢筋一般可用手摇滚筒成型(图2.24),较粗钢筋(φ16～φ30)可在钢筋弯曲机的工作盘上安设一个型钢制成的加工圆盘,圆盘外直径相当于需加工螺旋筋(或圆箍筋)的内径,插孔相当于弯曲机板柱间距。使用时将钢筋一端固定,即可按一般钢筋弯曲加工方法弯成所需要的螺旋形钢筋,由于钢筋有弹性,滚筒直径应比螺旋筋内径略小。

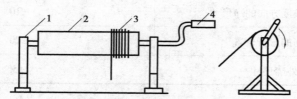

图2.24 螺旋形钢筋成型

1—支架;2—卷筒;3—钢筋;4—摇把

2.4.5 钢筋加工的允许偏差

1）主控项目

①钢筋弯折的弯弧内直径应符合下列规定:

a. 光圆钢筋,不应小于钢筋直径的2.5倍。

b. 335 MPa级、400 MPa级带肋钢筋,不应小于钢筋直径的4倍。

c. 500 MPa级带肋钢筋,当直径为28 mm以下时不应小于钢筋直径的6倍,当直径为28 mm及以上时不应小于钢筋直径的7倍。

d. 箍筋弯折处尚不应小于纵向受力钢筋的直径。

检查数量:按每工作班同一类型钢筋、同一加工设备抽查不应少于3件。

检验方法：尺量。

②纵向受力钢筋的弯折后平直段长度应符合设计要求。光圆钢筋末端做180°弯钩时，弯钩的平直段长度不应小于钢筋直径的3倍。

检查数量：按每工作班同一类型钢筋、同一加工设备抽查不应少于3件。

检验方法：尺量。

③箍筋、拉筋的末端应按设计要求做弯钩，并应符合下列规定：

a. 对一般结构构件，箍筋弯钩的弯折角度不应小于90°，弯折后平直段长度不应小于箍筋直径的5倍；对有抗震设防要求或设计有专门要求的结构构件，箍筋弯钩的弯折角度不应小于135°，弯折后平直段长度不应小于箍筋直径的10倍。

b. 圆形箍筋的搭接长度不应小于其受拉锚固长度，且两末端弯钩的弯折角度不应小于135°，弯折后平直段长度对一般结构构件不应小于箍筋直径的5倍，对有抗震设防要求的结构构件不应小于箍筋直径的10倍。

c. 梁、柱复合箍筋中的单肢箍筋两端弯钩的弯折角度均不应小于135°，弯折后平直段长度不应小于箍筋直径的10倍。

检查数量：按每工作班同一类型钢筋、同一加工设备抽查不应少于3件。

检验方法：尺量。

2）一般项目

钢筋加工的形状与尺寸应符合设计要求，其偏差应符合表2.26的规定。

表2.26　钢筋加工的允许偏差

项　　目	允许偏差/mm
受力钢筋沿长度方向的净尺寸	±10
弯起钢筋的弯折位置	±20
箍筋外廓尺寸	±5

检查数量：每工作班按同一类型钢筋、同一加工设备不应少于3件。

检验方法：钢尺检查。

任务2.5　钢筋焊接

钢筋常用的焊接方法有对焊、电弧焊、电渣压力焊、埋弧压力焊、电阻点焊和气压焊。

2.5.1　一般规定

钢筋焊接时，各种焊接方法的适用范围应符合表2.27的规定。

表 2.27 钢筋焊接方法的适用范围

焊接方法			接头形式	适用范围	
				钢筋牌号	钢筋直径/mm
电阻点焊				HPB300	6~16
				HRB335 HRB400	6~16
				HRBF335 HRBF400	6~16
				CRB550	5~12
				CDW550	3~8
闪光对焊				HPB300	8~22
				HRB335 HRBF335	8~40
				HRB400 HRBF400	8~40
				HRB500 HRBF500	8~40
				RRB400W	8~32
箍筋闪光对焊				HPB300	6~18
				HRB335 HRBF335	6~18
				HRB400 HRBF400	6~18
				HRB500 HRBF500	6~18
				RRB400W	8~18
电弧焊	帮条焊	双面焊		HPB300	10~22
				HRB335 HRBF335	10~40
				HRB400 HRBF400	10~40
				HRB500 HRBF500	10~32
				RRB400W	10~25
		单面焊		HPB300	10~22
				HRB335 HRBF335	10~40
				HRB400 HRBF400	10~40
				HRB500 HRBF500	10~32
				RRB400W	10~25
	搭接焊	双面焊		HPB300	10~22
				HRB335 HRBF335	10~40
				HRB400 HRBF400	10~40
				HRB500 HRBF500	10~32
				RRB400W	10~25
		单面焊		HPB300	10~22
				HRB335 HRBF335	10~40
				HRB400 HRBF400	10~40
				HRB500 HRBF500	10~32
				RRB400W	10~25

续表

焊接方法		接头形式	适用范围	
			钢筋牌号	钢筋直径/mm
电弧焊	熔槽帮条焊		HPB300	20~22
			HRB335　HRBF335	20~40
			HRB400　HRBF400	20~40
			HRB500　HRBF500	20~32
			RRB400W	20~25
	坡口焊	平焊	HPB300	18~22
			HRB335　HRBF335	18~40
			HRB400　HRBF400	18~40
			HRB500　HRBF500	18~32
			RRB400W	18~25
		立焊	HPB300	18~22
			HRB335　HRBF335	18~40
			HRB400　HRBF400	18~40
			HRB500　HRBF500	18~32
			RRB400W	18~25
	钢筋与钢板搭接焊		HPB300	8~22
			HRB335　HRBF335	8~40
			HRB400　HRBF400	8~40
			HRB500　HRBF500	8~32
			RRB400W	8~25
	窄间隙焊		HPB300	16~22
			HRB335　HRBF335	16~40
			HRB400　HRBF400	16~40
			HRB500　HRBF500	16~32
			RRB400W	16~25

焊接方法			接头形式	适用范围	
				钢筋牌号	钢筋直径/mm
电弧焊	预埋件钢筋	角焊		HPB300	6~22
				HRB335　HRBF335	6~25
				HRB400　HRBF400	6~25
				HRB500　HRBF500	10~20
				RRB400W	10~20
		穿孔塞焊		HPB300	20~22
				HRB335　HRBF335	20~32
				HRB400　HRBF400	20~32
				HRB500	20~28
				RRB400W	20~28
		埋弧压力焊		HPB300	6~22
				HRB335　HRBF335	6~28
		埋弧螺柱焊		HRB400 HRBF400	6~28
电渣压力焊				HPB300	12~22
				HRB335	12~32
				HRB400	12~32
				HRB500	12~32
气压焊		固态		HPB300	12~22
				HRB335	12~40
		熔态		HRB400	12~40
				HRB500	12~32

注:1. 电阻点焊时,适用范围的钢筋直径指两根不同直径钢筋交叉叠接中较小钢筋的直径;

2. 电弧焊含条电弧焊和 CO_2 气体保护电弧焊;

3. 在生产中,对于有较高要求的抗震结构用钢,在牌号后加 E(例如 HRB400E,HRBF400E,可参考同级别钢筋施焊);

4. 生产中,如果有 HPB235 钢筋需要进行焊接时,可参考采用 HPB300 钢筋的焊接工艺参数;

5. CDW 表示冷拔低碳钢丝。

钢筋焊接应符合下列规定：

①细晶粒热轧钢筋 HRBF335、HRBF400、HRBF500 施焊时，可采用与 HRE335、HRB400、HRB5D0 钢筋相同的或者近似的并经试验确认的焊接工艺参数；直径大于 28 mm 的带肋钢筋，焊接参数应经试验确定；余热处理钢筋不宜焊接。

②电渣压力焊适用于柱、墙、构筑物等现浇混凝土结构中竖向受力钢筋的连接；不得在竖向焊接后横置于梁、板等构件中作水平钢筋使用。

③在工程开工正式焊接之前，参与该项施焊的焊工应进行现场条件下的焊接工艺试验，并经试验合格后，方可正式生产。试验结果应符合质量检验与验收时的要求。焊接工艺试验的资料应存于工程档案。

④钢筋焊接施工之前，应清除钢筋、钢板焊接部位及钢筋与电极接触处表面上的锈斑、油污、杂物等；钢筋端部当有弯折、扭曲时，应予以矫直或切除。

⑤带肋钢筋闪光对焊、电弧焊、电渣压力焊和气压焊，宜将纵肋对纵肋安放和焊接。

⑥焊剂应存放在干燥的库房内，若受潮时，在使用前应经 250~350 ℃烘焙 2 h。使用中回收的焊剂应清除熔渣和杂物，并应与新焊剂混合均匀后使用。

⑦两根同牌号、不同直径的钢筋可进行闪光对焊、电渣压力焊或气压焊。闪光对焊时直径差不得超过 4 mm；电渣压力焊或气压焊时，其直径差不得超过 7 mm。焊接工艺参数可在大、小直径钢筋焊接工艺参数之间偏大选用，两根钢筋的轴线应在同一直线上，轴线偏移的允许值应按较小直径钢筋计算。对接头强度的要求，应按较小直径钢筋计算。

⑧两根同直径、不同牌号的钢筋可进行电渣压力焊或气压焊，其钢筋牌号应在表 2.27 的范围内，焊接工艺参数按较高牌号钢筋选用，对接头强度的要求按较低牌号钢筋强度计算。

⑨进行电阻点焊、闪光对焊、埋弧压力焊时，应随时观察电源电压的波动情报况。当电源电压下降大于 5%、小于 8% 时，应采取提高焊接变压器级数的措施；当大于或等于 8% 时，不得进行焊接。

⑩在环境温度低于-5 ℃条件下施焊时，焊接工艺应符合下列要求：

a. 闪光对焊，宜采用预热闪光焊或闪光—顶热—闪光焊；可增加调伸长度，采用较低变压器级数，增加预热次数和间歇时间。

b. 电弧焊时，宜增大焊接电流，减低焊接速度。电弧帮条焊或搭接焊时，第一层焊缝应从中间引弧，向两端施焊；以后各层控温施焊，层间温度控制为 150~350 ℃。多层施焊时，可采用回火焊道施焊。

⑪当环境温度低于-20 ℃时，不宜进行各种焊接。雨天、雪天不宜在现场进行施焊；必须施焊时，应采取有效遮蔽措施。焊后未冷却接头不得碰到冰雪。在现场进行闪光对焊或电弧焊，当超过四级风力时，应采取挡风措施。进行气压焊，当超过三级风力时，应采取挡风措施。

⑫焊机应经常维护保养和定期检修，确保正常使用。

2.5.2　钢筋对焊

钢筋对焊应采用闪光对焊，具有成本低、质量好、工效高及适用范围广等特点。

1)闪光对焊的原理

闪光对焊的原理如图 2.25 所示。钢筋夹入对焊机的两电极中，闭合电源，然后使钢筋两端面轻微接触,这时即有电流通过(低电压、大电流),由于接触轻微,接触面很小,故接触电阻很大,因此接触点很快熔化,形成金属"过梁"。过梁进一步加热,产生金属蒸气飞溅,形成闪光现象。钢筋加热到一定温度后,进行加压顶锻,使两根钢筋焊接在一起。闪光可防止接口处氧化,又可闪去接口中原有杂质和氧化膜,故可获得较好的焊接效果。

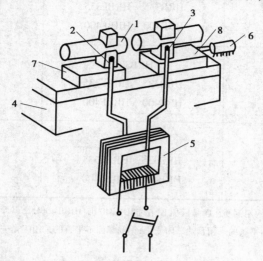

图 2.25 钢筋闪光对焊原理

1—焊接的钢筋;2—固定电极;3—可动电极;4—机座;5—变压器;

6—平动顶压机构;7—固定支座;8—滑动支座

2)闪光对焊的设备

闪光对焊的设备为闪光对焊机。闪光对焊机的种类很多,型号复杂。在建筑工程中常用的是 UN 系列闪光对焊机,外观如图 2.25 所示。

常用对焊机有 UN_1-75, UN_1-100, UN_2-150, UN_{17}-150-1 等型号,根据钢筋直径和需用功率选用,常用对焊机技术性能见表 2.28。

表 2.28 常用对焊机技术性能

项次	项 目	单 位	焊机型号			
			UN_1-75	UN_1-100	UN_2-150	UN_{17}-150-1
1	顺定容量	kV·A	75	100	150	150
2	初级电压	V	220/380	380	380	380
3	连续闪光焊时钢筋最大直径	mm	12~16	16~20	20~25	20~25
4	预热闪光焊时钢筋最大直径	mm	32~36	40	40	40

3)对焊工艺

根据所用对焊机功率大小及钢筋品种、直径不同,闪光对焊又分为连续闪光焊、预热闪光焊、闪光—预热—闪光焊等不同工艺。采取的焊接工艺应根据焊接的钢筋直径、焊机容量等具体情况而定。连续闪光焊的钢筋直径上限见表 2.29。

表 2.29　连续闪光焊的钢筋直径上限

焊机容量/(kV·A)	钢筋牌号	钢筋直径/mm
160(150)	HPB300	22
	HRB335　HRBF335	22
	HRB400　HRBF400	20
100	HPB300	20
	HRB335　HRBF335	20
	HRB400　HRBF400	18
80(75)	HPB300	16
	HRB335　HRBF335	14
	HRB400　HRBF400	12

注:对于有较高要求的抗震结构用钢筋在牌号后加 E(例如 HRB400E、HRBF400E),可参照同级别钢筋进行闪光对焊。
　　如超过表中规定,钢筋断面平整的采用预热—闪光焊;钢筋端面不平整的采用闪光—预热—闪光焊。

(1)连续闪光焊

连续闪光焊:闭合电源,然后使两筋端面轻微接触,形成闪光。从形成闪光开始,徐徐移动钢筋,形成连续闪光过程。待钢筋烧化到一定长度后,以适当的压力迅速顶锻,使两根钢筋焊牢。

(2)预热闪光焊

预热闪光焊是在连续闪光焊前增加一次预热过程,以扩大焊接热影响区。这种焊接工艺是:先闭合电源,然后使两钢筋端面交替地接触和分开,此时钢筋端面的间隙中即发出断续的闪光,而形成预热过程。当钢筋烧化到规定的预热量后,随即进行连续闪光和顶锻。

(3)闪光—预热—闪光焊

闪光—预热—闪光焊是在预热闪光焊前加一次闪光过程,目的是使不平整的钢筋端面烧化平整,使预热均匀。其工艺过程包括一次闪光、预热、二次闪光及顶锻过程。施焊时,首先连续闪光,使钢筋端部闪平,然后同预热闪光焊。

4)对焊参数

(1)纵向钢筋闪光对焊

闪光对焊参数包括调伸长度、闪光留量、闪光速度、顶锻留量、顶锻速度、顶锻压力及变压器级次。采用预热闪光焊时,还要有预热留量与预热频率等参数。

①调伸长度。调伸长度主要是减缓接头的温度梯度,防止在热影响区产生淬硬组织。调伸长度的选择,应随着钢筋牌号的提高和钢筋直径的加大而增长。一般调伸长度取值:HRB335 级钢筋为 $(1.0 \sim 1.5)d$ (d 为钢筋直径);当焊接 HRB400、HRB500 钢筋时,调伸长度宜在 $40 \sim 60$ mm 内选用。

②烧化留量与闪光速度。烧化留量的选择,应根据焊接工艺方法确定。当连续闪光焊接时,烧化过程应较长,烧化留量应等于两根钢筋在断料时切断机刀口严重压伤部分(包括端面的不平整度),再加 8 mm。预热—闪光焊时的烧化留量不应小于 10 mm,闪光—预热—闪光焊时,应区分一次烧化留量和二次烧化留量,一次烧化留量不应小于 10 mm,二次烧化留量不应小于 10 mm。闪光速度由慢到快,开始时近于零,而后约 1 mm/s,终止时达 1.5 ~ 2 mm/s。

③预热留量与预热频率。需要预热时,宜采用电阻预热法。预热留量应为 1 ~ 2 mm,预热次数应为 1 ~ 4 次,每次预热时间应为 1.5 ~ 2 s,间歇时间应为 3 ~ 4 s。

④顶锻留量、顶锻速度与顶锻压力。顶锻留量应为 4 ~ 10 mm,并应随钢筋直径的增大和钢筋牌号的提高而增加。其中,有电顶锻留量约占 1/3,无电顶锻留量约占 2/3,焊接时必须控制得当。焊接 HRB500 钢筋时,顶锻留量宜稍增大,以确保焊接质量。顶锻速度应越快越好,特别是顶锻开始的 0.1 s 应将钢筋压缩 2 ~ 3 mm,使焊口迅速闭合不致氧化,而后断电并以 6 mm/s 的速度继续顶锻至结束。顶锻压力应足以将全部的熔化金属从接头内挤出,而且还要使邻近接头处(约 10 mm)的金属产生适当的塑性变形。

⑤变压器级次。变压器级次用以调节焊接电流大小,要根据钢筋牌号、直径、焊机容量以及不同的工艺方法,选择合适变压器级数。若变压器级数太低,次级电压也低,焊接电流小,就会使闪光困难、加热不足,更不能利用闪光保护焊口免受氧化。相反,如果变压器级数太高、闪光过强,也会使大量热量被金属微粒带走,钢筋端部温度升不上去。钢筋级别高或直径大时,其级次要高。焊接时如火花过大并有强烈声响,应降低变压器级次。当电压降低5% 左右时,应提高变压器级次 1 级。

⑥RRB400 钢筋闪光对焊。与热轧钢筋比较,应减小调伸长度,提高焊接变压器级数,缩短加热时间,快速顶锻,形成快热快冷条件,使热影响区长度控制在钢筋直径的 0.6 倍之内。

⑦ HRB500 钢筋焊接。应采用预热—闪光焊或闪光,预热—闪光焊工艺,当接头拉伸试验结果发生脆性断裂,或弯曲试验不能达到规定要求时,尚应在焊机上进行焊后热处理。

(2)箍筋闪光对焊

①箍筋闪光对焊的焊点位置宜设在箍筋受力较小一边。不等边的多边形柱箍筋对焊点位置宜设在两个边上。箍筋下料长度应预留焊接总留量 Δ,其中包括烧化留量 A、预热留量 B 和顶端留量 C。当采用切断机下料时,增加压痕长度,采用闪光—预热闪光焊工艺时,焊接总留量 Δ 随之增大,为 $(1.0 ~ 1.5)d$。计算值应经试焊后核对确定。

②应精心将下料钢筋按设计图纸规定尺寸弯曲成型,制成待焊箍筋,并使两个对焊头完全对准,具有一定弹性压力。待焊箍筋应进行加工质量的检查,按每一工作班、同一牌号钢筋、同一加工设备完成的待焊箍筋作为一个检验批,每批抽查不少于 3 件。

③箍筋闪光对焊宜使用 100 kV·A 的箍筋专用对焊机,焊接变压器级数应适当提高,二次电流稍大,无电顶锻时间延长数秒钟。

2.5.3 电弧焊

1)工作原理及分类

电弧焊是利用电弧焊机使焊条与焊件之间产生高温电弧,熔化焊条和高温电弧范围内的焊件金属,凝固后形成焊缝或焊接接头。钢筋电弧焊包括焊条电弧焊和 CO_2 气体保护电弧焊两种工艺方法。CO_2 气体保护电弧焊设备由焊接电源、送丝系统、焊枪、供气系统、控制电路等 5 部分组成。

钢筋电弧焊包括帮条焊、搭接焊、坡口焊、窄间隙焊和熔槽帮条焊 5 种接头形式。焊接时,应符合下列要求:

①应根据钢筋牌号、直径、接头形式和焊接位置,选择焊接材料、确定焊接工艺和焊接参数。

②焊接时,引弧应在垫板上,帮条或形成焊缝的部位进行,不得烧伤主筋。

③焊接地线与钢筋应接触良好。

④焊接过程中应及时清渣,焊缝表面应光滑,焊缝余高应平缓过渡,弧坑应填满。

2)电弧焊设备和焊条

电弧焊设备主要有弧焊机、焊接电缆、电焊钳等。弧焊机可分为交流弧焊机和直流弧焊机两类。交流弧焊机(焊接变压器)常用的型号有 BX_3-120-1,BX_3-300-2,BX_3-500-2 和 BX-1000 等;直流弧焊机常用的型号有 AX_1-165、AX_1-300-1,AX_1-320,AX_5-500 等。

按现行国家标准《碳钢焊条》规定,焊条型号的第一个字母"E"表示焊条,前两位数表示熔敷金属抗拉强度的最小值,第 3 位数字表示焊条的焊接位置,第 3 位数字和第 4 位数字组合时表示焊接电流种类及药皮类型,见表 2.30。

表2.30 钢筋电弧焊所采用焊条、焊丝推荐表

| 钢筋牌号 | 电弧焊接头形式 | | | |
	帮条焊、搭接焊	坡口焊 熔槽帮条焊 预埋件穿孔塞焊	窄间隙焊	钢筋与钢板搭接焊 预埋件 T 形角焊
HPB300	E4303 ER50-X	E4303 ER50-X	E4316 E4315 ER50-X	E4303 ER50-X
HRB335 HRBF335	E5003 E4303 E5016 E5015 ER50-X	E5003 E5016 E5015 ER50-X	E5016 E5015 ER50-X	E5003 E4303 E5016 E5015 ER50-X
HRB400 HRBF400	E5003 E5516 E5515 ER50-X	E5503 E5516 E5515 ER55-X	E5516 E5515 ER55-X	E5003 E5516 E5515 ER50-X
HRB500 HRBF500	E5503 E6003 E6016 E6015 ER55-X	E6003 E6016 E6015	E6016 E6015	E5503 E6003 E6016 E6015 ER55-X
RRB400W	E5003 E5516 E5515 ER50-X	E5503 E5516 E5515 ER55-X	E5516 E5515 ER55-X	E5003 E5516 E5515 ER50-X

表2.30中，凡后两位数字为"03"的焊条为钛钙型药皮焊条（酸性），交、直流两用，工艺性能良好，是最常用焊条之一。后两位数字为"16"焊条，其药皮类型为低氢钾型，交流或直流反接；后两位数字为"15"焊条，其药皮类型为低钠型，直流反接，这两种焊条均为碱性焊条，焊后熔敷金属含氢量极低，延性和冲击吸收功较高。余热处理钢筋及细晶粒热轧钢筋进行焊条电弧焊时，宜优先采用低氢型碱性焊条，也可采用酸性焊条。

在钢筋帮条焊和搭接焊中，当焊接HRB335钢筋时，一般采用E50型焊条，但是也可以采用不与母材等强的E4303焊条。这是因为在这些接头中荷载施加于接头的力不是由与钢筋等截面的焊缝金属抗拉力所承受，而是由焊缝金属抗剪力承受。焊缝金属抗剪力等于焊缝剪切面积乘以抗剪强度。所以，虽然采用该种型号焊条，其熔敷金属抗拉强度小于钢筋抗拉强度（约为90%），焊缝金属的抗剪强度小于抗拉强度（约为60%），但焊缝金属剪切面积远大于钢筋横截面面积（约为3倍），故允许采用E4303型焊条进行HRB335钢筋帮条焊和搭接，同时大量试验和多年来的生产应用表明能完全满足安全要求。

注意：当进行钢筋坡口焊时，对HRB335钢筋进行焊接时不仅采用E5003型焊条，并且钢筋与钢垫板之间应加焊二层或二层侧面焊缝，这对接头起到一定加强作用，所以在焊接过程中保证焊缝厚度和宽度是关键。

3）帮条焊和搭接焊

帮条焊时，宜采用双面焊；当不能进行双面焊时，方可采用单面焊，帮条长度应符合表2.31的规定。当帮条牌号与主筋相同时，帮条直径可与主筋相同或小一个规格。当帮条直径与主筋相同时，帮条牌号可与主筋相同或低一个牌号，如图2.26（a）所示。搭接焊时，宜采用双面焊，当不能进行双面焊时，方可采用单面焊，如图2.26（b）所示。

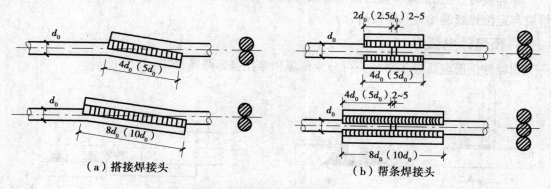

（a）搭接焊接头　　　　　（b）帮条焊接头

图2.26　搭接焊和帮条焊接头的接头形式

帮条焊和搭接焊时采用双面焊，接头中应力传递对称、平衡，受力性能良好，若采用单面焊，则较差，因此应尽可能采双面焊。

表 2.31　钢筋帮条长度

钢筋牌号	焊缝形式	帮条长度
HPB300	单面焊	≥8d
	双面焊	≥4d
HRB335,HRBF335 HRB400,HRBF400 HRB500,HRBF500	单面焊	≥10d
	双面焊	≥5d

注:d 为主筋直径,单位为 mm。

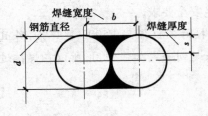

图 2.27　焊缝尺寸示意图

帮条焊接头或搭接焊接头的焊缝厚度:不应小于主筋直径的 0.3 倍;焊缝宽度 b 不应小于主筋直径的 0.8 倍,如图 2.27 所示。

帮条焊或搭接焊时钢筋的装配和焊接应符合下列要求:

①帮条焊时,两主筋端面的间隙应为 2～5 mm,帮条与主筋之间应用四点定位焊固定,定位焊缝与帮条端部的距离宜大于或等于 20 mm。

②搭接焊时,搭接焊前,先将钢筋端部按搭接长度预弯,保证被焊的两钢筋的轴线在同一直线,用两点固定;定位焊缝与搭接端部的距离宜大于或等于 20 mm。

③焊接时,应在帮条焊或搭接焊形成焊缝中引弧,在端头收弧前应填满弧坑,并应使主焊缝与定位焊缝的始端和终端熔合。

4)预埋件电弧焊

预埋件钢筋电弧焊 T 形接头可分为角焊和穿孔塞焊两种,如图 2.28 所示。

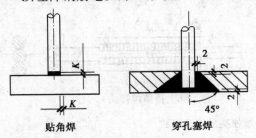

图 2.28　预埋件 T 形接头焊接

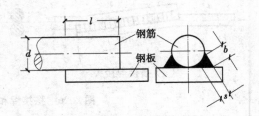

图 2.29　钢筋与钢板搭接焊接头

装配和焊接时,当采用 HPB300 钢筋时,角焊缝焊脚 K 不得小于钢筋直径的 0.5 倍;当采用其他牌号钢筋时,焊脚 K 不得小于钢筋直径的 0.6 倍;施焊中,不得使钢筋咬边和烧伤。

采用穿孔塞焊时,钢筋的孔洞应作成喇叭口,其内口直径应比钢筋直径 d 大 4 mm,倾斜角为 45°,钢筋缩进 2 mm。施焊时,电流不宜过大,严禁烧伤钢筋。当需要时,可在内侧加焊一圈角焊缝,以提高接头强度。

钢筋与钢板搭接焊时,焊接接头(图 2.29)应符合下列要求:

①HPB300 钢筋的搭接长度 l 不得小于 4 倍钢筋直径,HRB335 和 HRB400 钢筋搭接长度 l 不得小于 5 倍钢筋直径。

②焊缝宽度不得小于钢筋直径的 0.6 倍,焊缝厚度不得小于钢筋直径的 0.35 倍。

5)坡口焊

坡口焊是一种将两根钢筋的连接处切割成一定角度的坡口,辅助以钢垫板进行焊接连接的工艺,焊缝短,可节约钢材和提高工效。坡口焊可分为平焊和立焊。坡口焊的准备工作要求如下:

①坡口面应平顺,切口边缘不得有裂纹、钝边和缺棱。

②坡口平焊[图 2.30(a)]时,V 形坡口角度为 55°~65°;立焊[图 2.30(b)]时,坡口角度为 45°~55°,其中下钢筋为 0°~10°,上钢筋为 35°~45°。

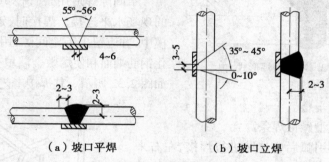

（a）坡口平焊　　　　（b）坡口立焊

图 2.30　坡口焊形式

③钢垫板厚度宜为 4~6 mm,长度宜为 40~60 mm,平焊时。垫板宽度应为钢筋直径加 10 mm,立焊时,垫板宽度宜等于钢筋直径。

④焊缝的宽度应大于 V 形坡口的边缘 2~3 mm,焊缝余高不得大于 3 mm,并平缓过渡至钢筋表面。

⑤钢筋与钢垫板之间,应加焊二、三层侧面焊缝,当发现接头中有弧坑、气孔及咬边等缺陷时,应立即补焊。

坡口焊在一些火电厂房建设中应用较多。这种结构一般钢筋较密,在焊接时坡口背面不易焊到,容易产生气孔、夹渣等缺陷,焊缝成型也比较困难。通常在坡口平焊和坡口立焊时加一块钢垫板,这样效果很好,不仅便于施焊,也容易保证焊接质量。钢筋与钢垫板之间应加焊侧面焊缝,目的是提高接头强度,保证质量。

6)熔槽帮条焊

熔槽帮条焊是在焊接的两钢筋端部形成焊接熔褶,熔化金属焊接钢筋的一种方法。

熔槽帮条焊适用于直径 20 mm 及以上钢筋的现场安装焊接。焊接时加角钢作垫板模,接头形式如图 2.31 所示。角钢尺寸和焊接工艺应符合下列要求:

①角钢边长宜为 40~70 mm。

②钢筋端头应加工平整。

③从接缝处垫板引弧后应连续施焊,并应使钢筋端部熔合,防止未焊透、气孔或夹渣。

④焊接过程中应停焊清渣 1 次,焊平后,再进行焊缝余高的焊接,其高度为 2~4 mm。

⑤钢筋与角钢垫板之间,应加焊侧面焊缝1~3层,焊缝应饱满,表面应平整。

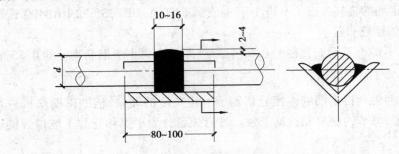

图 2.31　钢筋熔槽帮条焊形式

图 2.32　窄间隙焊形式

7)窄间隙焊

窄间隙焊适用于直径 16 mm 及以上钢筋的现场水平连接。焊接时,钢筋端部应置于铜模中,并应留出一定间隙,用焊条连续焊接,熔化钢筋端面和使熔敷金属填充间隙,形成接头,如图2.32 所示。其焊接工艺应符合下列要求:

①钢筋端面应平整。

②应选用低氢型碱性焊条。

③从焊缝根部引弧后应连续进行焊接,左右来回运弧,在钢筋端面处电弧应少许停留,并使其熔合。

④当焊至端面间隙的 4/5 高度后,焊缝逐渐扩宽,当熔池过大时,应改连续焊为断续焊,避免过热。

⑤焊缝余高应为 2 ~ 4 mm,且应平缓过渡至钢筋表面。

2.5.4　电渣压力焊

钢筋电渣压力焊是将两钢筋安放成竖向对接形式,利用焊接电流通过两钢筋端面间隙,在焊剂层下形成电弧过程和电渣过程,产生电弧热和电阻热熔化钢筋,加压完成的一种压焊方法。电渣压力焊适用于钢筋混凝土结构中竖向或斜向钢筋(倾斜度不大于 10°)的连接,其设备如图 2.33 所示。

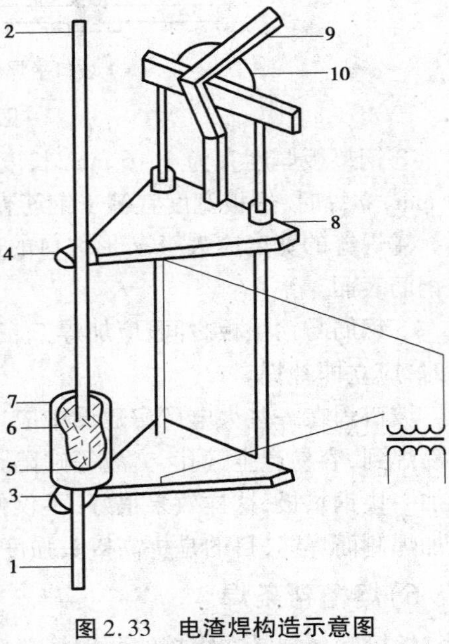

图 2.33　电渣焊构造示意图

1,2—钢筋;3—固定电极;4—活动电极;
5—药盒;6—导电剂;7—焊药;8—滑动架;
9—手柄;10—支架;11—固定架

1)焊接设备与焊剂

(1)电渣压力焊设备

电渣压力焊设备包括焊接电源、控制箱、焊接机头(夹具)、焊剂盒等。竖向电渣压力焊的电源,可采用一般的 BX_3-500 型或 BX_2-1000 型交流弧焊机,也可采用专用电源 JSD-600 型、

JSD-1000 型。一台焊接电源可供数个焊接机头交替使用。电渣压力焊可采用交流或直流焊接电源,电渣压力焊焊机容量应根据所焊钢筋直径选定,钢筋电渣压力焊宜采用次级空载电压较高的交流或直流焊接电源。一般 32 mm 直径及以下的钢筋焊接时,可采用容量为 600 A 的焊接电源;32 mm 直径及以上的钢筋焊接时,应采用容量为 1 000 A 的焊接电源。

（2）电渣压力焊焊剂

HJ431 焊剂为一种高锰高硅低氟焊剂,是一种最常用熔炼型焊剂。此外,HJ330 焊剂是一种中锰高硅低氟焊剂,应用也较多。

2）焊前准备

钢筋焊接施工之前,应清除钢筋或钢板焊接部位和与电极接触的钢筋表面上的锈斑、油污、杂物等;钢筋端部有弯折、扭曲时,应予以矫直或切除。焊接夹具应有足够的刚度,在最大允许荷载下应移动灵活、操作方便。钢筋夹具的上下钳口应夹紧于上、下钢筋上,钢筋一经夹紧,不得晃动。

焊剂筒的直径应与所焊钢筋直径相适应,以防在焊接过程中烧坏。电压表、时间显示器应配备齐全,以便操作者准备掌握各项焊接参数。检查电源电压,当电源电压降大于5%,则不宜进行焊接。异直径的钢筋电渣压力焊,钢筋的直径差不得大于 7 mm。

3）施焊

电渣压力焊过程分为引弧过程、电弧过程、电渣过程、顶压过程 4 个阶段。

①引弧过程:引弧宜采用铁丝圈或焊条头引弧法,也可采用直接引弧法。

②电弧过程:引燃电弧后,靠电弧的高温作用,将钢筋端头的凸出部分不断烧化,同时将接头周围的焊剂充分熔化,形成渣池。

③电渣过程:渣池达到一定的深度后,将上钢筋缓缓插入渣池中,此时电弧熄灭,进入电渣过程。由于电流直接通过渣池,产生大量的电阻热,使渣池温度升到接近 2 000 ℃,将钢筋端头迅速而均匀地熔化。

④顶压过程:当钢筋端头达到全截面熔化时,迅速将上钢筋向下顶压,将熔化的金属、熔渣及氧化物等杂质全部挤出结合面,同时切断电源,施焊过程结束。

接头焊毕,应停歇 20 ~ 30 s 后,方可回收焊剂和卸下夹具,并敲去渣壳,四周焊包应均匀,当钢筋直径为 25 mm 及以下时不得小于 4 mm;当钢筋直径为 28 mm 及以上时不得小于 6 mm。

2.5.5 气压焊

1）工作原理及设备

气压焊按加热火焰所用燃料气体的不同,可分为氧乙炔气压焊和氧液化石油气气压焊两种,氧液化石油气火焰的加热温度较低,故现场多采用氧乙炔气压焊。气压焊是利用氧气和乙炔（或液化石油气）,按一定的比例混合燃烧的火焰,将被焊钢筋两端加热,使其达到热塑状态,经施加适当压力,使其接合的固相焊接法。钢筋气压焊适用于 14 ~ 40 mm 热轧钢筋,也能进行不同直径钢筋间的焊接,还可用于钢轨焊接。被焊材料有碳素钢、低合金钢、不锈钢和耐热合金等。钢筋气压焊设备轻便,可进行水平、垂直、倾斜等全方位焊接,具有节省钢材、施工费用低廉等优点。气压焊按加热温度和工艺方法的不同,可分为固态气压焊和熔态气压焊两种,可根据设备等情况选择采用。

钢筋气压焊接机由供气装置(氧气瓶、溶解乙炔瓶或液化石油气瓶等)、多嘴环管加热器、加压器(油泵、顶压油缸等)、焊接夹具及压接器等组成,如图2.34和图2.35所示。

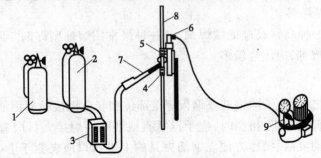

图2.34 气压焊接设备示意图

1—乙炔;2—氧气;3—流量计;4—固定卡具;5—活动卡具6—压节器;
7—加热器与焊炬;8—被焊接的钢筋;9—电动油泵

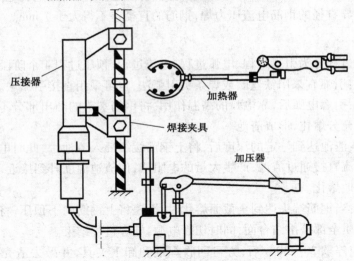

图2.35 钢筋气压焊机

气压焊接钢筋是利用乙炔(或液化石油气)和氧气的混合气体燃烧的高温火焰对已有初始压力的两根钢筋端面接合处加热,使钢筋端部产生塑性变形,并促使钢筋端面的金属原子互相扩散,当钢筋加热到1 250~1 350 ℃(相当于钢材熔点的0.8~0.9倍,此时钢筋加热部位呈橘黄色,有白亮闪光出现)时进行加压顶锻,使钢筋内的原子得以再结晶而焊接在一起。

钢筋气压焊接属于热压焊。在焊接加热过程中,加热温度为钢材熔点的0.8~0.9倍,钢材未呈熔化液态,且加热时间较短,钢筋的热输入量较少,所以不会出现钢筋材质劣化倾向。

加热系统中的加热能源是氧气和乙炔(或液化石油气)。系统中的流量计用于控制氧气和乙炔的输入量,焊接不同直径的钢筋要求不同的流量。加热器将氧气和乙炔混合后,从喷火嘴喷出火焰加热钢筋,要求火焰能均匀加热钢筋,有足够的温度和功率并且安全可靠。

加压系统中的压力源为电动油泵(或手动油泵),使加压顶锻时压力平稳。压接器是气压焊的主要设备之一,要求它能准确、方便地将两根钢筋固定在同一轴线上,并将油泵产生的压力均匀地传递给钢筋以达到焊接的目的。施工时压接器须反复装拆,要求它质量轻、构造简单和装拆方便。

2)焊接工艺

(1)焊前准备

气压焊接的钢筋要用砂轮切割机断料,不能用钢筋切断机切断,要求端面与钢筋轴线垂直。焊接前应打磨钢筋端面,清除氧化层和污物,使之现出金属光泽,将钢筋端部约 100 mm 范围内的铁锈、黏附物以及油污清除干净;钢筋端部若有弯折或扭曲,应矫正或切除。考虑到钢筋接头的压缩量,下料长度要按图纸尺寸多出钢筋直径的 0.6～1 倍。

(2)安装钢筋

安装焊接夹具和钢筋时,应将两根钢筋分别夹紧,并使它们的轴线处于同一直线上加压顶紧,两根钢筋局部缝隙不得大于 3 mm。

(3)焊接工艺过程

①采用固态气压焊时,其焊接工艺应符合下列要求:焊前钢筋端面应切平、打磨,使其露出金属光泽,钢筋安装夹牢,预压顶紧后,两钢筋端面局部间隙不得大于 3 mm。气压焊加热开始至钢筋端面密合前,应采用碳化焰集中加热。钢筋端面密合后可采用中性焰宽幅加热,使钢筋端部加热至 1 150～1 250 ℃。气压焊顶压时,对钢筋施加的顶压力应为 30～40 N/mm²,常用三次加压法工艺过程。当采用半自动钢筋固态气压焊时,应使用钢筋常温直角切断机断料,两钢筋端面间隙控制在 1～2 mm,钢筋端面平滑,可直接焊接。

②采用熔态气压焊时,其焊接工艺应符合下列要求:安装时,两钢筋端面之间应预留 3～5 mm 间隙。气压焊开始时,首先使用中性焰加热,待钢筋端头至熔化状态,附着物随熔滴流走,端部呈凸状时,即加压,挤出熔化金属,并密合牢固。

【知识链接】

熔态气压焊是一种将两钢筋端面稍加离开,使钢筋端面加热到熔化温度,工件接触后加压完成的方法,属熔化压力焊范畴。固态气压焊是一种将两钢筋端面紧密闭合,加热到 1 150～1 250 ℃,当其达到低于熔点的某一温度后,加压完成的方法,属固态压力焊范畴。两种焊接工艺方法各有特点,采用固态气压焊时时,增加了两钢筋之间的接合面积,接头外形整齐;采用熔态气压焊时,简化了对钢筋端固的要求,操作简便。

(4)成型与卸压

气压焊施焊中,通过最终的加热加压,应使接头的镦粗区形成规定的形状。然后,应停止加热,略延时后卸除压力,拆下焊接夹具。

(5)灭火中断

在加热过程中,如果在钢筋端面缝隙完全密合之前发生灭火中断现象,应将钢筋取下重新打磨、安装,然后点燃火焰进行焊接。如果灭火中断发生在钢筋端面缝隙完全密合之后,可继续加热加压。

2.5.6 埋弧压力焊与预埋件钢筋埋弧螺柱焊

1)工艺原理

埋弧压力焊主要用于钢筋与钢板的丁字接头焊接。其工作原理是:利用埋在焊接接头处的焊剂层下的高温电弧,熔化两焊件焊接接头处的金属,然后加压顶锻形成焊件焊合,如图2.36所示。这种焊接方法工艺简单,比电弧焊工效高,不用焊条,质量好,具有焊后钢板变形小,焊接点抗拉强度高的特点。

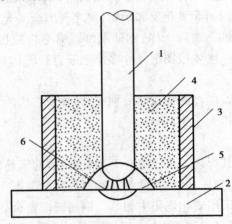

图2.36 埋弧压力焊示意图

1—钢筋;2—钢板;3—焊剂盒;4—431焊剂;5—电弧柱;6—弧焰

预埋件钢筋埋弧螺柱焊(图2.37)是用电弧螺柱焊焊枪夹持钢筋,使钢筋垂直对准钢板,采用螺柱焊电源设备产生强电流、短时间的焊接电弧,在熔剂层保护下使钢筋焊接端面与钢板产生熔池后,适时将钢筋插入熔池,形成T形接头的焊接方法。

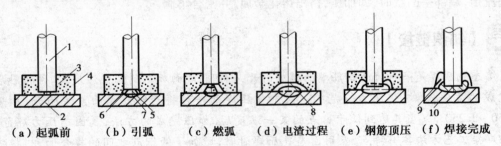

(a)起弧前　(b)引弧　(c)燃弧　(d)电渣过程　(e)钢筋顶压　(f)焊接完成

图2.37 预埋件钢筋埋弧螺柱焊示意图

1—钢筋;2—钢板;3—焊剂;4—挡圈;5—电弧;
6—熔渣;7—熔池;8—渣池;9—渣壳;10—焊缝金属

2)焊接设备

埋弧压力焊设备主要包括焊接电源、焊接机构和控制系统。焊接前应根据钢筋直径大小,选用500型或1000型弧焊变压器作为焊接电源。当钢筋直径为6 mm时,可选用500型弧焊变压器作为焊接电源;当钢筋直径为8 mm及以上时,应选1000型弧焊变压器作为焊接电源。

预埋件钢筋埋弧螺柱焊设备应包括埋弧螺柱焊机、焊枪、焊接电缆、控制电缆和钢筋夹头等,埋弧螺柱焊焊枪有电磁提升式和电机拖动式两种。

3)焊接工艺

①埋弧压力焊工艺过程:钢板放平,并与铜板电极接触紧密;将锚固钢筋夹于夹钳内,应夹牢,并放好挡圈、注满焊剂;通高频引弧装置和焊接电源后,应立即将钢筋上提,引燃电弧,使电弧稳定燃烧,再渐渐下送,速顶压同时用力应适度;敲去渣壳,四周焊包凸出钢筋表面的高度,当钢筋直径为 18 mm 及以下时,不得小于 3 mm,当钢筋直径为 20 mm 及以上时,不得小于 4 mm。

②预埋件钢筋埋弧螺柱焊工艺过程:将预埋件钢板放平,在钢板的最远处对称点用两根接地电缆的一端与螺柱焊机电源的正极(+)连接。另一端连接接地钳,与钢板接触紧密、牢固。将钢筋推入焊枪的夹持钳内,顶紧于钢板。在焊剂挡圈内注满焊剂。选择合适的焊接参数,分别在焊机和焊枪上设定。拨动焊枪上按钮"开",接通电源,钢筋上提,引燃电弧。经设定燃弧时间,钢筋插入熔池,自动断电;停息数秒钟,打掉渣壳,焊接完成。四周焊包凸出钢筋表面的高度,当钢筋直径为 18 mm 及以下时,不得小于 3 mm,当钢筋直径为 20 mm 及以上时,不得小于 4 mm。

2.5.7 电阻点焊

1)工艺原理

电阻点焊主要用于钢筋的交叉连接,焊接钢筋网片、钢筋骨架等。其工作原理是:当钢筋交叉点焊时,接触点只有一点,接触处接触电阻较大,在接触的瞬间,电流产生的全部热量都集中在一点上,因而使金属受热而熔化,同时在电极加压下使焊点金属得到焊合。

常用的点焊机有单点点焊机、多点点焊机、悬挂式点焊机和手提式点焊机。

2)点焊工艺

钢筋焊接骨架和钢筋焊接网可由 HPB300、HRB335、HRBF335、HRB400、HRBF400、HRB500、HRBF500 钢筋制成。当两根钢筋直径不同时,焊接骨架较小钢筋直径小于或等于10 mm 时,大、小钢筋直径之比不宜大于 3 倍;当较小钢筋直径为 12 ~ 16 mm 时,大、小钢筋直径之比不宜大于 2 倍;焊接网较小钢筋直径不得小于较大钢筋直径的 0.6 倍。电阻点焊的工艺过程中应包括预压、通电、锻压 3 个阶段。

3)点焊参数

钢筋电焊参数主要有:通电时间、电流强度、电极压力、焊点压入深度。电阻点焊应根据钢筋牌号、直径及焊机性能等具体情况选择合适的变压器级数。

钢筋多头点焊机宜用于同规格焊接网的成批生产。当点焊生产时,除符合上述规定外,尚应准确调整好各个电极之间的距离、电极压力,并应经常检查各个焊点的焊接电流和焊接通电时间。焊点的压入深度应为较小钢筋直径的 18% ~ 25%。

2.5.8 质量检验与验收

1)闪光对焊接头质量检验

(1)纵向受力钢筋闪光焊

同一台班、同一焊工完成的300个同牌号、同直径接头为一批。当同一台班完成的接头数量较少,可在一周内累计计算,仍不足300个时应作为一批计算。

纵向受力钢筋焊接接头,每一检验批中应随机抽取10%焊接接头进行外观检查。外观检查要求:对焊接头表面应呈圆滑、带毛刺状,不得有肉眼可见的裂纹;与电极接触处的钢筋表面不得有明显烧伤;接头处的弯折角不得大于2°;接头处的轴线偏移不大于0.1d,且不大于1 mm。外观检查不合格的接头,可将距接头左右各15 mm处切除重焊。

机械性能试验:从每批接头中随机切取6个接头,其中3个做抗拉试件,3个做弯曲试验。异径接头可只做拉伸试验。

(2)箍筋闪光对焊

同一台班、同一焊工完成的600个同牌号、同直径接头为一个检验批,如超出600个接头,超出部分可以与下一台班完成接头累计计算。

每一检验批中应随机抽查5%的接头进行外观质量检查。外观质量要求:对焊接头表面应呈圆滑、带毛刺状,不得有肉眼可见的裂纹;接头处的轴线偏移不大于0.1d,且不大于1 mm;对焊接头所在直线边的顺直度检测结果凹凸不得大于5 mm;对焊箍筋外皮尺寸应符合设计图纸的规定允许偏差应±5 mm;与电极接触处的钢筋表面不得有明显烧伤。

每个检验批中应随机切取3个对焊接头做拉伸试验。

2)电弧焊接头质量检验

①在现浇混凝土结构中,应以300个同牌号钢筋、同形式接头作为一批;在房屋结构中,应在不超过连续2个楼层中300个同牌号钢筋、同形式接头作为一批。每批随机切取3个接头做拉伸试验。在装配式结构中,可按生产条件制作模拟试件,每批3个,做拉伸试验。钢筋与钢板电弧搭接焊接头可只进行外观检查。

②电弧焊接头外观检查结果,应符合下列要求:

a.焊缝表面应平整,不得有凹陷或焊瘤。

b.焊接接头区域不得有肉眼可见的裂纹。

c.咬边深度、气孔、夹渣等缺陷允许值及接头尺寸的允许偏差,应符合表2.32的规定。

d.坡口焊、熔槽帮条焊和窄间隙焊接头的焊缝余高应为2~4 mm。

③当模拟试件试验结果不符合要求时,应进行复验。复验应从现场焊接接头中切取,其数量和要求与初始试验时相同。

表 2.32　钢筋电弧焊接头尺寸偏差及缺陷允许值

名　称		单　位	接头形式		
			帮条焊	搭接焊 钢筋与钢板搭接焊	坡口焊、窄间隙焊 熔槽帮条焊
帮条沿接头中心线的纵向偏移		mm	$0.3d$	—	—
接头处弯折角度		(°)	2	2	2
接头处钢筋轴线的偏移		mm	$0.1d$	$0.1d$	$0.1d$
			1	1	1
焊缝宽度		mm	$+0.1d$	$+0.1d$	—
焊缝长度		mm	$-0.3d$	$-0.3d$	—
咬边深度		mm	0.5	0.5	0.5
在长 $2d$ 焊缝表面上的气孔及夹渣	数量	个	2	2	—
	面积	mm²	6	6	—
在全部焊缝表面上的气孔及夹渣	数量	个	—	—	2
	面积	mm²	—	—	6

3)电渣压力焊接头质量检验

①在现浇钢筋混凝土结构中,以 300 个同牌号钢筋接头作为一批;在房屋结构中,应在不超过 2 个楼层中 300 个同牌号钢筋接头作为一批。当不足 300 个接头时,仍应作为一批。每批随机切取 3 个接头做拉伸试验。

②电渣压力焊接头的外观检查要求是:四周焊包凸出钢筋表面的高度符合要求,当钢筋直径小于或等于 25 mm 时,不得小于 4 mm;当钢筋直径大于或等于 28 mm 时,不得小于 6 mm。钢筋与电极接触处,应无烧伤缺陷。

③接头处的弯折角不得大于 2°。

④接头处的轴线偏移不得大于 1 mm。

4)气压焊接头质量检验

①在现浇钢筋混凝土结构中,应以 300 个同牌号钢筋接头作为一批。在房屋结构中应在不超过 2 个楼层中 300 个同牌号钢筋接头作为一批;当不足 300 个接头时,仍应作为一批。在柱、墙的竖向钢筋连接中,应从每批接头中随机切取 3 个接头做拉伸试验;在梁、板的水平钢筋连接中,应另切取 3 个接头做弯曲试验。

②气压焊接头外观检查结果,应符合下列要求:

a.接头处的轴线偏移不得大于钢筋直径的 1/10,且不得大于 1 mm;当不同直径钢筋焊接时,应按较小钢筋直径计算;当大于上述规定值,但在钢筋直径的 3/10 以下时,可加热矫正;当大于 3/10 时,应切除重焊。

b. 接头处表面不得有肉眼可见的裂纹。

c. 接头处的弯折角度不得大于 2°,当大于规定值时,应重新加热矫正;不得有裂纹和明显的烧伤缺陷;接头处钢筋轴线偏离不超过 0.1d,且不大于 1 mm[图 2.38(a)];接头处的弯折角不得大于 2°。

d. 熔态气压焊接头镦粗直径 d_c 不得小于钢筋直径的 1.4 倍,熔态气压焊接头镦粗直径 d_c 不得小于钢筋直径的 1.2 倍,当小于上述规定值时,应重新加热镦粗[图 2.38(b)]。

e. 镦粗长度 L_c 不得小于钢筋直径的 1.0 倍,且凸起部分平缓圆滑;当小于上述规定值时,应重新加热镦长[图 2.38(c)]。

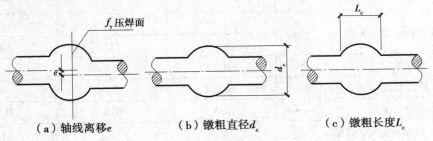

（a）轴线离移e　　　　（b）镦粗直径d_c　　　　（c）镦粗长度L_c

图 2.38　钢筋气压焊接头外观质量图解

5）预埋件钢筋 T 形接头质量检验

预埋件钢筋 T 形接头的外观检查,应从同一台班内完成的同一类型预埋件中抽查 5%,且不得少于 10 件。

当进行力学性能检验时,应以 300 件同类型预埋件作为一批;一周内连续焊接时,可累计计算;当不足 300 件时,也应按一批计算。应从每批预埋件中随机切取 3 个接头做拉伸试验,试件的钢筋长度应大于或等于 200 mm,钢板的长度和宽度均应大于或等于 60 mm。

预埋件钢筋 T 形接头的外观检查结果应符合下列要求:钢筋咬边深度不得超过 0.5 mm;钢板应无焊穿,根部应无凹陷现象;钢筋相对钢板的直角偏差不得大于 30°。

当试验结果显示 3 个试件中有小于规定值时,应进行复验。复验时,应再取 6 个试件,复验结果显示其抗拉强度均达到上述要求时,评定该批接头为合格品。

6）钢筋焊接网质量检验

①凡钢筋牌号、直径及尺寸相同的焊接骨架和焊接网应视为同一类型制品,且每 300 件作为一批,一周内不足 300 件的亦应按一批计算。

②外观检查应按同一类型制品分批检查,每批抽查 5%,且不得少于 10 件。

③力学性能检验的试件,应从每批成品中切取;切取过试件的制品,应补焊同牌号、同直径的钢筋,其每边的搭接长度不应小于 2 个空格的长度;当焊接骨架所切取试样的尺寸小于规定的试样尺寸、或受力钢筋直径大于 8 mm 时,可在生产过程中制作模拟焊接试验网片,从中切取试样。

④由几种直径钢筋组合的焊接骨架或焊接网,应对每种组合的焊点做力学性能检验。

⑤热轧钢筋的焊点应做剪切试验,试件应为 3 件;对冷轧带肋钢筋还应沿钢筋焊接网两个方向各截取一个试样进行拉伸试验。

⑥焊接骨架的外形尺寸检查和外观质量检查结果应符合下列要求:每件制品的焊点脱落、漏焊数量不得超过焊点总数的4%,且相邻两焊点不得有漏焊及脱落,焊接骨架的允许偏差见表2.33。

表2.33 焊接骨架的允许偏差

项 目		允许偏差/mm
焊接骨架	长度	±10
	宽度	±5
	高度	±5
骨架箍筋间距		±10
受力主筋	间距	±15
	排距	±5

⑦钢筋焊接网间距的允许偏差取±10 mm 和规定间距的±5%的较大值,网片长度和宽度的允许偏差取±25 mm 和规定长度的±0.5%的较大值,网片两对角线之差不得大于 10 mm;网格数量应符合设计规定。

焊接网交叉点开焊数量不得大于整个网片交叉点总数的1%,并且任一根横筋上开焊点数不得大于该根横筋交叉点总数的1/2;焊接网最外边钢筋上的交叉点不得开焊。

钢筋焊接网表面不应有影响使用的缺陷。当性能符合要求时,允许钢筋表面存在浮锈和因矫直造成的钢筋表面轻微损伤。

7)拉伸试验

(1)拉伸试验合格条件

① 3 个试件均断于钢筋母材,呈延性断裂,其抗拉强度大于或等于钢筋母材抗拉强度标准值。

② 2 个试件断于钢筋母材,呈延性断裂,其抗拉强度大于或等于钢筋母材抗拉强度标准值;另一试件断于焊缝,呈脆性断裂,其抗拉强度大于或等于钢筋母材抗拉强度标准值的1.0 倍。

试件断于热影响区,呈延性断裂,应视作与断于钢筋母材等同;试件断于热影响区,呈脆性断裂,应视作与断于焊缝等同。

(2)拉伸试验复验条件

① 2 个试件断于钢筋母材,呈延性断裂,其抗拉强度大于或等于钢筋母材抗拉强度标准值;另一试件断于焊缝或热影响区,呈脆性断裂,其抗拉强度小于钢筋母材抗拉强度标准值的1.0 倍。

② 1 个试件断于钢筋母材,呈延性断裂,其抗拉强度大于或等于钢筋母材抗拉强度标准值;另 2 个试件断于焊缝或热影响区,呈脆性断裂。

复验时,应切取 6 个试件进行试验。试验结果,若有 4 个或 4 个以上试件断于钢筋母材,呈延性断裂,其抗拉强度大于或等于钢筋母材抗拉强度标准值,另 2 个或 2 个以下试件断于焊缝,呈脆性断裂,其抗拉强度大于或等于钢筋母材抗拉强度标准值的 1.0 倍,应评定该检验批接头拉伸试验复验合格。

（3）不合格判定条件

3 个试件均断于焊缝,呈脆性断裂,其抗拉强度均大于或等于钢筋母材抗拉强度标准值的 1.0 倍,应进行复验。当 3 个试件中有 1 个试件抗拉强度小于钢筋母材抗拉强度标准值的 1.0 倍时,应评定该检验批接头拉伸试验不合格。

（4）RRB400W 钢筋接头

RRB400W 钢筋接头试件抗拉强度应符合同级别热轧带肋钢筋抗拉强度标准值,均不小于 540 N/mm²。

（5）预埋件钢筋 T 形接头拉伸试验

预埋件钢筋 T 形接头抗拉强度规定值见表 2.34。

表 2.34　预埋件钢筋 T 形接头抗拉强度规定值

钢筋牌号	抗拉强度规定值/ MPa
HPB300	400
HRB335,HRBF335	435
HRB400,HRBF400	520
HRB500,HRBF500	610
RRB400W	520

8）弯曲试验

钢筋闪光对焊接头、气压焊接头进行弯曲试验时,焊缝应处于弯曲中心,弯心直径和弯曲角度应符合表 2.35 的规定。

表 2.35　接头弯曲试验指标

钢筋牌号	弯心直径	弯曲角度/（°）
HPB300	$2d$	90
HRB335,HRBF335	$4d$	90
HRB400,HRBF400,RRB400W	$5d$	90
HRB500,HRBF500	$7d$	90

注:1. d 为钢筋直径, 单位为 mm;

　　2. 直径大于 25 的钢筋焊接接头,弯心直径应增加 1 倍钢筋直径。

弯曲试验结果应按下列规定进行评定:

①当试验结果显示弯曲至 90° 时有 2 个或 3 个试件外侧（含焊缝和热影响区）未发生宽度达到 0.5 mm 的裂纹,应评定该检验批接头弯曲试验合格。

②若有 2 个试件发生宽度达到 0.5 mm 的裂纹应进行复验。

③若有 3 个试件发生宽度达到 0.5 mm 的裂纹,应评定该检验批接头弯曲试验不合格。

④复验时,应切取 6 个试件进行试验。当复验结果显示不超过 2 个试件发生宽度达到 0.5 mm 的裂纹时,应评定该检验批接头弯曲试验复验合格。

任务 2.6 钢筋机械连接

2.6.1 机械连接一般规定

钢筋机械连接是通过钢筋与连接件或其他介入材料的机械咬合作用或钢筋端面的承压作用,将一根钢筋中的力传递至另一根钢筋的连接方法。常用的钢筋机械接头类型如下:

①套筒挤压接头:通过挤压力使连接件钢套筒塑性变形与带肋钢筋紧密咬合形成的接头。

②锥螺纹接头:通过钢筋端头特制的锥形螺纹和连接件锥螺纹咬合形成的接头。

③镦粗直螺纹接头:通过钢筋端头镦粗后制作的直螺纹和连接件螺纹咬合形成的接头。

④滚轧直螺纹接头:通过钢筋端头直接滚轧或剥肋后滚轧制作的直螺纹和连接件螺纹咬合形成的接头。

⑤套筒灌浆接头:在金属套筒中插入单根带肋钢筋并注入灌浆料拌合物,通过拌合物硬化而实现传力的钢筋对接接头。

⑥熔融金属充填接头:由高热剂反应产生熔融金属充填在钢筋与连接件套筒间形成的接头。

套筒灌浆接头和熔融金属充填接头主要依靠钢筋表面的肋和介入材料水泥浆或熔融金属硬化后的机械咬合作用,将钢筋中的拉力或压力传递给连接件,并通过连接件传递给另一根钢筋。上述不同类型的接头按构造与使用功能的差异可区分为不同形式,如常用直螺纹接头又可分为标准型、异径型、正反丝扣型、加长丝头型等接头形式。

1)接头性能等级

接头性能包括单向拉伸、高应力反复拉压、大变形反复拉压和疲劳性能,应根据接头的性能等级和应用场合选择相应的检验项目。接头单向拉伸时的强度和变形是接头的基本性能。高应力反复拉压性能反映接头在风荷载及小地震情况下承受高应力反复拉压的能力。大变形反复拉压性能则反映结构在强烈地震情况下钢筋进入塑性变形阶段接头的受力性能。上述 3 项性能是进行接头形式检验时必须进行的检验项目。抗疲劳性能则是根据接头应用场合选择进行的试验项目。新规范要求现场工艺检测则应检验单向拉伸残余变形和极限抗拉强度。

根据抗拉强度、残余变形以及高应力和大变形条件下反复拉压性能的差异,接头分为下列 3 个等级:

Ⅰ级:接头抗拉强度等于被连接钢筋实际抗拉强度或不小于 1.10 倍钢筋抗拉强度标准值,残余变形小并具有高延性及反复拉压性能。

Ⅱ级:接头抗拉强度不小于被连接钢筋抗拉强度标准值,残余变形较小并具有高延性及反复拉压性能。

Ⅲ级:接头抗拉强度不小于被连接钢筋屈服强度标准值的 1.25 倍,残余变形较小并具有延性及反复拉压性能。

Ⅰ级、Ⅱ级、Ⅲ级接头的抗拉强度应符合表 2.33 的规定。Ⅰ级、Ⅱ级、Ⅲ级接头应能经受规定的高应力和大变形反复拉压循环,且在经历拉压循环后,其抗拉强度仍应符合表2.36的规定。

表2.36　接头的抗拉强度

接头等级	Ⅰ级		Ⅱ级	Ⅲ级
抗拉强度	$f_{mst}^0 \geqslant f_{mst}$　钢筋拉断		$f_{mst}^0 \geqslant f_{stk}$	$f_{mst}^0 \geqslant 1.25 f_{stk}$
	或 $f_{mst}^0 \geqslant 1.10 f_{stk}$连接件破坏			

注:1.f_{mst}^0为接头试件实际抗拉强度;f_{mst}为接头试件中钢筋抗拉强度实测值;f_{stk}为钢筋抗拉强度标准值。

2.钢筋拉断指断于钢筋母材、套筒外钢筋丝头和钢筋镦粗过渡段。

3.连接件破坏指断于套筒、套筒纵向开裂或钢筋从套筒中拔出以及其他连接组件破坏。

Ⅰ级、Ⅱ级、Ⅲ级接头应能经受规定的高应力和大变形反复拉压循环,且在经历拉压循环后,其变形性能和抗拉强度仍应符合表2.37的规定。

表2.37　接头的变形性能

接头等级		Ⅰ级	Ⅱ级	Ⅲ级
单向拉伸	残余变形/mm	$\mu_0 \leqslant 0.10(d \leqslant 32)$ $\mu_0 \leqslant 0.14(d > 32)$	$\mu_0 \leqslant 0.14(d \leqslant 32)$ $\mu_0 \leqslant 0.16(d > 32)$	$\mu_0 \leqslant 0.14(d \leqslant 32)$ $\mu_0 \leqslant 0.16(d > 32)$
	最大力总伸长率/%	Asgt≥6.0	Asgt≥6.0	Asgt≥3.0
高应力反复拉压	残余变形/mm	$\mu_{20} \leqslant 0.3$	$\mu_{20} \leqslant 0.3$	$\mu_{20} \leqslant 0.3$
大变形反复拉压	残余变形/mm	$\mu_4 \leqslant 0.3$ 且 $\mu_8 \leqslant 0.6$	$\mu_4 \leqslant 0.3$ 且 $\mu_8 \leqslant 0.6$	$\mu_4 \leqslant 0.6$

注:μ_0为接头试件加载至$0.6f_{yk}$卸载后在规定标距内的残余变形;μ_{20}为接头试件按加载制度经高应力反复拉压20次后的残余变形;μ_4为接头试件按加载制度经大变形反复拉压4次后的残余变形;μ_8为接头试件按规程中加载制度经大变形反复拉压8次后的残余变形。

钢筋机械连接接头在拉抻和反复拉压时会产生附加的塑性变形,卸载后形成不可恢复的残余变形(也称滑移),对混凝土结构的裂缝宽度有不利影响,因此有必要控制接头的变形性能。单向拉伸和反复拉压时用残余变形作为接头变形控制指标。

施工中规定了施工现场工艺检验中应进行接头单向拉伸残余变形的检验,从而一定程度上解决了型式检验与现场接头质量脱节的弊端,对提高接头质量有重要价值;但另一方面,如果残余变形指标过于严格,现场检验不合格率过高,则会明显影响施工进度和工程验收。在综合考虑上述因素并参考编制组近年来完成的6根带钢筋接头梁和整筋梁的对比试验结果后,制定了表2.34中的单向拉伸残余变形指标,Ⅰ级接头允许在同一构件截面中100%连接、u_0(残余变形)的限值最严,Ⅱ、Ⅲ级接头由于采用50%接头百分率,故限值可适当放松。

高应力与大变形条件下的反复拉压试验是对应于风荷载、小地震和强地震时钢筋接头的受力情况提出的检验要求。在风荷载或小地震下,钢筋尚未屈服时,应能承受 20 次以上高应力反复拉压,并满足强度和变形要求。在接近或超过设防烈度时,钢筋通常都进入塑性阶段并产生较大塑性变形,从而能吸收和消耗地震能量;机械连接接头在经受反复拉压后易出现拉、压转换时接头松动,因此要求钢筋接头在承受 2 倍和 5 倍于钢筋屈服应变的大变形情况下,经受 4~8 次反复拉压,满足强度和变形要求。这里所指的钢筋屈服应变是指与钢筋屈服强度标准值相对应的应变值,ε_{yk}(钢筋应力为屈服强度标准值时的应变)对国产 400 MPa 级和 500 MPa 级钢筋,可分别取 $\varepsilon_{yk} = 0.002\,00$ 和 $\varepsilon_{yk} = 0.002\,50$。

2)接头的应用

结构设计图纸中应列出设计选用的钢筋接头等级和应用部位。接头等级的选定应符合下列规定:

①混凝土结构中要求充分发挥钢筋强度或对延性要求高的部位,应优先选用Ⅱ级或Ⅰ级接头;当在同一连接区段内钢筋接头面积百分率为 100% 时,应采用Ⅰ级接头。混凝土结构中钢筋应力较高但对延性要求不高的部位可采用Ⅲ级接头。

Ⅰ级和Ⅱ级接头均属于高质量接头,在结构中的使用部位均可不受限制,但允许的接头面积百分率有差异。必要时,这类接头允许在结构中除有抗震设防要求的框架梁端、柱端箍筋加密区外的任何部位使用,且接头百分率可不受限制。这条规定为解决某些特殊场台需要在同一截面实施 100% 钢筋连接创造了条件,如地下连续墙与水平钢筋的连接;滑模或提模施工中垂直构件与水平钢筋的连接;装配式结构接头处的钢筋连接;钢筋笼的对接;分段施工或新旧结构连接处的钢筋连接等。

②连接件的混凝土保护层厚度宜符合现行国家标准《混凝土结构设计规范》(GB 50010—2011)中的规定,且不应小于 0.75 倍钢筋最小保护层厚度和 15 mm 的较大值。必要时可对连接件采取防锈措施。

③结构构件中纵向受力钢筋的接头宜相互错开。钢筋机械连接的连接区段长度应按 $35d$ 计算,当直径不同的钢筋连接时,按直径较小的钢筋计算。位于同一连接区段内的钢筋机械连接接头的面积百分率应符合下列规定:

a. 接头宜设置在结构构件受拉钢筋应力较小部位,高应力部位设置接头时,同一连接区段内Ⅲ级接头的接头面积百分率不应大于 25%,Ⅱ级接头的接头面积百分率不应大于 50%。Ⅰ级接头的接头面积百分率除本条②和④所列情况外可不受限制。

b. 接头宜避开有抗震设防要求的框架的梁端、柱端箍筋加密区;当无法避开时,应采用Ⅱ级接头或Ⅰ级接头,且接头面积百分率不应大于 50%。

c. 受拉钢筋应力较小部位或纵向受压钢筋,接头面积百分率可不受限制。

d. 对直接承受重复荷载的结构构件,接头面积百分率不应大于 50%。

④对直接承受重复荷载的结构,接头应选用包含有疲劳性能的型式检验报告的认证产品。

"包含有疲劳性能的型式检验报告",是指型式检验报告中应包括接头疲劳性能检验,且接头类型应与工程所使用的接头类型一致,型式检验有效期可覆盖接头的施工周期。通过产品的型式检验和认证机构每年对接头技术提供单位产品疲劳性能的抽检、管理制度和技术水平的年检,监督其接头产品质量,在此基础上,可适当减少接头疲劳性能的现场检验要求。

3)型式检验

①在下列情况应进行型式检验:

a.确定接头性能等级时;

b.套筒材料、规格、接头加工工艺改动时;

c.型式检验报告超过 4 年时。

②接头型式检验试验条件应符合下列规定:

a.对每种类型、级别、规格、材料、工艺的钢筋机械连接接头,型式检验试件不应少于 12 个;其中钢筋母材拉伸强度试件不应少于 3 个,单向拉伸试件不应少于 3 个,高应力反复拉压试件不应少于 3 个,大变形反复拉压试件不应少于 3 个;

b.全部试件的钢筋均应在同一根钢筋上截取;

c.接头试件应按标准施工要求进行安装;

d.型式检验试件不得采用经过预拉的试件。

经型式检验确定其等级后,工地现场只需进行现场检验。当现场接头质量出现严重问题,其原因不明,对型式检验结论有重大怀疑时,上级主管部门或工程质量监督机构可以提出重新进行型式检验的要求。

2.6.2 钢筋套筒挤压连接

1)工艺原理

钢筋挤压连接是把两根待接钢筋的端头先插入一个优质钢套筒内,然后用挤压连接设备沿径向或轴向挤压钢套筒,使之产生塑性变形,依靠变形后的钢套筒与被连接钢筋纵、横肋产生的机械咬合作用实现钢筋的连接。

挤压连接的优点是接头强度高,质量稳定可靠、安全、无明火,且不受气候影响,适应性强,可用于垂直、水平、倾斜、高空、水下等的钢筋连接,还特别适用于不可焊钢筋、进口钢筋的连接,因此近年来推广应用迅速。挤压连接的主要缺点是设备移动不便,连接速度较慢。挤压连接分径向挤压连接和轴向挤压连接。

(1)径向挤压连接

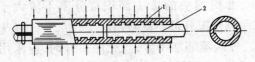

图 2.39 钢筋径向挤压连接原理图
1—钢套筒;2—被连接的钢筋

径向挤压连接是采用挤压机和压模,沿套筒直径方向,从套筒中间依次向两端挤压套筒,把插在套筒里的两根钢筋紧固成一体,形成机械接头。它适用地震区和非地震区的钢筋混凝土结构的钢筋连接施工,如图 2.39 所示。

(2)轴向挤压连接

轴向挤压连接是采用挤压和压模,沿钢筋轴线冷挤压金属套筒,把插入金属套筒里的两根待连接热轧钢筋紧固一体,形成机械接头。它适用于按一、二级抗震设防的地震区和非地震区的钢筋混凝土结构工程的钢筋连接施工。

2）钢套筒及挤压连接的主要设备

（1）钢套筒

钢套筒的材料宜选用强度适中、延性好的优质钢材,钢套筒的屈服承载力和抗拉承载力的标准值不应小于被连接钢筋的屈服承载力和抗拉承载力标准值的1.10倍。

连接套筒进场时必须有产品合格证,套筒的几何尺寸应满足产品设计图纸要求,与机械连接工艺技术配套选用,套筒表面不得有裂缝、折处、结疤等缺陷。套筒应有保护盖,有明显的规格标记,并应分类包装存放,不得露天存放,不得混淆,同时应防止锈蚀和油污。

（2）挤压设备

挤压连接的主要设备有超高压泵、半挤压机、挤压机、压模、手扳葫芦、画线尺、量规等。

3）挤压工艺

（1）挤压前的准备

①钢筋端头和套管内壁的锈皮、泥沙、油污等应清理干净。

②钢筋端部要平直,弯折应矫直,被连接的带肋钢筋应花纹完好。

③对套筒做外观尺寸检查,钢套筒的几何尺寸及钢筋接头位置必须符合设计要求,以免影响压接质量。

④应对钢筋与套筒进行试套,如钢筋有弯折或纵肋尺寸过大者,应预先矫正或用砂轮打磨。

⑤不同直径钢筋的套筒不得相互混用。

⑥钢筋连接端要画线定位,以确保在挤压过程中能按定位标记检查钢筋伸入套筒内的长度。

（2）挤压操作要求

①钢筋端部不得有局部弯曲,不得有严重锈蚀和附着物。套筒挤压接头依靠套筒与钢筋表面的机械咬合和摩擦力传递拉力或压力,钢筋表面的杂物或严重锈蚀对接头强度均有不利影响;钢筋端部弯曲会影响接头成型后钢筋的平直度。

②钢筋端部应有检查插入套筒深度的明显标记,钢筋端头离套筒长度中点不宜超过10 mm。确保钢筋插入套筒的长度是挤压接头质量控制的重要环节,应在钢筋上事先做出标记,便于挤压后检查钢筋插入长度。

③挤压应从套筒中央开始,依次向两端挤压,挤压后的压痕直径或套筒长度的波动范围应用专用量规检验;压痕处套筒外径应为原套筒外径的0.80～0.90倍,挤压后套筒长度应为原套筒长度的1.10～1.15倍。套筒挤压过程中会伸长,从两端开始挤压会加大挤压后套筒中央的间隙,故要求挤压从套筒中央开始向两端挤压;套筒挤压后的压痕直径和伸长是控制挤压质量的重要环节,本条提供合理的波动范围,应用专用量规进行检查。

④施压时,主要控制压痕深度。宜先挤压一端套筒（半接头）,在施工作业区插入待接钢筋后再挤压另一端套筒。

⑤挤压后的套筒不应有可见裂纹,无论出现纵向或横向裂纹均是不允许的。

（3）挤压工艺

①钢筋半接头连接工艺如下:

装好高压油管和钢筋配用限位器、套管压模→插入钢筋顶到限位器上扶正、挤压→退回柱塞、取下压模和半套管接头。

②连接钢筋挤压工艺如下：

将半套管插入待连接的钢筋上→放置压模和垫块、挤压→退回柱塞及导向板,装上垫块、挤压少退回柱塞再加垫块、挤压→退回柱塞、取下垫块、压模,卸下挤压机。

（4）挤压成型目测检查

挤压后的套筒不得有肉眼可见的裂纹。

2.6.3 锥螺纹连接

锥螺纹连接是将所连钢筋的对接端头,在钢筋套丝机上加工成与套筒匹配的锥螺纹,然后将带锥形内丝的套筒用扭力扳手按一定力矩值把两根钢筋连接起来,通过钢筋与套筒内丝扣的机械咬合达到连接的目的,如图2.40所示。随着直螺纹工艺的出现,目前这种锥螺纹连接工艺工程现场运用较少。

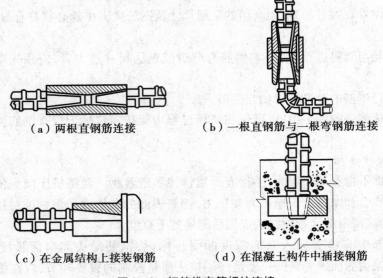

（a）两根直钢筋连接　　　　（b）一根直钢筋与一根弯钢筋连接

（c）在金属结构上接装钢筋　　　（d）在混凝土构件中插接钢筋

图 2.40　钢筋锥套管螺纹连接

（1）锥螺纹钢筋接头的现场加工质量要求

①锥螺纹钢筋接头的现场加工钢筋端部不得有影响螺纹加工的局部弯曲。

②钢筋丝头长度应满足设计要求,使拧紧后的钢筋丝头不得相互接触,丝头加工长度公差应为$-0.5p \sim 1.5p$（p 为螺距）。

强调:锥螺纹不允许钢筋丝头在套筒中央相互接触,而应保持一定间隙,因此丝头加工长度的极限偏差应为负偏差。

③钢筋丝头的锥度和螺距应使用专用锥螺纹量规检验,抽检数量10％,检验合格率不应小于95％。

（2）锥螺纹钢筋接头的安装质量要求

①接头安装时应严格保证钢筋与连接套筒的规格相一致。

②接头安装时应用扭力扳手拧紧,拧紧扭矩值应符合表 2.38 的规定。

表 2.38　锥螺纹接头安装时的最小拧紧扭矩值

钢筋直径/mm	≤16	18 ~ 20	22 ~ 25	28 ~ 32	36 ~ 40
拧紧扭矩/(N·m)	100	180	240	300	360

③校核用扭力扳手与安装用扭力扳手应区分使用,校核用扭力扳手应每年校核 1 次,准确度级别应选用 5 级。

2.6.4　直螺纹连接

直螺纹钢筋接头包括镦粗直螺纹钢筋接头、剥肋滚轧直螺纹钢筋接头、直接滚轧直螺纹钢筋接头。钢筋丝头的加工应保持丝头端面的基本平整,使安装扭矩能有效形成丝头的相互对应力,消除螺纹间隙,减少接头拉伸后的残余变形。

1)镦粗直螺纹套筒连接

镦粗直螺纹套筒连接是先把钢筋端部镦粗,然后再切削直螺纹,最后用套筒实行钢筋对接。由于镦粗段钢筋切削后的净截面仍大于钢筋原截面(即螺纹不削弱钢筋截面),从而可确保接头强度大于母材强度。直螺纹不存在扭紧力矩对接头性能的影响,从而提高了连接的可靠性,也加快了施工速度。直螺纹接头比套筒挤压接头省钢 70% ,比锥螺纹接头省钢 35% ,技术经济效果显著,但镦头质量较难控制。

(1)机具设备

①钢筋液压冷镦机,是钢筋端头镦粗的专用设备。其型号有:HJC200 型,适用于 φ18 ~ 40 的钢筋端头镦粗;HJC250 型,适用于 φ20 ~ 40 的钢筋端头镦粗。

②钢筋直螺纹套丝机,是将已镦粗或未镦粗的钢筋端头切削成直螺纹的专用设备,其型号有 GZL-40、HZS-40、GTS-50 等。

(2)镦粗直螺纹套筒

对 HRB335 级钢筋,采用 45 号优质碳素钢;对 HRB400 级钢筋,采用 45 号经调质处理,或用性能不低于 HRB400 钢筋性能的其他钢材。镦粗直螺纹套筒分为同径连接套筒(分右旋和左右旋两种)、异径连接套筒、可调节连接套筒。

(3)钢筋加工与检验

①钢筋下料应采用砂轮切割机,切口的端面应与轴线垂直。

②端头镦粗。在液压冷镦机上将钢筋端头镦粗。镦粗头与钢筋轴线倾斜不得大于 3°,不得出现与钢筋轴线相垂直的横向裂缝。

③在钢筋套丝机上切削加工螺纹,钢筋螺纹加工质量要牙形饱满,无断牙、秃牙等缺陷。

④合格后再用配套的量规逐根检测按一个工作班 10% 的比例抽样校验,如发现有不合格的螺纹,应逐个检查,切除所有不合格的螺纹,重新镦粗和加工螺纹。

(4)现场连接施工

①对于连接钢筋可自由转动的部位,先将套筒预先部分或全部拧入一个被连接钢筋的端头螺纹上,而后转动另一根被连接钢筋或反拧套筒到预定位置,最后用扳手转动连接钢

筋,使其相互对顶锁定连接套筒。

②对于钢筋完全不能转动的部位(如弯折钢筋或施工缝、后浇带等部位),可将锁定螺母和连接套筒预先拧入加长的螺纹内,再反拧入另一根钢筋端头螺纹上,最后用锁定螺母锁定连接套筒;或配套应用带有正反螺纹的套筒,以便从一个方向上能松开或拧紧两根钢筋。

③镦粗直螺纹钢筋连接的注意要点有:镦粗头的基圆直径应大于丝头螺纹外径,长度应大于 1.2 倍套筒长度,冷镦粗过渡段坡度应≤1:3;镦粗头不得有与钢筋轴线相垂直的横向表面裂纹;不合格的镦粗头,应切去后重新镦粗,不得对镦粗头进行二次镦粗。当采用热镦工艺镦粗钢筋,则应在室内进行钢筋镦头加工。

2)钢筋滚轧直螺纹连接

滚轧直螺纹根据螺纹成型方式分为直接滚轧直螺纹、挤压肋滚轧直螺纹和剥肋滚轧直螺纹 3 种。

直接滚轧直螺纹加工简单,设备投入少,但螺纹精度差,由于钢筋粗细不均,会导致螺纹直径出现差异,接头质量受一定的影响。挤压肋滚轧直螺纹采用专用挤压机先将钢筋端头的横肋和纵肋进行预压平处理,然后再滚轧螺纹,其目的是减轻钢筋对成型螺纹的影响。此法对螺纹精度有一定的提高,但仍不能从根本上解决钢筋直径差异对螺纹精度的影响。剥肋滚轧直螺纹采用剥肋滚丝机,先将钢筋端头的横肋和纵肋进行剥切处理,使钢筋滚丝前的直径达到同一尺寸,然后进行螺纹滚轧成型。此法螺纹精度高,接头质量稳定,它集剥肋、滚压于一体,成型螺纹精度高,滚丝轮寿命长,是目前直螺纹套筒连接的主流技术。

(1)主要机械

主要机械包括:钢筋滚丝机(GZL32、GSJ-40、HGS40 等型号)、钢筋剥肋滚丝机、钢筋端头专用挤压机。

(2)滚轧直螺纹套筒

滚轧直螺纹接头用连接套筒,采用优质碳素钢。连接套筒的类型有标准型、正反丝型、变径型、可调节连接套筒等,与镦粗直螺纹套筒类型基本相同。

(3)工艺流程

下料→端头挤压或剥肋→滚轧螺纹加工→试件试验→钢筋连接→质量检查。

(4)操作要点

①钢筋下料同镦粗直螺纹。

②钢筋端头加工(直接滚轧螺纹无此工序):钢筋端头挤压采用专用挤压机,挤压力根据钢筋直径和挤压机的性能确定,挤压部分的长度为套筒长度的 $1/2+2p$(p 为螺距)。

③滚轧螺纹加工:将待加工的钢筋夹持在夹钳上,开动滚丝机或剥肋滚丝机,扳动给进装置,使动力头向前移动,开始滚丝或剥肋滚丝,待滚轧到调整位置后,设备自动停机并反转,将钢筋退出滚轧装置,扳动给进装置将动力头复位停机,螺纹即加工完成。

④丝头加工长度为标准型套筒长度的 $1/2$,其公差为 $+2p$(p 为螺距)。

(5)现场连接施工

①连接钢筋时,钢筋规格和套筒规格必须一致,钢筋和套筒的丝扣应干净、完好。

②采用预埋接头时,连接套筒的位置、规格和数量应符合设计要求。带连接套筒的钢筋

应固定牢,连接套筒的外露端应有保护盖。

③直螺纹接头的连接应使用管钳和力矩扳手进行。连接时,将待安装的钢筋端部的塑料保护帽拧下来露出丝口,并将丝口上的水泥浆等污物清理干净。将两个钢筋丝头在套筒中央位置相互顶紧,使接头拧紧力矩符合表2.39的规定,力矩扳手的精度为±5%。

④检查连接丝头定位标色并用管钳旋合顶紧。钢筋连接完毕后,标准型接头连接套筒外应有外露螺纹,且连接套筒单边外露有效螺纹不得超过2p。

⑤连接水平钢筋时,必须将钢筋托平。钢筋的弯折点与接头套筒端部距离不宜小于200 mm,且带长套丝接头应设置在弯起钢筋平直段上。

3)施工现场接头质量检验

(1)直螺纹丝头加工质量要求

①钢筋端部应采用带锯、砂轮锯或带圆弧形刀片的专用钢筋切断机切平。

②镦粗头不得有与钢筋轴线相垂直的横向裂纹。

③钢筋丝头长度应满足企业标准中产品设计要求,公差应为0~2.0p(p为螺距)。

注意:直螺纹钢筋丝头的加工长度应为正偏差,保证丝头在套筒内可相互顶紧,以减少残余变形,直螺纹钢筋丝头与锥螺纹钢筋丝头加工要求的区别。

④钢筋丝头宜满足6f级精度要求,应用专用直螺纹量规检验,通规能顺利旋入并达到要求的拧入长度,止规旋入不得超过3p。各规格的自检数量不应少于10%,检验合格率不应小于95%。

(2)直螺纹钢筋接头的安装质量

①安装接头时可用管钳扳手拧紧,应使钢筋丝头在套筒中央位置相互顶紧,标准型、正反丝型、异径型接头安装后的外露螺纹不宜超过2p;对无法对顶的其他直螺纹接头,应附加锁紧螺母、顶紧凸台等措施紧固。

直螺纹钢筋接头的安装,应保证钢筋丝头在套筒中央位置相互顶紧,这是减少接头残余变形、保证安装质量的重要环节;规定外露螺纹不超过2p有利于检查丝头是否完全拧入套筒。

②接头安装后应用扭力扳手校核拧紧扭矩,拧紧扭矩值应符合表2.39的规定。

表2.39 直螺纹接头安装时的最小拧紧扭矩值

钢筋直径/mm	≤16	18~20	22~25	28~32	36~40
拧紧扭矩/(N·m)	100	200	260	320	360

2.6.5 机械连接接头的检验与验收

1)施工前资料审核

工程中应用钢筋机械接头时,应对接头技术提供单位提交的接头相关技术资料进行审核与验收。技术资料应包括下列内容:

①工程所用接头的有效型式检验报告。接头有效型式检验报告是指报告中接头类型、

型式、规格、钢筋强度和接头性能等级等技术参数应与工程中使用的接头参数一致,尤其是丝头螺纹与套筒螺纹参数的一致性,以及报告有效期应能覆盖工程的工期。

②连接件产品设计、接头加工安装要求的相关技术文件。

③连接件产品合格证和连接件原材料质量证明书。

2)工艺检验

接头工艺检测应针对不同钢筋生产厂的钢筋进行;施工过程中更换钢筋生产厂或接头技术提供单位时,应补充进行工艺检验。对不同钢筋厂的进场钢筋进行接头工艺检验,主要是检验接头技术提供单位采用的接头类型(如剥肋滚轧直螺纹接头、镦粗直螺纹接头)和接头型式(如标准型、异径型等)、加工工艺参数是否与本工程中进场钢筋相适应,以提高实际工程中抽样试件的合格率,减少在工程应用后再发现问题造成的经济损失,施工过程中如更换钢筋生产厂、改变接头加工工艺或接头技术提供单位,应补充进行工艺检验。工艺检验应符合下列规定:

①各种类型和型式接头都应进行工艺检验,检验项目包括单向拉伸极限抗拉强度和残余变形。

②每种规格的钢筋接头试件不应少于3根。

③接头试件在测量残余变形后可继续进行抗拉强度试验,并宜按单向拉伸加载制度进行试验。

④每根试件的抗拉强度和3根接头试件的残余变形的平均值均应符合表2.36和表2.37的规定。

⑤工艺检验不合格时,应进行工艺参数调整,合格后方可按最终确认的工艺参数进行接头批量加工。

3)钢筋丝头加工检查

钢筋丝头加工应按加工要求进行自检,监理或质检部门对现场丝头加工质量有异议时,可随机抽取3根接头试件进行极限抗拉强度和单向拉伸残余变形检验,如有1根试件极限抗拉强度或3根试件残余变形值的平均值不合格,应整改后重新检验,检验合格后方可继续加工。

4)套筒标识

接头安装前应检查连接件产品合格证及套筒表面生产批号标识;产品合格证应包括适用钢筋直径和接头性能等级、套筒类型、生产单位、生产日期以及可追溯产品原材料力学性能和加工质量的生产批号。

套筒应按产品标准的要求有明显标志并具有可追溯性,应检查套筒适用的钢筋强度等级以及与型式检验报告的一致性,应能够反映连接件适用的钢筋强度等级、类型、型式、规格,是否有可以追溯产品原材料力学性能和加工质量的生产批号和厂家标识,当出现产品不合格现象时可以追溯其原因以及区分不合格产品批次并进行有效处理。

5)现场检验

接头现场抽检项目应包括极限抗拉强度试验、加工和质量检验。抽检应按验收批进行,同钢筋生产厂、同强度等级、同规格、同类型和同型式接头,应以500个为一个验收批进行检验与验收,不足 500 个也应作为一个验收批。

①螺纹接头安装后应按验收批抽取其中 10% 的接头进行拧紧扭矩校核,拧紧扭矩值不合格数超过被校核接头数的 5% 时,应重新拧紧全部接头,直到合格为止。

②套筒挤压接头应按验收批抽取 10% 接头,压痕直径或挤压后套筒长度应满足相关要求;钢筋插入套筒深度应满足产品设计要求,检查不合格数超过 10% 时,可在本批外观检验不合格的接头中抽取 3 个试件做极限抗拉强度试验并进行评定。

③对接头的每一验收批,应在工程结构中随机截取 3 个接头试件做极限抗拉强度试验,按设计要求的接头等级进行评定。当 3 个接头试件的极限抗拉强度均符合表 2.36 中相应等级的强度要求时,该验收批应评定为合格。当仅有 1 个试件的极限抗拉强度不符合要求时,应再取 6 个进行复检。复检中仍有 1 个试件的极限抗拉强度不符合要求,该验收批应评为不合格。

④对封闭环形钢筋接头、钢筋笼接头、地下连续墙预埋套筒接头、不锈钢钢筋接头、装配工结构构件间的钢筋接头和有疲劳性能要求的接头,可见证取样,在已加工并检验合格的钢筋丝头成品中随机割取钢筋试件,与随机抽取的进场套筒组装成 3 个接头试件做极限抗拉强度试验,按设计要求的接头等级进行评定。验收批合格评定应符合极限抗拉强度的规定。

⑤同一接头类型、同型式、同等级、同规格的现场检验连续 10 个验收批抽样试件抗拉强度试验一次合格率为 100% 时,验收批接头数量可扩大为 1 000 个;当验收批接头数量少于 200 个时,可按验收批的抽样要求随机抽取 2 个试件做极限抗拉强度试验,当 2 个试件的极限抗拉强度均满足极限抗拉强度要求时,该验收批应评为合格。

有 1 个试件的极限抗拉强度不满足要求时,应再取 4 个试件进行复检;复检中仍有 1 个试件极限抗拉强度不满足要求时,该验收批应评为不合格。

⑥对有效认证的接头产品,验收批数量可扩大至 1 000 个;当现场抽检连续 10 个验收批抽样试件极限抗拉强度检验一次合格率为 100% 时,验收批接头数量可扩大为 1 500 个。当扩大后的各验收批中出现抽样试件极限抗拉强度检验不合格的评定结果时,应将随后的各验收批数量恢复为 500 个,且不得再次扩大验收批数量。

⑦设计对接头疲劳性能要求进行现场检验的工程,可按设计提供的钢筋应力幅和最大应力,或根据一组应力进行疲劳性能验证性检验,并应选取工程中大、中、小 3 种直径钢筋各组装 3 个接头试件进行疲劳试验。全部试件均通过 200 万次重复加载未被破坏,应评定该批接头试件疲劳性能合格。每组中仅 1 个试件不合格,应再取相同类型和规格的 3 个接头试件进行复检,当 3 个复检试件均通过 200 万次重复加载未破坏,应评定该批接头试件疲劳性能合格,复检中仍有 1 个试件不合格时,该验收批应评定为不合格。

⑧现场截取抽样试件后,原接头位置的钢筋可采用同等规格的钢筋进行绑扎搭接连接、焊接或机械连接方法补接。

⑨对抽检不合格的接头验收批,应由工程有关各方研究后提出处理方案。如:在采取补救措施后再重新检验;设计部门根据接头在结构中所处部位和接头百分率研究能否降低使用;增补钢筋;拆除后重新制作;等等。

任务 2.7 钢筋安装

2.7.1 钢筋现场绑扎

1）准备工作

①熟悉施工图纸。校核钢筋加工中是否有遗漏或误差，也可以检查图纸中是否存在与实际情况不符的地方，以便及时改正。核对钢筋加工配料单和料牌。在熟悉施工图纸的过程中，应核对钢筋加工配料单和料牌，并检查已加工成型的成品的规格、形状、数量、间距是否和图纸一致。

②确定安装顺序。钢筋绑扎与安装的主要工作内容包括：放样画线、排筋绑扎、垫撑铁和保护层垫块、检查校正及固定预埋件等。为保证工程顺利进行，在熟悉图纸的基础上，要考虑钢筋绑扎安装顺序。板类构件排筋顺序一般先排受力钢筋后排分布钢筋；梁类构件一般先摆纵筋（摆放有焊接接头和绑扎接头的钢筋应符合规定），再排箍筋，最后固定。

③准备绑扎用的铁丝、绑扎工具（如钢筋钩、带扳口的小撬棍）、绑扎架等。钢筋绑扎用的铁丝一般采用 20～22 号镀锌铁丝，其中 22 号铁丝只用于绑扎直径 12 mm 以下的钢筋，直径 12 mm 以上的钢筋采用 20 号铁丝。

④准备好控制保护层厚度的砂浆垫块或塑料垫块、塑料支架等。砂浆垫块需要提前制作，以保证其有一定的抗压强度，防止使用时粉碎或脱落。墙、柱或梁侧等竖向钢筋的保护层垫块在制作时需埋入绑扎丝。塑料垫块有两类，一类是梁、板等水平构件钢筋底部的垫块，另一类是墙、柱等竖向构件钢筋侧面保护层的垫块，如图 2.41 所示。

（a）水平钢筋保护层垫块　　（b）竖向钢筋保护层支架

图 2.41 塑料垫块示意图

⑤弹出墙、柱等结构的边线和标高控制线，用于控制钢筋的位置和高度。

2）钢筋绑扎接头

构件交接处的钢筋位置应符合设计要求。当设计无要求时，应优先保证主要受力构件和构件中主要受力方向的钢筋位置。框架节点处梁纵向受力钢筋宜置于柱纵向钢筋内侧；次梁钢筋宜放在主梁钢筋内侧；剪力墙中水平分布钢筋宜放在外部，并在墙边弯折锚固。

钢筋接头宜设置在受力较小处；有抗震设防要求的结构中，梁端、柱端箍筋加密区范围内不宜设置钢筋接头,且不应进行钢筋搭接。同一纵向受力钢筋不宜设置两个或两个以上接头。

接头末端至钢筋弯起点的距离,不应小于钢筋直径的 10 倍。

3)基础钢筋绑扎

①按基础的尺寸分配好基础钢筋的位置,用石笔(粉笔)将其位置画在垫层上。

②当有基础底板和基础梁时,基础底板的下部钢筋应放在梁筋的下部。对基础底板的下部钢筋,主筋在下分布筋在上;对基础底板的上部钢筋,主筋在上分布筋在下。

③四周两行钢筋交叉点应每点扎牢,中间部分交叉点可相隔交错扎牢,但必须保证受力钢筋不移位。双向主筋的钢筋网,则需将全部钢筋相交点扎牢。采用双层钢筋网时,在上层钢筋网下面应设置钢筋撑脚,以保证钢筋位置正确。基础底板的钢筋可以采用八字扣或顺扣,基础梁的钢筋应采用八字口,防止其倾斜变形。绑扎铁丝的端部应弯入基础内,不得伸入保护层内。

④基础底板采用双层钢筋网时,在上层钢筋网下面应设置钢筋撑脚或混凝土撑脚,以保证钢筋位置正确。

⑤钢筋的弯钩应朝上,不要倒向一边;但双层钢筋网的上层钢筋弯钩应朝下。

⑥独立柱基础为双向弯曲,其底面短边的钢筋应放在长边钢筋的上面。

⑦现浇柱与基础连接用的插筋,其箍筋应比柱的箍筋缩小一个柱筋直径,以便连接。插筋位置一定要固定牢靠,以免造成柱轴线偏移。

⑧对厚片筏板上部钢筋网片,可采用钢管临时支撑体系。

4)柱钢筋绑扎

①柱中的竖向钢筋搭接时,角部钢筋的弯钩应与模板成 45°(多边形柱为模板内角的平分角,圆柱形应与模板切线垂直),中间钢筋的弯钩应与模板成 90°。

②箍筋的接头(弯钩叠合处)应交错布置在四角纵向钢筋上;箍筋转角与纵向钢筋交叉点均应扎牢(钢筋平直部分与纵向钢筋交叉点可间隔扎牢),绑扎箍筋时绑扣相互间成八字形。

③柱筋定位可焊定位箍。

④框架梁、牛腿及柱帽等钢筋,应放在柱子纵向钢筋的内侧。

⑤柱钢筋的绑扎应在柱模板安装前进行。

⑥绑扎完成后,将保护层垫块或塑料支架固定在柱主筋上。

5)墙钢筋绑扎

①墙钢筋的绑扎也应在墙模板已安装一侧、另一侧未安装前进行。

②墙(包括水塔壁、烟囱筒身、池壁等)的垂直钢筋,每段长度不宜超过 4 m(钢筋直径≤12 mm)或 6 m(钢筋直径>12 mm)或层高加搭接长度,水平钢筋每段长度不宜超过 8 m,以利绑扎。钢筋的弯钩应朝向混凝土内。

③采用双层钢筋网时,在两层钢筋内应设置撑铁或绑扎架,以固定钢筋间距。

④在竖向钢筋上画出水平钢筋的间距,从下往上绑扎水平钢筋端的钢筋网,除靠近外围两行钢筋的相交点全部扎牢外,中间部分交叉点可间隔交错扎牢,但应保证受力钢筋不产生

位置偏移;双向受力的钢筋,必须全部扎牢。绑扎应采用八字扣,绑扎丝的多余部分应弯入墙内(特别是有防水要求的钢筋混凝土墙、板等结构,更应注意这一点)。

⑤墙筋的拉结筋应钩在竖向钢筋和水平钢筋的交叉点上,并绑扎牢固。为方便绑扎,拉结筋一般做成一端135°弯钩、另一端90°弯钩的形状,所以在绑扎完后还要用钢筋扳手把90°的弯钩弯成135°。

⑥在钢筋外侧绑上保护层垫块或塑料支架。

6)梁、板钢筋绑扎

①当梁主筋为双排或多排时,各排主筋间的净距不应小于 25 mm,且不小于主筋的直径。现场可在两排主筋之间用短钢筋作垫铁,以控制其间距,短钢筋方向与主筋垂直。当梁主筋最大直径不大于 25 mm 时,采用 25 mm 短钢筋作垫铁;当梁主筋最大直径大于 25 mm 时,采用与梁主筋规格相同的短钢筋作垫铁。短钢筋的长度为梁宽减两个保护层厚度,短钢筋不应伸入混凝土保护层内。

②梁端第一个箍筋应在距支座边缘 50 mm,一般梁箍筋的接头部位应在梁的上部。箍筋弯钩叠合处应沿受力钢筋方向错开设置,并与受力钢筋垂直设置。

📖【知识链接】

对普通简支梁或连续梁而言,梁中间为下部受拉,如封闭口放置在梁的下部,会被拉脱而使箍筋工作能力失效产生破坏,故梁中箍筋封闭口的位置应尽量放在梁上部有现浇板的位置,并交错放置。但是悬挑部位的梁为上部受拉,因此封闭口放置在梁的上部,在现场施工应强调此点。

③板、次梁与主梁交叉处,板的钢筋在上,次梁钢筋居中,主梁钢筋在下;当有圈梁、垫梁时,主梁钢筋在上。

④板钢筋绑扎前应先在模板上画出钢筋的位置,然后将主筋和分布筋摆在模板上,主筋在下分布筋在上,调整好间距后依次绑扎。对于单向板钢筋,除靠近外围两行钢筋的相交点全部扎牢外,中间部分交叉点可间隔交错绑扎牢固,但应保证受力钢筋不产生位置偏移;双向受力的钢筋,必须全部扎牢。相邻绑扎扣应成八字形,防止钢筋变形。

⑤应特别注意板上部的负筋,一要保证其绑扎位置准确,二要防止施工人员的踩踏,尤其是雨篷、挑檐、阳台等悬臂板,防止其拆模后断裂垮塌。

⑥板底层钢筋绑扎完,穿插预留预埋管线的施工,然后绑扎上层钢筋。在两层钢筋间应设置马凳(图2.42),以控制两层钢筋间的距离。马凳间距一般为 1 m。如上层钢筋的规格较小容易弯曲变形时,其间距应缩小。

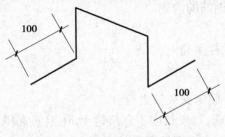

图2.42 楼板钢筋马凳示意图

⑦框架节点处钢筋穿插十分稠密时,应特别注意梁顶面主筋间的净距要有 30 mm,以利浇筑混凝土。

⑧当梁的高度较小时,梁的钢筋架空在梁模板顶上绑扎,然后再落位;当梁的高度较大

（≥0.65 m）时,梁的钢筋宜在梁底模上绑扎,在其两侧或一侧模板后安装。板的钢筋在板安装后绑扎。

2.7.2 钢筋网与钢筋骨架安装

1)绑扎钢筋网与钢筋骨架安装

①为便于运输,绑扎钢筋网的尺寸不宜过大,一般以两个方向的边长均不超过 5 m 为宜。对钢筋骨架,如果是在现场绑扎成型,长度一般不超过 12 m;如果是在场外绑扎成型,长度一般不超过 9 m。

②对于尺寸较大的钢筋网,运输和吊装时应采取防止变形的措施,如在钢筋网上绑扎两道斜向钢筋形成 X 形。

③钢筋网与钢筋骨架的吊点,应根据其尺寸、质量及刚度而定。宽度大于 1 m 的水平钢筋网宜采用四点起吊;跨度小于 6 m 的钢筋骨架宜采用二点起吊;跨度大、刚度差的钢筋骨架宜采用横吊梁(铁扁担)四点起吊。

钢筋骨架的绑扎起吊如图 2.43 所示。

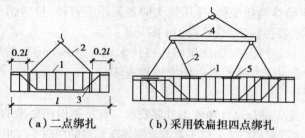

（a）二点绑扎　　　　（b）采用铁扁担四点绑扎

图 2.43　钢筋骨架的绑扎起吊
1—钢筋骨架;2—吊索;3—兜底索;4—铁扁担;5—短钢筋

2)钢筋焊接网安装

①钢筋焊接网在运至现场后,应按不同规格分类堆放,并设置料牌,防止错用。

②对两端需要伸入梁内的钢筋焊接网,在安装时可将两侧梁的钢筋向两侧移动,将钢筋焊接网就位后,再将梁的钢筋复位。如果上述方法仍不能将钢筋焊接网放入,也可先将钢筋焊接网的一边伸入梁内,然后将钢筋焊接网适当向上弯曲,把钢筋焊接网的另一侧也深入梁内,并慢慢将钢筋焊接网恢复平整。

③钢筋焊接网安装时,下层钢筋网需设置保护层垫块,其间距应根据焊接钢筋网的规格大小适当调整,一般为 500 ~ 1 000 mm。

④双层钢筋网之间应设置钢筋马凳或支架,以控制两层钢筋网的间距。马凳或支架的间距一般为 500 ~ 1 000 mm。

2.7.3 钢筋安装质量控制

1)隐蔽验收

在浇筑混凝土之前,应进行钢筋隐蔽工程验收,其内容包括:

①纵向受力钢筋的品种、规格、数量、位置等。

②钢筋的连接方式、接头位置、接头数量、接头面积百分率等。

③箍筋、横向钢筋的品种、规格、数量、间距等。

④预埋件的规格、数量、位置等。

2)钢筋连接

(1)主控项目

①钢筋的连接方式应符合设计要求。

检查数量:全数检查。

检验方法:观察。

②钢筋采用机械连接或焊接连接时,钢筋机械连接接头、焊接接头的力学性能、弯曲性能应符合国家现行相关标准的规定。接头试件应从工程实体中截取。

检查数量:按现行行业标准《钢筋机械连接技术规程》(JGJ 107)和《钢筋焊接及验收规程》(JGJ 18)的规定确定。

检验方法:检查质量证明文件和抽样检验报告。

③螺纹接头应检验拧紧扭矩值,挤压接头应量测压痕直径,检验结果应符合现行行业标准《钢筋机械连接技术规程》(JGJ 107)的相关规定。

检查数量:按现行行业标准《钢筋机械连接技术规程》(JGJ 107)的规定确定。

检验方法:采用专用扭力扳手或专用量规检查。

(2)一般项目

①钢筋接头的位置应符合设计和施工方案要求。有抗震设防要求的结构中,梁端、柱端箍筋加密区范围内不应进行钢筋搭接。接头末端至钢筋弯起点的距离不应小于钢筋直径的10倍。

检查数量:全数检查。

检验方法:观察,尺量。

②钢筋机械连接接头、焊接接头的外观质量应符合现行行业标准《钢筋机械连接技术规程》(JGJ 107)和《钢筋焊接及验收规程》(JGJ 18)的规定。

检查数量:按现行行业标准《钢筋机械连接技术规程》(JGJ 107)和《钢筋焊接及验收规程》(JGJ 18)的规定确定。

检验方法:观察,尺量。

③当纵向受力钢筋采用机械连接接头或焊接接头时,同一连接区段内纵向受力钢筋的接头面积百分率应符合设计要求。当设计无具体要求时,应符合下列规定:

a.受拉接头,不宜大于50%;受压接头,可不受限制。

b.直接承受动力荷载的结构构件中,不宜采用焊接;当采用机械连接时,不应超过50%。

检查数量:在同一检验批内,对梁、柱和独立基础,应抽查构件数量的10%,且不应少于3件;对墙和板,应按有代表性的自然间抽查10%,且不应少于3间;对大空间结构,墙可按相邻轴线间高度5 m左右划分检查面,板可按纵横轴线划分检查面,抽查10%,且均不应少于3面。

检验方法:观察,尺量。

④当纵向受力钢筋采用绑扎搭接接头时,接头的设置应符合下列规定:

A.接头的横向净间距不应小于钢筋直径,且不应小于25 mm。

B. 同一连接区段内,纵向受拉钢筋的接头面积百分率应符合设计要求。当设计无具体要求时,应符合下列规定:

a. 梁类、板类及墙类构件,不宜超过 25%。

b. 基础筏板,不宜超过 50%;柱类构件,不宜超过 50%。

c. 当工程中确有必要增大接头面积百分率时,对梁类构件,不应大于 50%。

检查数量:在同一检验批内,对梁、柱和独立基础,应抽查构件数量的 10%,且不应少于 3 件;对墙和板,应按有代表性的自然间抽查 10%,且不应少于 3 间;对大空间结构,墙可按相邻轴线间高度 5 m 左右划分检查面,板可按纵横轴线划分检查面,抽查 10%,且均不应少于 3 面。

检验方法:观察,尺量。

⑤梁、柱类构件的纵向受力钢筋搭接长度范围内箍筋的设置应符合设计要求。当设计无具体要求时,应符合下列规定:

a. 箍筋直径不应小于搭接钢筋较大直径的 1/4。

b. 受拉搭接区段的箍筋间距不应大于搭接钢筋较小直径的 5 倍,且不应大于 100 mm。

c. 受压搭接区段的箍筋间距不应大于搭接钢筋较小直径的 10 倍,且不应大于 200 mm。

d. 当柱中纵向受力钢筋直径大于 25 mm 时,应在搭接接头两个端面外 100 mm 范围内各设置 2 个箍筋,其间距宜为 50 mm。

检查数量:在同一检验批内,应抽查构件数量的 10%,且不应少于 3 件。

检验方法:观察,尺量。

3)钢筋安装

(1)主控项目

①钢筋安装时,受力钢筋的品种、级别、规格和数量必须符合设计要求。

检查数量:全数检查。

检验方法:观察,尺量。

②受力钢筋的安装位置、锚固方式符合设计要求。

检查数量:全数检查。

检验方法:观察、尺量。

(2)一般项目

钢筋安装位置的偏差应符合表 2.40 的规定。

梁板类构件上部受力钢筋保护层厚度的合格点率应达到 90% 及以上,且不得有超过表中数值 1.5 倍的尺寸偏差。

检查数量:在同一检验批内,对梁、柱和独立基础,应抽查构件数量的 10%,且不少于 3 件;对墙和板,应按有代表性的自然间抽查 10%,且不少于 3 间;对大空间结构,墙可按相邻轴线间高度 5 m 左右划分检查面,板可按纵、横轴线划分检查面,抽查 10%,且均不少于 3 面。

表 2.40　钢筋安装位置的允许偏差和检验方法

项　目		允许偏差/mm	检验方法
绑扎钢筋网	长、宽	±10	尺量
	网眼尺寸	±20	尺量连续三档，取最大偏差值
绑扎钢筋骨架	长	±10	尺量
	宽、高	±5	尺量
纵向受力钢筋	锚固长度	−20	尺量两端、中间各一点，取最大偏差值
	间距	±10	
	排距	±5	
纵向受力钢筋、箍筋的保护层厚度	基础	±10	尺量
	柱、梁	±5	尺量
	板、墙、壳	±3	尺量
绑扎箍筋、横向钢筋间距		±20	尺量连续三档，取最大偏差值
钢筋弯起点位置		20	尺量，沿纵、横两个方向量测，并取其中偏差的较大值
预埋件	中心线位置	5	尺量
	水平高差	+3,0	塞尺量测

项目小结

　　本章重点和难点是钢筋下料长度的计算，要求学生在掌握钢筋分项工程基本原理的基础上，重点掌握钢筋进场检验的程序、钢筋加工的质量检查、钢筋焊接质量的检查、钢筋绑扎质量的检查，熟悉钢筋机械连接质量的检查，熟悉钢筋加工、焊接机械设备。

　　在学习本章的内容时，应注意掌握施工质量管理流程：首先是原材料的进场检验，其次是原材料的下料、加工，然后是现场安装，最后组织钢筋分项工程验收。

复习思考题

　　1.钢筋进场检验时，验收的主要内容是什么？

　　2.何谓钢筋代换？钢筋代换有哪些原则？各适用于哪些情况？

　　3.列出钢筋电弧焊的接头型式和适用范围。

　　4.绑扎钢筋网、箍筋时，箍筋间距的允许偏差为多少？其检查方法是什么？

　　5.为何在某些施工现场条件优先采用机械连接？机械连接相对于焊接连接的优点是什么？

6.闪光对焊有哪几种方式？各自的适用范围及优缺点是什么？

7.绑扎梁的箍筋时封闭口应如何布置？请说明原因,并对比柱的箍筋封闭口布置有何不同。

8.推导位于框架结构顶层端节点处的梁上部纵向钢筋和柱外侧纵向钢筋直径分别大于25 mm、不大于25 mm时的弯曲调整值。

实训项目

请同学们根据上述案例所列的条件,分别编制上述案例中钢筋分工程施工方案,编制内容包括钢筋的进场检验、钢筋加工、钢筋焊接、钢筋机械连接、钢筋绑扎等。

项目 3
模板分项工程施工

- **导入案例** 某学校大门门厅工程,地上二层,总建筑面积 400 余平方米,结构形式为框架结构。某二层梁截面尺寸为 600 mm×1 200 mm,板厚为 120 mm,跨度为 12 m,距地面高度为 11.6 m,梁的自重较大且模板搭设高度较高(超过 8 m)为超高超重模板设计,施工难度较大,特别支模的安全度和稳定性极为重要,需专家论证并制定专项施工方案。

  模板分项工程的主要工作任务包括模板工程材料的选用、模板设计、模板的安装及验收、模板拆除等。对于本案例,梁的自重较大且模板搭设高度较高(超过 8 m 为超高超重模板),设计需专家论证并制订专项施工方案,请思考如何组织本工程的模板分项工程施工,并编制完成模板分项工程施工方案。

- **基本要求** 通过本章的学习,学生应具备模板分项工程施工的专项组织与施工管理能力,掌握模板的设计,掌握模板的安装及验收要求,并能组织模板分项工程施工和进行模板分项工程质量验收评定工作。

- **教学重点及难点** 模板的设计、模板的安装及验收。

任务 3.1 模板工程材料

3.1.1 模板概念和基本要求

1)模板概念

混凝土结构依靠模板系统成型,直接与混凝土接触的是模板面,一般将模板面、主次龙骨(如肋、背楞、钢楞、托梁)、连拉撑拉锁固件、支撑结构等统称为模板、也可将模板及其支架、立柱等支撑系统的施工称为模板工程。

模板工程对施工成本的影响显著。一般工业与民用建筑中,平均 1 m³ 混凝土需用模板 4 ~ 5 m²,模板费用约占混凝土工程费用的 34%。在混凝土结构施工中选用合理的模板形式、模板结构及施工方法,对加速混凝土工程施工和降低造价有显著效果。

2)模板的基本要求

模板结构对钢筋混凝土工程的施工质量、施工安全和工程成本有着重要的影响,因此模板结构必须符合下列要求:

①模板的刚度、强度及稳定性能够承受新浇混凝土的侧压力、重力及施工所产生的荷载。

②构造简单,便于绑扎钢筋,满足混凝土浇筑及养护等工艺要求。

③保证构件的各部分的尺寸、形状。

④模板接缝严密,不漏浆。

⑤合理选材。

3.1.2 模板的种类

根据不同需要或按照不同角度,模板可以有多种分类方法,通常模板可按使用材料、施工工艺、构件类型、支模方式等进行分类。

按使用材料分,有木模板、竹模板、钢木模板、钢模板、塑料模板、铸铝合金模板、玻璃钢模板等。

按施工工艺分,有组合式模板、大模板、滑升模板、爬升模板、永久性模板以及飞模、模壳、隧道模等。

按构件类型分,有基础模板、柱模板、楼梯模板、楼板模板、墙模板、壳模板和烟囱模板等。

模板的分类方法很多,不同的类型模板,其施工工艺、质量要求等均有很大不同,对施工安全的要求也不尽相同,应注意区别运用。

1)木模板

木模板主要用于异形构件,木模板所用木材品种主要根据它的构造和工程所在地区来确定,目前多采用红松、白松、杉木。木模板的主要优点是:制作拼装随意,尤其适用于造型复杂、数量不多的构件,同时木模板导热系数低,在混凝土冬期施工具有保温的作用。但木材消耗量大,重复利用率低,不符合绿色施工的原则。目前木模板在我国工程建设中使用率已大大降低,逐步被胶合板、钢模板取代。

木模板的基本元件是拼板,拼板由板条和拼条(木档)组成,如图3.1所示。侧模板条厚20～30 mm,底模板条厚40～50 mm,宽度不宜超过200 mm,以保证在干缩时缝隙均匀,浇水后缝隙严密且板条不翘曲,但梁底板的板条宽度不受限制,以免漏浆。拼条截面尺寸为25 mm×35 mm～50 mm×50 mm,拼条间距根据施工荷载大小及板条的厚度而定,一般取400～500 mm。

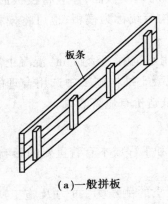
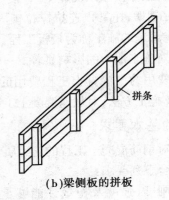

(a)一般拼板　　　　　　　　　　(b)梁侧板的拼板

图3.1　拼板的构造

2)胶合板模板

混凝土模板用的胶合板有木胶合板和竹胶合板。胶合板用作混凝土模板具有以下优点:板幅大,自重轻,板面平整,既可减少安装工作量、节省现场人工费用,又可减少混凝土外露表面的装饰及磨去接缝的费用;承载能力大,特别是经表面处理后耐磨性好,能多次重复使用;材质轻,模板的运输、堆放、使用和管理等都较为方便;保温性能好,能防止温度变化过快,冬期施工有助于混凝土的保温;锯截方便,易加工成各种形状的模板;便于按工程的需要弯曲成型,用作曲面模板;用于清水混凝土模板最为理想。目前在全国各地大中城市的高层现浇混凝土结构施工中,胶合板模板已有相当的使用量。

(1)木胶合板

①木胶合板分类。木胶合板从材种分类可分为软木胶合板(材种为马尾松、黄花松、落叶松、红松等)及硬木胶合板(材种为椴木、桦木、水曲柳、黄杨木、泡桐木等)。从耐水性能划分,胶合板分为4类:

Ⅰ类——具有高耐水性,耐沸水性良好,所用胶黏剂为酚醛树脂胶黏剂(PF),主要用于室外。

Ⅱ类——耐水防潮胶合板,所用胶黏剂为三聚氰胺改性脲醛树脂胶黏剂(MUF),可用于高潮湿条件和室外。

Ⅲ类——防潮胶合板,胶黏剂为脲醛树脂胶黏剂(UF),用于室内。

Ⅳ类——不耐水,不耐潮,用血粉或豆粉黏合,近年已停产。

混凝土模板用的木胶合板属具有高耐气候、耐水性的Ⅰ类胶合板,胶黏剂为酚醛树脂胶,主要用克隆、阿必东、柳安、桦木、马尾松、云南松、落叶松等树种加工。

模板用的木胶合板通常由5、7、9、11层等奇数层单板经热压固化而胶合成型。相邻层的纹理方向相互垂直,通常最外层表板的纹理方向和胶合板板面的长向平行,因此,整张胶合板的长向为强方向,短向为弱方向,使用时必须加以注意。

模板用木胶合板的规格尺寸,见表3.1。

表3.1 模板用木胶合板规格尺寸

厚度/mm	层 数	宽度/mm	长度/mm
12	至少5层	915	1 830
15		1 220	1 830
18	至少7层	915	2 135
		1 220	2 440

②胶合板的胶黏剂。模板用胶合板的胶黏剂主要是酚醛树脂,也有采用经化学改性的酚醛树脂胶。酚醛胶黏剂胶合强度高,耐水、耐热、耐腐蚀等性能良好,并有突出的耐沸水性能及耐久性。

评定胶合性能的指标主要有两项:

• 胶合强度——初期胶合性能,指的是单板经胶合后完全粘牢,有足够的强度。

• 胶合耐久性——长期胶合性能,指的是经过一定时期,仍保持胶合良好。

上述两项指标可通过胶合强度试验、沸水浸渍试验来判定。

施工单位在购买混凝土模板用胶合板时,首先要判别是否属于Ⅰ类胶合板,即判别该批胶合板是否采用了酚醛树脂胶或其他性能相当的胶黏剂。如果受试验条件限制,不能做胶合强度试验,可以用沸水煮小块试件快速简单判别。方法是从胶合板上锯截下20 mm见方的小块,放在沸水中煮0.5~1 h。用酚醛树脂作为胶黏剂的试件煮后不会脱胶,而用脲醛树脂作为胶黏剂的试件煮后会脱胶。

③使用注意事项:

a. 素板是指未经表面处理的混凝土模板用胶合板,涂胶板是指经树脂处理的混凝土模板用胶合板,覆膜板是指经浸渍胶膜贴面处理的混凝土模板用胶合板,工程必须选用经过板面处理的胶合板(即覆膜板或涂胶板)。

b. 未经板面处理的胶合板(也称素板),在使用前应对板面进行处理。处理的方法为冷涂刷涂料,把常温下固化的涂料胶涂刷在胶合板表面,构成保护膜。

c. 经表面处理的胶合板,在施工现场使用中,一般要求脱模后立即清洗板面浮浆,堆放整齐;模板拆除时,严禁抛扔,以免损伤板面处理层;胶合板边角应涂有封边胶,故应及时清除水泥浆。为了保护模板边角的封边胶,最好在支模时在模板拼缝处粘贴防水胶带或水泥纸袋加以保护,防止漏浆;胶合板板面尽量不钻孔洞。遇有预留孔洞时,可用普通木板拼补。现场应备有修补材料,以便对损伤的面板及时进行修补。使用前必须涂刷脱模剂。

(2)竹胶合板

我国竹材资源丰富,且竹材具有生长快、生产周期短(一般2~3年成材)的特点。另外,一般竹材顺纹抗拉强度为18 N/mm²,为松木的2.5倍,红松的1.5倍;横纹抗压强度为6~8 N/mm²,是杉木的1.5倍,红松的2.5倍;静弯曲强度为15~16 N/mm²。因此,在我国木材资源短缺的情况下,以竹材为原料,制作混凝土模板用竹胶合板,具有收缩率小、膨胀率和吸水率低,以及承载能力大的特点,是一种具有发展前途的新型建筑模板。

①构造。混凝土模板用竹胶合板,其面板与芯板所用材料既有不同,又有相同。不同的是:芯板将竹子劈成竹条(称竹帘单板),宽14~17 mm,厚3~5 mm,在软化池中进行高温软化处理后,做烤青、烤黄、去竹衣及干燥等进一步处理。竹帘的编织可用人工或编织机编织。而面板通常为编席单板,做法是将竹子劈成篾,由编工编成竹席。表面板采用薄木胶合板,这样既可利用竹材资源,又可兼有木胶合板的表面平整度。另外,也有采用竹编席作面板的,这种板材表面平整度较差,且胶黏剂用量较多。竹胶合板断面构造,如图3.2所示。

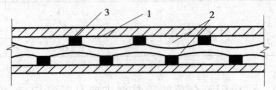

图3.2 竹胶合板断面示意
1—竹席或薄木片面板;2—竹帘芯板;5—胶黏剂

为了提高竹胶合板的耐水性、耐磨性和耐碱性,经试验证明,竹胶合板表面进行环氧树脂涂面的耐碱性较好,进行瓷釉涂料涂面的综合效果最佳。

②规格和性能。国家标准《竹编胶合板》(GB/T 13123—2003)规定竹胶合板的规格见表3.2和表3.3。

表3.2 竹胶合板长、宽规格

长度/mm	宽度/mm	长度/mm	宽度/mm
1 830	915	2 440	1 220
2 000	1 000	3 000	1 500
2 135	915	—	—

表3.3 竹胶合板厚度与层数对应关系

层 数	厚度/mm	层 数	厚度/mm
2	1.4~2.5	14	11.0~11.8
3	2.4~3.5	15	11.8~12.5
4	3.4~4.5	16	12.5~13.0
5	4.5~5.0	17	13.0~14.0
6	5.0~5.5	18	14.0~14.5
7	5.5~6.0	19	14.5~15.3
8	6.0~6.5	20	15.5~16.2
9	6.5~7.5	21	16.5~17.2
10	7.5~8.2	22	17.5~18.0
11	8.2~9.0	23	18.0~19.5
12	9.0~9.8	24	19.5~20.0
13	9.0~10.8	—	—

混凝土模板用竹胶合板的厚度常为 9 mm、12 mm、15 mm。

由于各地所产竹材的材质不同,同时胶黏剂的胶种、胶层厚度、涂胶均匀程度及热固化压力等也不同,因此,竹胶合板的物理力学性能差异较大,其弹性模量变化范围为 2 ~ 10 kN/mm^2。一般认为,密度大的竹胶合板,相应的静弯曲强度和弹性模量值也高。

📖 【知识链接】

目前在房建工程中多采用胶合板,木模板因为消耗量大且破坏生态环境,现在多不采用了。

3)木塑模板

木塑,即木塑复合材料,是近年蓬勃兴起的一类新型复合材料,指利用聚乙烯、聚丙烯和聚氯乙烯等代替通常的树脂胶黏剂,与超过 35% ~70% 以上的木粉、稻壳、秸秆等废植物纤维混合成新的木质材料,再经挤压、模压、注射成型等塑料加工工艺,生产出的板材或型材。

木塑模板是代替钢模板和竹木胶板的新型模板,具有质量轻、抗冲击强度大、拼装方便、周转率高、表面光洁、不吸湿、不霉变、耐酸碱、不开裂、板幅大、接缝少、可锯、可钉、可加工成任何长度等诸多优点。木塑模板可反复回收利用,价格远远低于目前建筑业使用的竹木模板,且具有优良的阻燃性能,离火自熄,无烟,无任何毒气,是新一代安全绿色环保节能型产品。

木塑模板与主流模板的性能比较,具有以下优点:

①防水、防潮。从根本上解决了木质产品在潮湿和多水环境中吸水受潮后容易腐烂、膨胀变形的问题,可以使用到传统木制品不能应用的环境中。

②防虫、防白蚁。有效杜绝虫类骚扰,延长使用寿命。

③多姿多彩,可供选择的颜色众多。既具有天然木质感和木质纹理,又可以根据自己的个性来定制需要的颜色。

④可塑性强,能非常简单地实现个性化造型,充分体现个性风格。

⑤高环保性、无污染、无公害、可循环利用。产品不含苯物质,甲醛含量为 0.2,低于 E0级标准,为欧洲定级环保标准。木塑模板可循环利用,大大节约了木材使用量,适合可持续发展的国策,造福社会。

⑥高防火性。能有效阻燃,防火等级达到 B1 级,遇火自熄,不产生任何有毒气体。

⑦可加工性好,可钉、可刨、可锯、可钻,表面可上漆。

⑧安装简单,施工便捷,不需要繁杂的施工工艺,节省安装时间和费用。

⑨不龟裂,不膨胀,不变形,无须维修与养护,便于清洁,节省后期维修和保养费用。

⑩吸音效果好,节能性好,使室内节能高达 30% 以上。

4)定型组合钢模板

定型组合钢模板主要分为 55 型及中型这两种。55 型是指钢模板的肋高为 55 mm,在常用建筑工程中运用较广泛;中型钢模板的肋高一般为 70mm、75 mm 等,模板的规格比 55 型加大,采用薄钢板的厚度也比 55 型厚,使模板的刚度增大,多用于大模板工程。本节主要介绍常用的 55 型。

定型组合钢模板通过各种连接件和支承件可组合成多种尺寸和几何形状,以适应各种类型建筑物中钢筋混凝土梁、柱、板、基础等施工所需要的模板,也可拼成大模板、滑模、筒模和台模等。定型组合钢模板的安装工效比木模高,组装灵活、通用性强,拆装方便,周转次数多,每套钢模可重复使用 50 ~ 100 次以上,且成型后的混凝土尺寸准确。

定型组合钢模板系列包括钢模板、连接件、支承件 3 部分。其中,钢模板包括平面钢模板和拐角模板;连接件有 U 形卡、L 形插销、钩头螺栓、紧固螺栓、蝶形扣件等;支承件有圆钢管、薄壁矩形钢管、内卷边槽钢、单管伸缩支撑等。

(1)钢模板的组成

模板采用 Q235 钢材制成,钢板厚度为 2.5 mm,对于 ≥400 mm 宽面钢模板的钢板厚度应采用 2.75 mm 或 3.0 mm 钢板。如图 3.3 所示,模板主要包括平面模板(P)、阴角模板(E)、阳角模板(Y)、连接角模(J),此外还有一些异形模板。

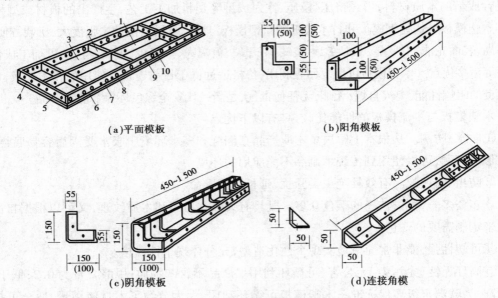

图 3.3　钢模板类型图

1—中纵肋;2—中横肋;3—面板;4—横肋;5—插销孔;
6—纵肋;7—凸棱;8—凸鼓;9—U 形卡孔;10—钉子孔

单块钢模板由面板、边框和加劲肋焊接而成。边框和加劲肋上面按一定距离(如 150 mm)钻孔,可利用 U 形卡和 L 形插销等拼装成大块模板。

钢模板的宽度以 50 mm 进级,长度以 150 mm 进级,其规格和型号已做到标准化、系列化。如型号为 P3015 的钢模板,P 表示平面模板,3015 表示宽×长为 300 mm×500 mm。又如型号为 Y1015 的钢模板,Y 表示阳角模板,1015 表示宽×长为 100 mm×1 500 mm。如拼装时出现不足模数的空隙时,用镶嵌木条补缺,用钉子或螺栓将木条与板块边框上的孔洞连接。

（2）连接件

①U 形卡：用于钢模板之间的连接与锁定，使钢模板拼装密合。U 形卡安装间距一般不大于 300 mm，即每隔一孔卡插一个，安装方向一顺一倒相互交错，如图 3.4 所示。

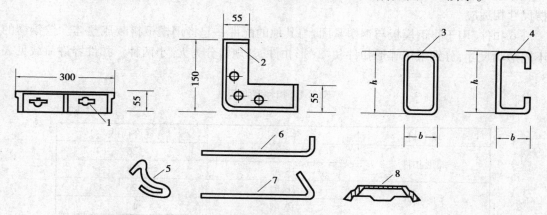

图 3.4　定型组合钢模板系列（单位：mm）

1—平面钢模板；2—拐角钢模板；3—薄壁矩形钢管；
4—内卷边槽钢；5—U 形卡；6—L 形插销；7—钩头螺栓；8—蝶形扣件

②L 形插销：插入模板两端边框的插销孔内，用于增强钢模板纵向拼接的刚度和保证接头处板面平整，如图 3.4 和图 3.5 所示。

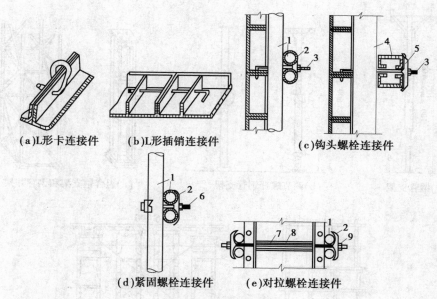

（a）L 形卡连接件　　（b）L 形插销连接件　　（c）钩头螺栓连接件

（d）紧固螺栓连接件　　（e）对拉螺栓连接件

图 3.5　钢模板连接件

1—圆钢管钢楞；2—"3"形扣件；3—钩头螺栓；4—内卷边槽钢楞；
5—蝶形扣件；6—紧固螺栓；7—对拉螺栓；8—塑料套管；9—螺母

③钩头螺栓：用于钢模板与内、外钢楞之间的连接固定，使其成为整体，安装间距一般不大于 600 mm，长度应与采用的钢楞尺寸相适应。

④对拉螺栓:用来保持模板与模板之间的设计厚度并承受混凝土侧压力及水平荷载,使模板不致变形。

⑤紧固螺栓:用于紧固钢模板内外钢楞,增强组合模板的整体刚度,其长度与采用的钢楞尺寸相适应。

⑥扣件:用于将钢模板与钢楞紧固,与其他的配件一起将钢模板拼装成整体。按钢楞的不同形状尺寸,分别采用碟形扣件和"3"形扣件,其规格分为大、小两种。扣件容许荷载见表3.4。

表3.4 扣件容许荷载

单位:kN

项 目	型 号	容许荷载
蝶形扣件	26 型	26
	18 型	18
3 形扣件	26 型	26
	12 型	12

(3)支承件

配件的支承件包括钢楞、柱箍、梁卡具、圈梁卡、钢管架、斜撑、组合支柱、钢管脚手支架、平面可调桁架和曲面可变桁架等,如图3.6—图3.9所示。

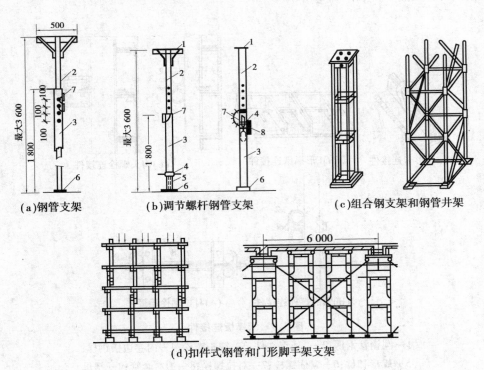

(a)钢管支架 (b)调节螺杆钢管支架 (c)组合钢支架和钢管井架

(d)扣件式钢管和门形脚手架支架

图3.6 钢支架

1—顶板;2—插管;3—套管;4—转盘;5—螺杆;6—底板;7—插销;8—转动手柄

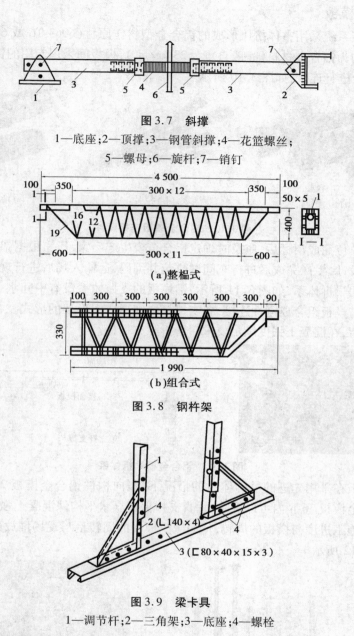

图 3.7　斜撑

1—底座；2—顶撑；3—钢管斜撑；4—花篮螺丝；

5—螺母；6—旋杆；7—销钉

（a）整榀式

（b）组合式

图 3.8　钢杆架

图 3.9　梁卡具

1—调节杆；2—三角架；3—底座；4—螺栓

5）钢框木（竹）胶合板模板

钢框木（竹）胶合板模板，是以热轧异型钢为钢框架，以覆面胶合板作板面，并加焊若干钢肋承托面板的一种组合式模板。面板有木、竹胶合板，单片木面竹芯胶合板等，自重比钢模轻 1/3，用钢量减少 1/2，是一种针对钢模板投资大、工人劳动强度大的改良模板。其品种系列（按钢框高度分）除与组合钢模板配套使用的 55 系列（即钢框高 55 mm，刚度小、易变形）外，现已发展有 63、70、75、78、90 等系列，目前在国内以 75 系列运用最为广泛，其主要特点与组合钢模板大体相同，这里不再重复。

6)铝合金模板

铝合金模板系统采用整体挤压形成的铝合金型材作原材(6063-T6 或 6061-T6),模板面板及模板背肋均为铝合金材料(一般自重为 23 kg/m²),模板间采用专用的销扣、销片、拉片、K 板螺母和螺栓进行连接,如图 3.10 所示。

（a）销扣、销片　　　　　　　（b）拉片　　　　　　　（c）K 板螺母

图 3.10　铝合金模板连接配件

施工总包单位完成招标后,应及时确定铝合金模生产厂家,厂家根据铝合金模板要求进行施工图深化设计,生产完成后进行车间试拼装并编码,运输入场后进行现场施工。模板支撑体系设计采用早拆体系,如图 3.11 所示,铝模板的支撑体系没有中间水平杆,通过竖向支撑杆的支撑头与模板组合成刚性连接,各支撑杆之间形成门形架的形式。在模板拆除时,支撑系统仍然保留,在混凝土强度满足要求后再拆除支撑杆。

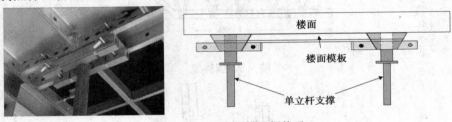

图 3.11　铝合金模早拆体系

铝合金模板在采用先进的早拆体系的情况下,竖向构件铝合金模板 24 h 内可以拆除,水平构件铝合金模板 36 h 内可以拆除,垂直支撑保留至水平构件混凝土强度达到 100%,可以大大地加快施工进度与模板的周转,从而减少模板的周转量与现场堆放的周转材料,早拆后效果如图 3.12 所示。

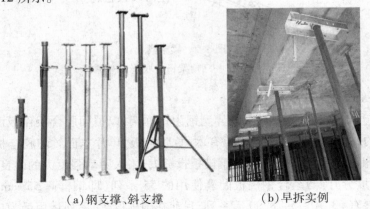

（a）钢支撑、斜支撑　　　　　　（b）早拆实例

图 3.12　铝合金模板早拆

铝合金模板是目前我国采用的主流模板,其优点如下:

①施工周期短:铝合金模板系统为快拆模系统,一套模板正常施工可达到 4~5 d 一层,若不抹灰可节省总工期。

②周转次数多,使用成本低:一套模板规范施工可翻转使用 200 次以上,平均使用成本低。目前的市场和施工技术,铝合金模板周转 60 次左右可与使用木模板的成本持平。

③施工方便、效率高:铝合金建筑模板系统组装方便。模板平均质量小于 30 kg/m²,完全由人工拼装,不需要机械设备的协助(只需要一把扳手或小铁锤,劳动强度低)。熟练工人每人每天可安装 20~30 m²(与木模对比,只需要木模安装工人的 70%~80%,不需要技术工人,只需安装前对施工人员进行简单的培训)。

④稳定性好、承载力高:所有使用部位都采用铝合金模板组装而成,形成一个整体框架,稳定性好;承载力可达到 60 kN/m²。

⑤拆模后混凝土表面效果好,综合成本降低:拆模后,混凝土表面平整光洁,可达到清水混凝土的要求,无须进行抹灰(或薄抹灰),可节省抹灰费用。同时,减少砌筑、修凿、收口、湿作业的工作量,文明施工程度高,综合成本明显降低。

⑥减少大型设备的使用、文明施工程度高:铝合金模板仅仅进场和退场时使用塔吊,靠人工通过预留孔洞传递进行垂直运输,减少了塔吊、电梯的使用,提高了项目的整体生产效率,更不需要使用卸料平台,减少了安全隐患;不生锈、无火灾隐患。

⑦低碳减排,回收价值高:铝合金建筑模板系统的配件均为可再生材料,可重复使用。拆模后现场无任何垃圾(模板接缝严密、不漏浆),施工环境安全、干净、整洁,符合建筑节能、环保、低碳、减排的规定。模板报废后,当废料处理残值高,均摊成本优势明显(回收价在 300~400 元/m²)。

⑧标准、通用性强:铝合金建筑模板规格多,可根据项目采用不同规格的板材拼装;使用过的模板改建新的建筑物时,只需更换 20%~30% 的非标准板,可降低费用。

⑨支撑系统方便:铝模板支模现场的支撑杆相对少(采用独立支撑间距 1 200 mm),操作空间大,人员通行、材料搬运畅通,现场易管理。

7)大模板

大模板是一种工具式模板,一般配以相应的起重吊装机械,通过合理的施工组织安排,以机械化施工方式在现场浇筑混凝土竖向(主要是墙、壁)结构构件。

大模板由面板、次肋、主肋、支撑桁架及稳定装置组成。面板要求平整、刚度好,可作为面板的材料很多,有钢板、木(竹)胶合板以及化学合成材料面板等,常用的为前两种;板面需喷涂脱模剂以利脱模。两块相对的大模板通过对销螺栓和顶部卡具固定;大模板存放时应打开支撑架,并将板面后倾一定角度,防止倾倒伤人,如图 3.13 所示。

8)滑模

滑升模板是一种工具式模板,最适于现场浇筑高耸的圆形、矩形、筒壁结构,如筒仓、储煤塔、竖井等。近年来,滑升模板施工技术有了进一步的发展,不但适用于浇筑高耸的变截面结构,如烟囱、双曲线冷却塔,而且应用于剪力墙、筒体结构等高层建筑的施工。

滑动模板(高 1.5~1.8 m)通过围圈与提升架相连,固定在提升架上的千斤顶(35~

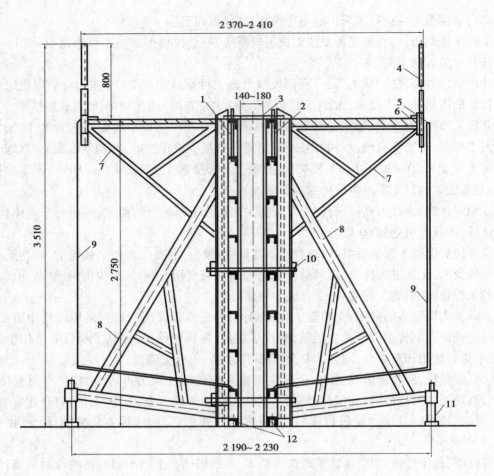

图 3.13　大模板构造示意图

1—反向模板;2—正向模板;3—上口卡板;4—活动护身栏;5—爬梯横担;6—螺栓连接;
7—操作平台斜撑;8—支撑架;9—爬梯;10—穿墙螺杆;11—地脚螺栓;12—地脚

120 kN)通过支承杆(φ25 钢筋~φ48 钢管)承受全部荷载并提供滑升动力。滑升施工时,依次在模板内分层(30~45 cm)绑扎钢筋、浇筑混凝土,并滑升模板。滑升模板时,整个滑模装置沿不断接长的支承杆向上滑升,直至设计标高;滑出模板的混凝土出模强度已能承受自重和上部新浇筑混凝土重量,保证出模混凝土不致塌落变形。用滑升模板可以节约大量的模板和脚手架,节省劳动力,施工速度快,工程费用低,结构整体性好;但模板一次投资多,耗钢量大,对建筑的立面和造型有一定的限制。

滑升模板由模板系统、操作平台系统、液压提升系统、施工精度控制系统和水电配套系统组成,如图 3.14 所示。模板系统包括模板、围圈和提升架等,它的作用主要是成型混凝土。操作平台系统包括操作平台、辅助平台和外吊脚手架等,是施工操作的场所。液压提升系统包括支承杆、千斤顶和提升操纵装置等,是滑升的动力。施工精度控制系统包括提升设备本身的限位调平装置,滑模在施工中的水平度和垂直度的观测和调整控制设施等。水电配套系统包括动力、照明、信号以及管路控制设施等。

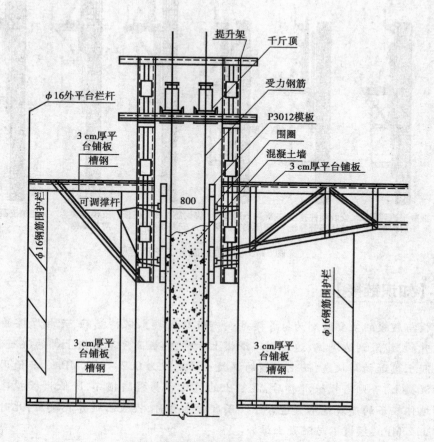

图 3.14　滑升模板组成示意图

9)爬升模板

　　爬升模板(简称"爬模"),是一种适用于现浇钢筋混凝土竖向、高耸建(构)筑物施工的模板工艺,其工艺优于液压滑模。它的工作原理是:以建筑物的钢筋混凝土墙体为支承主体,通过附着于已浇筑完成的钢筋混凝土墙体上的爬升支架或大模板,利用连接爬升支架与模板的爬升设备。使一方固定,另一方相对运动,交替向上爬升,以完成模板的爬升、下降、就位和校正等工作。爬模的爬升工艺流程如图 3.15 所示。

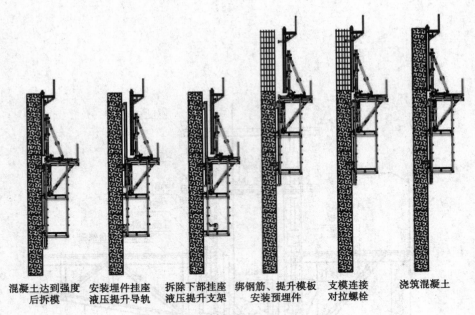

混凝土达到强度　　安装埋件挂座　　拆除下部挂座　　绑钢筋、提升模板　　支模连接　　浇筑混凝土
　　后拆模　　　　液压提升导轨　　液压提升支架　　安装预埋件　　　　对拉螺栓

图 3.15　爬模的爬升工艺流程图

📖【知识链接】

　　滑模与爬模的主要区别为：滑模是在模板与混凝土保持接触、互相摩擦的情况下逐步整体上升的，能做到边浇捣、边脱模。滑模上升时，模板高度范围内上部的混凝土刚浇灌，下部的混凝土接近初凝状态，而刚脱模的混凝土强度仅为 0.2~0.4 MPa。其使用的混凝土是硬稠性混凝土，否则当模板滑移后，混凝土的边缘容易塌陷损坏，降低模板损耗率。但是对于异形墙体较多的建筑就不太适合了。而爬模上升时，模板已脱开混凝土，此时混凝土强度已大于 1.2 MPa，模板不与混凝土摩擦。

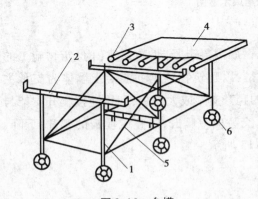

图 3.16　台模
1—支腿；2—可伸缩的横梁；3—檩条；
4—面板；5—斜撑；6—滚轮

10）台模

　　台模是浇筑钢筋混凝土楼板的一种大型工具式模板。在施工中可以整体脱模和转运，利用起重机从浇筑完的楼板下吊出，转移至上一楼层，中途不再落地，所以亦称"飞模"。台模按其支架结构类型分为立柱式台模、桁架式台模、悬架式台模等。

　　台模的规格尺寸，主要根据建筑物结构的开间（柱网）和进深尺寸以及起重机械的吊运能力来确定，一般按开间（柱网）乘以进深尺寸设置一台或多台，单座台模面板的面积小至 2 m²，大至 60 m² 以上。台模整体性好，混凝土表面容易平整、施工进度快。如图 3.16 所示，台模由台面、支架(支柱)、支腿、调节装置、行走轮等组成。台面是直接接触混凝土的部件,表面应平整光滑,具有较高的强度和刚度。目前常用的面板有钢板、胶合板、铝合金板、工程塑料板及木板等。

11)压型钢板模板

在多高层钢结构或钢筋混凝土结构中,楼层多采用组合楼盖,其中组合楼板结构就是压型钢板与混凝土通过各种不同的剪力连接形式组合在一起形成的。压型钢板作为组合楼盖施工中的混凝土模板,其优点主要有:薄钢板经压折后,具有良好的结构受力性能,既可部分地或全部地起组合楼板中受拉钢筋作用,又可仅作为浇筑混凝土的永久性模板,特别是楼层较高、又有钢梁时,采用压型钢板模板,楼板浇筑混凝土独立地进行,不影响钢结构施工,上下楼层间无制约关系;不需满堂支撑,无支模和拆模的烦琐作业,施工进度显著加快。但压型钢板模板本身的造价高于组合钢模板,消耗钢材较多。

📖【知识链接】

针对导入案例的特点,工程现场可考虑选择木模板、胶合板模板或组合钢模板,从绿色施工、环保、材料采购的便捷性等因素考虑,应选择胶合板模板或组合钢模板为宜。

任务 3.2 模板设计

3.2.1 模板设计的原则

1)实用性

应保证混凝土结构的质量,要求接缝严密、不漏浆,保证构件的形状尺寸和相互位置正确,且要求构造简单、支拆方便,便于钢筋的绑扎与安装,有利于混凝土的浇筑及养护。柱、梁墙、板的各种模板面的交接部分,应采用连接简便、结构牢固的专用模板。

2)安全性

应保证有足够的承载能力、刚度和稳定性,并能可靠地承受施工中所产生的各种荷载,在施工过程中不变形、不破坏、不倒塌。

3)经济性

针对工程结构具体情况,因地制宜,就地取材,在确保工期的前提下,尽量减少一次性投入,增加模板周转率,减少支拆用工。为了加快模板的周转使用,降低模板工程成本,宜选择以下措施:

①采取分层分段流水作业;尽可能采取小流水段施工。

②竖向结构与横向结构分开施工。

③充分利用有一定强度的混凝土结构,支承上部模板结构。

④采取预装配措施,使模板做到整体装拆。

3.2.2　模板设计的内容

模板和支架系统的设计应根据结构形式、荷载大小、地基土类别、施工设备和材料供应等条件进行。施工设计应包括以下内容:

①模板选材、选型。

②绘制配板设计图、连接件和支承系统布置图,以及细部结构、异形模板和特殊部位详图。

③根据结构构造型式和施工条件,对模板和支承系统等进行力学验算。

④制订模板及配件的周转使用计划,编制模板和配件的规格、品种与数量明细表。

⑤制订模板安装及拆模工艺,以及技术安全措施。

各项设计的内容和详尽程度,可根据工程的具体情况和施工条件确定。

3.2.3　模板设计的荷载及组合规定

1)荷载标准值

(1)恒荷载标准值

①模板及其支架自重 G_{1K}。模板及其支架自重标准值 G_{1K} 应根据模板设计图纸计算确定。肋形或无梁楼板模板自重标准值应按表3.5采用。

表3.5　楼板模板自重标准值

单位:kN/m²

模板构件的名称	木模板	定型组合钢模板
平板的模板及小梁	0.30	0.50
楼板模板(其中包括梁的模板)	0.50	0.75
楼板模板及其支架(楼层高度为4 m以下)	0.75	1.10

②新浇筑混凝土自重 G_{2K}。对普通混凝土可采用 24 kN/m³,对其他混凝土可根据实际密度确定。

③钢筋自重 G_{3K},根据设计图纸确定。对一般梁板结构,钢筋混凝土的钢筋自重标准值为:楼板 1.1 kN/m³;框架梁 1.5 kN/m³。

④新浇筑混凝土对模板侧面的压力。新浇筑混凝土对模板侧面压力标准值影响的因素很多,如混凝土密度、凝结时间、混凝土的坍落度和掺缓凝剂等。采用内部振动器、浇筑速度在 6 m/h 以下的普通混凝土及轻骨料混凝土,其新浇筑的混凝土作用于模板的最大侧压力标准值,可按式(3.1)和式(3.2)计算,并取二式中的较小值。

$$F = 0.22\gamma_c t_0 \beta_1 \beta_2 v^{\frac{1}{2}} \tag{3.1}$$

$$F = \gamma_c H \tag{3.2}$$

式中　F——新浇筑混凝土对模板的最大侧压力,kN/m²;

　　　　γ_c——混凝土的重力密度,kN/m³;

　　　　v——混凝土的浇筑速度,m/h;

t_0——新浇混凝土的初凝时间,h;可按试验确定,当缺乏试验资料时,可采用 $t_0 = 200/(T+15)$(T 为混凝土的温度℃);

β_1——外加剂影响修正系数,不掺外加剂时取1.0,掺具有缓凝作用的外加剂时取1.2;

β_2——混凝土坍落度影响修正系数,当坍落度小于30 mm时,取0.85;坍落度为50~90 mm时,取1.00;坍落度为110~150 mm时,取1.15;

H——混凝土侧压力计算位置处至新浇混凝土顶面的总高度,m。混凝土侧压力计算分布图形如图3.17所示,图中 $h = F/\gamma_c$,h 为有效压头高度。

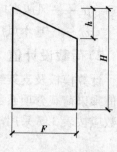

图3.17 混凝土侧压力计算分布图形

(2)活荷载标准值

①施工人员及施工设备荷载 Q_{1K}。当计算模板和直接支承模板的小梁时,均布活荷载可取2.5 kN/m²,再用集中荷载2.5 kN进行验算,比较两者所得的弯矩值取其大值;当计算直接支承小梁的主梁时,均布荷载标准值可取1.5 kN/m²;当计算支架立柱及其他支承结构构件时,均布荷载标准值可取1.0 kN/m²。

注意下面几种情况:

a. 对大型浇筑设备(如上料平台、混凝土输送泵等),按实际情况计算;若采用布料机上料进行浇筑混凝土时,活荷载标准值取4 kN/m²。

b. 混凝土堆积高度超过100 mm以上者,按实际高度计算。

c. 模板单块宽度小于150 mm时,集中荷载可分布于相邻的两块板面上。

②振捣混凝土时产生的荷载 Q_{2K}。振捣混凝土时产生的荷载标准值,对水平面模板可采用2.0 kN/m²,对垂直面模板可采用4.0 kN/m²(作用范围在新浇筑混凝土侧压力的有效压头高度之内)。

③倾倒混凝土时产生的荷载 Q_{3K}。对垂直面模板产生的水平荷载可按表3.6采用。

表3.6 倾倒混凝土时产生的水平荷载标准值

单位:kN/m²

向模板内供料方法	水平荷载
溜槽、串筒或导管	2
容量小于0.2 m³ 的运输器具	2
容量为0.2~0.8 m³ 的运输器具	4
容量大于0.8 m³ 的运输器具	6

(3)风荷载标准值

风荷载标准值应按现行国家标准《建筑结构荷载规范》(GB 50009—2019)的规定计算,其中基本风压值应按该规范中 $n = 10$ 年的规定采用,并取风振系数 $\beta_z = 1$。由于模板使用时间短暂,故采用重现期 $n = 10$ 年的基本风压值已属安全。

$$W_k = 0.7\mu_z \mu_s \omega_0 \tag{3.3}$$

式中　W_k——风荷载标准值,kN/m^2;

　　　μ_s——风荷载体型系数;

　　　μ_z——风压高度变化系数;

　　　ω_0——基本风压,kN/m^2。

2)荷载设计值

计算模板及支架结构或构件的强度、稳定性和连接强度时,应采用荷载设计值(荷载标准值乘以荷载分项系数)。计算正常使用极限状态的变形时,应采用荷载标准值。荷载分项系数应按表3.7采用。

表3.7　荷载分项系数

荷载类别	分项系数 γ_i
模板及支架自重 G_{1k}	永久荷载的分项系数:
新浇筑混凝土自重 G_{2k}	(1)当其效应对结构不利时:对由可变荷载效应控制的组合,应取1.2;对由永久荷载效应控制的组合,应取1.35。
钢筋自重 G_{3k}	
新浇筑混凝土对模板侧面的压力 G_{4k}	(2)当其效应对结构有利时:一般情况应取1;对结构的倾覆、滑移验算,应取0.9
施工人员及施工设备荷载 Q_{1k}	可变荷载的分项系数:
振捣混凝土时产生的荷载 Q_{2k}	一般情况下应取1.4;
倾倒混凝土时产生的荷载 Q_{3k}	对标准值大于 $4\ kN/m^2$ 的活荷载应取1.3
风荷载 ω_k	1.4

钢面板及支架作用荷载设计值可乘以系数0.95进行折减。当采用冷弯薄壁型钢时,其荷载设计值不应折减。

3)荷载组合

(1)按极限状态设计时

①对于承载能力极限状态,应按荷载效应的基本组合采用,并应采用设计表达式[式(3.4)]进行模板设计:

$$r_0 S \leqslant R \tag{3.4}$$

式中　r_0——结构重要性系数,取0.9;

　　　S——荷载效应组合的设计值;

　　　R——结构构件抗力的设计值,应按各有关建筑结构设计规范的规定确定。

对于基本组合,荷载效应组合的设计值 S 应从下列组合值中取最不利值确定:

a.由可变荷载效应控制的组合:

$$S = r_G \sum_{i=1}^{n} G_{ik} + r_{Q1} Q_{1k} \tag{3.5}$$

$$S = r_G \sum_{i=1}^{n} G_{ik} + 0.9 \sum_{i=1}^{n} r_{Qi} Q_{ik} \tag{3.6}$$

式中　r_G——永久荷载分项系数,按表3.8采用;

r_{Qi}——第 i 个可变载的分项系数,其中 r_{Q1} 为可变荷载 Q_1 的分项系数,按表3.8采用;

$\sum\limits_{i=1}^{n} G_{ik}$ ——按永久荷载标准值 G_k 计算的荷载效应值;

S_{Qik}——按可变荷载标准值 Q_{ik} 计算的荷载效应值,其中 S_{Qik} 为诸可变荷载效应中起控制作用者;

n——参与组合的可变荷载数。

b. 由永久荷载效应控制的组合:

$$S = r_G S_{Gk} + \sum_{i=1}^{n} r_{Qi}\psi_{ci} S_{Qik} \tag{3.7}$$

式中 ψ_{ci}——可变荷载 Q_i 的组合值系数,应按现行国家标准《建筑结构荷载规范》(GB 50009—2019)中各章的规定采用;模板中规定的各可变荷载组合值系数为0.7。

②对于正常使用极限状态应采用标准组合,并应按如下设计表达式进行设计:

$$S \leqslant C \tag{3.8}$$

式中 C——结构或结构构件达到正常使用要求的规定限值,应符合有关变形值的规定。

对于标准组合,荷载效应组合设计值 S 应按式(3.9)式采用:

$$S = \sum_{i=1}^{n} S_{Gik} \tag{3.9}$$

(2)荷载组合表

参与计算模板及其支架荷载效应组合的各项荷载的标准值组合应符合表3.8的规定。

表3.8 模板及其支架荷载效应组合的各项荷载

	项 目	参与组合的荷载类别	
		计算承载能力	验算挠度
1	平板和薄壳的模板及支架	$G_{1k} + G_{2k} + G_{3k} + Q_{1k}$	$G_{1k} + G_{2k} + G_{3k}$
2	梁和拱模板的底板及支架	$G_{1k} + G_{2k} + G_{3k} + Q_{2k}$	$G_{1k} + G_{2k} + G_{3k}$
3	梁、拱、柱(边长不大于 300 mm)、墙(厚度不大于 100 mm)的侧面模板	$G_{4k} + Q_{2k}$	G_{4k}
4	大体积结构、柱(边长大于 300 mm)、墙(厚度大于 100 mm)的侧面模板	$G_{4k} + Q_{3k}$	G_{4k}

注:验算挠度应采用荷载标准值;计算承载能力应采用荷载设计值。

3.2.4 变形值规定

1)验算模板及其支架的刚度

模板及其支架的最大变形值不得超过下列容许值:

①对结构表面外露的模板,为模板构件计算跨度的1/400。

②对结构表面隐蔽的模板,为模板构件计算跨度的1/250。

③支架的压缩变形或弹性挠度,为相应的结构计算跨度的1/1 000。

2）组合钢模板结构或其构配件

组合钢模板结构或其构配件的最大变形值不得超过表 3.9 的规定。

表 3.9　组合钢模板及构配件的容许变形值

单位:mm

部件名称	容许变形值
钢模板的面板	≤ 1.5
单块钢模板	≤ 1.5
钢楞	$L/500$ 或 ≤ 3.0
柱箍	$B/500$ 或 ≤ 3.0
桁架、钢模板结构体系	$L/1\ 000$
支撑系统累计	≤ 4.0

3.2.5　现浇混凝土模板计算

1）一般规定

①模板及其支架的设计应具有足够的承载能力、刚度和稳定性,应能可靠地承受新浇混凝土的自重、侧压力和施工过程中所产生的荷载及风荷载。

②模板结构构件的长细比应符合下列规定:

a.受压构件长细比:支架立柱及桁架不应大于 150;拉条、缀条、斜撑等联系构件不应大于 200。

b.受拉构件长细比:钢杆件不应大于 350;木杆件不应大于 250。

③扣件式钢管脚手架作支架立柱时应符合下列规定:

a.承重的支架柱,其荷载应直接作用于立杆的轴线上,**严禁承受偏心荷载**,并应按单立杆轴心受压计算;钢管的初始弯曲率不得大于 1/1 000,其壁厚应按实际检查结果计算。

b.当露天支架立柱为群柱架时,高宽比不应大于 5;当高宽比大于 5 时,必须加设抛撑或缆风绳,保证宽度方向的稳定。

④门式钢管脚手架作支架立柱时应符合下列规定:

a.几种门架混合使用时,必须取支承力最小的门架作为设计依据。

b.荷载宜直接作用在门架两边立杆的轴线上,必要时可设横梁将荷载传于两立杆顶端,且应按单榀门架进行承力计算。

c.当门架使用可调支座时,调节螺杆伸出长度不得大于 150 mm。

d.当露天门架支架立柱为群柱架时,高宽比不应大于 5;当高宽比大于 5 时,必须使用缆风绳保证宽度方向的稳定。

⑤碗扣式钢管脚手架作支架柱时应符合下列规定:

a.支架立柱可根据荷载情况组成双立柱梯形支柱和四立柱格构形支柱,重荷载时应组成群柱架,支架立柱间应设工具式交叉支撑,且荷载应直接作用于立杆的轴线上,并应按单立杆轴心受压进行计算。

b. 当露天支柱架为群柱架时,高宽比不应大于 5;当高宽比大于 5 时,必须加设缆风绳或将下部群柱架扩大保证宽度方向的稳定。

2)面板计算

面板可按简支跨计算,应验算跨中和悬臂端的最不利抗弯强度和挠度,并应符合下列规定:

（1）抗弯强度计算

面板抗弯强度应按式（3.10）计算:

$$\sigma = \frac{M_{max}}{W_n} \leqslant f \tag{3.10}$$

式中 M_{max}——最不利弯矩设计值,取均布荷载与集中荷载分别作用时计算结果的大值;

W_n——净截面抵抗矩,在规范表中查取数据;

f——材料的抗弯强度设计值

（2）挠度验算

挠度应按下列公式进行验算:

$$\nu = \frac{5q_g L^4}{384EI_x} \leqslant [\nu] \tag{3.11}$$

或

$$\nu = \frac{5q_g L^4}{384EI_x} + \frac{PL^3}{48EI_x} \leqslant [\nu] \tag{3.12}$$

式中 q_g——恒荷载均布线荷载标准值;

P——集中荷载标准值;

E——弹性模量;

I_x——截面惯性矩;

L——面板计算跨度;

$[\nu]$——容许挠度。钢模板应按表 3.10 采用;木和胶合板面板应符合第 3.2.4 节中的规定。

【例 3.1】 组合钢模板块 P3012,宽 300 mm,长 1 200 mm,钢板厚 2.5 mm,钢板两端支承在钢楞上,用于浇筑 220 厚的钢筋混凝土楼板,试计算钢模板的强度和挠度。

【解】 （1）强度计算

计算时按简支梁计算,计算跨度取 1 200 mm。

荷载计算取均布荷载与集中荷载分别作用时计算结果的大值。

钢模板自重标准值为 340 N/m², 220 mm 厚的新浇混凝土楼板自重标准值为 24 000×0.22＝5 280(N/m²),钢筋自重标准值为 1 100 × 0.22 ＝242(N/m²)。施工活荷载标准值为 2 500 N/m²,跨中集中荷载标准值为 2 500 N。考虑两种情况作用,均布线荷载设计值为:

$q_1 = 0.9 \times [1.2 \times (340 + 5\ 280 + 242) + 1.4 \times 2\ 500] \times 0.3 = 2\ 844(\text{N/m})$

$q_2 = 0.9 \times [1.35 \times (340 + 5\ 280 + 242) + 1.4 \times 0.7 \times 2\ 500] \times 0.3 = 2\ 798(\text{N/m})$

对比两者取大值 $q_1 = 2\ 844$ N/m 作为设计依据。

集中荷载设计值:

模板自重线荷载设计值 $q_2 = 0.9 \times 0.3 \times 1.2 \times 340 = 110(\text{N/m})$

跨中集中荷载设计值 $P=0.9\times1.4\times2\,500=3\,150(\mathrm{N})$

施工荷载为均布线荷载:

$M_1=q_1\times l^2/8=2\,844\times1.2^2/8=511.92(\mathrm{N\cdot m})$

施工荷载为集中荷载:

$M_2=q_2\times l^2/8+P\times l/4=110\times1.2^2/8+3\,150\times1.2/4=964.8(\mathrm{N\cdot m})$

$M_1<M_2$,故采用 M_2 验算强度,宽度为 300 mm 的钢模板 $W_n=59\,400(\mathrm{mm^3})$

$\sigma=M_2/W_n=964\,800/5\,940=162.37(\mathrm{N/m^2})<f=205(\mathrm{N/m^2})$

强度满足要求。

(2)挠度验算

挠度验算不考虑可变荷载,只考虑永久荷载标准值,故线荷载的设计值为:

$q_1=0.3\times(340+5\,280+242)=1\,758.6(\mathrm{N/m})=1.758\,6\;\mathrm{N/mm}$

查数据钢模板 $E=2.06\times10^5\;\mathrm{N/mm^2}$,$I_x=269\,700\;\mathrm{mm^4}$,故实际计算挠度为:

$$v=\frac{5q_gL^4}{384EI_x}=\frac{5\times1.758\,6\times1\,200^4}{384\times2.06\times10^5\times269\,700}=0.85(\mathrm{mm})$$

查表 3.9 得钢模板容许挠度为 1.5 mm,故挠度满足要求。

3)支承楞梁计算

支承楞梁计算时,次楞一般为两跨以上连续楞梁,当跨度不等时,应按不等跨连续楞梁或悬臂楞梁设计;主楞可根据实际情况按连续梁、简支梁或悬臂梁设计;同时次、主楞梁均应进行最不利抗弯强度与挠度计算。

(1)次、主钢楞梁抗弯强度计算

次、主钢楞梁抗弯强度按式(3.13)计算:

$$\sigma=\frac{M_{\max}}{W}\leqslant f \tag{3.13}$$

式中　　$M_{\max}$——最不利弯矩设计值。应从均布荷载产生的弯矩设计值 M_1、均布荷载与集中荷载产生的弯矩设计值 M_2 和悬臂端产生的弯矩设计值 M_3 三者中,选取计算结果较大者;

W——截面抵抗矩,按规范表中数据查取;

f——材料抗弯强度设计值。

(2)次、主楞梁抗剪强度计算

①在主平面内受弯的钢实腹构件,其抗剪强度应按式(3.14)计算:

$$\tau=\frac{VS_0}{It_w}\leqslant f_v \tag{3.14}$$

式中　　V——计算截面沿腹板平面作用的剪力设计值;

S_0——计算剪力应力处以上毛截面对中和轴的面积矩;

I——毛截面惯性矩;

t_w——腹板厚度;

f_v——钢材的抗剪强度设计值。

②在主平面内受弯的木实截面构件,其抗剪强度应按式(3.15)计算:

$$\tau = \frac{VS_0}{Ib} \leq f_v \tag{3.15}$$

式中　b——构件的截面宽度；

　　　f_v——木材顺纹抗剪强度设计值。

（3）挠度验算

挠度验算同面板：

$$v = \frac{5q_g L^4}{384EI_x} \leq [v] \tag{3.16}$$

或

$$v = \frac{5q_g L^4}{384EI_x} + \frac{PL^3}{48EI_x} \leq [v] \tag{3.17}$$

式中　q_g——恒荷载均布线荷载标准值；

　　　P——集中荷载标准值；

　　　E——弹性模量；

　　　I_x——截面惯性矩；

　　　L——面板计算跨度；

　　　$[v]$——容许挠度，按表3.9取用。

【例3.2】　按例3.1的条件，钢模板两端各用一根矩形钢管支承，钢管规格为100 mm×50 mm×3 mm，间距为600 mm，$L=2$ 100 mm，计算支承楞梁的强度和挠度。

【解】　（1）强度计算

计算时按简支梁计算，计算跨度取2 100 mm。

荷载计算，按上例的数据，钢模板自重标准值为340 N/m²，220 mm厚的新浇混凝土楼板自重标准值为24 000×0.22＝5 280（N/m²），钢筋自重标准值为1 100×0.22＝242（N/m²），钢楞梁自重标准值为113 N/m²。

施工活荷载标准值为2 500 N/m²，跨中集中荷载标准值为2 500 N。考虑两种情况作用，均布线荷载设计值为：

$q_1 = 0.9 \times [1.2 \times (340 + 5\ 280 + 242 + 113) + 1.4 \times 2\ 500] \times 0.6 = 5\ 761.8(\text{N/m})$

$q_2 = 0.9 \times [1.35 \times (340 + 5\ 280 + 242 + 113) + 1.4 \times 0.7 \times 2\ 500] \times 0.6 = 5\ 678.78(\text{N/m})$

对比两者取大值 $q_1 = 5\ 761.8$ N/m 作为设计依据。

集中荷载设计值为：

模板自重线荷载设计值 $q_2 = 0.9 \times 0.6 \times 1.2 \times 113 = 73.22(\text{N/m})$

跨中集中荷载设计值 $P = 0.9 \times 1.4 \times 2\ 500 = 3\ 150(\text{N})$

施工荷载为均布线荷载：

$M_1 = q_1 \times l^2/8 = 5\ 761.8 \times 2.1^2/8 = 3\ 176.19(\text{N} \cdot \text{m})$

施工荷载为集中荷载：

$M_2 = q_2 \times l^2/8 + P \times l/4 = 73.22 \times 2.1^2/8 + 3\ 150 \times 2.1/4 = 1\ 694.11(\text{N} \cdot \text{m})$

$M_1 > M_2$，故采用 M_1 验算强度，查数据得 $W = 22\ 420$ mm³

$\sigma = M_2/W = 3\ 176\ 190/22\ 420 = 141.67(\text{N/m}^2) < f = 205$ N/m²

强度满足要求。

（2）挠度验算

挠度验算不考虑可变荷载，只考虑永久荷载标准值，故线荷载的设计值为：

$$q_1 = 0.6 \times (340 + 5\ 280 + 242 + 113) = 3\ 585(\text{N/m}) = 3.585(\text{N/mm})$$

查数据得钢模板 $E = 2.06 \times 10^5\ \text{N/mm}^2$，$I_x = 1\ 121\ 200\ \text{mm}^4$，故实际计算挠度为：

$$\nu = \frac{5q_g L^4}{384EI_x} = \frac{5 \times 3.585 \times 2\ 100^4}{384 \times 2.06 \times 10^5 \times 1\ 121\ 200} = 3.93(\text{mm})$$

查表 3.9 得钢楞容许挠度为 $L/500 = 2\ 100/500 = 4.2(\text{mm})$，故挠度满足要求。

（3）剪力验算

一般能达到要求，此处从略。

4）对拉螺栓

对拉螺栓应确保内、外侧模能满足设计要求的强度、刚度和整体性，其强度应按式（3.18）计算：

$$N = abF_s$$
$$N_t^b = A_n f_t^b \tag{3.18}$$
$$N_t^b > N$$

式中　N——对拉螺栓最大轴力设计值；

　　　N_t^b——对拉螺栓轴向拉力设计值，按表 3.10 采用；

　　　a——对拉螺栓横向间距；

　　　b——对拉螺栓竖向间距；

　　　F_s——新浇混凝土作用于模板上的侧压力、振捣混凝土对垂直模板产生的水平荷载或倾倒混凝土时作用于模板上的侧压力设计值：有 $F_s = 0.95(r_G F + r_Q Q_{3k})$ 或 $F_s = 0.95(r_G G_{4k} + r_Q Q_{3k})$，其中 0.95 为荷载值折减系数；

　　　A_n——对拉螺栓净截面面积，按表 3.10 采用；

　　　f_t^b——螺栓的抗拉强度设计值。

表 3.10　对拉螺栓轴向拉力设计值 N_t^b

螺栓直径 /mm	螺栓内径 /mm	净截面面积 /mm²	质量 /(N·m⁻¹)	轴向拉力设计值 N_t^b/kN
M12	9.85	76	8.9	12.9
M14	11.55	105	12.1	17.8
M16	13.55	144	15.8	24.5
M18	14.93	174	20.0	29.6
M20	16.93	225	24.6	38.2
M22	18.93	282	29.6	47.9

【例 3.3】　已知混凝土对模板的侧压力为 30 N/m²，对拉螺杆的间距、纵距、横距均为 0.9 m，选用 M16 的对拉螺杆，验算其强度是否满足要求。

【解】　$N = 0.9 \times 0.9 \times 0.9 \times 30 = 21.87(\text{kN}) = 21\ 870(\text{N})$

查表得 M16 螺杆 $A_n = 144 \text{ mm}^2$，查规范得 $f_t^b = 170 \text{ N/m}^2$

$N_t^b = A_n f_t^b = 140 \times 170 = 24\ 480(\text{N})$

$N_t^b = 24\ 480\ \text{N} > N = 21\ 870\ \text{N}$，故满足要求。

5)柱模板

柱箍应采用扁钢、角钢、槽钢和木楞制成，其受力状态应为拉弯杆件。柱箍的计算简图如图 3.18 所示。

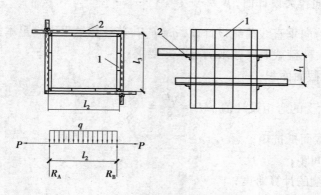

图 3.18　柱箍计算简图
1—钢模板;2—柱箍

（1）柱箍间距 l_1

柱箍间距 l_1 应按下列各式的计算结果取其小值。

①柱模为钢面板时的柱箍间距应按下式计算：

$$l_1 \leq 3.276 \sqrt[4]{\frac{EI}{Fb}} \tag{3.19}$$

式中　l_1——柱箍纵向间距，mm；

　　　E——钢材弹性模量，N/mm²；

　　　I——柱模板一块板的惯性矩，mm⁴；

　　　F——新浇混凝土作用于柱模板的侧压力设计值，N/mm²；

　　　b——柱模板一块板的宽度，mm。

②柱模为木面板时的柱箍间距应按下式计算：

$$l_1 \leq 0.783 \sqrt[3]{\frac{EI}{Fb}} \tag{3.20}$$

式中　E——柱木面板的弹性模量，N/mm²；

　　　I——柱木面板的惯性矩，mm⁴；

　　　b——柱木面板一块的宽度，mm。

③柱箍间距应按下式计算：

$$l_1 \leq \sqrt{\frac{8Wf(\text{或} f_m)}{F_s b}} \tag{3.21}$$

式中　W——钢或木面板的抵抗矩；

f——钢材抗弯强度设计值；

f_m——木材抗弯强度设计值。

（2）柱箍强度

柱箍强度应按拉弯杆件采用式（3.22）计算：

$$\frac{N}{A_n} + \frac{M_x}{W_{nx}} \leq f \text{ 或 } f_m \tag{3.22}$$

式中　N——柱箍轴向拉力设计值，$N = \dfrac{ql_3}{2}$；

　　　q——沿柱箍跨向垂直线荷载设计值，$q = F_s l_1$，若计算结果不满足本式要求时，应减小 l_1 或加大柱箍截面尺寸来满足本式要求；

　　　A_n——柱箍净截面面积；

　　　M_x——柱箍承受的弯矩设计值，$M_x = \dfrac{ql_2^2}{8} = \dfrac{F_s l_1 l_2^2}{8}$；

　　　W_{nx}——柱箍截面抵抗矩；

　　　l_1——柱箍的间距；

　　　l_2——长边柱箍的计算跨度；

　　　l_3——短边柱箍的计算跨度。

挠度计算同前。

【例3.4】　框架柱的截面尺寸为 600 mm × 800 mm，柱高为 3 m，混凝土坍落度为 150 mm，混凝土浇筑速度为 3 m/h，倾倒混凝土时产生的水平荷载标准值为 2 kN/m²，采用组合钢模板，并选用 [80×43×5 槽钢，试验算其强度和挠度。

【解】　（1）柱箍间距计算

采用组合钢模 $E = 2.06×10^5$ N/mm²，2.5 mm 厚的钢模板 $I_x = 269\ 700$ mm⁴，

$$F = 0.22\gamma_c t_0 \beta_1 \beta_2 V^{\frac{1}{2}} = 0.22 × 24 × \frac{200}{15 + 15} × 1 × 1.15 × 3^{\frac{1}{2}} = 70.12(\text{kN/m}^2)$$

$$F = \gamma_c H = 24 × 3 = 72(\text{kN/m}^2)$$

侧压力在两式结果中取小值，比较后取 $F = 70.12$ kN/m²，其设计值为

$$F_s = 0.9 × (1.2 × 70.12 + 1.4 × 2) = 78.24(\text{kN/m}^2) = 78\ 240(\text{N/m}^2)$$

$$l_1 \leq 3.276\sqrt[4]{\frac{EI}{Fb}} = 3.276\sqrt[4]{\frac{2.05 × 10^5 × 269\ 700}{70\ 120 × 300/1\ 000\ 000}} = 742.66(\text{mm})$$

根据柱箍所用钢材规格确定 l_1，300 mm 宽的钢模板 $W = 5\ 940$ mm³，$f = 205$ N/mm²，$b = 300$ mm 代入式（3.21）中，有

$$l_1 \leq \sqrt{\frac{8Wf}{F_s b}} = \sqrt{\frac{8 × 5\ 940 × 205}{0.078\ 24 × 300}} = 644.23(\text{mm})$$

比较结果取 $l_1 = 644.23$ mm，故取间距为 600 mm。

（2）强度验算

$l_2 = b + 100$ mm $= 900$ mm（100 为模板厚度），$l_1 = 600$ mm，$l_3 = a = 600$ mm，因采用型钢，故采用折减系数 0.95，柱箍采用均布线荷载设计值为

$q = F_s \times l_1 = 78\ 240 \times 0.6 = 46\ 944(\text{N/m}) = 46.944(\text{N/mm})$

柱箍轴向拉力为

$N = (q \times l_3)/2 = (46.944 \times 600)/2 = 14\ 083(\text{N})$

[80×43×5 槽钢的 $W = 25\ 300\ \text{mm}^3$, $A_n = 1\ 024\ \text{mm}^2$, $\gamma_x = 1$

$M_x = 46.944 \times 900^2/8 = 4\ 753\ 080(\text{N} \cdot \text{mm})$

代入式(3.22),有

$(0.95 \times 14\ 083)/1\ 024 + (0.95 \times 4\ 753\ 080)/(1 \times 25\ 300) = 13.07 + 178.48 = 195.55(\text{N/mm}^2) < f = 215\ \text{N/mm}^2$,故满足要求。

(3)挠度计算

$$q_g = Fl_1 = 70\ 120 \times 0.6 = 42\ 072(\text{N/m}) = 42.072(\text{N/mm})$$

柱箍的惯性截面矩为 $I_x = 1\ 013\ 000\ \text{mm}^4$,查数据有,钢模板 $E = 2.06 \times 10^5\ \text{N/mm}^2$, $l_2 = 900\ \text{mm}$。

$$\nu = \frac{5q_g l_2^4}{384EI_x} = \frac{5 \times 42.072 \times 900^4}{384 \times 2.06 \times 10^5 \times 1\ 013\ 000} = 1.7(\text{mm}) < [\nu] = 900/500 = 1.8(\text{mm})$$,

故满足要求。

6)立柱

(1)木立柱计算

①强度计算:

$$\sigma_c = \frac{N}{A_n} \leqslant f_c \tag{3.23}$$

②稳定性计算:

$$\frac{N}{\varphi A_0} \leqslant f_c \tag{3.24}$$

式中　N——轴心压力设计值,N;

A_n——木立柱受压杆件的净截面面积,mm^2;

f_c——木材顺纹抗压强度设计值,N/mm^2;

A_0——木立柱跨中毛截面面积,mm^2,当无缺口时,$A_0 = A$;

φ——轴心受压杆件稳定系数。

(2)扣件式钢管立柱计算

①用对接扣件连接的钢管立柱,应按单杆轴心受压构件计算,计算长度采用纵横向水平拉杆的最大步距,最大步距不得大于1.8 m,步距相同时应采用底层步距。

②室外露天支模组合风荷载时,立柱计算应符合式(3.25)的要求:

$$\frac{N_w}{\varphi A} + \frac{M_w}{W} \leqslant f \tag{3.25}$$

其中

$$N_w = 1.2\sum_{i=1}^{n} N_{Gik} + 0.9 \times 1.4\sum_{i=1}^{n} N_{Qik}$$

$$M_w = \frac{0.9 \times 1.4w_k l_a h^2}{10}$$

式中 $\sum\limits_{i=1}^{n} N_{Gik}$ ——各恒载标准值对立杆产生的轴向力之和；

$\sum\limits_{i=1}^{n} N_{Qik}$ ——各活荷载标准值对立杆产生的轴向力之和，另加 $\dfrac{M_{w}}{l_{b}}$ 的值；

w_{k} ——风荷载标准值；

h ——纵横水平拉杆的计算步距；

l_{a} ——立柱迎风面的间距；

l_{b} ——与迎风面垂直方向的立柱间距。

7）立柱底地基承载力

地基承载力应按下列公式计算：

$$p = \frac{N}{A} \leqslant m_{f} f_{ak} \tag{3.26}$$

式中 p ——立柱底垫木的底面平均压力；

N ——上部立柱传至垫木顶面的轴向力设计值；

A ——垫木底面面积；

f_{ak} ——地基土承载力设计值；

m_{f} ——立柱垫木地基土承载力折减系数，按表 3.11 采用。

表 3.11　地基土承载力折减系数 m_{f}

地基土类别	折减系数	
	支承在原土上时	支承在回填土上时
碎石土、砂土、多年填积土	0.8	0.4
粉土、黏土	0.9	0.5
岩石、混凝土	1.0	—

注：1. 立柱基础应有良好的排水措施，支安垫木前应适当洒水将原土表面夯实夯平；

2. 回填土应分层夯实，其各类回填土的干重度应达到所要求的密实度。

8）风荷载验算

框架和剪力墙的模板、钢筋全部安装完毕后，应验算在本地区规定的风压作用下，整个模板系统的稳定性。其验算方法应将要求的风力与模板系统、钢筋的自重乘以相应荷载分项系数后，求其合力作用线不得超过背风面的柱脚或墙底脚的外边。

【小任务】

本案例梁模板的计算实例中查表运用结构系数较多，计算烦琐，工程项目多采用计算机进行计算。同学们可以根据梁的计算实例，进行本案例中板和柱的模板计算。

任务 3.3 模板构造和安装

3.3.1 安装构造

1)模板安装构造基本规定

①木杆、钢管、门架及碗扣式等支架立柱不得混用。

②竖向模板和支架立柱支承部分安装在基土上时,应加设垫板。垫板应有足够强度和支承面积,且应中心承载。基土应坚实,并应有排水措施,对湿陷性黄土应有防水措施,对特别重要的结构工程可采用混凝土灌注、打桩等措施防止支架柱下沉。对冻胀性土应有防冻融措施。

③当满堂或共享空间模板支架立柱高度超过 8 m 时,若地基土达不到承载要求,无法防止立柱下沉,则应先施工地面下的工程,再分层回填夯实基土,浇筑地面混凝土垫层,达到强度后方可支模。

④模板及其支架在安装过程中,必须设置有效防倾覆的临时固定设施。

⑤现浇钢筋混凝土梁、板,当跨度大于 4 m 时,模板应起拱;当设计无具体要求时,起拱高度宜为全跨长度的 1/1 000 ~ 3/1 000。

⑥现浇多层或高层房屋和构筑物,安装上层模板及其支架应符合下列规定:

a. 下层楼板应具有承受上层施工荷载的承载能力,否则应加设支撑支架。

b. 上层支架立柱应对准下层支架立柱,并应在立柱底铺设垫板。

c. 当采用悬臂吊模板、桁架支模方法时,其支撑结构的承载能力和刚度必须符合设计构造要求。

d. 当层间高度大于 5 m 时,应选用桁架支模或钢管立柱支模。当层间高度小于或等于 5 m 时,可采用木立柱支模。

⑦当层间高度大于 5 m 时,应选用桁架支模或钢管立柱支模。当层间高度小于或等于 5 m 时,可采用木立柱支模。

2)支撑梁、板的支架立柱安装构造规定

①梁和板的立柱,纵横向间距应相等或成倍数。

②木立柱底部应设垫木,顶部应设支撑头。钢管立柱底部应设垫木和底座,顶部应设可调支托,U 形支托与楞梁两侧间如有间隙,必须楔紧,其螺杆伸出钢管顶部不得大于 200 mm,螺杆外径与立柱钢管内径的间隙不得大于 3 mm,安装时应保证上下同心。

③在立柱底距地面 200 mm 高处,沿纵横水平方向应按纵下横上的程序设扫地杆。可调支托底部的立柱顶端应沿纵横向设置一道水平拉杆。扫地杆与顶部水平拉杆之间的间距,在满足模板设计所确定的水平拉杆步距要求条件下,进行平均分配确定步距后,在每一步距处纵横向应各设一道水平拉杆。当层高为 8 ~ 20 m 时,在最顶层步距两水平拉杆中间应加设一道水平拉杆;当层高大于 20 m 时,在最顶层两步距水平拉杆中间应分别增加一道水平

拉杆。所有水平拉杆的端部均应与四周建筑物顶紧顶牢。无处可顶时,应于水平拉杆端部和中部沿竖向设置连续式剪刀撑。

④木立柱的扫地杆、水平拉杆、剪刀撑应采用 40 mm×50 mm 木条或 25 mm×80 mm 的木板条与木立柱钉牢。钢管立柱的扫地杆、水平拉杆、剪刀撑应采用 φ48 mm×3.5 mm 钢管,用扣件与钢管立柱扣牢。木扫地杆、水平拉杆、剪刀撑应采用搭接,并应用铁钉钉牢。钢管扫地杆、水平拉杆应采用对接,剪刀撑应采用搭接,搭接长度不得小于 500 mm,用两个旋转扣件分别在离杆端不小于 100 mm 处进行固定。

3)木立柱支撑的安装构造规定

①木立柱宜选用整料,当不能满足要求时,立柱的接头不宜超过 1 个,并应采用对接夹板接头方式。立柱底部可采用垫块垫高,但不得采用单码砖垫高,垫高高度不得超过 300 mm。

②木立柱底部与垫木之间应设置硬木对角楔调整标高,并应用铁钉将其固定于垫木上。

③木立柱间距、扫地杆、水平拉杆剪刀撑的设置应符合相关规范的规定,严禁使用板皮替代规定的拉杆。

④所有单立柱支撑应位于底垫木和梁底模板的中心,并应与底部垫木和顶部梁底模板紧密接触,且不得承受偏心荷载。

⑤当仅为单排立柱时,应于单排立柱的两边每隔 3 m 加设斜支撑,且每边不得少于两根,斜支撑与地面的夹角应为 60°。

4)扣件式钢管作立柱支撑的规定

①钢管规格、间距、扣件应符合设计要求。每根立柱底部应设置底座及垫板,垫板厚度不得小于 50 mm。

②钢管支架立柱间距、扫地杆、水平拉杆、剪刀撑的设置应符合前面的规定。当立柱底部不在同一高度时,高处的纵向扫地杆应向低处延长不少于两跨,高低差不得大于 1 m,立柱距边坡上方边缘不得小于 0.5 m。

③立柱接长严禁搭接,必须采用对接扣件连接,相邻两立柱的对接接头不得在同步内,且对接接头沿竖向错开的距离不宜小于 500 mm,各接头中心距主节点不宜大于步距的 1/3。

④严禁将上段的钢管立柱与下段钢管立柱错开固定于水平拉杆上。

⑤满堂模板和共享空间模板支架立柱,在外侧周圈应设由下至上的竖向连续式剪刀撑;中间在纵横向应每隔 10 m 左右设由下至上的竖向连续式的剪刀撑,其宽度宜为 4～6 m,并在剪刀撑部位的顶部、扫地杆处设置水平剪刀撑。剪刀撑杆件的底端应与地面顶紧,夹角宜为 45°～60°。当建筑层高为 8～20 m 时,除应满足上述规定外,还应在纵横向相邻的两竖向连续式剪刀撑之间增加“之”字斜撑,在有水平剪刀撑的部位,应在每个剪刀撑中间处增加一道水平剪刀撑。当建筑层高超过 20 m 时,在满足以上规定的基础上,应将所有之字斜撑全部改为连续式剪刀撑(图 3.19)。

⑥当支架立柱高度超过 5 m 时,应在立柱周圈外侧和中间有结构柱的部位,按水平间距6～9m、竖向间距 2～3m 与建筑结构设置一个固结点。

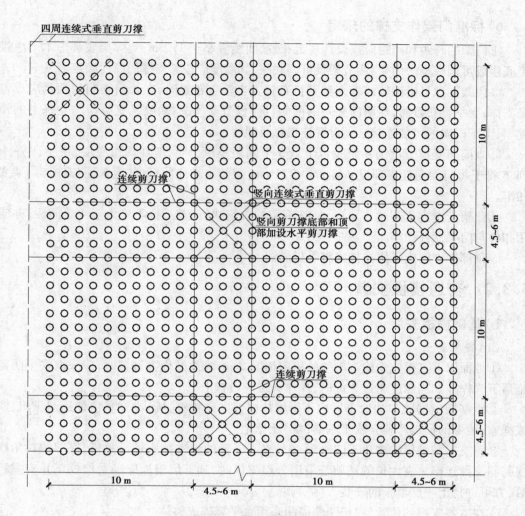

图 3.19 剪刀撑布置图

5）碗扣式钢管脚手架作立柱支撑的规定

①立杆应采用长 1.8 m 和 3.0 m 的立杆错开布置,严禁将接头布置在同一水平高度。

②立杆底座应采用大钉固定于垫木上。

③立杆立一层,即将斜撑对称安装牢固,不得漏加,也不得随意拆除。

④横向水平杆应双向设置,间距不得超过 1.8 m。

⑤当支架立柱高度超过 5 m 时,构造同扣件式钢管。

【小任务】

本案例梁模板立杆架设应加强剪刀撑的布置和顶部支撑点的布置,同时底部设置双立杆,请同学们编制本案例的模板支架安全方案。

6）标准门架作支撑的规定

①门架的跨距和间距应按设计规定布置，间距宜小于 1.2 m；支撑架底部垫木上应设固定底座或可调底座。门架、调节架及可调底座，其高度应按其支撑的高度确定。

②门架支撑可沿梁轴线垂直和平行布置。当垂直布置时，在两门架间的两侧应设置交叉支撑；当平行布置时，在两门架间的两侧也应设置交叉支撑，交叉支撑应与立杆上的锁销锁牢，上下门架的组装连接必须设置连接棒及锁臂。

③当门架支撑宽度为 4 跨及以上或 5 个间距及以上时，应在周边底层、顶层、中间每 5 列、5 排于每门架立杆跟部设 ϕ48 mm×3.5 mm 通长水平加固杆，并应采用扣件与门架立杆扣牢。

④门架支撑高度超过 8 m 时，应按规范的规定执行，剪刀撑不应大于 4 个间距，并应采用扣件与门架立杆扣牢。

⑤顶部操作层应采用挂扣式脚手板满铺。

3.3.2　普通模板安装

1）基础模板安装

（1）安装要点

①地面以下支模应先检查土壁的稳定情况，当有裂纹及塌方迹象时，应采取安全防范措施后下人作业。当深度超过 2 m 时，操作人员应设梯上下。

②距基槽（坑）上口边缘 1 m 内不得堆放模板。向基槽（坑）内运料应使用起重机、溜槽或绳索；运下的模板严禁立放于基槽（坑）土壁上。

③斜支撑与侧模的夹角不应小于 45°，支于土壁的斜支撑应加设垫板，底部的对角楔木应与斜支撑连牢。高大长的基础若采用分层支模时，其下层模板应经就位校正并支撑稳固后，方可进行上一层模板的安装。

④在有斜支撑的位置，应于两侧模间采用水平撑连成整体。

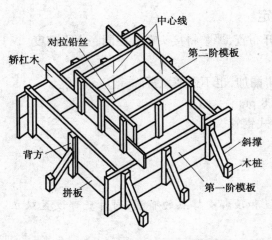

图 3.20　台阶形独立基础模板安装

（2）柱下单独基础模板

模板安装前，应核对基础垫层标高，弹出基础的中心线和边线，将模板中心线对准基础中心线，然后校正模板上口标高，符合要求后要用轿杠木搁置在下台阶模板上，斜撑及平撑的一端撑在上台阶模板的背方上，另一端撑在下台阶模板背方顶上，如图 3.20 所示。

（3）条形基础模板

先核对垫层标高，在垫层上弹出基础边线，将模板对准基础边线垂直竖立，模板上口拉通线，校正调平无误后用斜撑及平撑将模板钉牢；有地梁的条形基础，上部可用工具式梁卡固定，也可用钢管吊架或轿杠木固定。

台阶形基础要保证上下模板不发生相对位移。土质良好时,台阶形基础的最下一阶可采用原槽浇筑,如图 3.21 所示。

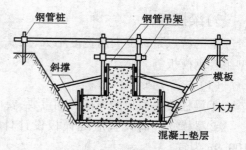

图 3.21 条形基础模板安装

2)柱模板安装

①安装要点如下:

a. 现场拼装柱模时,应适时安设临时支撑进行固定,斜撑与地面的倾角宜为 60°,严禁将大片模板系于柱子钢筋上。

b. 待四片柱模就位组拼并经对角线校正无误后,应立即自下而上安装柱箍。

c. 若为整体预组合柱模,吊装时应采用卡环和柱模连接,不得用钢筋钩代替。

d. 柱模校正(用 4 根斜支撑或用连接在柱模顶四角带花篮螺丝的揽风绳,底端与楼板钢筋拉环固定进行校正)后,应采用斜撑或水平撑进行四周支撑,以确保整体稳定。当高度超过 4 m 时,应群体或成列同时支模,并应将支撑连成一体,形成整体框架体系。当需单根支模时,柱宽大于 500 mm 应每边在同一标高上设不得少于两根斜撑或水平撑。斜撑与地面的夹角宜为 45°~60°,下端尚应有防滑移的措施。

e. 角柱模板的支撑,除满足上述要求外,还应在里侧设置能承受拉、压力的斜撑。

②模板的弹线及定位:先在基础面(楼面)弹出柱轴线及边线,同一柱列则先弹两端柱,再拉通线弹中间柱的轴线及边线。按照边线先把底盘固定好,然后再对准边线安装柱模板。

③为防止混凝土浇筑时模板发生鼓胀变形,柱箍应根据柱模断面大小经计算确定,下部的间距应小些,往上可逐渐增大间距,但一般不超过 1.0 m。柱截面尺寸较大时,应考虑在柱模内设置对拉螺栓。

④柱模根部要用水泥砂浆堵严,防止跑浆。当柱高大于 2 m 时,应在柱高 2 m 处留设混凝土浇筑孔。柱模的清渣口应留设在柱脚一侧,如果柱子断面较大,为了便于清理,也可两面留设,清理完毕,立即封闭。

⑤柱项与梁交接处要留出缺口,缺口尺寸即为梁的高及宽(梁高以扣除平板厚度计算),并在缺口两侧及口底钉上衬口档,衬口档到缺口边的距离为梁侧模板及底模板的厚度。

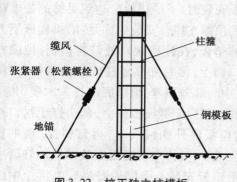

图 3.22 校正独立柱模板

⑥柱模板分两次支设时,在柱子混凝土达到拆模强度时,最上一段柱模先保留不拆,以便与梁模板连接。

⑦高大独立柱模板校正。柱模安装就位后,立即用 4 根支撑或有张紧器花篮螺栓的缆风绳与柱顶四角拉结,并校正其中心线和偏斜(图 3.22),全面检查合格后,再群体固定。

⑧柱模安装好后,要逐个吊线,确保柱模的垂直度,然后拉通线检查柱模。

3)梁模板

梁的特点是跨度大而宽度不大,梁底一般是架空的。梁模板的模板,可采用木模板、定型组合钢模板等。

(1)安装要点

①梁柱接头模板的连接特别重要,要用专门加工的梁柱接头模板。

②梁模支柱的设置应经模板设计计算决定,一般情况下采用双支柱时,间距以60~100 cm为宜。

③模板支柱纵、横方向的水平拉杆、剪刀撑等,均应按设计要求布置。一般工程当设计无规定时,支柱间距一般不宜大于2 m,纵横方向的水平拉杆的上下间距不宜大于1.5 m,纵横方向的垂直剪刀撑的间距不宜大于6 m;跨度大或楼层高的工程,必须专门进行设计,尤其是对支撑系统的稳定性必须进行结构计算,并按设计精心施工。

④采用扣件钢管脚手或碗扣式脚手作支架时,扣件要拧紧,杯口要紧扣,要抽查扣件的扭力矩。横杆的步距要按设计要求设置。采用桁架支模时,要按事先设计的要求设置,要考虑桁架的横向刚度上下弦要设水平连接,拼接桁架的螺栓要拧紧,数量要满足要求。

(2)梁木模板安装

木模板的梁模板,一般由底模、侧模、夹木及支架系统组成。混凝土对梁侧模板有侧压力,对梁底模板有垂直压力,因此梁模板及其支架必须能承受这些荷载而不致发生超过规范允许的过大变形。为承受垂直荷载,在梁底模板下,每隔一定间距(800~1 200 mm)用顶撑(琵琶撑)顶住。顶撑可以用圆木、方木或钢管制成。顶撑底要加垫一对木楔块调整标高。为使顶撑传下来的集中荷载均匀地传给地面,可在顶撑底加铺垫板。多层结构施工中,应使上、下层的顶撑在同一竖向直线上。为承受混凝土侧压力,侧模板底部用夹木固定,上部由斜撑和水平拉条固定。梁高度≥700 mm时,应在梁中部另加斜撑或对拉螺栓固定。

单梁的侧模板一般拆除较早,因此侧模板应包在底模板的外面。柱的模板也可较早拆除,所以梁的模板不应伸到柱模板的缺口内,同样次梁模板也不应伸到主梁模板的缺口内。

梁模板安装时,下层楼板应达到足够的强度或具有足够的顶撑支撑。安装顺序是:沿梁模板下方楼地面上铺垫板,在柱模缺口处钉衬口档,把底板搁置在衬口档上;接着立靠近柱或墙的顶撑,再将梁等分,立中间部分顶撑,顶撑底部打入木楔,并检查、调整标高;然后把侧模板放上,两头钉于衬口档上,在梁侧模板底外侧钉夹木,再钉斜撑、水平拉条。有主次梁时,要待主梁模板安装并校正好后才能进行次梁模板安装。梁模板安装后要再拉中线检查,复核各梁模板的中心线位置是否正确,如图3.23所示。

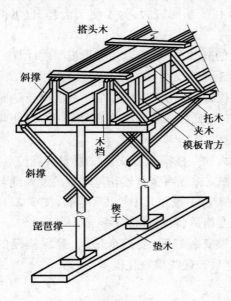

斜撑
搭头木
托木
夹木
模板背方
木档
斜撑
琵琶撑
楔子
垫木

图3.23 梁木模板支模

（3）梁定型组合钢模板安装

定型组合钢模板的梁模板，也由 3 片模板组成，底模板及两侧模板用连接角模连接，梁侧模板顶部则用阴角模板与楼板模板相接。为了抵抗浇筑混凝土时的侧压力，并保持一定的梁宽，两侧模板之间应根据需要设置对拉螺栓。整个模板用支架支承，支架应支设在垫板上，垫板厚 5 mm，长度至少要能支承 3 个支架。垫板下的地基必须平整坚实。

组合钢模板的梁模板，一般在钢模板拼装台上按配板图拼成 3 片，用钢楞加固后运往现场安装。安装底模板前，应先立好支架，调整好支架顶的标高，再将梁底模板安装在支架顶上，最后安装梁侧模板。组合钢模板的梁模板也可以采用整体安装的方法，即在钢模拼装平台上将 3 片钢模用钢楞、对拉螺栓等加固稳定后，放入钢筋，运往施工现场用起重机吊装就位。

（4）模板起拱

如梁的跨度等于或大于 4 m，应使梁模板起拱，以防止新浇混凝土的荷载使跨中模板下挠。如设计无规定时，木模板起拱高度宜为全跨长度的 1.5/1 000 ~ 3/1 000；钢模板起拱高度宜为全跨长度的 1/1 000 ~ 2/1 000。

4）楼板模板安装

楼板的面积大而厚度比较薄，侧向压力小。楼板模板及其支架系统，主要承受钢筋、模板、混凝土的自重荷载及其施工荷载，保证模板不变形。

（1）楼板模板施工要求

①采用立柱作支架时，从边跨一侧开始逐排安装立柱，并同时安装外钢楞（大龙骨）。立柱和钢楞（龙骨）的间距，根据模板设计计算决定，一般情况下立柱与外钢楞间距为 600 ~ 1 200 mm，内钢楞（小龙骨）间距为 400 ~ 600 mm。调平后即可铺设模板。

在模板铺设完标高校正后，立柱之间应加设水平拉杆，其道数根据立柱高度决定。一般情况下离地面 200 ~ 300 mm 处设一道，往上纵横方向每隔 1.6 m 左右设一道。

②如图 3.24 所示，采用桁架作支承结构时，一般应预先支好梁、墙模板，然后将桁架按模板设计要求支设在梁侧模通长的型钢或方木上，调平固定后再铺设模板。

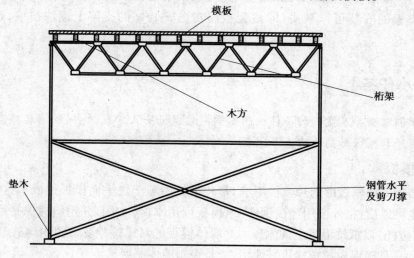

图 3.24 桁架架设楼板模板

③楼板模板采用单块就位组拼时,宜以每个节间从四周先用阴角模板与墙、梁模板连接,然后向中央铺设。相邻模板边肋应按设计要求用U形卡连接,也可用钩头螺栓与钢楞连接,也可采用U形卡预拼大块再吊装铺设。

④采用钢管脚手架作支撑时,在支柱高度方向每隔1.2~1.3 m设一道双向水平拉杆。

（2）楼板木模板安装

如图3.25所示,楼板木模板的底模板铺设在楞木上,楞木搁置在梁侧模板外的托木上,若楞木面不平,可以加木楔调平。当楞木的跨度较大时,中间应加设立柱,立柱上钉通长杠木。楼板底模板应垂直于楞木方向铺钉。当底模板采用定型模板时,应适当调整楞木间距来配合定型模板的规格。在主、次梁模板安装完毕后,才可以安装托木、楞木及楼板底模。

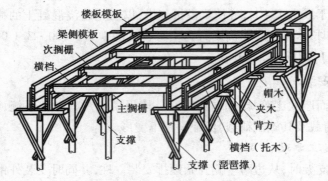

图3.25 有梁楼板木模板

（3）楼板定型组合钢模板安装

组合钢模板的楼板模板由平面钢模板拼装而成,其周边用阴角模板与梁或墙模板相连接。楼板模板用钢楞及支架支承,为了减少支架用量,扩大板下施工空间,宜用伸缩式桁架支承。

组合钢模板楼板模板的安装顺序是:先安装梁模板支承架、钢楞或桁架,再安装楼板模板。楼板模板的安装可以散拼,即按配板图在已安装好的支架上逐块拼装,也可以整体安装。

【小任务】

请同学们根据导入案例的条件编制本案例的模板安装方案,特别强调起拱高度的设计、支模安装顺序和模板标高的检查等问题。

5）墙模板

一般结构的墙模板由两片模板组成,每片模板由若干块平面模板拼成。这些平面模板可以竖拼也可以横拼,外面用竖横钢楞(木模板可用木楞)加固,并用斜撑保持稳定,用对拉螺栓(或钢拉杆)以抵抗混凝土的侧压力。墙体模板的对拉螺栓要设置内撑式套管(防水混凝土除外),一是确保对拉螺栓重复使用,二是控制墙体厚度。

墙模板的安装,首先沿边线抹水泥砂浆做好安装墙模板的基底处理,然后按配板图由一端向另一端,由下向上逐层拼装。钢模板也可先拼装成整块后再安装。

墙的钢筋可以在模板安装前绑扎,也可以在安装好一边的模板后再绑扎钢筋,最后安装另一边模板。

①组装模板时,要使两侧穿孔的模板对称放置,确保孔洞对准,以使穿墙螺栓与墙模保持垂直。

②相邻模板边肋用 U 形卡连接的间距,不得大于 300 mm,预组拼模板接缝处宜满上。

③预留门窗洞口的模板应有锥度,安装要牢固,使其既不变形,又便于拆除。

④墙模板上预留的小型设备孔洞,当遇到钢筋时,应设法确保钢筋位置正确,不得将钢筋移向一侧。

⑤优先采用预组装的大块模板,必须要有良好的刚度,以便整体装、拆、运。

⑥墙模板上口必须在同一水平面上,严防墙顶标高不一。

6)楼梯模板

(1)楼梯木模板安装

图 3.26 所示的是一种楼梯模板(木模板)。安装时,在楼梯间的墙上按设计标高画出楼梯段、楼梯踏步及平台梁、平台板的位置,先立平台梁、平台板的模板(同楼板模板的安装),然后在楼梯基础侧板上钉托木,楼梯模板的斜楞钉在基础梁和平台梁侧模板外的托木上。在斜楞上面铺钉楼梯底模板。下面设杠木和斜向顶撑,斜向顶撑间距 1 ~ 1.2 m,用拉杆拉结。再沿楼梯边立外帮板,用外帮板上的横档木、斜撑和固定夹木将外

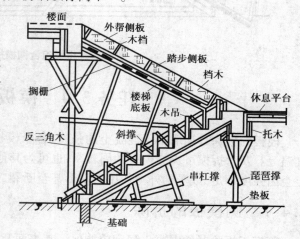

图 3.26 板式楼梯木模板安装

帮板钉固在夹木上。再在靠墙的一面把反三角板立起,反三角板的两端可钉于平台梁和梯基的侧模板上,再在反三角板与外帮板之间逐块钉上踏步侧板,踏步侧板的一头钉在外帮板的木档上,另一头钉在反三角板上的三角木块(或小木条)侧面上。如果梯段较宽,应在梯段中间再加反三角板,以免发生踏步侧板凸肚现象。为了确保梯板符合要求的厚度,在踏步侧板下面可以垫若干小木块,在浇筑混凝土时随时取出。

(2)楼梯定型组合钢模板安装

施工前应根据实际层高放样,先安装休息平台梁模板,再安装楼梯模板斜楞,然后铺设楼梯底模、安装外帮侧模和踏步模板。安装模板时要特别注意斜向支柱(斜撑)的固定,防止浇筑混凝土时模板移动。楼梯段定型组合钢模板组装情况,如图 3.27 所示。

(3)楼梯模板安装时应注意梯步高度一致

楼梯模板的梯步高度要一致,尤其要注意每层楼梯最上一步和最下一步的高度,防止由于抹灰面层厚度不同而形成梯步高度差异。

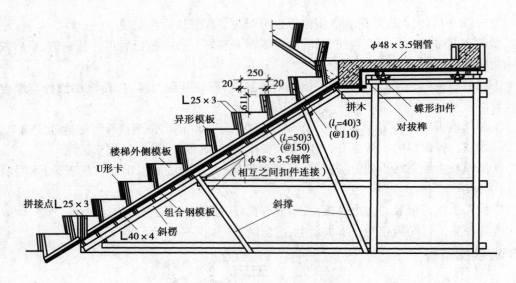

图 3.27　楼梯组合钢模板支设示意

任务 3.4　模板的拆除

模板的拆除日期取决于混凝土的强度、各个模板的用途、结构的性质、混凝土硬化时的气温等。及时拆模可提高模板的周转率,也可为其他工种施工创造条件。但过早拆模,混凝土会因强度不足,或受到外力作用而变形甚至断裂,造成重大质量事故。

3.4.1　侧模板的拆除

侧模板拆除时的混凝土强度应能保证其表面及棱角不因拆除模板而受损坏。

3.4.2　底模板及支架的拆除

底模板及支架拆除时的混凝土强度应符合设计要求;当无设计要求时,混凝土强度应符合表 3.12 的规定。

表 3.12　底模拆除时的混凝土强度要求

构件类型	构件跨度/m	达到设计抗压强度标准值的百分率/%
板	≤2	≥50
	>2,8≤	≥75
	>8	≥100
梁、拱、壳	≤8	≥75
	>8	≥100
悬臂构件	—	≥100

由于过早拆模、混凝土强度不足而造成混凝土结构构件沉降变形、缺棱掉角、开裂,甚至塌陷时有发生。为保证结构的安全和作用功能,拆模时混凝土的强度应满足相关规范的要求。该强度通常反映为同条件养护混凝土试件的强度,强调非标准养护试件的强度,主要是为了考虑现场实际混凝土的强度。悬臂构件更容易因混凝土强度不足而引发事故,因此对其拆模时的混凝土强度应从严要求。

3.4.3　模板拆除要求

①对于大体积混凝土的拆模,除应满足混凝土强度要求外,还应使混凝土内外温差降低到 25 ℃以下时方可拆模,否则应采取有效措施防止产生温度裂缝。

②对后张法预应力混凝土结构构件,侧模宜在预应力张拉前拆除;底模支架的拆除应按施工技术方案执行,当无具体要求时,不应在结构构件建立预应力前拆除。

③拆模前应检查所使用的工具是否有效和可靠,扳手等工具必须装入工具袋或系挂在身上,并应检查拆模场所范围内的安全措施。

④模板的拆除工作应设专人指挥。作业区应设围栏,其内不得有其他工种作业,并应设专人负责监护。拆下的模板、零配件严禁抛掷。

⑤拆模的顺序和方法应按模板的设计规定进行。当设计无规定时,一般是先支后拆,后支先拆,先拆除侧模板,后拆除底模板。对于肋形楼板的拆模顺序,首先拆除柱模板,然后拆除楼板底模板、梁侧模板,最后拆除梁底模板。

多层楼板模板支架的拆除,应按下列要求进行:上层楼板正在浇筑混凝土时,下一层楼板的模板支撑不得拆除,再下一层楼板模板的支架仅可拆除一部分;跨度≥4 m 的梁均应保留支架,其间距不得大于 3 m。

⑥多人同时操作时,应明确分工、统一信号或行动,应具有足够的操作面,人员应站于安全处。

⑦高处拆除模板时,应遵守有关高处作业的规定。严禁使用大锤和撬棍,操作层上临时拆下的模板堆放不能超过 3 层。

⑧在提前拆除互相搭连并涉及其他后拆模板的支撑时,应补设临时支撑。拆模时,应逐块拆卸,不得成片撬落或拉倒。

⑨拆模如遇中途停歇,应将已拆松动、悬空、浮吊的模板或支架进行临时支撑牢固或相互连接稳固。对活动部件必须一次拆除。

⑩已拆除了模板的结构,应在混凝土强度达到设计强度值后方可承受全部设计荷载。若在未达到设计强度以前,需在结构上加置施工荷载时,应另行核算,强度不足时,应加设临时支撑。

⑪遇 6 级或 6 级以上大风时,应暂停室外的高处作业。雨、雪、霜后应先清扫施工现场,再进行工作。

⑫拆除有洞口模板时,应采取防止操作人员坠落的措施。

3.4.4　支架立柱拆除

①当拆除钢楞、木楞、钢桁架时,应在其下临时搭设防护支架,使所拆楞梁及桁架先落于

临时防护支架上。

②当立柱的水平拉杆超出2层时,应首先拆除2层以上的拉杆。当拆除最后一道水平拉杆时,应和拆除立柱同时进行。

③当拆除4~8 m跨度的梁下立柱时,应先从跨中开始,对称地分别向两端拆除。拆除时,严禁采用连梁底板向旁侧一片拉倒的拆除方法。

④对于多层楼板模板的立柱,当上层及以上楼板正在浇筑混凝土时,下层楼板立柱的拆除,应根据下层楼板结构混凝土强度的实际情况,经过计算确定。

⑤对已拆下的钢楞、木楞、桁架、立柱及其他零配件,应及时运到指定地点。对有芯钢管立柱,运出前应先将芯管抽出或用销卡固定。

3.4.5　普通模板拆除

1)拆除基础模

①拆除前应先检查基槽(坑)土壁的安全状况,发现有松软等不安全因素时,应在采取安全防范措施后,方可进行作业。

②模板和支撑杆件等应随拆随运,不得在离槽(坑)上口边缘1 m以内堆放。

③应先拆内外木楞、再拆木面板;钢模板应先拆钩头螺栓和内外钢楞,后拆U形卡和L形插销,拆下的钢模板应妥善传递或用绳钩放至地面,不得抛掷。拆下的小型零配件应装入工具袋内或小型箱笼内,不得随处乱扔。

2)拆除柱模

①柱模拆除应分别采用分散拆和分片拆两种方法。

柱模分散拆除的顺序为:拆除拉杆或斜撑→自上而下拆除柱箍或横楞→拆除竖楞→自上而下拆除配件及模板→运走分类堆放→清理、拔钉→钢模维修、刷防锈油或脱模剂→入库备用。

分片拆除的顺序为:拆除全部支撑系统→自上而下拆除柱箍及横楞→拆掉柱角U形卡→分二片或四片拆除模板→原地清理→刷防锈油或脱模剂→分片运至新支模地点备用。

②柱子拆下的模板及配件不得向地面抛掷。

3)拆除墙模

①墙模分散拆除顺序为:拆除斜撑或斜拉杆→自上而下拆除外楞及对拉螺栓→分层自上而下拆除木楞或钢楞及零配件和模板→运走分类堆放→拔钉清理或清理检修后刷防锈油或脱模剂→入库备用。

②预组拼大块墙模拆除顺序应为:拆除全部支撑系统→拆卸大块墙模接缝处的连接型钢及零配件→拧去固定埋设件的螺栓及大部分对拉螺栓→挂上吊装绳扣并略拉紧吊绳后→拧下剩余对拉螺栓→用方木均匀敲击大块墙模立楞及钢模板,使其脱离墙体,用撬棍轻轻外撬大块墙模板使其全部脱离→指挥起吊、运走、清理、刷防锈油或脱模剂备用。

③拆除每一大块墙模的最后两个对拉螺栓后,作业人员应撤离大模板下侧,之后的操作均应在上部进行。个别大块模板拆除后产生局部变形者应及时整修好。

④大块模板起吊时,速度要慢,应保持垂直,严禁模板碰撞墙体。

4)拆除梁、板模板

①梁、板模板应先拆梁侧模,再拆板底模,最后拆除梁底模,并应分段分片进行,严禁成片撬落或成片拉拆。

②拆除时,作业人员应站在安全的地方进行操作,严禁站在已拆或松动的模板上进行拆除作业。

③拆除模板时,严禁用铁棍或铁锤乱砸,已拆下的模板应妥善传递或用绳钩放至地面。

④严禁作业人员站在悬臂结构边缘敲拆下面的底模。

⑤待分片、分段的模板全部拆除后,方允许将模板、支架、零配件等按指定地点运出堆放,并进行拔钉、清理、整修、刷防锈油或脱模剂,入库备用。

【小任务】

请同学们根据本案例编制模板拆除方案,方案中应强调根据本工程的跨度确定拆除时间和模板周转使用的问题。

任务3.5 模板质量检查

3.5.1 主控项目

①安装现浇结构的上层模板及其支架时,下层楼板应具有承受上层荷载的承载能力,或加设支架;上、下层支架的立柱应对准,并铺设垫板。现浇多层房屋和构筑物的模板及其支架安装时,上、下层支架的立柱应对准,以利于混凝土重力及施工荷载的传递,这是保证施工安全和质量的有效措施。通常均采用观察检查的方法,但对观察难以判定的部位,应辅以量测检查。

②涂刷模板隔离剂时,不得沾污钢筋和混凝土接槎处。隔离剂沾污钢筋和混凝土接槎处可能对混凝土结构受力性能造成明显的不利影响,故应避免。

3.5.2 一般项目

①模板安装应满足下列要求:

a. 模板的接缝不应漏浆;在浇筑混凝土前,木模板应浇水湿润,但模板内不应有积水。

b. 模板与混凝土的接触面应清理干净并涂刷隔离剂,但不得采用影响结构性能或妨碍安装工程施工的隔离剂。

c. 浇筑混凝土前,模板内的杂物应清理干净。

d. 对清水混凝土工程及装饰混凝土工程,应使用能达到设计效果的模板。

无论是采用何种材料制作的模板,其接缝都应保证不漏浆。木模板浇水湿润有利于接缝闭合而不致漏浆,但因浇水湿润后膨胀,木模板安装时的接缝不宜过于严密。模板内部与混凝土的接触面应清理干净,以避免夹渣等缺陷。

②为了保证预制构件的成型质量,用作模板的地坪、胎模等应平整光洁,不得产生影响

构件质量的下沉、裂缝、起砂或起鼓。

③对跨度不小于 4 m 的现浇钢筋混凝土梁、板,其模板应按设计要求起拱;当设计无具体要求时,起拱高度宜为跨度的 1/1 000 ~ 3/1 000。

对跨度较大的现浇混凝土梁、板,考虑到自重的影响,适度起拱有利于保证构件的开头和尺寸。执行时应注意此处的起拱高度未包括设计起拱值,而只考虑模板本身在荷载下的下垂,因此对钢模板可取偏小值,对木模板可取偏大值,通常采用水准仪检查。

④固定在模板上的预埋件、预留孔和预留洞均不得遗漏,且应安装牢固,其偏差应符合表 3.13 的规定。

表 3.13　预埋件和预留孔洞的允许偏差

项　目		允许偏差/mm
预埋钢板中心线位置		3
预埋管、预留孔中心线位置		3
插　筋	中心线位置	5
	外露长度	+10,0
预埋螺栓	中心线位置	2
	外露长度	+10,0
预留洞	中心线位置	10
	尺寸	+10,0

注:检查中心线位置时,应沿纵、横两个方向量测,并取其中的较大值。

对预埋件的外露长度,只允许有正偏差,不允许有负偏差;对预留洞内部尺寸,只允许大,不允许小。在允许偏差表中,不允许的偏差都以"0"来表示。

⑤现浇结构模板安装的偏差应符合表 3.14 的规定。

表 3.14　现浇结构模板安装的允许偏差及检验方法

项　目		允许偏差/mm	检验方法
轴线位置		5	尺量
底模上表面标高		±5	水准仪或拉线、尺量
模板内部尺寸	基　础	±10	尺量
	柱、墙、梁	±5	尺量
	楼梯相邻踏步高差	±5	尺量
垂直度	柱、墙层高≤6 m	6	经纬仪或吊线、尺量
	柱、墙层高>6 m	8	经纬仪或吊线、尺量
相邻两板表面高低差		2	尺量
表面平整度		5	2 m 靠尺和塞尺量测

注:检查轴线位置时,应沿纵、横两个方向量测,并取其中的较大值。

⑥预制构件模板安装的偏差应符合表 3.15 的规定。

检查数量:首次使用及大修后的模板应全数检查;使用中的模板应定期检查,并根据使用情况不定期抽查。

表 3.15　预制构件模板安装的允许偏差及检验方法

项　目		允许偏差/mm	检验方法
长　度	板、梁	±4	尺量两侧边，取其中较大值
	薄腹梁、桁架	±8	
	柱	0，−10	
	墙板	0，−5	
宽　度	板、墙板	0，−5	尺量两端及中部，取其中较大值
	梁、薄腹梁、桁架	+2，−5	
高(厚)度	板	+2，−3	尺量两端及中部，取其中较大值
	墙板	0，−5	
	梁、薄腹梁、桁架、柱	+2，−5	
侧向弯曲	梁、板、柱	$L/1\ 000$ 且 $\leqslant 15$	拉线、尺量最大弯曲处
	墙板、薄腹梁、桁架	$L/1\ 500$ 且 $\leqslant 15$	
板的表面平整度		3	2 m 靠尺和塞尺量测
相邻两板表面高低差		1	尺量
对角线差	板	7	尺量两个对角线
	墙　板	5	
翘曲	板、墙板	$L/1\ 500$	水平尺在两端量测
设计起拱	薄腹梁、桁架、梁	±3	拉线、尺量跨中

注:L 为构件长度,单位为 mm。

检查数量:首次使用及大修后的模板应全数检查;使用中的模板应抽查 10%,且不应少于 5 件,不足 5 件时应全数检查。

任务 3.6　脚手架工程施工

3.6.1　脚手架的分类

脚手架是指施工现场为工人操作并为解决垂直和水平运输而搭设的各种支架。其作用主要是方便施工人员上下操作或外围安全网围护及高空安装构件等作业。脚手架的种类较多,可按用途、构架方式、设置形式、支固方式、脚手架平杆与立杆的连接方式以及材料划分种类。

1)按用途划分

①操作(作业)用脚手架。又分为结构作业脚手架(俗称砌筑脚手架)和装修作业脚手架,可分别简称为结构脚手架和装修脚手架,其架面施工荷载标准值分别规定为 3 kN/m² 和 2 kN/m²。

②防护用脚手架。架面施工(搭设)荷载标准值可按 1 kN/m²。

③承重、支撑用脚手架。架面荷载按实际使用值计。

2）按构架方式划分

①杆件组合式脚手架,俗称多立杆式脚手架,简称杆组式脚手架。

②框架组合式脚手架(简称框组式脚手架),即由简单的平面框架(如门架、梯架、"日"字架和"目"字架等)与连接、撑拉杆件组合而成的脚手架,如门式钢管脚手架、梯式钢管脚手架和其他各种框式构件组装的鹰架等。

③格构件组合式脚手架,即由桁架梁和格构柱组合而成的脚手架,如桥式脚手架[又有提升(降)式和沿齿条爬升(降)式两种]。

④台架,即具有一定高度和操作平面的平台架,多为定型产品,其本身具有稳定的空间结构,可单独使用或立拼增高与水平连接扩大,并常带有移动装置。

3）按脚手架的设置形式划分

①单排脚手架:只有一排立杆的脚手架,其横向平杆的另一端搁置在墙体结构上。

②双排脚手架:具有两排立杆的脚手架。

③满堂脚手架:在纵、横方向,由不少于3排立杆并与水平杆、水平剪刀撑、竖向剪刀撑、扣件等构成的脚手架。

④封圈脚手架:沿建筑物或作业范围周边设置并相互交圈连接的脚手架。

⑤开口脚手架:沿建筑物周边非交圈设置的脚手架,其中呈直线形的脚手架为一字形脚手架。

⑥特形脚手架:具有特殊平面和空间造型的脚手架,如用于脚手架烟囱、水塔、冷却塔以及其他平面为圆形、环形、"外方内圆"形、多边形和上扩、上缩等特殊形式的建筑施工脚手架。

4）按脚手架的支固方式划分

①落地式脚手架:搭设(支座)在地面、楼面、屋面或其他平台结构之上的脚手架。

②悬挑脚手架(简称挑脚手架):采用悬挑方式支固的脚手架,其挑支方式又有悬挑梁、悬挑三角桁架、杆件支挑结构3种。

③附墙悬挂脚手架(简称挂脚手架):在上部或(和)中部挂设于墙体挑挂件上的定型脚手架。

④悬吊脚手架(简称吊脚手架):悬吊于悬挑梁或工程结构之下的脚手架。当采用篮式作业架时,称为"吊篮"。

⑤附着升降脚手架(简称爬架):附着于工程结构、依靠自身提升设备实现升降的悬空脚手架(其中实现整体提升者,也称为整体提升脚手架)。

⑥整体式附着脚手架:有3个以上提升装置的连跨升降的附着式升降脚手架。

⑦水平移动脚手架:带行走装置的脚手架(段)或操作平台架。

5）按脚手架平、立杆的连接方式划分

①承插式脚手架:在平杆与立杆之间采用承插连接的脚手架。

②扣接式脚手架:使用扣件箍紧连接的脚手架,即靠拧紧扣件螺栓所产生的摩擦作用构架和承载的脚手架。

③销栓式脚手架:采用对穿螺栓或销杆连接的脚手架,此种形式已很少使用。

此外,还按脚手架的材料划分为竹脚手架、木脚手架、钢管或金属脚手架等。

3.6.2　脚手架构架的组成部分

脚手架构架由构架基本结构、整体稳定和抗侧力杆件、连墙件和卸载装置、作业层设施以及其他安全防护设施等部分组成。

1)构架基本结构

脚手架构架的基本结构为直接承受和传递脚手架垂直荷载作用的构架部分,多数情况下,构架基本结构由基本结构单元组合而成。

2)整体稳定和抗侧力杆件

整体稳定和抗侧力杆件是指附在构架基本结构上的、加强整体稳定和抗侧力作用的杆件,如剪刀撑、斜杆、抛撑以及其他撑力杆件。

3)连墙件和卸载装置

连墙件是将脚手架架体与建筑物主体构件连接,能够传递拉力和压力的构件。采用连墙杆实现的附壁联结,可以加强脚手架的整体稳定性,提高其承载能力,防止出现倾倒和坍塌等重大事故。卸载装置是指将超过搭设限高的脚手架荷载部分地卸给工程结构承受的措施。

4)作业层设施

作业层设施包括扩宽架面构造、铺板层、侧面防(围)护设施(挡脚板、栏杆、维护板网)以及其他设施,如梯段、过桥等。

3.6.3　扣件式钢管脚手架

1)扣件式钢管脚手架构配件

扣件式钢管脚手架由脚手架骨架(由标准的钢管杆件和特制扣件组成)、脚手板、防护构件、连墙件等组成,是目前最常用的一种脚手架,如图 3.28 所示。它具有杆配件数量少,装卸方便、利于施工操作,搭设灵活、能搭设高度大、坚固耐用、使用方便的优点。

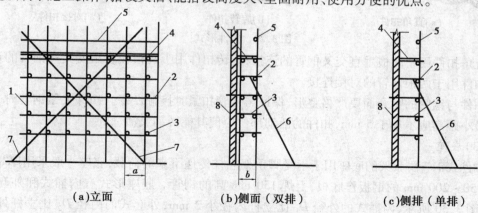

(a)立面　　　　　(b)侧面(双排)　　　　　(c)侧排(单排)

图 3.28　扣件式钢管脚手架

1—立杆;2—大横杆;3—小横杆;4—脚手板;5—栏杆;

6—抛撑;7—斜撑(剪刀撑);8—墙体

扣件式钢管脚手架分为双排式和单排式两种形式。双排式沿外墙侧设两排立杆,小横杆两端支撑在内外两排立杆上,多层和高层房屋均可采用,当房屋高度超过 50 m 时,需专门设计。单排式沿墙外侧仅设一排立杆,其小横杆与大横杆连接,另一端承在墙上,仅适用于荷载较小、高度较低、墙体有一定强度的多层房屋。

(1)钢管杆件

钢管规格统一采用 $\phi 48.3 \times 3.6$ 规格。钢管杆件包括立杆、大横杆(纵向平杆)、小横杆(横向平杆)、剪刀撑、斜撑和抛撑等。

立杆也称立柱、站杆,平行于建筑物立面并垂直于地面,是传递脚手架结构自重、施工荷载与风荷载的主要受力杆件。大横杆是平行于建筑物在纵向连接各立杆的通长杆件,是承受并传递施工荷载给立杆的主要受力杆件。小横杆是垂直于建筑物,在横向连接各立杆的水平杆件,也是承受并传递施工荷载给立杆的主要受力杆件。剪刀撑(十字撑)和斜撑("之"字撑)统称为支撑,是为保证脚手架的整体刚度和稳定性、提高脚手架的承载力而设置的。抛撑又称支撑、压栏子,是设在脚手架周围横向撑住架子,与地面约成 60° 夹角的斜杆。

脚手架钢管宜采用 $\phi 48.3 \times 3.6$ 钢管。每根钢管的最大质量不应大于 25.8 kg,以适合人工操作。用于立杆、大横杆、剪刀撑和斜杆的钢管最大长度为 4 ~ 6.5 m。用于小横杆的钢管,长度宜在 1.8 ~ 2.2 m,以适应脚架手宽度的需要。

(2)扣件

扣件为杆件之间的连接件。扣件的基本形式有直角扣件、旋转扣件和对接扣件 3 种,如图 3.29 所示。

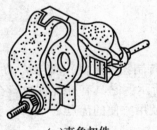  

(a)直角扣件　　　　　　　(b)旋转扣件　　　　　　　(c)对接扣件

图 3.29　扣件形式

直角扣件用于两根垂直交叉钢管的连接;旋转扣件用于两根任意角度交叉钢管的连接;对接扣件用于两根钢管的对接连接。

扣件与钢管的贴合面要严格整形,保证与钢管扣紧时接触良好。扣件夹紧钢管时,开口处的最小距离应不小于 5 mm,扣件的活动部位应使其能转动灵活。

(3)底座

扣件式钢管脚手架的底座用于承受脚手架立柱传递下来的荷载,底座一般采用厚 8 mm、边长 150 ~ 200 mm 的钢板作底板,上焊 150 mm 高的钢管。底座形式有内插式和外套式两种,如图 3.30 所示,内插式的外径 D_1 比立杆内径小 2 mm,外套式的内径 D_2 比立杆外径大 2 mm。

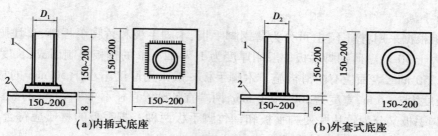

（a）内插式底座　　　　　　　　　　　　（b）外套式底座

图 3.30　扣件式钢管脚手架底座

1—承插钢管；2—钢板底座

（4）连墙件

连墙件将立杆与主体结构连接在一起，可用钢管、型钢或粗钢筋等。脚手架柔性连墙件的做法粗糙，可靠性差，不符合安全要求，现在已取消，均采用刚性连接，其间距见表 3.16。

表 3.16　连墙件的布置

脚手架类型	脚手架高度/m	垂直间距/m	水平间距/m
双排	≤60	≤6	≤6
	<50	≤4	≤6
单排	≤24	≤6	≤6

每个连墙件抗风荷载的最大面积应小于 40 m²。连墙件需从底部第一根纵向水平杆处开始设置，连墙件与结构的连接应牢固，通常采用预埋件连接。

连墙杆每三步五跨间隔设置一根，其作用不仅在于防止架子外倾，同时还可增加立杆的纵向刚度，如图 3.31 所示。

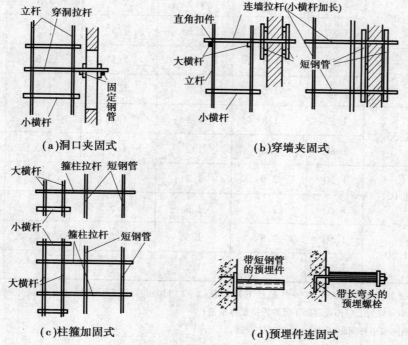

（a）洞口夹固式　　　　　　　　　　　（b）穿墙夹固式

（c）柱箍加固式　　　　　　　　　　　（d）预埋件连固式

图 3.31　连墙杆的做法

225

（5）脚手板

脚手板根据采用材料不同,可分为薄钢脚手板、木脚手板和竹脚手板等,单块脚手板的质量不宜大于 30 kg。薄钢脚手板一般用厚度为 1.5 ~ 2 mm 的钢板压制而成,长度为 2 ~ 4 m,宽度为 250 mm,表面应有防滑措施。木脚手板一般采用厚度不小于 50 mm 的杉木板或松木板,长度为 3 ~ 6 m,宽度为 200 ~ 250 mm,两端宜各设置直径不小于 4 mm 的镀锌钢丝箍两道。竹脚手板又分为竹片并列脚手板和钢竹脚手板两种。脚手板的材质应符合规定,且脚手板不得有超过允许的变形和缺陷。

（6）可调托撑

可调托撑螺杆外径不得小于 36 mm,可调托撑的螺杆与支托板焊接应牢固,焊缝高度不得小于 6 mm;可调托撑螺杆与螺母旋合长度不得少于 5 扣,螺母厚度不得小于 30 mm。可调托撑抗压承载力设计值不应小于 40 kN,支托板厚不应小于 5 mm。

2）基本构造

（1）常用单、双排脚手架设计尺寸

常用密目式安全网全封闭单、双排脚手架结构的设计尺寸,可按表 3.17 和表 3.18 采用。

表 3.17　常用密目式安全立网全封闭式双排脚手架的设计尺寸

单位:m

连墙件设置	立杆横距 l_b	步距 h	不同荷载下的立杆纵距 l_a/m				脚手架允许搭设高度 H
			2+0.35 /(kN·m⁻²)	2+2+2×0.35 /(kN·m⁻²)	3+0.35 /(kN·m⁻²)	3+2+2×0.35 /(kN·m⁻²)	
二步三跨	1.05	1.50	2.0	1.5	1.5	1.5	50
		1.80	1.8	1.5	1.5	1.5	32
	1.30	1.50	1.8	1.5	1.5	1.5	50
		1.80	1.8	1.2	1.5	1.2	30
	1.55	1.50	1.8	1.5	1.5	1.5	38
		1.80	1.8	1.2	1.5	1.5	22
三步三跨	1.05	1.50	2.0	1.5	1.5	1.5	43
		1.80	1.8	1.5	1.5	1.2	24
	1.30	1.50	1.8	1.5	1.5	1.2	30
		1.80	1.8	1.2	1.5	1.2	17

注:1. 表中所示 2 + 2 + 2 × 0.35（kN/m²）包括下列荷载:2 + 2（kN/m²）为二层装修作业层施工荷载标准值,2 × 0.35（kN/m²）为二层作业层脚手板自重荷载标准值;

2. 作业层横向水平杆间距,应按不大于 l_a/2 设置;

3. 地面粗糙度为 B 类,基本风压 $W_0 = 0.4$ kN/m²。

表 3.18 常用密目式安全立网全封闭式单排脚手架的设计尺寸

单位:m

连墙件设置	立杆横距 l_b	步距 h	不同荷载下的立杆纵距 l_a/m		脚手架允许搭设高度 H
			2+0.35 /(kN·m⁻²)	3+0.35 /(kN·m⁻²)	
三步三跨	1.20	1.50	2.0	1.8	24
		1.80	1.5	1.2	24
	1.40	1.50	1.8	1.5	24
		1.80	1.5	1.2	24
三步三跨	1.20	1.50	2.0	1.8	24
		1.80	1.2	1.2	24
	1.40	1.50	1.8	1.5	24
		1.80	1.2	1.2	24

单排脚手架搭设高度不应超过 24 m;双排脚手架搭设高度不宜超过 50 m,高度超过 50 m 的双排脚手架,应采用分段搭设等措施。

(2)脚手架纵向水平杆、横向水平杆、脚手板

①纵向水平杆的构造应符合下列规定:

a.纵向水平杆应设置在立杆内侧,单根杆长度不应小于 3 跨。

b.纵向水平杆接长应采用对接扣件连接或搭接,并应符合下列规定:两根相邻纵向水平杆的接头不应设置在同步或同跨内;不同步或不同跨两个相邻接头在水平方向错开的距离不应小于 500 mm;各接头中心至最近主节点的距离不应大于纵距的 1/3(图 3.32)。

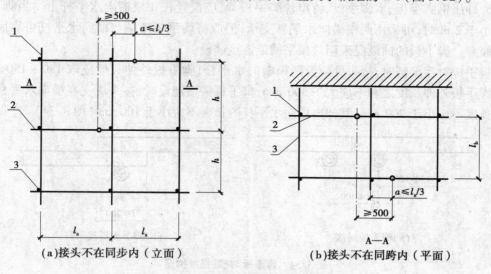

(a)接头不在同步内(立面)   (b)接头不在同跨内(平面)

图 3.32 纵向水平杆对接接头布置

1—立杆;2—纵向水平杆;3—横向水平杆

搭接长度不应小于 1 m,应等间距设置 3 个旋转扣件固定;端部扣件盖板边缘至搭接纵向水平杆杆端的距离不应小于 100 mm。

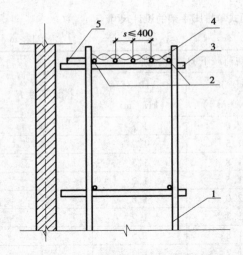

图3.33　铺竹笆脚手板时纵向水平杆的构造
1—立杆；2—纵向水平杆；
3—横向水平杆；4—竹笆脚手板；
5—其他脚手板

c.当使用冲压钢脚手板、木脚手板、竹串片脚手板时，纵向水平杆应作为横向水平杆的支座，用直角扣件固定在立杆上；当使用竹笆脚手板时，纵向水平杆应采用直角扣件固定在横向水平杆上，并应等间距设置，间距不应大于400 mm（图3.33）。

②横向水平杆的构造应符合下列规定：

a.作业层上非主节点处的横向水平杆，宜根据支承脚手板的需要等间距设置，最大间距不应大于纵距的1/2。

b.当使用冲压钢脚手板、木脚手板、竹串片脚手板时，双排脚手架的横向水平杆两端均应采用直角扣件固定在纵向水平杆上；单排脚手架的横向水平杆的一端应用直角扣件固定在纵向水平杆上，另一端应插入墙内，插入长度不应小于180 mm。

c.当使用竹笆脚手板时，双排脚手架的横向水平杆的两端，应用直角扣件固定在立杆上；单排脚手架的横向水平杆的一端，应用直角扣件固定在立杆上，另一端插入墙内，插入长度不应小于180 mm。

③主节点处必须设置一根横向水平杆，用直角扣件扣接且严禁拆除。

④脚手板的设置应符合下列规定：

a.作业层脚手板应铺满、铺稳、铺实。

b.冲压钢脚手板、木脚手板、竹串片脚手板等，应设置在3根横向水平杆上。当脚手板长度小于2 m时，可采用两根横向水平杆支承，但应将脚手板两端与横向水平杆可靠固定，严防倾翻。脚手板的铺设应采用对接平铺或搭接铺设。

脚手板对接平铺时，接头处应设两根横向水平杆，脚手板外伸长度应取130～150 mm，两块脚手板外伸长度之和不应大于300 mm；脚手板搭接铺设时，接头应支在横向水平杆上，搭接长度不应小于200 mm，其伸出横向水平杆的长度不应小于100 mm（图3.34）。

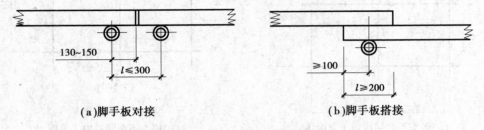

（a）脚手板对接　　　　（b）脚手板搭接

图3.34　脚手板对接、搭接构造

c.竹笆脚手板应按其主竹筋垂直于纵向水平杆方向铺设，且应对接平铺，4个角应用直径不小于1.2 mm的镀锌钢丝固定在纵向水平杆上。

d.作业层端部脚手板探头长度应取150 mm，板的两端均应固定于支承杆件上。

（3）立杆

①每根立杆底部宜设置底座或垫板。

②脚手架必须设置纵、横向扫地杆。纵向扫地杆应采用直角扣件固定在距钢管底端不大于200 mm处的立杆上。横向扫地杆应采用直角扣件固定在紧靠纵向扫地杆下方的立杆上。

③脚手架立杆基础不在同一高度上时，必须将高处的纵向扫地杆向低处延长两跨与立杆固定，高低差不应大于1 m。靠边坡上方的立杆轴线到边坡的距离不应小于500 mm（图3.35）。

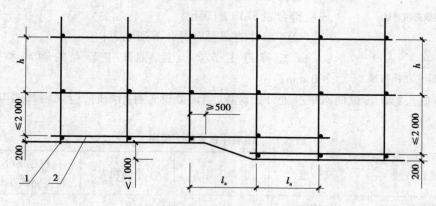

图3.35 纵、横向扫地杆构造

1—横向扫地杆；2—纵向扫地杆

④单、双排脚手架底层步距均不应大于2 m。

⑤单排、双排与满堂脚手架立杆接长除顶层顶步外，其余各层各步接头必须采用对接扣件连接。

⑥脚手架立杆的对接、搭接应符合下列规定：

a. 当立杆采用对接接长时，立杆的对接扣件应交错布置，两根相邻立杆的接头不应设置在同步内，同步内隔一根立杆的两个相隔接头在高度方向错开的距离不宜小于500 mm；各接头中心至主节点的距离不宜大于步距的1/3（图3.36）。

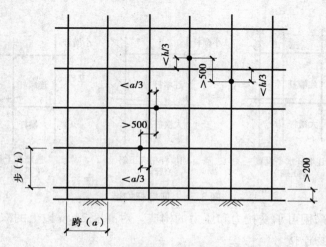

图3.36 立杆、纵向水平杆接头位置

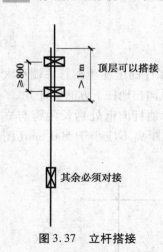

图 3.37　立杆搭接

b. 当立杆采用搭接接长时,搭接长度不应小于 1 m,并应采用不少于 2 个旋转扣件固定。端部扣件盖板的边缘至杆端距离不应小于 100 mm(图 3.37)。

⑦脚手架立杆顶端栏杆宜高出女儿墙上端 1 m,宜高出檐口上端 1.5 m。

(4)连墙件

①脚手架连墙件数量的设置除应满足规范的计算要求外,还应符合表 3.19 的规定。

②连墙件的布置应符合下列规定:

a. 应靠近主节点设置,偏离主节点的距离不应大于 300 mm。

b. 应从底层第一步纵向水平杆处开始设置,当该处设置有困难时,应采用其他可靠措施固定。

表 3.19　连墙件布置最大间距

搭设方法	高　　度	竖向间距 h	水平间距 l_a	每根连墙件覆盖面积/m^2
双排落地	≤50 m	$3h$	$3l_a$	≤40
双排悬挑	>50 m	$2h$	$3l_a$	≤27
单排	≤24 m	$3h$	$3l_a$	≤40

注:h 为步距;l_a 为纵距。

c. 应优先采用菱形布置,或采用方形、矩形布置。

③开口型脚手架的两端必须设置连墙件,连墙件的垂直间距不应大于建筑物的层高,并且不应大于 4 m。

④连墙件中的连墙杆应呈水平设置,当不能水平设置时,应向脚手架一端下斜连接(图 3.38)。

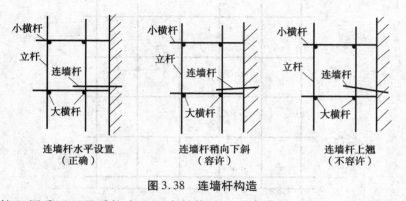

图 3.38　连墙杆构造

⑤连墙件必须采用可承受拉力和压力的构造。对高度 24 m 以上的双排脚手架,应采用刚性连墙件与建筑物连接。

⑥当脚手架下部暂不能设连墙件时应采取防倾覆措施。当搭设抛撑时,抛撑应采用通长杆件,并用旋转扣件固定在脚手架上,与地面的倾角应为45°～60°;连接点中心至主节点的距离不应大于300 mm。抛撑应在连墙件搭设后再拆除。

⑦架高超过40 m且有风涡流作用时,应采取抗上升翻流作用的连墙措施。

(5)门洞

①单、双排脚手架门洞宜采用上升斜杆、平行弦杆桁架结构型式(图3.39),斜杆与地面的倾角 α 应为45°～60°。门洞桁架的型式宜按下列要求确定:

a. 当步距 h 小于纵距 l_a 时,应采用A型;

b. 当步距 h 大于纵距 l_a 时,应采用B型,并应符合下列规定:当 $h=1.8$ m时,纵距不应大于1.5 m;当 $h=2.0$ m时,纵距不应大于1.2 m。

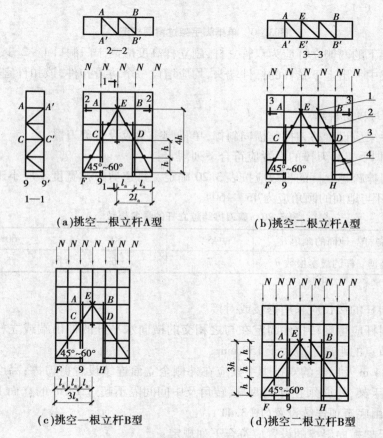

(a)挑空一根立杆A型 (b)挑空二根立杆A型

(c)挑空一根立杆B型 (d)挑空二根立杆B型

图3.39 门洞处上升斜杆、平行弦杆桁架
1—防滑扣件;2—增设的横向水平杆;3—副立杆;4—主立杆

②单、双排脚手架门洞桁架的构造应符合下列规定:

a. 单排脚手架门洞处,应在平面桁架的每一节间设置一根斜腹杆;双排脚手架门洞处的空间桁架,除下弦平面外,应在其余5个平面内的图示节间设置一根斜腹杆。

b. 斜腹杆宜采用旋转扣件固定在与之相交的横向水平杆的伸出端上,旋转扣件中心线至主节点的距离不宜大于150 mm。当斜腹杆在一跨内跨越两个步距时[图3.39(a)],宜在相交的纵向水平杆处,增设一根横向水平杆,将斜腹杆固定在其伸出端上。

c. 斜腹杆宜采用通长杆件,当必须接长使用时,宜采用对接扣件连接,也可采用搭接。

③单排脚手架过窗洞时应增设立杆或增设一根纵向水平杆(图3.40)。

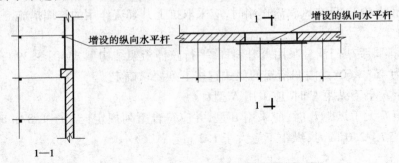

图3.40 单排脚手架过窗洞构造

④门洞桁架下的两侧立杆应为双管立杆,副立杆高度应高于门洞口1~2步。

⑤门洞桁架中伸出上下弦杆的杆件端头,均应增设一个防滑扣件,该扣件宜紧靠主节点处的扣件。

(6)剪刀撑与横向斜撑

①双排脚手架应设置剪刀撑与横向斜撑,单排脚手架应设置剪刀撑。

②单、双排脚手架剪刀撑的设置应符合下列规定:

a. 每道剪刀撑跨越立杆的根数应按表3.20确定。每道剪刀撑宽度不应小于4跨,且不应小于6 m,斜杆与地面的倾角应为45°~60°。

表3.20 剪刀撑跨越立杆的最多根数

剪刀撑斜杆与地面的倾角 α	45°	50°	60°
剪刀撑跨越立杆的最多根数 n	7	6	5

b. 剪刀撑斜杆的接长应采用搭接或对接。

c. 剪刀撑斜杆应用旋转扣件固定在与之相交的横向水平杆的伸出端或立杆上,旋转扣件中心线至主节点的距离不应大于150 mm。

③高度在24 m及以上的双排脚手架应在外侧全立面连续设置剪刀撑;高度在24 m以下的单、双排脚手架,均必须在外侧两端、转角及中间间隔不超过15 m的立面上,各设置一道剪刀撑,并应由底至顶连续设置(图3.41)。

④双排脚手架横向斜撑的设置应符合下列规定:

a. 横向斜撑应在同一节间,由底至顶呈之字形连续布置。

b. 高度在24 m以下的封闭型双排脚手架可不设横向斜撑,高度在24 m以上的封闭型脚手架,除拐角应设置横向斜撑外,中间应每隔6跨距设置一道。

c. 开口型双排脚手架的两端均必须设置横向斜撑。

(7)斜道

①人行并兼作材料运输的斜道的形式,对于不大于6 m的脚手架,宜采用一字形斜道;对于高度大于6 m的脚手架,宜采用"之"字形斜道。

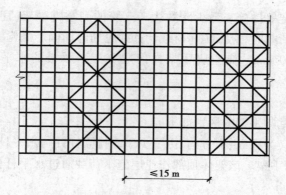

图 3.41 高度 24 m 以下剪刀撑布置

②斜道的构造应符合下列规定：

a.斜道应附着外脚手架或建筑物设置。

b.运料斜道宽度不应小于 1.5 m,坡度不应大于 1:6;人行斜道宽度不应小于 1 m,坡度不应大于 1:3。

c.拐弯处应设置平台,其宽度不应小于斜道宽度。

d.斜道两侧及平台外围均应设置栏杆及挡脚板。栏杆高度应为 1.2 m,挡脚板高度不应小于 180 mm。

e.运料斜道两端、平台外围和端部应设置连墙件;每两步应加设水平斜杆;应按规范设置剪刀撑和横向斜撑。

③斜道脚手板构造应符合下列规定：

a.脚手板横铺时,应在横向水平杆下增设纵向支托杆,纵向支托杆间距不应大于 500 mm。

b.脚手板顺铺时,接头应采用搭接,下面的板头应压住上面的板头,板头的凸棱处应采用三角木填顺。

c.人行斜道和运料斜道的脚手板上应每隔 250~300 mm 设置一根防滑木条,木条厚度应为 20~30 mm。

(8)满堂脚手架

①满堂脚手架搭设高度不宜超过 36 m,满堂脚手架施工层不得超过 1 层。

②满堂脚手架立杆的构造应符合规定,立杆接长接头必须采用对接扣件连接。水平杆长度不宜小于 3 跨。

③满堂脚手架应在架体外侧四周及内部纵、横向每 6~8 m 由底至顶设置连续竖向剪刀撑。当架体搭设高度在 8 m 以下时,应在架顶部设置连续水平剪刀撑;当架体搭设高度在 8 m 及以上时,应在架体底部、顶部及竖向间隔不超过 8 m 处分别设置连续水平剪刀撑。水平剪刀撑宜在竖向剪刀撑斜杆相交平面设置,剪刀撑宽度应为 6~8 m。

④剪刀撑应用旋转扣件固定在与之相交的水平杆或立杆上,旋转扣件中心线至主节点的距离不宜大于 150 mm。

⑤满堂脚手架的高宽比不宜大于 3,当高宽比大于 2 时,应在架体的外侧四周和内部水平间隔 6~9 m、竖向间隔 4~6 m,设置连墙件与建筑结构拉结,当无法设置连墙件时,应采

取设置钢丝绳张拉固定等措施。最少跨数为 2、3 跨的满堂脚手架,宜设置连墙件。当满堂脚手架局部承受集中荷载时,应按实际荷载计算并应局部加固。满堂脚手架应设爬梯,爬梯踏步间距不得大于 300 mm。满堂脚手架操作层支撑脚手板的水平杆间距不应大于 1/2 跨距。

(9)满堂支撑架

满堂支撑架与满堂脚手架的区别如下:

①满堂脚手架定义为在纵、横方向,由不少于 3 排立杆并与水平杆、水平剪刀撑、竖向剪刀撑、扣件等构成的脚手架。该架体顶部作业层施工荷载通过水平杆传递给立杆,顶部立杆呈偏心受压状态。

②满堂支撑架定义为在纵、横方向,由不少于 3 排立杆并与水平杆、水平剪刀撑、竖向剪刀撑、扣件等构成的承力支架。该架体顶部的施工荷载通过可调托撑传给立杆,顶部立杆呈轴心受压状态。

③两者的区别在于一个是脚手架,另一个是承力支架。

④满堂支撑架立杆步距与立杆间距不宜超过规范规定,立杆伸出顶层水平杆中心线至支撑点的长度不应超过 0.5 m。满堂支撑架搭设高度不宜超过 30 m。

满堂支撑架可分为普通型和加强型两种。当架体沿外侧周边及内部纵、横向每隔 5 ~ 8 m,设置由底至顶的连续竖向剪刀撑,在竖向剪刀撑顶部交点平面设置连续水平剪刀撑且水平剪刀撑距架体底平面或相邻水平剪刀撑的间距不超过 8 m 时,定义为普通型满堂支撑架;当连续竖向剪刀撑的间距不大于 5 m,连续水平剪刀撑距架体底平面或相邻水平剪刀撑的间距不大于 6 m 时,定义为加强型满堂支撑架(图 3.42)。

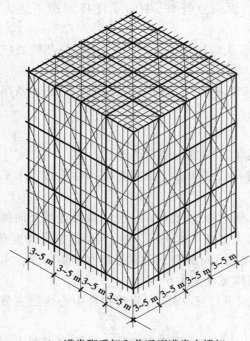 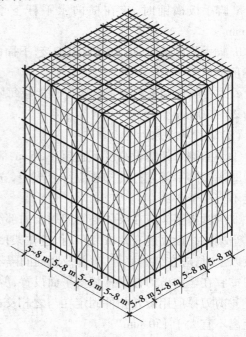

(a)满堂脚手架和普通型满堂支撑架　　　　(b)加强型满堂支撑架

图 3.42　满堂支撑架

当架体高度不超过 8 m 且施工荷载不大时,扫地杆布置层可不设水平剪刀撑。

(10)型钢悬挑脚手架

型钢悬挑脚手架高度不宜超过 20 m。型钢悬挑梁宜采用双轴对称截面的型钢。悬挑钢梁型号及锚固件应按设计确定,钢梁截面高度不应小于 160 mm。悬挑梁尾端应在两处及以上固定于钢筋混凝土梁板结构上。锚固型钢悬挑梁的 U 形钢筋拉环或锚固螺栓直径不宜小于 16 mm(图 3.43)。

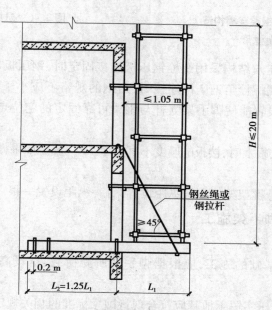

图 3.43 型钢悬挑脚手架构造

用于锚固的 U 形钢筋拉环或螺栓应采用冷弯成型。U 形钢筋拉环、锚固螺栓与型钢间隙应用钢楔或硬木楔楔紧。

每个型钢悬挑梁外端宜设置钢丝绳或钢拉杆与上一层建筑结构斜拉结。钢丝绳、钢拉杆不参与悬挑钢梁受力计算;钢丝绳与建筑结构拉结的吊环应使用 HPB300 级钢筋,其直径不宜小于 20 mm,吊环预埋锚固长度应符合现行国家标准《混凝土结构设计规范》(GB 50010—2010)中钢筋锚固的规定(图 3.44)。

悬挑钢梁悬挑长度应按设计确定,固定段长度不应小于悬挑段长度的 1.25 倍。型钢悬挑梁固定端应采用

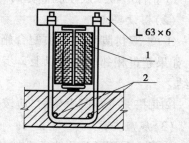

图 3.44 悬挑钢梁 U 形螺栓固定构造
1—木楔侧向楔紧;
2—两根长 1.5 m、直径 18 mm 的 HRB335 钢筋

两个(对)及以上 U 形钢筋拉环或锚固螺栓与建筑结构梁板固定,U 形钢筋拉环或锚固螺栓应预埋至混凝土梁、板底层钢筋位置,并应与混凝土梁、板底层钢筋焊接或绑扎牢固,其锚固长度应符合现行国家标准《混凝土结构设计规范》(GB 50010—2010)中钢筋锚固的规定(图 3.45、图 3.46)。

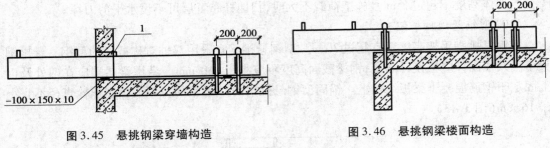

图 3.45 悬挑钢梁穿墙构造
1—木楔楔紧

图 3.46 悬挑钢梁楼面构造

当型钢悬挑梁与建筑结构采用螺栓钢压板连接固定时,钢压板尺寸不应小于 100 mm× 10 mm(宽×厚);当采用螺栓角钢压板连接时,角钢的规格不应小于 63 mm×63 mm×6 mm。型钢悬挑梁悬挑端应设置能使脚手架立杆与钢梁可靠固定的定位点,定位点离悬挑梁端部不应小于 100 mm。

锚固位置设置在楼板上时,楼板的厚度不宜小于 120 mm。如果楼板的厚度小于 120 mm,应采取加固措施。

悬挑梁间距应按悬挑架架体立杆纵距设置,每一纵距设置一根。

3)扣件式钢管脚手架施工

(1)地基与基础

①脚手架地基与基础的施工,应根据脚手架所受荷载、搭设高度、搭设场地土质情况进行。

②灰土地基施工、压实填土地基应符合现行国家标准的相关规定。

③立杆垫板或底座底面标高宜高于自然地坪 50～100 mm。

(2)搭设要点

①单、双排脚手架必须配合施工进度搭设,一次搭设高度不应超过相邻连墙件以上 2 步;如果超过相邻连墙件以上 2 步,无法设置连墙件时,应采取撑拉固定等措施与建筑结构拉结。

②每搭完一步脚手架后,应按规范规定校正步距、纵距、横距及立杆的垂直度。

(3)底座安放

垫板应采用长度不少于 2 跨、厚度不小于 50 mm、宽度不小 200 mm 的木垫板。

(4)立杆搭设

脚手架开始搭设立杆时,应每隔 6 跨设置一根抛撑,直至连墙件安装稳定后,方可根据情况拆除。

当架体搭设至有连墙件的主节点时,在搭设完该处的立杆、纵向水平杆、横向水平杆后,应立即设置连墙件。

(5)纵向水平杆搭设

相邻立杆的对接连接接头注意错开。脚手架纵向水平杆应随立杆按步搭设,并应采用直角扣件与立杆固定。在封闭型脚手架的同一步中,纵向水平杆应四周交圈设置,并应用直角扣件与内外角部立杆固定。

（6）横向水平杆搭设

①双排脚手架横向水平杆的靠墙一端至墙装饰面的距离不应大于 100 mm。

②单排脚手架的横向水平杆不应设置在下列部位：

a. 设计上不允许留脚手眼的部位。

b. 过梁上与过梁两端成 60°角的三角形范围内及过梁净跨度 1/2 的高度范围内。

c. 宽度小于 1 m 的窗间墙。

d. 梁或梁垫下及其两侧各 500 mm 的范围内。

e. 砖砌体的门窗洞口两侧 200 mm 和转角处 450 mm 的范围内，其他砌体的门窗洞口两侧 300 mm 和转角处 600 mm 的范围内。

f. 墙体厚度小于或等于 180 mm。

g. 独立或附墙砖柱，空斗砖墙、加气块墙等轻质墙体。

h. 砌筑砂浆强度等级小于或等于 M2.5 的砖墙。

（7）连墙件、剪刀撑安装

连墙件的安装应随脚手架搭设同步进行，不得滞后安装；当单、双排脚手架施工操作层高出相邻连墙件以上 2 步时，应采取确保脚手架稳定的临时拉结措施，直到上一层连墙件安装完毕后再根据情况拆除。

脚手架剪刀撑与单、双排脚手架横向斜撑应随立杆、纵向和横向水平杆等同步搭设，不得滞后安装。

（8）扣件安装

在主节点处固定横向水平杆、纵向水平杆、剪刀撑、横向斜撑等用的直角扣件、旋转扣件的中心点的相互距离不应大于 150 mm；对接扣件开口应朝上或朝内；各杆件端头伸出扣件盖板边缘的长度不应小于 100 mm。

（9）作业层、斜道的栏杆和挡脚板的搭设

作业层、斜道的栏杆和挡脚板的搭设应符合下列规定（图 3.47）：

①栏杆和挡脚板均应搭设在外立杆的内侧。

②上栏杆上皮高度应为 1.2 m。

③挡脚板高度不应小于 180 mm。

④中栏杆应居中设置。

（10）脚手板的铺设

脚手板的铺设应符合下列规定：

①脚手板应铺满、铺稳，离墙面的距离不应大于 150 mm。

②采用对接或搭接时均应符合规定；脚手板探头应用直径 3.2 mm 的镀锌钢丝固定在支承杆件上。

③在拐角、斜道平台口处的脚手板，应用镀锌钢丝固定在横向水平杆上，防止滑动。

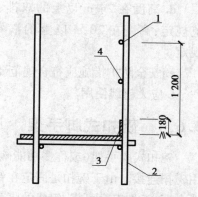

图 3.47　栏杆与挡脚板构造
1—上栏杆；2—外立杆；
3—挡脚板；4—中栏杆

4）拆除

①单、双排脚手架拆除作业必须由上而下逐层进行，严禁上下同时作业；连墙件必须随

脚手架逐层拆除,严禁先将连墙件整层或数层拆除后再拆脚手架;分段拆除高差大于 2 步时,应增设连墙件加固。

②当脚手架拆至下部最后一根长立杆的高度(约 6.5 m)时,应先在适当位置搭设临时抛撑加固后,再拆除连墙件。当单、双排脚手架采取分段、分立面拆除时,对不拆除的脚手架两端,应先按本规范规定设置连墙件和横向斜撑加固。

③架体拆除作业应设专人指挥,当有多人同时操作时,应明确分工、统一行动,且应具有足够的操作面。卸料时各构配件严禁抛掷至地面;运至地面的构配件应及时检查、整修与保养,并应按品种、规格分别存放。

5)脚手架检查与验收

①脚手架及其地基基础应在下列阶段进行检查与验收:

a. 基础完工后及脚手架搭设前。

b. 作业层上施加荷载前。

c. 每搭设完 6~8 m 高度后。

d. 达到设计高度后。

e. 遇有 6 级强风及以上风或大雨后,冻结地区解冻后。

f. 停用超过 1 个月。

②脚手架使用中,应定期检查下列要求内容:

a. 杆件的设置和连接,连墙件、支撑、门洞桁架等的构造应符合规范和专项施工方案的要求。

b. 地基应无积水,底座应无松动,立杆应无悬空。

c. 扣件螺栓应无松动。

d. 高度在 24 m 以上的双排、满堂脚手架,其立杆的沉降与垂直度的偏差应符合规范规定;高度在 20 m 以上的满堂支撑架,其立杆的沉降与垂直度的偏差应符合规范规定。

e. 安全防护措施应符合规范要求。

f. 应无超载使用。

3.6.4 碗扣式脚手架

碗扣式脚手架(或称多功能碗扣脚手架),是多立杆式外脚手架的一种,其杆件节点处采用碗扣连接。由于碗扣是固定在钢管上的,构件全部轴向连接,因此其力学性能好,接头构造合理,工作安全可靠,组成的脚手架整体性好,不存在扣件丢失问题。

1)碗扣式脚手架构配件

碗扣式钢管脚手架的主要构配件有钢管立杆、顶杆、横杆、斜杆、底座和碗扣接头等。其基本构造和搭设要求与扣件式钢管脚手架类似,不同之处主要在于碗扣接头。

碗扣节点由上碗扣、下碗扣、立杆、横杆接头和上碗扣限位销组成(图 3.48)。上碗扣、下碗扣和限位销按 600 mm 间距设置在钢管立杆之上,其中下碗扣和限位销直接焊在立杆上。组装时,将上碗扣的缺口对准限位销后,把横杆接头插入下碗扣内,压紧和旋转上碗扣,利用限位销固定上碗扣。碗扣接头可同时连接 4 根横杆,可以互相垂直或偏转一定角度。立杆上应设有接长用套管及连接销孔。

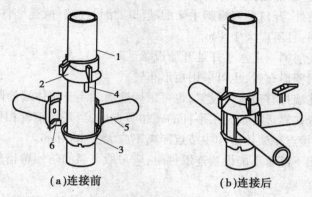

（a）连接前　　　　　　（b）连接后

图 3.48　碗扣接头

1—立杆;2—上碗扣;3—下碗扣;4—限位销;5—横杆;6—横杆接头

2）碗扣式脚手架构造

（1）双排外脚手架尺寸

双排脚手架应根据使用条件及荷载要求选择结构设计尺寸,横杆步距宜选用 1.8 m,廊道宽度（横距）宜选用 1.2 m,立杆纵向间距可选择不同规格的系列尺寸。

曲线布置的双排外脚手架组架时,应按曲率要求使用不同长度的内外横杆组架,曲率半径应大于 2.4 m。

脚手架首层立杆应采用不同的长度交错布置,架体相邻杆接头应错开设置,不应设置在同步内,底部横杆（扫地杆）严禁拆除,立杆应配置可调底座,如图 3.49 所示。

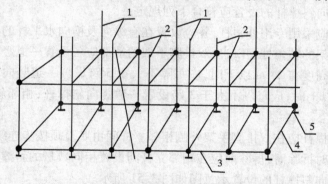

图 3.49　双排脚手架起步立杆布置示意图

1—第一型号立杆;2—第二型号立杆;3—纵向扫地杆;4—横向扫地杆;5—立杆底座

脚手架的水平杆应按步距沿纵向和横向连续设置,不得缺失。在立杆的底部碗扣处应设置一道纵向水平杆、横向水平杆作为扫地杆,扫地杆距地面高度不应超过 400 mm,水平杆和扫地杆应与相邻立杆连接牢固。

（2）双排脚手架连墙杆的设置

双排脚手架连墙杆的设置应符合下列规定:

①连墙件应采用能承受压力和拉力的构造,并应与建筑结构和架体连接牢固。

②同一层连墙件应设置在同一水平面,连墙点的水平投影间距不得超过 3 跨,竖向垂直间距不得超过 3 步,连墙点之上架体的悬臂高度不得超过两步。

③在架体的转角处、开口型双排脚手架的端部应增设连墙件,连墙件的竖向垂直间距不应大于建筑物的层高,且不应大于 4 m。

④连墙件宜从底层第一道水平杆处开始设置。

⑤连墙件宜采用菱形布置,也可采用矩形布置。

⑥连墙件中的连墙杆宜呈水平设置,也可采用连墙端高于架体端的倾斜设置方式。

⑦连墙件应设置在靠近有横向水平杆的碗扣节点处,当采用钢管扣件做连墙件时,连墙件应与立杆连接,连接点距架体碗扣主节点距离不应大于 300 mm。

⑧当双排脚手架下部暂不能设置连墙件时,应采取可靠的防倾覆措施,但无连墙件的最大高度不得超过 6 m。

⑨当双排脚手架高度在 24 m 以上时,顶部 24 m 以下所有的连墙件设置层应连续设置之字形水平斜撑杆,水平斜撑杆应设置在纵向水平杆之下,如图 3.50 所示。

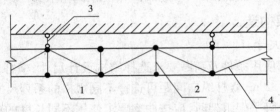

图 3.50 水平斜撑杆设置示意图

1—纵向水平杆;2—横向水平杆;3—连墙件;4—水平斜撑杆

（3）双排脚手架竖向斜撑杆的设置

双排脚手架竖向斜撑杆的设置应符合下列规定:

①竖向斜撑杆应采用专用外斜杆,并应设置在有纵向及横向水平杆的碗扣节点上。

②在双排脚手架的转角处、开口型双排脚手架的端部应各设置一道竖向斜撑杆。

③当架体搭设高度在 24 m 以下时,应每隔不大于 5 跨设置一道竖向斜撑杆;当架体搭设高度在 24 m 及以上时,应每隔不大于 3 跨设置一道竖向斜撑杆;相邻斜撑杆宜呈八字形对称设置。

④每道竖向斜撑杆应在双排脚手架外侧相邻立杆间由底至顶按步连续设置。

⑤当斜撑杆临时拆除时,拆除前应在相邻立杆间设置相同数量的斜撑杆。

双排脚手架竖向斜撑杆的设置示意图如图 3.51 所示。

（4）脚手板

①钢脚手板的挂钩必须完全落在廊道横杆上,并带有自锁装置,严禁浮放。

②平放在横杆上的脚手板,必须与脚手架连接牢靠,可适当加设间横杆,脚手板探头长度应小于 150 mm。

③作业层的脚手板框架外侧应设挡脚板及防护栏,护栏应采用 2 道横杆。

（5）模板支撑架

模板支撑架应根据施工荷载组配横杆及选择步距,根据支撑高度选择组配立杆、可调托

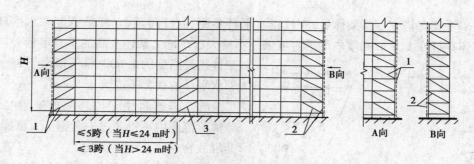

图 3.51 双排脚手架竖向斜撑杆设置示意
1—拐角竖向斜撑杆；2—端部竖向斜撑杆；3—中间竖向斜撑杆

撑及可调底座。

模板支撑架高度超过 4 m 时，应在四周拐角处设置专用斜杆或四面设置八字斜杆，并在每排每列设置一组通高十字撑或专用斜杆。

3）脚手架搭设

（1）施工准备

①对进入现场的脚手架构配件，使用前应对其质量进行复检。构配件应按品种、规格分类放置在堆料区内或码放在专用架上，清点好数量备用。脚手架堆放场地排水应畅通，不得有积水。

②连墙件如采用预埋方式，应提前与设计协商，并保证预埋件在混凝土浇筑前埋入。

③脚手架搭设场地必须平整、坚实、排水措施得当。

（2）地基与基础处理

地基施工完成后，应检查地基表面平整度、平整度偏差不得大于 20 mm，土壤地基上的立杆必须采用可调底座。

当脚手架基础为楼面等既有建筑结构或贝雷梁、型钢等临时支撑结构时，对不满足承载力要求的既有建筑结构应按方案设计的要求进行加固，对贝雷梁、型钢等临时支撑结构应按相关规定对临时支撑结构进行验收。

脚手架基础经验收合格后，应按施工设计或专项方案的要求放线定位。

（3）脚手架搭设

①脚架立杆垫板、底座应准确放置在定位线上，垫板应平整、无翘曲，不得采用已开裂的垫板，底座的轴心线应与地面垂直。

②脚手架应按顺序搭设，并应符合下列规定：

a.双排脚手架搭设应按立杆、水平杆、斜杆、连墙件的顺序配合施工进度逐层搭设。一次搭设高度不应超过最上层连墙件两步，且自由长度不应大于 4 m。

b.模板支撑架应按先立杆、后水平杆、再斜杆的顺序搭设形成基本架体单元，并应以基本架体单元逐排、逐层扩展搭设成整体支撑架体系，每层搭设高度不宜大于 3 m。

c.斜撑杆、剪刀撑等加固件应随架体同步搭设，不得滞后安装。

③双排脚手架连墙件必须随架体升高及时在规定位置处设置。当作业层高出相邻连墙件以上两步时，在上层连墙件安装完毕前，必须采取临时拉结措施。

④碗扣节点组装时，应通过限位销将上碗扣锁紧水平杆。

⑤脚手架每搭完一步架体后,应校正水平杆步距、立杆间距、立杆垂直度和水平杆水平度。架体立杆在1.8 m高度内的垂直度偏差不得大于5 mm,架体全高的垂直度偏差应小于架体搭设高度的1/600,且不得大于35 mm。相邻水平杆的高差不应大于5 mm。

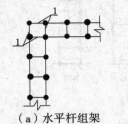
（a）水平杆组架

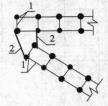
（b）钢管扣件拐角组架

图3.52 双排脚手架组架示意图
1—水平杆;2—钢管支架

⑥当双排脚手架内外侧加挑梁时,在一跨挑梁范围内不得超过1名施工人员操作,严禁堆放物料。

⑦当脚手架拐角为直角时,宜采用水平杆直接组架,如图3.52(a)所示。当脚手架拐角为非直角时,宜采用钢管扣件组架,如图3.52(b)所示。

4)脚手架拆除

①应全面检查脚手架的连接、支撑体系等是否符合构造要求,按技术管理程序批准后方可实施拆除作业。

②脚手架拆除前现场工程技术人员应对在岗操作工人进行有针对性的安全技术交底。

③脚手架拆除时必须划出安全区,设置警戒标志,派专人看管。

④拆除前应清理脚手架上的器具及多余的材料和杂物。

⑤拆除作业应从顶层开始,逐层向下进行,严禁上下层同时拆除。

⑥连墙件必须拆到该层时方可拆除,严禁提前拆除。

⑦拆除的构配件应成捆用起重设备吊运或人工传递到地面,严禁抛掷。

⑧脚手架采取分段、分立面拆除时,必须事先确定分界处的技术处理方案。

⑨拆除的构配件应分类堆放,以便于运输、维护和保管。

5)模板支撑架的搭设与拆除

①模板支撑架搭设应与模板施工相配合,利用可调底座或可调托撑调整底模标高。

②按施工方案弹线定位,放置可调底座后分别按先立杆、后横杆、再斜杆的搭设顺序进行。

③建筑楼板多层连续施工时,应保证上下层支撑立杆在同一轴线上。

④搭设在结构的楼板、挑台上时,应对楼板或挑台等结构承载力进行验算。

6)检查与验收

①构配件进场质量检查的重点为:钢管管壁厚度、焊接质量、外观质量、可调底座和可调托撑丝杆直径、与螺母配合间隙及材质。

②根据施工进度,脚手架应在下列环节进行检查与验收:

a.施工准备阶段,构配件进场时。

b.地基与基础施工完后,架体搭设前。

c.首层水平杆搭设安装后。

d.双排脚手架每搭设一个楼层高度,投入使用前。

e.模板支撑架每搭设完4步或搭设至6 m高度时。

f.双排脚手架搭设至设计高度后。

g. 模板支撑架搭设至设计高度后。

③地基基础检查验收应重点检查和验收下列内容:

a. 地基的处理、承载力应符合方案设计的要求。

b. 基础顶面应平整坚实,并应设置排水设施。

c. 基础不应有不均匀沉降,立杆底座和垫板与基础间应无松动、悬空现象。

d. 地基基础施工记录和试验资料应完整。

④架体检查应重点检查和验收下列内容:

a. 架体三维尺寸和门洞设置应符合方案设计要求。

b. 斜撑杆和剪刀撑应按方案设计规定的位置和间距设置。

c. 纵向水平杆、横向水平杆应连续设置,扫地杆距离地面高度应满足规范要求。

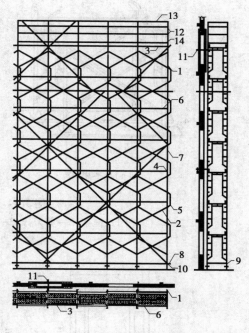

图 3.53 门式脚手架的组成
1—门架;2—交叉支撑;3—挂扣式脚手板;
4—连接棒;5—锁臂;6—水平加固杆;
7—剪力撑;8—纵向扫地杆;9—横向扫地杆;
10—底座;11—连墙杆;12—栏杆;
13—扶手;14—挡脚板

3.6.5 门式脚手架

门式脚手架是以门架、交叉支撑、连接棒、挂扣式脚手板、锁臂、底座等组成基本结构,再以水平加固杆、剪刀撑、扫地杆加固,并采用连墙件与建筑物主体结构相连的一种定型化钢管脚手架(图 3.53)。

1)门式脚手架构配件

门式钢管脚手架由门架、剪刀撑和水平梁架或脚手板构成基本单元,如图 3.54(a)所示。将基本单元连接起来即构成整片脚手架,如图 3.54(b)所示。

门式钢管脚手架的主要部件如图 3.55 所示。门式钢管脚手架的主要部件之间的连接采用方便可靠的自锚结构,主要形式有制动片式和偏重片式两种。

门架立杆加强杆的长度不应小于门架高度的 70%;门架宽度不得小于 800 mm,且不宜大于 1 200 mm。加固杆钢管宜采用直径 $\phi42\times2.5$ mm 的钢管,也可采用直径 $\phi48\times3.6$ mm 的钢管;相应的扣件规格也应分别为 $\phi42$、$\phi48$ 或 $\phi42/\phi48$。门架钢管平直度允许偏差不应大于管长的 1/500,钢管不得接长使用,不应使用带有硬伤或严重锈蚀的钢管。门架立杆、横杆钢管壁厚的负偏差不应超过 0.2 mm。钢管壁厚存在负偏差时,宜选用热镀锌钢管。

交叉支撑、锁臂、连接棒等配件与门架相连时,应有防止退出的止退机构,当连接棒与锁臂一起应用时,连接棒可不受此限制。脚手板、钢梯与门架相连的挂扣,应有防止脱落的扣紧机构。扣件应采用可锻铸铁或铸钢制作,连接外径为 $\phi42/\phi48$ 钢管的扣件应有明显标记。

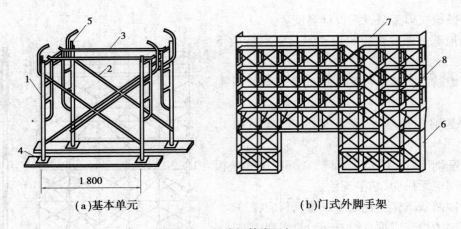

（a）基本单元 　　　　　　　　（b）门式外脚手架

图 3.54　门式钢管脚手架

1—门式框架;2—剪刀撑;3—水平梁架;4—螺旋基脚;5—连接器;

6—梯子;7—栏杆;8—脚手板

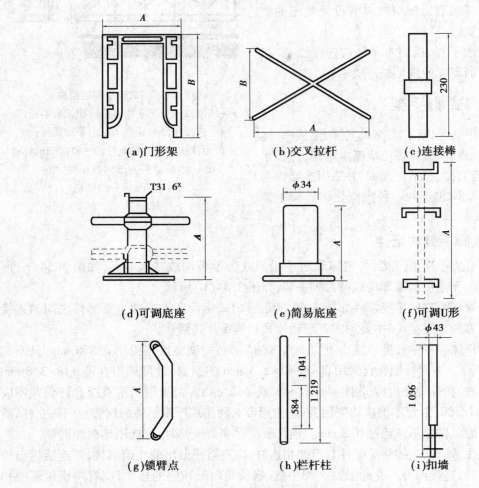

（a）门形架　　　　　　　（b）交叉拉杆　　　　　　　（c）连接棒

（d）可调底座　　　　　　（e）简易底座　　　　　　　（f）可调U形

（g）锁臂点　　　　　　　（h）栏杆柱　　　　　　　　（i）扣墙

图 3.55　门式脚手架主要部件

2）门式脚手架构造

（1）门架

门架应能配套使用,在不同组合情况下,均应保证连接方便、可靠,且应具有良好的互换性。不同型号的门架与配件严禁混合使用。上下榀门架立杆应在同一轴线位置上,门架立杆轴线的对接偏差不应大于 2 mm。门式脚手架的内侧立杆离墙面净距不宜大于 150 mm;当大于 150 mm 时,应采取内设挑架板或其他隔离防护的安全措施。门式脚手架顶端栏杆宜高出女儿墙上端或檐口上端 1.5 m。

（2）配件

配件应与门架配套,并应与门架连接可靠。门架的两侧应设置交叉支撑,并应与门架立杆上的锁销锁牢。上下榀门架的组装必须设置连接棒,连接棒与门架立杆配合间隙不应大于 2 mm。门式脚手架或模板支架上下榀门架间应设置锁臂;当采用插销式或弹销式连接棒时,可不设锁臂。门式脚手架作业层应连续满铺与门架配套的挂扣式脚手板,并应有防止脚手板松动或脱落的措施。当脚手板上有孔洞时,孔洞的内切圆直径不应大于 25 mm。

底部门架的立杆下端宜设置固定底座或可调底座。可调底座和可调托座的调节螺杆直径不应小于 35 mm,可调底座的调节螺杆伸出长度不应大于 200 mm。

（3）加固杆

①门式脚手架剪刀撑的设置要求如下:

a. 当门式脚手架搭设高度在 24 m 及以下时,在脚手架的转角处、两端及中间间隔不超过 15 m 的外侧立面必须各设置一道剪刀撑,并应由底至顶连续设置(图 3.56)。

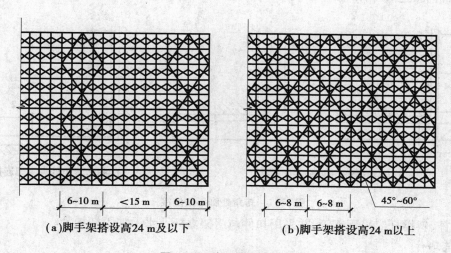

| (a)脚手架搭设高24 m及以下 | (b)脚手架搭设高24 m以上 |

6~10 m <15 m 6~10 m   6~8 m 6~8 m 45°~60°

图 3.56　剪刀撑设置示意图

b. 当脚手架搭设高度超过 24 m 时,在脚手架全外侧立面上必须设置连续剪刀撑。

c. 对于悬挑脚手架,在脚手架全外侧立面上必须设置连续剪刀撑。

②剪刀撑的构造如下:

a. 剪刀撑斜杆与地面的倾角宜为 45°~60°。

b. 剪刀撑应采用旋转扣件与门架立杆扣紧。

c. 剪刀撑斜杆应采用搭接接长,搭接长度不宜小于 1 000 mm,搭接处应采用 3 个及以上旋转扣件扣紧。

d. 每道剪刀撑的宽度不应大于 6 个跨距,且不应大于 10 m;也不应小于 4 个跨距,且不应小于 6 m。设置连续剪刀撑的斜杆水平间距宜为 6~8 m。

③纵向水平加固杆。门式脚手架应在门架两侧的立杆上设置纵向水平加固杆,并应采用扣件与门架立杆扣紧。水平加固杆设置应符合下列要求:

a. 在顶层、连墙件设置层必须设置。

b. 当脚手架每步铺设挂扣式脚手板时,至少每 4 步应设置一道,并宜在有连墙件的水平层设置。

c. 当脚手架搭设高度小于或等于 40 m 时,至少每两步门架应设置一道;当脚手架搭设高度大于 40 m 时,每步门架应设置一道。

d. 在脚手架的转角处、开口型脚手架端部的两个跨距内,每步门架应设置一道。

e. 悬挑脚手架每步门架应设置一道。

f. 在纵向水平加固杆设置层面上应连续设置。

④扫地杆。门式脚手架的底层门架下端应设置纵、横向通长的扫地杆。纵向扫地杆应固定在距门架立杆底端不大于 200 mm 处的门架立杆上,横向扫地杆宜固定在紧靠纵向扫地杆下方的门架立杆上。

(4)转角处门架连接

在建筑物的转角处,门式脚手架内、外两侧立杆上应按步设置水平连接杆、斜撑杆,将转角处的两榀门架连成一体(图 3.57)。

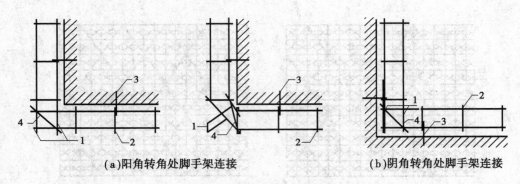

(a)阳角转角处脚手架连接   (b)阴角转角处脚手架连接

图 3.57 转角处脚手架连接

连接杆、斜撑杆应采用钢管,并采用扣件与门架立杆及水平加固杆扣紧。

(5)连墙件

连墙件设置的位置、数量应按专项施工方案确定,并应按确定的位置设置预埋件。连墙件的设置应满足表 3.21 的要求。

表3.21 连墙件最大间距或最大覆盖面积

序 号	脚手架搭设方式	脚手架高度/m	连墙件间距/m		每根连墙件覆盖面积/m²
			竖向	水平向	
1	落地、密目式安全网全封闭	≤40	3h	3l	≤40
2			2h	3l	
3		>40			≤27
4	悬挑、密目式安全网全封闭	≤40	3h	3l	≤40
5		40~60	2h	3l	≤27
6		>60	2h	2l	≤20

注:1. 序号4—6为架体位于地面上高度;

　　2. 按每根连墙件覆盖面积选择连墙件设置时,连墙件的竖向间距不应大于6 m;

　　3. 表中 h 为步距,l 为跨距。

在门式脚手架的转角处或开口型脚手架端部,必须增设连墙件。连墙件的垂直间距不应大于建筑物的层高,且不应大于4.0 m。连墙件应靠近门架的横杆设置,距门架横杆不宜大于200 mm。连墙件应固定在门架的立杆上。连墙件宜水平设置,当不能水平设置时,与脚手架连接的一端,应低于与建筑结构连接的一端,连墙杆的坡度宜小于1∶3。

(6)通道口

门式脚手架通道口高度不宜大于2个门架高度,宽度不宜大于1个门架跨距。门式脚手架通道口应采取加固措施,并应符合下列规定:

①当通道口宽度为一个门架跨距时,在通道口上方的内外侧应设置水平加固杆,水平加固杆应延伸至通道口两侧各一个门架跨距,并应在两个上角内外侧加设斜撑杆(图3.58)。

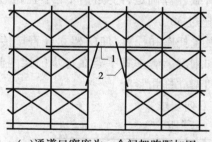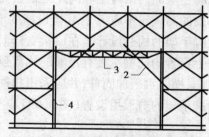

(a)通道口宽度为一个门架跨距加固　　　　(b)通道口宽度为两个跨距加固

图3.58 通道口加固示意图

1—水平加固杆;2—斜撑杆;3—托架梁;4—加强杆

②当通道口宽为两个及以上跨距时,在通道口上方应设置经专门设计和制作的托架梁,并应加强两侧的门架立杆。

(7)斜梯

作业人员上下脚手架的斜梯应采用挂扣式钢梯,并宜采用"之"字形设置,一个梯段宜跨越2步或3步门架再行转折。钢梯规格应与门架规格配套,并应与门架挂扣牢固。钢梯应设栏杆扶手、挡脚板。

（8）地基

门式脚手架与模板支架的地基承载力应根据规范规定经计算确定,在搭设时,根据不同地基土质和搭设高度条件,应符合表3.22的规定。

表3.22　地基要求

搭设高度/m	地基土质		
	中低压缩性且压缩性均匀	回填土	高压缩性或压缩性不均匀
≤24	夯实原土,干重力密度要求15.5 kN/m³。立杆底座置于面积不小于0.075 m²的垫木上	土夹石或素土回填夯实,立杆底座置于面积不小于0.10 m²垫木上	夯实原土,铺设通长垫木
>24 且≤40	垫木面积不小于0.10 m²,其余同上	砂夹石回填夯实,其余同上	夯实原土,在搭设地面满铺C15混凝土,厚度不小于150 mm
>40 且≤55	垫木面积不小于0.15 m²或铺通长垫木,其余同上	砂夹石回填夯实,垫木面积不小于0.15 m²或铺通长垫木	夯实原土,在搭设地面满铺C15混凝土,厚度不小于200 mm

注:垫木厚度不小于50 mm,宽度不小于200 mm;通长垫木的长度不小于1 500 mm。

门式脚手架与模板支架的搭设场地必须平整坚实,回填土应分层回填,逐层夯实;场地排水应顺畅,不应有积水。搭设门式脚手架的地面标高宜高于自然地坪标高50~100 mm。当门式脚手架与模板支架搭设在楼面等建筑结构上时,门架立杆下宜铺设垫板。

（9）满堂脚手架

满堂脚手架的门架跨距和间距应根据实际荷载计算确定,门架净间距不宜超过1.2 m。满堂脚手架的高宽比不应大于4,搭设高度不宜超过30 m。

满堂脚手架的构造设计是在门架立杆上宜设置托座和托梁,使门架立杆直接传递荷载。门架立杆上设置的托梁应具有足够的抗弯强度和刚度。满堂脚手架在每步门架两侧立杆上应设置纵向、横向水平加固杆,并应采用扣件与门架立杆扣紧。

满堂脚手架的剪刀撑设置（图3.59）应符合下列要求:

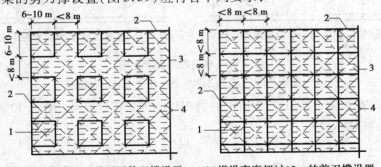

（a）搭设高度12 m及以下剪刀撑设置　（b）搭设高度超过12 m的剪刀撑设置

图3.59　满堂脚手架剪刀撑示意图

1—竖向剪刀撑;2—周边竖向剪刀撑;3—门架;4—水平剪刀撑

①搭设高度 12 m 及以下时,在脚手架的周边应设置连续竖向剪刀撑;在脚手架的内部纵向、横向间隔不超过 8 m 应设置一道竖向剪刀撑;在顶层应设置连续的水平剪刀撑。

②搭设高度超过 12 m 时,在脚手架的周边和内部纵向、横向间隔不超过 8 m 应设置连续竖向剪刀撑;在顶层和竖向每隔 4 步应设置连续的水平剪刀撑。

③竖向剪刀撑应由底至顶连续设置。

④在满堂脚手架的底层门架立杆上应分别设置纵向、横向扫地杆,并应采用扣件与门架立杆扣紧。满堂脚手架顶部作业区应满铺脚手板,并应采用可靠的连接方式与门架横杆固定。

⑤对高宽比大于 2 的满堂脚手架,宜设置缆风绳或连墙件等有效措施防止架体倾覆。缆风绳或连墙件设置应满足如下要求:

a.在架体端部及外侧周边水平间距不宜超过 10 m 设置;宜与竖向剪刀撑位置对应设置。

b.竖向间距不宜超过 4 步设置。

c.满堂脚手架中间设置通道口时,通道口底层门架可不设垂直通道方向的水平加固杆和扫地杆,通道口上部两侧应设置斜撑杆,并应按现行行业标准的规定在通道口上部设置防护层。

(10)模板支架

①门架的跨距与间距应根据支架的高度、荷载由计算和构造要求确定,门架的跨距不宜超过 1.5 m,门架的净间距不宜超过 1.2 m。

②模板支架的高宽比不应大于 4,搭设高度不宜超过 24 m。

③用于支承梁模板的门架,可采用平行或垂直于梁轴线的布置方式(图 3.60)。

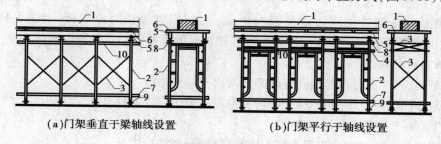

(a)门架垂直于梁轴线设置 　　　 (b)门架平行于轴线设置

图 3.60　梁模板支架的布置方式

1—混凝土梁;2—门架;3—交叉支撑;4—调节架;5—托梁;
6—木楞;7—扫地杆;8—可调托座;9—可调底座;10—水平加固杆

④当梁的模板支架高度较高或荷载较大时,门架可采用复式(重叠)的布置方式。

⑤梁板类结构的模板支架,应分别设计。板支架跨距(或间距)宜是梁支架跨距(或间距)的倍数,梁下横向水平加固杆应伸入板支架内不少于 2 根门架立杆,并应与板下门架立杆扣紧。

⑥当模板支架的高宽比大于 2 时,宜设置缆风绳或连墙件。

⑦模板支架在支架的四周和内部纵横向应与建筑结构柱、墙进行刚性连接,连接点应设在水平剪刀撑或水平加固杆设置层,并应与水平杆连接。

⑧模板支架在每步门架两侧立杆上应设置纵向、横向水平加固杆,并应采用扣件与门架立杆扣紧。

⑨模板支架应设置剪刀撑对架体进行加固。剪刀撑的设置要求是:在支架的外侧周边及内部纵横向每隔 6~8 m,应由底至顶设置连续竖向剪刀撑;搭设高度 8 m 及以下时,在顶层应设置连续的水平剪刀撑;搭设高度超过 8 m 时,在顶层和竖向每隔 4 步及以下应设置连续的水平剪刀撑;水平剪刀撑宜在竖向剪刀撑斜杆交叉层设置。

3)脚手架搭设

(1)地基与基础

在搭设前,应先在基础上弹出门架立杆位置线,垫板、底座安放位置应准确,标高应一致。

(2)监测搭设质量

①门式脚手架的搭设应与施工进度同步,一次搭设高度不宜超过最上层连墙件两步,且自由高度不应大于 4 m。

②满堂脚手架和模板支架应采用逐列、逐排和逐层的方法搭设。

③门架的组装应自一端向另一端延伸,应自下而上按步架设,并应逐层改变搭设方向,不应自两端相向搭设或自中间向两端搭设。

④每搭设完两步门架后,应校验门架的水平度及立杆的垂直度。

(3)搭设门架及配件

①交叉支撑、脚手板应与门架同时安装。

②连接门架的锁臂、挂钩必须处于锁住状态。

③钢梯的设置应符合专项施工方案组装布置图的要求,底层钢梯底部应加设钢管并应采用扣件扣紧在门架立杆上。

④在施工作业层外侧周边应设置 180 mm 高的挡脚板和两道栏杆,上道栏杆高度应为 1.2 m,下道栏杆应居中设置。挡脚板和栏杆均应设置在门架立杆的内侧。

(4)加固杆的搭设

①水平加固杆、剪刀撑等加固杆件必须与门架同步搭设。

②水平加固杆应设于门架立杆内侧,剪刀撑应设于门架立杆外侧。

(5)门式脚手架连墙件的安装

①连墙件的安装必须随脚手架搭设同步进行,严禁滞后安装。

②当脚手架操作层高出相邻连墙件以上两步时,在连墙件安装完毕前必须采用确保脚手架稳定的临时拉结措施。

(6)扣件连接

①扣件规格应与所连接钢管的外径相匹配。

②扣件螺栓拧紧扭力矩值应为 40~65 N·m。

③杆件端头伸出扣件盖板边缘长度不应小于 100 mm。

(7)搭设要求

①悬挑脚手架的搭设应符合规范要求,搭设前应检查预埋件和支承型钢悬挑梁的混凝土强度。

②门式脚手架通道口的搭设应符合规范要求,斜撑杆、托架梁及通道口两侧的门架立杆加强杆件应与门架同步搭设,严禁滞后安装。

③满堂脚手架与模板支架的可调底座、可调托座宜采取防止砂浆、水泥浆等污物填塞螺纹的措施。

4)脚手架拆除

①架体的拆除应从上而下逐层进行,严禁上下同时作业。

②同一层的构配件和加固杆件必须按先上后下、先外后内的顺序进行拆除。

③连墙件必须随脚手架逐层拆除,严禁先将连墙件整层或数层拆除后再拆架体。拆除作业过程中,当架体的自由高度大于 2 步时,必须加设临时拉结。

④连接门架的剪刀撑等加固杆件必须在拆卸该门架时拆除。

⑤拆卸连接部件时,应先将止退装置旋转至开启位置,然后拆除,不得硬拉,严禁敲击。拆除作业中,严禁使用手锤等硬物击打、撬别。当门式脚手架需分段拆除时,架体不拆除部分的两端应按规范规定采取加固措施后再拆除。门架与配件应采用机械或人工运至地面,严禁抛投。拆卸的门架与配件、加固杆等不得集中堆放在未拆架体上,并应及时检查、整修与保养,并宜按品种、规格分别存放。

5)检查与验收

（1）构配件检查与验收

门式脚手架与模板支架搭设前,应对门架与配件的基本尺寸、质量和性能进行检查,确认合格后方可使用。施工现场使用的门架与配件应具有产品质量合格证,且标志清晰。门架与配件表面应平直光滑,焊缝应饱满,不应有裂缝、开焊、焊缝错位、硬弯、凹痕、毛刺、锁柱弯曲等缺陷;门架与配件表面应涂刷防锈漆或镀锌。

加固杆、连接杆等所用钢管和扣件的应具有产品质量合格证,严禁使用有裂缝、变形的扣件,出现滑丝的螺栓必须更换,钢管和扣件应涂有防锈漆。

底座和托座应有产品质量合格证,在使用前应对调节螺杆与门架立杆配合间隙进行检查。

连墙件、型钢悬挑梁、U 形钢筋拉环或锚固螺栓,应具有产品质量合格证或质量检验报告,在使用前应进行外观质量检查。

（2）搭设检查与验收

①搭设前,对门式脚手架或模板支架的地基与基础应进行检查,经验收合格后方可搭设。

②门式脚手架搭设完毕或每搭设 2 个楼层高度,满堂脚手架、模板支架搭设完毕或每搭设 4 步高度,应对搭设质量及安全进行一次检查,经检验合格后方可交付使用或继续搭设。

③门式脚手架或模板支架分项工程的验收,除应检查验收档外,还应对搭设质量进行现场核验,在对搭设质量进行全数检查的基础上,对构配件和加固杆规格、品种应符合设计要求,应质量合格、设置齐全、连接和挂扣紧固可靠;基础应符合设计要求,应平整坚实,底座、支垫应符合规定;门架跨距、间距应符合设计要求,搭设方法应符合规范的规定;连墙件设置应符合设计要求,与建筑结构、架体应连接可靠;加固杆的设置应符合设计和本规范的要求;门式脚手架的通道口、转角等部位搭设应符合构造要求;架体垂直度及水平度应合格;悬挑脚手架的悬挑支承结构及与建筑结构的连接固定应符合设计和本规范的规定;安全网的张

挂及防护栏杆的设置应齐全、牢固等项目应进行重点检验,并应记入施工验收报告。

(3)使用过程中检查

①门式脚手架与模板支架在使用过程中应进行日常检查,发现问题应及时处理。检查时,应检查下列项目:

a.加固杆、连墙件应无松动,架体应无明显变形。

b.地基应无积水,垫板及底座应无松动,门架立杆应无悬空。

c.锁臂、挂扣件、扣件螺栓应无松动。

d.安全防护设施应符合本规范要求。

e 应无超载使用。

②门式脚手架与模板支架在使用过程中遇有下列情况时,应进行检查,确认安全后方可继续使用:

a.遇有 8 级以上大风或大雨过后。

b.冻结的地基土解冻后。

c.停用超过 1 个月。

d.架体遭受外力撞击等作用。

e 架体部分拆除时。

f.其他特殊情况。

满堂脚手架与模板支架在施加荷载或浇筑混凝土时,应设专人看护检查,发现异常情况应及时处理。

(4)拆除前检查

门式脚手架在拆除前,应检查架体构造、连墙件设置、节点连接,当发现有连墙件、剪刀撑等加固杆件缺少、架体倾斜失稳或门架立杆悬空情况时,对架体应先行加固后再拆除。

模板支架在拆除前,应检查架体各部位的连接构造、加固件的设置,应明确拆除顺序和拆除方法。

在拆除作业前,对拆除作业场地及周围环境应进行检查,拆除作业区内应无障碍物,作业场地邻近的输电线路等设施应采取防护措施。

3.6.6 承插型盘扣式钢管支架

承插型盘扣式钢管支架是立杆采用套管承插连接,水平杆和斜杆采用杆端扣接头卡入连接盘,用楔形插销连接,形成结构几何不变体系的钢管支架。承插型盘扣式钢管支架由立杆、水平杆、斜杆、可调底座及可调托座等构配件构成。根据其用途可分为模板支架和脚手架两类。

1)主要构配件的材质与制作要求

(1)主要构配件

盘扣节点应由焊接于立杆上的连接盘、水平杆杆端扣接头和斜杆杆端扣接头组成,如图 3.61 所示。

插销外表面应与水平杆和斜杆杆端扣接头内表面吻合,插销连接应保证锤击自锁后不拔脱,抗拔力不得小于 3 kN。

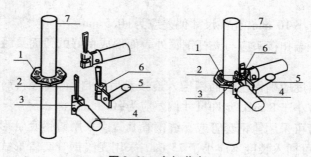

图 3.61　盘扣节点

1—连接盘;2—插销;3—水平杆杆端扣接头;

4—水平杆;5—斜杆;6—斜杆杆端扣接头;7—立杆

插销应具有可靠防拔脱构造措施,且应设置便于目视检查楔入深度的刻痕或颜色标记。立杆盘扣节点间距按 0.5 m 模数设置;横杆长度按 0.3 m 模数设置。

(2)材料要求

承插型盘扣式钢管支架的构配件除有特殊要求外,其材质应符合现行国家标准,各类主要构配件材质要求见表 3.23。

表 3.23　承插型盘扣式钢管支架的主要构配件材质

立杆	水平杆	竖向斜杆	水平斜杆	扣接头	立杆连接套管	可调底座、可调托座	可调螺母	连接盘、插销
Q345A	Q235A	Q195	Q235B	ZG230-450	ZG230-450 或 20 号无缝钢管	Q235B	ZG270-500	ZG230-450 或 Q235B

钢管外径允许偏差应符合表 3.24 的规定,钢管壁厚允许偏差应为 ±0.1 mm,要求见表 3.24。

表 3.24　钢管外径允许偏差

单位:mm

外径 D	外径允许偏差
33、38、42、48	+0.2 -0.1
60	+0.3 -0.1

(3)制作质量要求

①杆件焊接制作应在专用工艺装备上进行,各焊接部位应牢固可靠,焊丝宜采用符合气体保护电弧焊用碳钢、低合金钢焊丝的要求,有效焊缝高度不应小于 3.5 mm。

②铸钢或钢板热锻制作的连接盘的厚度不应小于 8 mm,允许尺寸偏差应为钢板冲压制

作的连接盘厚度不应小 10 mm,允许尺寸偏差应为±0.5 mm。

③铸钢制作的杆端扣接头应与立杆钢管外表面形成良好的弧面接触,并应有不小于 500 mm² 的接触面积。

④楔形插销的斜度应确保楔形插销楔入连接盘后能自锁。铸钢、钢板热锻或钢板冲压制作的插销厚度不应小于 8 mm,允许尺寸偏差应为±0.1 mm。

⑤立杆连接套管可采用铸钢套管或无缝钢管套管。采用铸钢套管形式的立杆连接套长度不应小于 90 mm,可插入长度不应小于 75 mm;采用无缝钢管套管形式的立杆连接套长度不应小于 160 mm,可插入长度不应小于 110 mm。套管内径与立杆钢管外径间隙不应大于 2 mm。

⑥立杆与立杆连接套管应设置固定立杆连接件的防拔出销孔,销孔孔径不应大于 14 mm,允许尺寸偏差应为±0.1 mm;立杆连接件直径宜为 12 mm,允许尺寸偏差应为±0.1 mm。

⑦连接盘与立杆焊接固定时,连接盘盘心与立杆轴心的不同轴度不应大于 0.3 mm;以单侧边连接盘外边缘处为测点,盘面与立杆纵轴线正交的垂直度偏差不应大于 0.3 mm。

⑧可调底座和可调托座的丝杆宜采用梯形牙,A 型立杆宜配置 φ48 丝杆和调节手柄,丝杆外径不应小于 46 mm;B 型立杆宜配置 φ38 丝杆和调节手柄,丝杆外径不应小于 36 mm。可调底座的底板和可调托座托板宜采用 Q235 钢板制作,厚度不应小于 5 mm,允许尺寸偏差应为±0.2 mm,承力面钢板长度和宽度均不应小于 150 mm;承力面钢板与丝杆应采用环焊,并应设置加劲片或加劲拱度;可调托座托板应设置开口挡板,挡板高度不应小于 40 mm。可调底座及可调托座丝杆与螺母旋合长度不得小于 5 扣,螺母厚度不得小于 30 mm。

⑨构配件外观质量应符合下列要求:

a. 钢管应无裂纹、凹陷、锈蚀,不得采用对接焊接钢管。

b. 钢管应平直,直线度允许偏差应为管长的 1/500,两端面应平整,不得有斜口、毛刺。

c. 铸件表面应光滑,不得有砂眼、缩孔、裂纹、浇冒口残余等缺陷,表面粘砂应清除干净。

d. 冲压件不得有毛刺、裂纹、氧化皮等缺陷。

e. 各焊缝有效高度应符合相关规定,焊缝应饱满,焊药应清除干净,不得有未焊透、夹渣、咬肉、裂纹等缺陷。

f. 可调底座和可调托座表面应浸漆或冷镀锌,涂层应均匀、牢固;架体杆件及其他构配件表面应热镀锌,表面应光滑,在连接处不得有毛刺、滴瘤和多余结块。

g. 主要构配件上的生产厂标识应清晰。

2)模板支架

模板支架的斜杆或剪刀撑应符合下列要求:

①当搭设高度不超过 8 m 的满堂模板支架时,步距不宜超过 1.5 m,支架架体四周外立面向内的第一跨每层均应设置竖向斜杆,架体整体底层以及顶层均应设置竖向斜杆,并应在架体内部区域每隔 5 跨由底至顶纵、横向均设置竖向斜杆或采用扣件钢管搭设的剪刀撑。当满堂模板支架的架体高度不超过 4 个步距时,可不设置顶层水平斜杆;当架体高度超过 4 个步距时,应设置顶层水平斜杆或扣件钢管水平剪刀撑,如图 3.62 所示。

②当搭设高度超过 8 m 的模板支架时,竖向斜杆应满布设置,水平杆的步距不得大于 1.5 m,沿高度每隔 4~6 个标准步距应设置水平层斜杆或扣件钢管剪刀撑。周边有结构

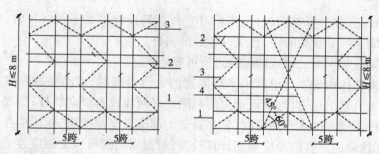

（a）满堂模板支架不超过 8 m 时　　　　（b）满堂模板支架超过 8 m 时

图 3.62　满堂模板支架斜杆设置立面图

1—立杆；2—水平杆；3—斜杆；4—扣件钢管剪刀撑

物时，宜与周边结构形成可靠拉结。

③当模板支架搭设成无侧向拉结的独立塔状支架时，架体每个侧面每步距均应设置竖向斜杆。当有防扭转要求时，应在顶层及每隔 3～4 个步距增设水平层斜杆或钢管水平剪刀撑。

④对长条状的独立高支模架，架体总高度与架体的宽度之比不宜大于 3。

⑤模板支架可调托座伸出顶层水平杆或双槽钢托梁的悬臂长度严禁超过 650 mm，且丝杆外露长度严禁超过 400 mm，可调托座插入立杆或双槽钢托梁长度不得小于 150 mm，如图 3.63 所示。

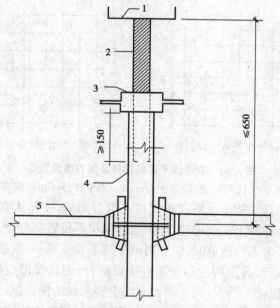

图 3.63　带可调托座伸出顶层杆的悬臂长度

1—可调托座；2—螺杆；3—调节螺母；4—立杆；5—水平杆

⑥高大模板支架最顶层的水平杆步距应比标准步距缩小一个盘扣间距。

⑦模板支架可调底座调节丝杆外露长度不应大于 300 mm，作为扫地杆的最底层水平杆离地高度不应大于 550 mm。当单肢立杆荷载设计值不大于 40 kN 时，底层的水平杆步距可

按标准步距设置,且应设置竖向斜杆;当单肢立杆荷载设计值大于40 kN时,底层的水平杆应比标准步距缩小一个盘扣间距,且应设置竖向斜杆。

⑧模板支架宜与周围已建成的结构进行可靠连接。

⑨当模板支架体内设置与单肢水平杆同宽的人行通道时,可间隔抽除第一层水平杆和斜杆形成施工人员进出通道,与通道正交的两侧立杆间应设置竖向斜杆;当模板支架体内设置与单肢水平杆不同宽的人行通道时,应在通道上部架设支撑横梁,横梁应按跨度和荷载确定,通道两侧支撑梁的立杆间距应根据计算设置,通道周围的模板支架应连成整体。洞口顶部应铺设封闭的防护板,两侧应设置安全网。通行机动车的洞口必须设置安全警示和防撞设施。

3)双排外脚手架

①用承插型盘扣式钢管支架搭设双排脚手架时,搭设高度不宜大于24 m,可根据使用要求选择架体几何尺寸,相邻水平杆步距宜选用2 m,立杆纵距宜选用1.5 m或1.8 m,且不宜大于2 m,立杆横距宜选用0.9 m或1.2 m。

②脚手架首层立杆宜采用不同长度的立杆交错布置,错开立杆竖向距离不应小于500 mm,当需设置人行通道时,立杆底部应配置可调底座。

③双排脚手架的斜杆或剪刀撑设置沿架体外侧纵向每5跨每层应设置一根竖向斜杆或每5跨间应设置扣件钢管剪刀撑,端跨的横向每层应设置竖向斜杆,如图3.64所示。

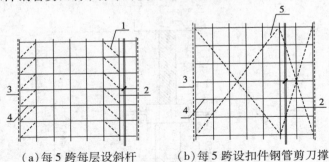

（a）每5跨每层设斜杆　　　　（b）每5跨设扣件钢管剪刀撑

图3.64　双排脚手架的斜杆及剪刀撑设置图

1—斜杆;2—立杆;3—两端竖向斜杆;4—水平杆;5—扣件钢管剪刀撑

④承插型盘扣式钢管支架应由塔式单元扩大组合而成,拐角为直角的部位应设置立杆间的竖向斜杆。当作为外脚手架使用时,单跨立杆间可不设置斜杆。

⑤当设置双排脚手架人行通道时,应在通道上部架设支撑横梁,横梁截面大小应按跨度以及承受的荷载计算确定,通道两侧脚手架应加设斜杆;洞口顶部应铺设封闭的防护板,两侧应设置安全网;通行机动车的洞口,必须设置安全警示和防撞设施。

⑥对双排脚手架的每步水平杆层,当无挂扣钢脚手架板加强水平层刚度时,应每5跨设置水平斜杆,如图3.65所示。

⑦连墙件的设置应符合下列规定:

a.连墙件必须采用可承受拉压荷载的刚性杆件,连墙件与脚手架立面及墙体应保持垂直,同一层连墙件宜在同一平面,水平间距不应大于3跨,与主体结构外侧面距离不宜大于300 mm。

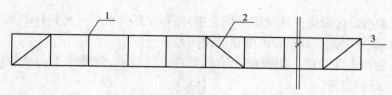

图 3.65 双排脚手架的水平斜杆设置

1—斜杆;2—立杆;3—水平杆

b. 连墙件应设置在有水平杆的盘扣节点旁,连接点至盘扣节点距离不应大于 300 mm;采用钢管扣件作连墙杆时,连墙杆应采用直角扣件与立杆连接。

c. 当脚手架下部暂不能搭设连墙件时,宜外扩搭设多排脚手架并设置斜杆形成外侧斜面状附加梯形架,待上部连墙件搭设后方可拆除附加梯形架。

⑧作业层设置应符合下列规定:

a. 钢脚手板的挂钩必须完全扣在水平杆上,挂钩必须处于锁住状态,作业层脚手板应满铺。

b. 作业层的脚手板架体外侧应设挡脚板、防护栏杆,并应在脚手架外侧立面满挂密目安全网;防护上栏杆宜设置在离作业层高度为 1 000 mm 处,防护中栏杆宜设置在离作业层高度为 500 mm 处。

c. 当脚手架作业层与主体结构外侧面间间隙较大时,应设置挂扣在连接盘上的悬挑三角架,并应铺放能形成脚手架内侧封闭的脚手板。

⑨挂扣式钢梯宜设置在尺寸不小于 0.9 m×1.8 m 的脚手架框架内,钢梯宽度应为廊道宽度的 1/2,钢梯可在一个框架高度内折线上升;钢架拐弯处应设置钢脚手板及扶手杆。

4)搭设与拆除

(1)施工准备

①模板支架及脚手架施工前应根据施工对象情况、地基承载力、搭设高度编制专项施工方案,并应经审核批准后实施。

②搭设操作人员必须经过专业技术培训和专业考试合格后,持证上岗。模板支架及脚手架搭设前,施工管理人员应按专项施工方案的要求对操作人员进行技术和安全作业交底。

③进入施工现场的钢管支架及构配件质量应在使用前进行复检。

④经验收合格的构配件应按品种、规格分类码放,并应标挂数量规格铭牌备用。构配件堆放场地应排水畅通、无积水。

⑤当采用预埋方式设置脚手架连墙件时,应提前与相关部门协商,并按设计要求预埋。

⑥模板、支架及脚手架搭设场地必须平整、坚实、有排水措施。

(2)地基与基础

①模板支架与脚手架基础应按专项施工方案进行施工,并按基础承载力要求进行验收。

②土层地基上的立杆应采用可调底座和垫板,垫板的长度不宜少于 2 跨。

③当地基高差较大时,可利用立杆 0.5 m 节点位差配合可调底座进行调整。

④模板支架及脚手架应在地基基础验收合格后搭设。

(3)模板支架搭设与拆除

①模板支架立杆搭设位置应按专项施工方案放线确定。

②模板支架搭设应根据立杆放置可调底座,按先立杆后水平杆再斜杆的顺序搭设,形成基本的架体单元,并以此扩展搭设成整体支架体系。

③可调底座和土层基础上垫板应准确放置在定位线上,保持水平。垫板应平整、无翘曲,不得采用已开裂垫板。

④立杆应通过立杆连接套管连接,在同一水平高度内相邻立杆连接套管接头的位置宜错开,且错开高度不宜小于 75 mm。模板支架高度大于 8 m 时,错开高度不宜小于 500 mm。

⑤水平杆扣接头与连接盘的插销应用铁锤击紧至规定插入深度的刻度线。

⑥每搭完一步支模架后,应及时校正水平杆步距,立杆的纵、横距,立杆的垂直偏差和水平杆的水平偏差。立杆的垂直偏差不应大于模板支架总高度的 1/500,且不得大于 50 mm。

⑦在多层楼板上连续设置模板支架时,应保证上下层支撑立杆在同一轴线上。

⑧混凝土浇筑前施工管理人员应组织对搭设的支架进行验收,并在确认符合专项施工方案要求后浇筑混凝土。

⑨拆除作业应按先搭后拆,后搭先拆的原则,从顶层开始,逐层向下进行,严禁上下层同时拆除,严禁抛掷。分段、分立面拆除时,应确定分界处的技术处理方案,并应保证分段后架体稳定。

(4)双排外脚手架搭设与拆除

①脚手架立杆应定位准确,并应配合施工进度搭设,一次搭设高度不应超过相邻连墙件以上两步。

②连墙件应随脚手架高度上升在规定位置处设置,不得任意拆除。

③作业层设置应符合下列要求:

a.应满铺脚手板。

b.外侧应设挡脚板和防护栏杆,防护栏杆可在每层作业面立杆的 0.5 m 和 1.0 m 的盘扣节点处布置上、中两道水平杆,并应在外侧满挂密目安全网。

c.作业层与主体结构间的空隙应设置内侧防护网。

④加固件、斜杆应与脚手架同步搭设。采用扣件钢管做加固件、斜撑时应符合《建筑施工扣件式钢管脚手架安全技术规范》(JGJ 130—2011)的有关规定。

⑤当脚手架搭设至顶层时,外侧防护栏杆高出顶层作业层的高度不应小于 150 mm。

⑥当搭设悬挑外脚手架时,立杆的套管连接接长部位应采用螺栓作为立杆连接件固定。

⑦脚手架可分段搭设、分段使用,应由施工管理人员组织验收,并在确认符合方案要求后使用。

⑧脚手架拆除时应划出安全区,设置警戒标志,派专人看管。

⑨拆除前应清理脚手架上的器具、多余的材料和杂物。

⑩脚手架拆除应按后装先拆、先装后拆的原则进行,严禁上下同时作业。连墙件应随脚手架逐层拆除,分段拆除的高度差不应大于两步。如因作业条件限制,出现高度差大于两步时,应增设连墙件加固。

5)检查与验收

①对进入现场的钢管支架构配件的检查与验收应符合下列规定:

a.应有钢管支架产品标识及产品质量合格证。

b.应有钢管支架产品主要技术参数及产品使用说明书。

c.当对支架质量有疑问时,应进行质量抽检和试验。

②模板支架应根据下列情况按进度分阶段进行检查和验收:

a.基础完工后及模板支架搭设前。

b.超过 8 m 的高支模架搭设至一半高度后。

c.搭设高度达到设计高度后和混凝土浇筑前。

③脚手架应根据下列情况按进度分阶段进行检查和验收:

a.基础完工后及脚手架搭设前。

b.首段高度达到 6 m 时。

c.架体随施工进度逐层升高时。

d.搭设高度达到设计高度后。

④对模板支架应重点检查和验收下列内容:

a.基础应符合设计要求,并应平整坚实,立杆与基础间应无松动、悬空现象,底座、支垫应符合规定。

b.搭设的架体三维尺寸应符合设计要求,搭设方法和斜杆、钢管剪刀撑等设置应符合相关规定。

c.可调托座和可调底座伸出水平杆的悬臂长度应符合设计限定要求。

d.水平杆扣接头与立杆连接盘的插销应击紧至所需插入深度的标志刻度。

⑤对脚手架应重点检查和验收下列内容:

a.搭设的架体三维尺寸应符合设计要求,斜杆和钢管剪刀撑设置应符合相关规定。

b.立杆基础不应有不均匀沉降,立杆可调底座与基础面的接触不应有松动和悬空现象。

c.连墙件设置应符合设计要求,应与主体结构、架体可靠连接。

d.外侧安全立网、内侧层间水平网的张挂及防护栏杆的设置应齐全、牢固。

e.周转使用的支架构配件使用前应作外观检查,并应作记录。

f.搭设的施工记录和质量检查记录应及时、齐全。

⑥模板支架和双排外脚手架验收后应形成记录。

3.6.7 脚手架设计计算实例

1)钢管落地脚手架计算实例

某工程属于框架结构,地上 5 层,建筑高度为 24 m,立杆采用单立杆,搭设尺寸为横距 L_b 为 1.05 m,纵距 L_a 为 1.5 m,大小横杆的步距为 1.8 m,内排架距离墙长度为 0.25 m,小横杆在上,搭接在大横杆上的小横杆根数为 2 根,采用的钢管类型为 $\phi48\times3.5$,横杆与立杆连接方式为单扣件,连墙件采用两步三跨,竖向间距为 3.6 m,水平间距为 4.5 m,采用扣件连接,连墙件连接方式为双扣件,脚手架用于装修脚手架(图 3.66),请根据条件进行脚手架的验算。

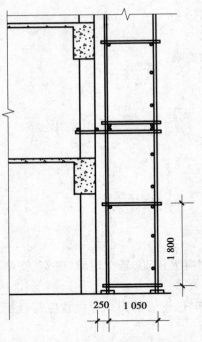

图 3.66　脚手架布置示意图

（1）荷载取值

①活荷载参数。施工均布活荷载标准值为 2.000 kN/m²，同时施工层数为 2 层。

②风荷载参数。本工程地处湖北省武汉市，基本风压为 0.32 kN/m²，风荷载高度变化系数 μ_z，计算连墙件强度时取 0.92，计算立杆稳定性时取 0.74。风荷载体型系数 μ_s 为 0.693。

③静荷载参数。每米立杆承受的结构自重标准值取 0.124 8 kN/m，脚手板自重标准值取 0.3 kN/m，栏杆挡脚板自重标准值取 0.150 kN/m，安全设施与安全网取 0.005 kN/m²。脚手板为竹笆片脚手板，栏杆挡板为竹笆片脚手板挡板，每米脚手架钢管自重标准值取 0.035 kN/m。

④地基参数。地基土类型为素填土，地基承载力标准值取 120 kPa，立杆基础底面面积为 0.20 m²；地基承载力调整系数取 1.00。

（2）小横杆的计算

小横杆按照简支梁进行强度和挠度计算，小横杆在大横杆的上面。

以小横杆上面的脚手板和活荷载作为均布荷载，计算小横杆的最大弯矩和变形（图 3.67）。

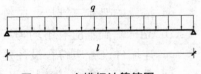

图 3.67　小横杆计算简图

①均布荷载值计算：

小横杆的自重标准值 $P_1 = 0.035(\text{kN/m})$；

脚手板的荷载标准值 $P_2 = 0.3 \times 1.5/3 = 0.15(\text{kN/m})$；

活荷载标准值 $Q = 2 \times 1.5/3 = 1(\text{kN/m})$；

荷载的计算值 $q = 1.2 \times 0.035 + 1.2 \times 0.15 + 1.4 \times 1 = 1.622(\text{kN/m})$；

②强度计算：

最大弯矩考虑为简支梁均布荷载作用下的弯矩，最大弯矩 $M_{qmax} = ql^2/8 = 1.622 \times 1.05^2/8 = 0.224(\text{kN}\cdot\text{m})$，最大应力计算值 $\sigma = M_{qmax}/W = 47.272(\text{N/mm}^2)$。

小横杆的最大弯曲应力 $\sigma = 47.272$ N/mm²，小于小横杆的抗弯强度设计值 $[f] = 205$ N/mm²，满足要求。

③挠度计算。最大挠度考虑为简支梁均布荷载作用下的挠度，荷载标准值 $q = 0.035 + 0.15 + 1 = 1.185(\text{kN/m})$，最大挠度 $\nu_{qmax} = 5ql^4/384EI = 5.0 \times 1.185 \times 1\,050^4/(384 \times 2.06 \times 10^5 \times 113\,600) = 0.802(\text{mm})$。

小横杆的最大挠度 $\nu_{qmax} = 0.802$ mm，小于小横杆的最大允许挠度 $1\,050/150 = 7$ 与 10 mm，满足要求。

（3）大横杆的计算

大横杆按照三跨连续梁进行强度和挠度计算，小横杆在大横杆的上面（图3.68）。

①荷载值计算：

小横杆的自重标准值 $P_1 = 0.035 \times 1.05 = 0.037$（kN），

脚手板的荷载标准值 $P_2 = 0.3 \times 1.05 \times 1.5 / 3 = 0.158$（kN），

活荷载标准值 $Q = 2 \times 1.05 \times 1.5 / 3 = 1.05$（kN），

荷载的设计值 $P = (1.2 \times 0.037 + 1.2 \times 0.158 + 1.4 \times 1.05) / 2 = 0.852$（kN）。

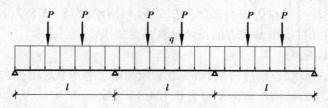

图 3.68　大横杆计算简图

②强度验算。最大弯矩考虑为大横杆自重均布荷载与小横杆传递荷载的设计值最不利分配的弯矩和。

均布荷载最大弯矩计算：$M_{1max} = 0.08 q l^2 = 0.08 \times 0.035 \times 1.5 \times 1.5 = 0.006$（kN·m），

集中荷载最大弯矩计算：$M_{2max} = 0.267 P l = 0.267 \times 0.852 \times 1.5 = 0.341$（kN·m），

$M = M_{1max} + M_{2max} = 0.006 + 0.341 = 0.348$（kN·m）。

最大应力计算值 $\sigma = 0.348 \times 10^6 / 4\,730 = 73.471$（N/mm²），

大横杆的最大弯曲应力计算值 $\sigma = 73.471$ N/mm²，小于大横杆的抗弯强度设计值 $[f] = 205$ N/mm²，满足要求。

③挠度验算。最大挠度考虑为大横杆自重均布荷载与小横杆传递荷载的设计值最不利分配的挠度和。

大横杆自重均布荷载引起的最大挠度：

$v_{max} = 0.677 q l^4 / 100 EI = 0.677 \times 0.035 \times 1\,500^4 / (100 \times 2.06 \times 10^5 \times 113\,600) = 0.052$（mm），

小横杆传递荷载 $P = (0.037 + 0.158 + 1.05) / 2 = 0.622$（kN），

集中荷载标准值最不利分配引起的最大挠度：$v_{pmax} = 1.883 P l^3 / 100 EI = 1.883 \times 0.622 \times 1\,500^3 / (100 \times 2.06 \times 10^5 \times 113\,600) = 1.69$（mm），

最大挠度和 $v = v_{max} + v_{pmax} = 0.052 + 1.69 = 1.742$（mm）。

大横杆的最大挠度 $v = 1.742$ mm，小于大横杆的最大允许挠度 $1\,500/150 = 10$ 与 10 mm，满足要求。

（4）扣件抗滑力的计算

按《建筑施工扣件式钢管脚手架安全技术规范》（JGJ 130—2001）表5.1.7，直角、旋转单扣件承载力取值为8.00 kN，该工程实际的旋转单扣件承载力取值为8.00 kN。

纵向或横向水平杆与立杆连接时，扣件的抗滑承载力按照下式计算（《建筑施工扣件式钢管脚手架安全技术规范》式5.2.5）：

$$R \leqslant R_c$$

式中 R_c——扣件抗滑承载力设计值,取 8.00 kN;

R——纵向或横向水平杆传给立杆的竖向作用力设计值。

小横杆的自重标准值 $P_1 = 0.035 \times 1.05 \times 2/2 = 0.037(\text{kN})$。

大横杆的自重标准值 $P_2 = 0.035 \times 1.5 = 0.053(\text{kN})$。

脚手板的自重标准值 $P_3 = 0.3 \times 1.05 \times 1.5/2 = 0.236(\text{kN})$。

活荷载标准值 $Q = 2 \times 1.05 \times 1.5/2 = 1.575(\text{kN})$。

荷载的设计值 $R = 1.2 \times (0.037 + 0.053 + 0.236) + 1.4 \times 1.575 = 2.597(\text{kN})$。

$R < 8.00$ kN,单扣件抗滑承载力的设计计算满足要求。

（5）脚手架立杆荷载计算

作用于脚手架的荷载包括静荷载、活荷载和风荷载。静荷载标准值包括以下内容：

①每米立杆承受的结构自重标准值为 0.124 8 kN/m：

$N_{G1} = [0.124\ 8 + (1.05 \times 2/2) \times 0.035/1.80] \times 24.00 = 3.491(\text{kN})$

②采用竹笆片脚手板,脚手板的自重标准值为 0.3 kN/m²：

$N_{G2} = 0.3 \times 13 \times 1.5 \times (1.05 + 0.2)/2 = 3.802(\text{kN})$

③采用竹笆片脚手板挡板,栏杆与挡脚手板自重标准值为 0.15 kN/m：

$N_{G3} = 0.15 \times 13 \times 1.5/2 = 1.462(\text{kN})$

④吊挂的安全设施荷载,包括安全网 0.005 kN/m²：

$N_{G4} = 0.005 \times 1.5 \times 24 = 0.18(\text{kN})$

经计算得到,静荷载标准值 $N_G = N_{G1} + N_{G2} + N_{G3} + N_{G4} = 8.936(\text{kN})$。

活荷载为施工荷载标准值产生的轴向力总和,立杆按一纵距内施工荷载总和的 1/2 取值。经计算得到,活荷载标准值 $N_Q = 2 \times 1.05 \times 1.5 \times 2/2 = 3.15(\text{kN})$

考虑风荷载时,立杆的轴向压力设计值为 $N = 1.2N_G + 0.85 \times 1.4N_Q = 1.2 \times 8.936 + 0.85 \times 1.4 \times 3.15 = 14.471(\text{kN})$,

不考虑风荷载时,立杆的轴向压力设计值为 $N' = 1.2N_G + 1.4N_Q = 1.2 \times 8.936 + 1.4 \times 3.15 = 15.133(\text{kN})$。

（6）立杆的稳定性计算

风荷载标准值按照以下公式计算

$$W_k = 0.7\mu_z \cdot \mu_s \cdot \omega_0 \tag{3.27}$$

式中 ω_0——基本风压,kN/m²,按照《建筑结构荷载规范》（GB 50009—2001）的规定采用,取 $\omega_0 = 0.32$ kN/m²；

μ_z——风荷载高度变化系数,按照《建筑结构荷载规范》（GB 50009—2001）的规定采用,取 $\mu_z = 0.74$；

μ_s——风荷载体型系数,取值为 0.693。

经计算得到,风荷载标准值为 $W_k = 0.7 \times 0.32 \times 0.74 \times 0.693 = 0.115(\text{kN/m}^2)$；

风荷载设计值产生的立杆段弯矩为 $M_w = 0.85 \times 1.4W_k L_a h^2/10 = 0.85 \times 1.4 \times 0.115 \times 1.5 \times 1.8^2/10 = 0.066(\text{kN} \cdot \text{m})$；

考虑风荷载时,立杆的稳定性计算公式

$$\sigma = N/(\varphi A) + M_W/W \leqslant [f]$$

立杆的轴心压力设计值 $N = 14.471$ kN；

不考虑风荷载时，立杆的稳定性计算公式

$$\sigma = N/(\varphi A) \leqslant [f] \tag{3.28}$$

立杆的轴心压力设计值 $N = N' = 15.133$ kN；

计算立杆的截面回转半径 $i = 1.59$ cm；

计算长度附加系数参照《建筑施工扣件式钢管脚手架安全技术规范》表 5.3.4，k 取 1.155；

计算长度系数参照《建筑施工扣件式钢管脚手架安全技术规范》表 5.2.8，μ 取 1.5；

计算长度 ，由公式 $l_0 = k\mu h = 3.118$ m；

长细比 $L_0/i = 196$；

轴心受压立杆的稳定系数 φ，由长细比 l_0/i 的结果查表得到：$\varphi = 0.188$

立杆净截面面积 $A = 4.5$ cm^2；

立杆净截面模量（抵抗矩）：$W = 4.73$ cm^3；

钢管立杆抗压强度设计值：$[f] = 205$ N/mm^2；

考虑风荷载时：

$$\sigma = 14\,471.46/(0.188 \times 450) + 66\,434.887/4\,730 = 185.103\,(\text{N/mm}^2)$$

立杆稳定性计算 $\sigma = 185.103$ N/mm^2，小于立杆的抗压强度设计值 $[f] = 205$ N/mm^2，满足要求。

不考虑风荷载时：

$$\sigma = 15\,132.96/(0.188 \times 450) = 178.877\,(\text{N/mm}^2)$$

立杆稳定性计算 $\sigma = 178.877$ N/mm^2，小于立杆的抗压强度设计值 $[f] = 205$ N/mm^2，满足要求。

（7）最大搭设高度的计算

按《建筑施工扣件式钢管脚手架安全技术规范》考虑风荷载时，采用单立管的敞开式、全封闭和半封闭的脚手架可搭设高度按照下式计算：

$$H_s = \left\{ \varphi A f - \left[1.2 N_{G2k} + 0.85 \times 1.4 \left(\sum N_{Qk} + M_{wk} \varphi A/W \right) \right] \right\} / 1.2 G_k$$

构配件自重标准值产生的轴向力 N_{G2k} 计算公式为：

$N_{G2k} = N_{G2} + N_{G3} + N_{G4} = 5.445$ kN；

活荷载标准值：$N_Q = 3.15$ kN；

每米立杆承受的结构自重标准值：$G_k = 0.125$ kN/m；

计算立杆段由风荷载标准值产生的弯矩：$M_{wk} = M_w/(1.4 \times 0.85) = 0.066/(1.4 \times 0.85) = 0.056\,(\text{kN} \cdot \text{m})$；

$$H_s = \{0.188 \times 4.5 \times 10^{-4} \times 205 \times 10^3 - [1.2 \times 5.445 + 0.85 \times 1.4 \times (3.15 + 0.188 \times 4.5 \times 100 \times 0.056/4.73)]\}/(1.2 \times 0.125) = 39.211\,(\text{m})$$

按《建筑施工扣件式钢管脚手架安全技术规范》（JGJ 130—2001）5.3.6 条脚手架搭设高度 $H_s \geqslant 26$ m，且不超过 50 m 按照下式调整：

$[H] = H_s / (1 + 0.001 H_s) = 39.211 / (1 + 0.001 \times 39.211) = 37.732 (m)$

$[H] = 37.732$ 和 50 比较取较小值。经计算得到，脚手架搭设高度限值 $[H] = 37.732$ m。

脚手架单立杆搭设高度为 24 m，小于 $[H]$，满足要求。

(8)连墙件的稳定性计算

连墙件的轴向力设计值应按照下式计算：

$$N_1 = N_{lw} + N_0 \tag{3.29}$$

连墙件风荷载标准值按脚手架顶部高度计算：$\mu_z = 0.92, \mu_s = 0.693, \omega_0 = 0.32, W_k = 0.7 \mu_z \cdot \mu_s \cdot \omega_0 = 0.7 \times 0.92 \times 0.693 \times 0.32 = 0.143 (kN/m^2)$。

每个连墙件的覆盖面积内脚手架外侧的迎风面积 $A_w = 16.2$ m^2。

按《建筑施工扣件式钢管脚手架安全技术规范》(JGJ 130—2001)5.4.1 条连墙件约束脚手架平面外变形所产生的轴向力 $N_0 = 5.000$ kN；

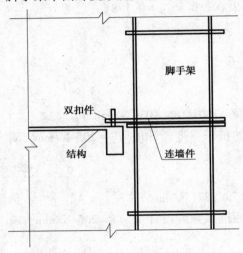

图 3.69　连墙件扣件连接示意图

风荷载产生的连墙件轴向力设计值 N_{lw} 按照下式计算：

$N_{lw} = 1.4 W_k A_w = 3.239$ kN

连墙件的轴向力设计值 $N_1 = N_{lw} + N_0 = 8.239$ kN。

连墙件承载力设计值按下式计算：

$$N_f = \varphi \cdot A \cdot [f] \tag{3.30}$$

式中，φ 为轴心受压立杆的稳定系数，由长细比 $l/i = 250/15.9$ 的结果查表得到 $\varphi = 0.958$，l 为内排架距离墙的长度，$A = 4.5$ cm^2，$[f] = 205$ N/mm^2。

连墙件轴向承载力设计值 $N_f = 0.958 \times 4.5 \times 10^{-4} \times 205 \times 10^3 = 88.376 (kN)$。

$N_1 = 8.239$ kN $< N_f = 88.376$ kN，连墙件的设计计算满足要求。

连墙件采用双扣件与墙体连接，由以上计算得到 $N_1 = 8.239$ kN，小于双扣件的抗滑力 12 kN，满足要求。

(9)立杆的地基承载力计算

立杆基础底面的平均压力应满足下式的要求：

$$p_k \leqslant f_g$$

地基承载力标准值 $f_{gk} = 120$ kPa，脚手架地基承载力调整系数：$k_c = 1$，地基承载力设计值 $f_g = f_{gk} \times k_c = 120$ kPa；

其中，上部结构传至基础顶面的轴向力设计值 $N = 14.471$ kN，基础底面面积 $A = 0.2$ m^2，立杆基础底面的平均压力 $p = N/A = 72.357$ kPa $\leqslant f_g = 120$ kPa，地基承载力满足要求。

2)普通型钢悬挑脚手架计算书

某工程属于框架结构，地上 24 层，地下 1 层，建筑高度 88 m，计划采用型钢悬挑扣件式钢管脚手架，双排脚手架搭设高度为 15 m，立杆采用单立杆，搭设尺寸为立杆的纵距为 1.5 m,立杆的横距为 1.05 m,立杆的步距为 1.8 m, 内排架距离墙长度为 0.25 m,小横杆在上,搭接在大横杆上的小横杆根数为 2 根,采用的钢管类型为 $\phi48\times3.5$,横杆与立杆连接方式为单扣件,连墙件布置取两步两跨,竖向间距为 3.6 m,水平间距为 3 m,采用扣件连接,连墙件连接方式为双扣件,脚手架用于结构脚手架,请根据条件进行脚手架的验算。

（1）参数取值

①活荷载参数。施工均布荷载为 3.0 kN/m²,同时施工层数为 2 层。

②风荷载参数。本工程地处浙江杭州市,基本风压为 0.45 kN/m²。风荷载高度变化系数 μ_z,计算连墙件强度时取 0.92,计算立杆稳定性时取 0.74,风荷载体型系数 μ_s 为 0.214。

③静荷载参数。每米立杆承受的结构自重荷载标准值为 0.124 8 kN/m;脚手板自重标准值为 0.300 kN/m²;栏杆挡脚板自重标准值为 0.150 kN/m;安全设施与安全网自重标准值取 0.005 kN/m²;脚手板铺设层数为 4 层;脚手板为竹笆片脚手板,栏杆挡板为竹笆片脚手板挡板。

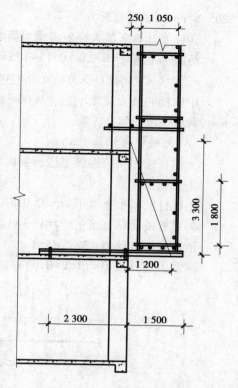

图 3.70 拉绳及支杆连接示意图

④水平悬挑支撑梁。悬挑水平钢梁采用 16a 号槽钢,其中建筑物外悬挑段长度为 1.5 m,建筑物内锚固段长度为 2.3 m。锚固压点螺栓直径为 20.00 mm,楼板混凝土标号为 C35。

⑤拉绳与支杆参数。钢丝绳安全系数为 6.0,钢丝绳与墙距离为 3.3 m,悬挑水平钢梁采用钢丝绳与建筑物拉结,最里面钢丝绳距离建筑物 1.2 m(图 3.70)。

（2）小横杆的计算

小横杆按照简支梁进行强度和挠度计算,小横杆在大横杆的上面(图 3.71)。

以小横杆上面的脚手板和活荷载作为均布荷载,计算小横杆的最大弯矩和变形。

图 3.71 小横杆计算简图

①均布荷载值计算:

小横杆的自重标准值 $P_1 = 0.038$ kN/m,

脚手板的荷载标准值 $P_2 = 0.3\times1.5/3 = 0.15$ (kN/m),

活荷载标准值 $Q = 3\times1.5/3 = 1.5$ (kN/m),

荷载的计算值 $q = 1.2\times0.038 + 1.2\times0.15 + 1.4\times1.5 = 2.326$ (kN/m)。

②强度计算。最大弯矩考虑为简支梁均布荷载作用下的弯矩,最大弯矩 $M_{qmax} = ql^2/8 = 2.326\times1.05^2/8 = 0.321$ (kN·m);

最大应力计算值 $\sigma = M_{qmax}/W = 63.103$ N/mm²;

小横杆的最大弯曲应力 $\sigma = 63.103$ N/mm²,小于小横杆的抗弯强度设计值 $[f] =$

205 N/mm²,满足要求。

③挠度计算。最大挠度考虑为简支梁均布荷载作用下的挠度。

荷载标准值 $q = 0.038 + 0.15 + 1.5 = 1.688(\text{kN/m})$,

$\nu_{qmax} = 5ql^4/384EI = 5.0 \times 1.688 \times 10\ 504/(384 \times 2.06 \times 105 \times 121\ 900) = 1.064(\text{mm})$。

小横杆的最大挠度 $\nu_{qmax} = 1.064$ mm,小于小横杆的最大允许挠度 $1\ 050/150 = 7$ 与 10 mm,满足要求。

（3）大横杆的计算

大横杆按照三跨连续梁进行强度和挠度计算,小横杆在大横杆的上面(图3.72)。

①荷载值计算:

小横杆的自重标准值 $P_1 = 0.038 \times 1.05 = 0.04(\text{kN})$,

脚手板的荷载标准值 $P_2 = 0.3 \times 1.05 \times 1.5/3 = 0.158(\text{kN})$,

活荷载标准值 $Q = 3 \times 1.05 \times 1.5/3 = 1.575(\text{kN})$,

荷载的设计值 $P = (1.2 \times 0.04 + 1.2 \times 0.158 + 1.4 \times 1.575)/2 = 1.221(\text{kN})$。

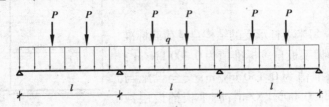

图 3.72　大横杆计算简图

②强度验算。最大弯矩考虑为大横杆自重均布荷载与小横杆传递荷载的设计值最不利分配的弯矩和。

均布荷载最大弯矩计算:$M_{1max} = 0.08ql^2 = 0.08 \times 0.038 \times 1.5 \times 1.5 = 0.007(\text{kN} \cdot \text{m})$,

集中荷载最大弯矩计算:$M_{2max} = 0.267Pl = 0.267 \times 1.221 \times 1.5 = 0.489(\text{kN} \cdot \text{m})$,

$M = M_{1max} + M_{2max} = 0.007 + 0.489 = 0.496(\text{kN} \cdot \text{m})$,

最大应力计算值 $\sigma = 0.496 \times 106/5\ 080 = 97.638(\text{N/mm}^2)$。

大横杆的最大弯曲应力计算值 $\sigma = 97.638$ N/mm²,小于大横杆的抗弯强度设计值 $[f] = 205$ N/mm²,满足要求。

③挠度验算。最大挠度考虑为大横杆自重均布荷载与小横杆传递荷载的设计值最不利分配的挠度和。

大横杆自重均布荷载引起的最大挠度:

$\nu_{max} = 0.677ql^4/100EI = 0.677 \times 0.038 \times 15\ 004/(100 \times 2.06 \times 105 \times 121\ 900) = 0.052(\text{mm})$,

小横杆传递荷载 $P = (0.04 + 0.158 + 1.575)/2 = 0.886(\text{kN})$,

集中荷载标准值最不利分配引起的最大挠度:

$\nu_{pmax} = 1.883Pl^3/100EI = 1.883 \times 0.886 \times 15\ 003/(100 \times 2.06 \times 105 \times 121\ 900) = 2.243(\text{mm})$,

最大挠度和:$\nu = \nu_{max} + \nu_{pmax} = 0.052 + 2.243 = 2.296(\text{mm})$。

大横杆的最大挠度 $\nu_{max} = 2.296$ mm,小于大横杆的最大允许挠度 $1\ 500/150 = 10$ 与 10 mm,满足要求。

（4）扣件抗滑力的计算

按《建筑施工扣件式钢管脚手架安全技术规范》（JGJ 130—2001）表 5.1.7，直角、旋转单扣件承载力取值为 8.00 kN，该工程实际的旋转单扣件承载力取值为 8.00 kN。

纵向或横向水平杆与立杆连接时，扣件的抗滑承载力按照下式计算：

$$R \leq R_c$$

式中　R_c——扣件抗滑承载力设计值，取 8.00 kN；

　　　R——纵向或横向水平杆传给立杆的竖向作用力设计值。

小横杆的自重标准值 $P_1 = 0.038 \times 1.05 \times 2/2 = 0.04$（kN）；

大横杆的自重标准值 $P_2 = 0.038 \times 1.5 = 0.058$（kN）；

脚手板的自重标准值 $P_3 = 0.3 \times 1.05 \times 1.5/2 = 0.236$（kN）；

活荷载标准值 $Q = 3 \times 1.05 \times 1.5 /2 = 2.362$（kN）；

荷载的设计值 $R = 1.2 \times (0.04 + 0.058 + 0.236) + 1.4 \times 2.362 = 3.709$（kN）。

$R < 8.00$ kN，单扣件抗滑承载力的设计计算满足要求。

（5）脚手架立杆荷载的计算

作用于脚手架的荷载包括静荷载、活荷载和风荷载。静荷载标准值包括以下内容：

①每米立杆承受的结构自重标准值，取为 0.124 8 kN/m：

$N_{G1} = [0.124\ 8 + (1.05 \times 2/2) \times 0.038/1.80] \times 15.00 = 2.208$（kN）

②采用竹笆片脚手板，脚手板的自重标准值为 0.3 kN/m²：

$N_{G2} = 0.3 \times 4 \times 1.5 \times (1.05 + 0.2)/2 = 1.17$（kN）

③采用竹笆片脚手板挡板，栏杆与挡脚手板自重标准值为 0.15 kN/m：

$N_{G3} = 0.15 \times 4 \times 1.5/2 = 0.45$（kN）

④吊挂的安全设施荷载，包括安全网取 0.005 kN/m²：

$N_{G4} = 0.005 \times 1.5 \times 15 = 0.112$（kN）

经计算可得，静荷载标准值 $N_G = N_{G1} + N_{G2} + N_{G3} + N_{G4} = 3.94$（kN）。

活荷载为施工荷载标准值产生的轴向力总和，立杆按一纵距内施工荷载总和的 1/2 取值。经计算可得，活荷载标准值 $N_Q = 3 \times 1.05 \times 1.5 \times 2/2 = 4.725$（kN）。

考虑风荷载时，立杆的轴向压力设计值为：

$N = 1.2N_G + 0.85 \times 1.4N_Q = 1.2 \times 3.94 + 0.85 \times 1.4 \times 4.725 = 10.351$（kN）

不考虑风荷载时，立杆的轴向压力设计值为：

$N' = 1.2N_G + 1.4N_Q = 1.2 \times 3.94 + 1.4 \times 4.725 = 11.344$（kN）

（6）立杆的稳定性计算

风荷载标准值按照以下公式计算

$$W_k = 0.7\mu_z \cdot \mu_s \cdot \omega_0 \tag{3.31}$$

式中　ω_0——基本风压，kN/m²，按照规定采用，此处取 $\omega_0 = 0.45$ kN/m²；

　　　μ_z——风荷载高度变化系数，按照规定采用，此处取 $\mu_z = 0.74$；

　　　μ_s——风荷载体型系数，取值为 0.214。

经计算得到，风荷载标准值为：

$W_k = 0.7 \times 0.45 \times 0.74 \times 0.214 = 0.05$ kN/m²；

风荷载设计值产生的立杆段弯矩 M_w 为：

$M_w = 0.85 \times 1.4 W_k l_a h^2 / 10 = 0.85 \times 1.4 \times 0.05 \times 1.5 \times 1.82 / 10 = 0.029 (\text{kN} \cdot \text{m})$；

考虑风荷载时，立杆的稳定性计算公式为：

$$\sigma = N/(\varphi A) + M_w / W \leqslant [f] \tag{3.32}$$

立杆的轴心压力设计值 $N = 10.351$ kN；

不考虑风荷载时，立杆的稳定性计算公式为：

$$\sigma = N/(\varphi A) \leqslant [f] \tag{3.33}$$

立杆的轴心压力设计值 $N = N' = 11.344$ kN，计算立杆的截面回转半径 $i = 1.58$ cm，

计算长度附加系数参照《建筑施工扣件式钢管脚手架安全技术规范》得 $k = 1.155$，

计算长度系数参照《建筑施工扣件式钢管脚手架安全技术规范》得 $\mu = 1.5$，

计算长度 $l_0 = k \mu h = 3.118$ m；

长细比 $l_0 / i = 197$；

由长细比 l_0 / i 的结果查表得到轴心受压立杆的稳定系数 $\varphi = 0.186$；

立杆净截面面积 $A = 4.89$ cm²；

立杆净截面模量（抵抗矩）$W = 5.08$ cm³；

钢管立杆抗压强度设计值 $[f] = 205$ N/mm²；

考虑风荷载时：

$$\sigma = 10\ 351.35/(0.186 \times 489) + 28\ 849.566/5\ 080 = 119.488 (\text{N/mm}^2)$$

立杆稳定性计算 $\sigma = 119.488$ N/mm²，小于立杆的抗压强度设计值 $[f] = 205$ N/mm²，满足要求。

不考虑风荷载时：

$$\sigma = 11\ 343.6/(0.186 \times 489) = 124.718 (\text{N/mm}^2)$$

立杆稳定性计算 $\sigma = 124.718$ N/mm²，小于立杆的抗压强度设计值 $[f] = 205$ N/mm²，满足要求。

(7)连墙件的计算

连墙件扣件连接示意图如图3.73所示。

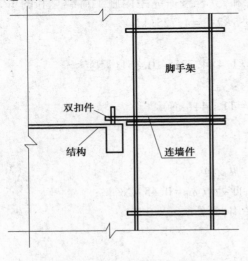

图3.73　连墙件扣件连接示意图

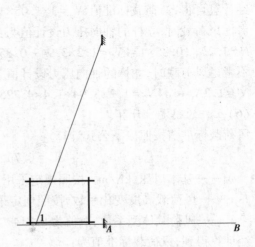

图3.74　悬挑脚手架示意图

连墙件的轴向力设计值应按照下式计算：

$$N_1 = N_{1w} + N_0$$ （3.34）

连墙件风荷载标准值按脚手架顶部高度计算，$\mu_z = 0.92$，$\mu_s = 0.214$，$\omega_0 = 0.45$，

$$W_k = 0.7\mu_z \cdot \mu_s \cdot \omega_0 = 0.7 \times 0.92 \times 0.214 \times 0.45 = 0.062(\text{kN/m}^2)$$

每个连墙件的覆盖面积内脚手架外侧的迎风面积 $A_w = 10.8 \text{ m}^2$，

按《建筑施工扣件式钢管脚手架安全技术规范》中连墙件约束脚手架平面外变形所产生的轴向力 $N_0 = 5.0$ kN，

风荷载产生的连墙件轴向力设计值 $N_{1w} = 1.4 \times W_k \times A_w = 0.938$ kN，

连墙件的轴向力设计值 $N_1 = N_{1w} + N_0 = 5.938$ kN。

连墙件承载力设计值按下式计算：

$$N_f = \varphi \cdot A \cdot [f]$$ （3.35）

式中 φ——轴心受压立杆的稳定系数。

由长细比 $l/i = 250/15.8$ 的结果查表得到 $\varphi = 0.958$，l 为内排架距离墙的长度；

$A = 4.89 \text{ cm}^2$；$[f] = 205 \text{ N/mm}^2$；

连墙件轴向承载力设计值为 $N_f = 0.958 \times 4.89 \times 10^{-4} \times 205 \times 10^3 = 96.035(\text{kN})$。

$N_1 = 5.938$ kN$< N_f = 96.035$ kN，连墙件的设计计算满足要求。

连墙件采用双扣件与墙体连接。

由以上计算得到 $N_1 = 5.938$ kN，小于双扣件的抗滑力 12 kN，满足要求。

（8）悬挑脚手架的受力计算

悬挑脚手架示意图如图 3.74 所示。悬挑脚手架的水平钢梁按照带悬臂的连续梁计算，其计算简图如图 3.75 所示。

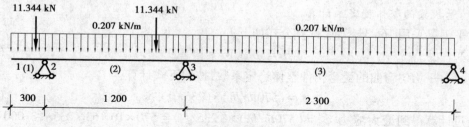

图 3.75 悬挑脚手架计算简图

悬臂部分受脚手架荷载 N 的作用，里端 B 为与楼板的锚固点，A 为墙支点。

本方案中，脚手架排距为 1 050 mm，内排脚手架距离墙体 250 mm，支拉斜杆的支点距离墙体为 1 200 mm，水平支撑梁的截面惯性矩 $I = 866.2 \text{ cm}^4$，截面抵抗矩 $W = 108.3 \text{ cm}^3$，截面积 $A = 21.95 \text{ cm}^2$。

受脚手架集中荷载 $N = 1.2 \times 3.94 + 1.4 \times 4.725 = 11.344(\text{kN})$，

水平钢梁自重荷载 $q = 1.2 \times 21.95 \times 0.000\ 1 \times 78.5 = 0.207(\text{kN/m})$。

悬挑脚手架支撑梁剪力图、弯矩图、变形图分别如图 3.76、图 3.77、图 3.78 所示。

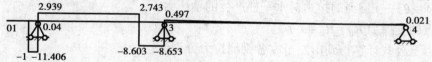

图 3.76 悬挑脚手架支撑梁剪力图（单位：kN）

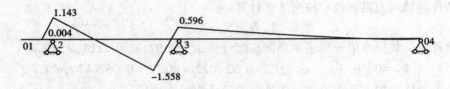

图 3.77　悬挑脚手架支撑梁弯矩图(单位:kN·m)

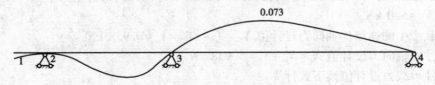

图 3.78　悬挑脚手架支撑梁变形图(单位:mm)

经过连续梁的计算可得到各支座对支撑梁的支撑反力由左至右分别为:

$R[1] = 14.346$ kN;

$R[2] = 9.15$ kN;

$R[3] = -0.021$ kN。

最大弯矩 $M_{max} = 1.558$ kN·m;

最大应力 $\sigma = M/1.05W + N/A = 1.558 \times 106 /(1.05 \times 108\ 300) + 7.825 \times 103/2\ 195 = 17.262 (\text{N/mm}^2)$;

水平支撑梁的最大应力计算值 $\sigma = 17.262$ N/mm^2,小于水平支撑梁的抗压强度设计值 215 N/mm^2,满足要求。

(9)悬挑梁的整体稳定性计算

水平钢梁采用 16a 号槽钢,计算公式如下:

$$\sigma = M/\varphi_b W_x \leq [f] \qquad (3.36)$$

式中　φ_b——均匀弯曲的受弯构件整体稳定系数,按照下式计算:

$$\varphi_b = (570tb/lh) \times (235/f_y) \qquad (3.37)$$

经过计算得到最大应力 $\varphi_b = (570tb/lh) \times (235/f_y) = 570 \times 10 \times 63 \times 235/(3\ 000 \times 160 \times 235) = 0.75$

由于 φ_b 大于 0.6,根据《钢结构设计规范》附表 B,得到 φ_b 值为 0.69。

经过计算得到最大应力 $\sigma = 1.558 \times 106 /(0.69 \times 108\ 300) = 20.752 (\text{N/mm}^2)$;

$\sigma = 20.752$ N/mm$^2 < [f] = 215$ N/mm^2,水平钢梁的稳定性计算满足要求。

(10)拉绳的受力计算

水平钢梁的轴力 R_{AH} 和拉钢绳的轴力 R_{Ui} 按照下式计算

$$R_{AH} = \sum R_{Ui} \cos \theta_i \qquad (3.38)$$

式中　$R_{Ui} \cos \theta_i$——钢绳的拉力对水平杆产生的轴压力。

各支点的支撑力 $R_{Ci} = R_{Ui} \sin \theta_i$

按照以上公式计算得到由左至右各钢绳拉力分别为:

$R_{Ui} = 15.265$ kN;

(11)拉绳的强度计算

①钢丝拉绳(支杆)的内力计算：

钢丝拉绳(斜拉杆)的轴力 R_u 均取最大值进行计算,为 $R_u = 15.265$ kN,

选择 6×19 钢丝绳,钢丝绳公称抗拉强度 1 700 MPa,直径为 14 mm。

$$[F_g] = \alpha F_g / K \tag{3.39}$$

式中　$[F_g]$——钢丝绳的允许拉力,kN;

　　　F_g——钢丝绳的钢丝破断拉力总和,kN,查表得 $F_g = 123$ kN;

　　　α——钢丝绳之间的荷载不均匀系数,对 6×19、6×37、6×61 钢丝绳分别取 0.85、0.82 和 0.8,此处取 $\alpha = 0.85$;

　　　K——钢丝绳使用安全系数,取 $K = 6$。

经计算得到：$[F_g] = 17.425$ kN>$R_u = 15.265$ kN,选此型号钢丝绳能够满足要求。

②钢丝拉绳(斜拉杆)的拉环强度计算：

钢丝拉绳(斜拉杆)的轴力 R_u 的最大值作为拉环的拉力 N 进行计算,即 $N = R_u = 15.265$ kN,钢丝拉绳(斜拉杆)的拉环的强度计算公式为：

$$\sigma = N/A \leq [f] \tag{3.40}$$

其中,$[f]$ 为拉环钢筋抗拉强度,按《混凝土结构设计规范》,每个拉环按 2 个截面计算的吊环应力不应大于 50 N/mm²,所需要的钢丝拉绳(斜拉杆)的拉环最小直径 $D = [15\ 265 \times 4/(3.142 \times 50 \times 2)] \times 1/2 = 13.9$(mm),实际拉环选用直径 $D = 14$ mm 的 HPB235 的钢筋制作即可。

(12)锚固段与楼板连接的计算

①水平钢梁与楼板压点如果采用螺栓,螺栓黏结力锚固强度计算如下：

锚固深度计算公式为：

$$h \geq N/\pi d [f_b] \tag{3.41}$$

式中　N——锚固力,即作用于楼板螺栓的轴向拉力,此处计算取 $N = 0.021$ kN;

　　　d——楼板螺栓的直径,此处计算取 $d = 20$ mm;

　　　$[f_b]$——楼板螺栓与混凝土的容许黏结强度,计算中取 1.57 N/mm²;

　　　$[f]$——钢材强度设计值,取 215 N/mm²;

楼板螺栓在混凝土楼板内的锚固深度 $h \geq N/\pi d [f_b] = 21/(3.142 \times 20 \times 1.57) = 0.213$ mm。

螺栓所能承受的最大拉力 $F = 1/4 \times 3.14 \times 20^2 \times 215 \times 10^{-3} = 67.51$(kN)

螺栓的轴向拉力 $N = 0.021$ kN<螺栓所能承受的最大拉力 $F = 67.51$ kN,满足要求。

②水平钢梁与楼板压点如果采用螺栓,混凝土局部承压计算如下：

混凝土局部承压的螺栓拉力要满足以下公式

$$N \leq (b^2 - \pi d^2 / 4) f_{cc} \tag{3.42}$$

式中　N——锚固力,即作用于楼板螺栓的轴向压力,此处计算取 $N = 9.15$ kN;

　　　d——楼板螺栓的直径,此处计算取 $d = 20$ mm;

　　　b——楼板内的螺栓锚板边长,此处计算取 $b = 5 \times d = 100$ mm;

　　　f_{cc}——混凝土的局部挤压强度设计值,计算中取 $f_{cc} = 0.95 f_c = 16.7$ N/mm²。

$(b^2 - \pi d^2/4)f_{cc} = (100^2 - 3.142 \times 20^2/4) \times 16.7/1\ 000 = 161.754\ \text{kN} > N = 9.15\ \text{kN}$，楼板混凝土局部承压计算满足要求。

项目小结

本章的重点和难点是模板的设计计算和脚手架的设计计算,要求学生在掌握模板分项工程基本原理的基础上,重点掌握模板荷载的确定、脚手架荷载的确定、模板的安装要点、模板工程拆模程序、安装扣件钢管脚手架的安全要点,熟悉超高模板支模的安全要点,熟悉安装碗扣式、门式脚手架的安全要点。

在学习本章内容时,应注意掌握对比的方法:竹木胶合板与钢模板适用范围不同之处;不同构件如梁、板、柱等模板安装时质量控制要点;钢管扣件式、碗扣式、门式3种脚手架安装时安全要求。

复习思考题

1. 模板施工图设计应包括哪些内容?
2. 结合给定任务,说明模板拆除的程序是什么?
3. 脚手架的验收和日常检查应针对哪些情况进行?
4. 脚手架拆除应符合哪些要求?
5. 什么是碗扣式钢管脚手架? 与扣件式钢管脚手架比较其构造与安装有何不同?
6. 模板及其支架的基本要求有哪些?
7. 模板安装工程施工准备包括哪些内容?
8. 双排扣件式钢管脚手架搭设时,对立柱有哪些要求?
9. 成排独立柱模板施工时应注意哪些问题?
10. 脚手架架上作业时,荷载布置应注意哪些问题?

实训项目

请同学们根据上述案所列的条件,分别编制上述工程的模板施工方案,编制内容包括模板的设计、模板的安装及检查、模板的拆除等内容(同时附模板计算书)。

项目 4
混凝土分项工程施工

●**导入案例** 混凝土分项工程主要工作任务包括原材料检测与施工配合比的确定、混凝土的运输和输送、混凝土浇筑施工、混凝土质量评定等内容。某工程是一座集商业、公寓于一体的现代化建筑,地下一层至地上十二层,总建筑面积九千余平方米,结构形式为框支剪力墙结构。本工程地下室为消防水池、水泵室、配电室及发电机室,一层至二层为商业用房,三层以上为公寓。本工程有地下室部分采用 C40P8 防渗混凝土,上部结构梁板混凝土强度等级为 C30,柱混凝土强度等级为 C35。(请思考如何组织本工程的混凝土分项工程施工,并编制完成混凝土分项工程施工方案。)

●**基本要求** 通过本章的学习,学生应具备混凝土分项工程施工的专项组织与施工管理能力,掌握混凝土的原材料检测方法,掌握混凝土施工工艺,并能组织混凝土分项施工,进行混凝土质量验收评定。

●**教学重点及难点** 混凝土的原材料检测及各类水泥的适用范围,混凝土质量评定,大体积混凝土施工。

任务 4.1 混凝土的原材料

4.1.1 水泥

1)通用水泥的分类

通用水泥分为硅酸盐水泥、普通硅酸盐水泥、矿渣硅酸盐水泥、火山灰质硅酸盐水泥、粉煤灰硅酸盐水泥、复合硅酸盐水泥。通用水泥的分类、代号、组分与材料应符合表 4.1 的规定。

表 4.1　水泥的分类、代号与组分

品　种	代　号	组分/%				
		熟料+石膏	粒化高炉矿渣	火山灰质混合材料	粉煤灰	石灰石
硅酸盐水泥	P·Ⅰ	100	—	—	—	—
	P·Ⅱ	≥95	≤5	—	—	—
		≥95	—	—	—	≤5
普通硅酸盐水泥	P·O	≥80 且<95	>5 且≤20			
矿渣硅酸盐水泥	P·S·A	≥50 且<80	>20 且≤50	—	—	—
	P·S·B	≥30 且<50	>50 且≤70	—	—	—
火山灰质硅酸盐水泥	P·P	≥60 且<80	—	>20 且≤40	—	—
粉煤灰硅酸盐水泥	P·E	≥60 且<80	—	—	>20 且≤40	—
复合硅酸盐水泥	P·C	≥50 且<80	>20 且≤50			

2)通用水泥的选用

通用水泥品种与强度等级应根据设计、施工要求以及工程所处环境按表 4.2 选用。

表 4.2　通用水泥选用表

混凝土工程特点或所处环境条件		优先选用	可以选用	不得选用
环境条件	在普通气候环境中的混凝土	普通硅酸盐水泥	矿渣硅酸盐水泥、火山灰质硅酸盐水泥、粉煤灰硅酸盐水泥	—
	在干燥环境中的混凝土	普通硅酸盐水泥	矿渣硅酸盐水泥	火山灰质硅酸盐水泥、粉煤灰硅酸盐水泥
	在高湿环境中或永远处在水下的混凝土	矿渣硅酸盐水泥	普通硅酸盐水泥、火山灰质硅酸盐水泥、粉煤灰硅酸盐水泥	—
	严寒地区的露天混凝土、寒冷地区处在水位升降范围内的混凝土	普通硅酸盐水泥	矿渣硅酸盐水泥	火山灰质硅酸盐水泥、粉煤灰硅酸盐水泥
	受侵蚀性环境水或侵蚀性气体作用的混凝土	依据侵蚀性介质的种类、浓度等其他条件按规定选用		
	厚大体积的混凝土	粉煤灰硅酸盐水泥、矿渣硅酸盐水泥	普通硅酸盐水泥、火山灰质硅酸盐水泥	硅酸盐水泥

3）水泥的质量检验

①水泥进场时应对其品种、级别、包装或散装仓号、出厂日期等进行检查,并应对其强度、安定性及其他必要的性能指标进行复验(因厂家出厂时已对其进行了检验,所以对于施工企业而言是复验),其质量必须符合现行国家标准《通用硅酸盐水泥》[GB 175—2021]等的规定。

②当在使用中对水泥质量有怀疑或水泥出厂超过 3 个月(快硬硅酸盐水泥超过 1 个月)时,应进行复验,并按复验结果使用。钢筋混凝土结构、预应力混凝土结构中严禁使用含氯化物的水泥。

③检查数量:按同一生产厂家、同一等级、同一品种、同一批号且连续进场的水泥,袋装水泥不超过 200 t 为一批,散装水泥不超过 500 t 为一批,每批抽样不少于一次。

4）水泥的贮放

①入库的水泥应按品种、标号、出厂日期分别堆放、并挂牌标志;做到先进先用,不同品种的水泥不得混掺使用,并应定期清仓。

②散装水泥宜在专用的仓罐中储存并有防潮措施。

③袋装水泥应在库房内储存,库房应尽量密闭。堆放时应按品种、强度等级、出厂编号、到货先后或使用顺序排列成垛,堆放高度一般不超过 10 包,地面架空 15～20 cm 以防潮、防水。临时露天暂存水泥也应用防雨篷布盖严,底板要垫高,并有防潮措施。

📖 【知识链接】

导入案例的地下室混凝土应优先采用矿渣硅酸盐水泥,上部结构可采用普通硅酸盐水泥、矿渣硅酸盐水泥。

4.1.2　粗骨料

石可分为碎石和卵石。由天然岩石或卵石经破碎、筛分而成的,公称粒径大于 5.0 mm 的岩石颗粒,称为碎石;由自然条件作用形成的,公称粒径大于 5.0 mm 的岩石颗粒,称为卵石。碎石表面比卵石表面粗糙,它与水泥砂浆的黏结性比卵石强,当水灰比相等或配合比相同时,碎石配制的混凝土强度比卵石高。故卵石混凝土水泥用量少,强度偏低;碎石混凝土水泥用量大,强度较高。

1）石的技术要求

（1）颗粒级配

石子的级配越好,其空隙率及总表面积越小,不仅节约水泥,且混凝土的和易性、密实性和强度也较高。碎石和卵石的颗粒级配应优先采用连续级配。

（2）石子的含泥限制

石子的含泥量:当混凝土强度等级 ≤C25 时,含泥量 ≤2.0%;当混凝土强度等级为 C30～C55 时,含泥量 ≤1.0%;当混凝土强度等级 ≥C60 时,含泥量 ≤0.5%(含量按质量计)。

石子的泥块含量:当混凝土强度等级≤C25时,泥块含量≤0.7%;当混凝土强度等级为C30~C55时,泥块含量≤0.5%;当混凝土强度等级≥C60时,泥块含量≤0.2%(含量按质量计)。

2)碎石和卵石的选用

粗骨料宜选用粒形良好、质地坚硬的洁净碎石或卵石,并应符合下列规定:

①粗骨料的最大粒径不应超过构件截面最小尺寸的1/4,且不应超过钢筋最小净间距的3/4。对实心混凝土板,粗骨料的最大粒径不宜超过板厚的1/3,且不应超过40 mm。

②泵送混凝土用碎石的最大粒径不应大于输送管内径的1/3,卵石的最大粒径不应大于输送管内径的2/5。

3)碎石和卵石的检验

使用单位应按碎石或卵石的同产地同规格分批验收。采用大型工具运箱的,以400 m³或600 t为一验收批。采用小型工具运输的,以200 m³或300 t为一验收批。不足上述量者,应按验收批进行验收。每验收批碎石或卵石至少应进行顺粒级配、含泥量、泥块含量和针、片状颗粒含量检验。

当碎石或卵石的质量比较稳定、进料量又较大时,可以1 000 t为一验收批。

4)石子的运输和堆放

碎石或卵石在运输、装卸和堆放过程中,应防止颗粒离析、混入杂质,并按产地、种类和规格分别堆放。碎石或卵石的堆放高度不宜超过5 m,对于单粒级或最大粒径不超过20 mm的连续粒级,其堆料高度可增加到10 m。

4.1.3　细骨料

按加工方法不同,砂可分为天然砂、人工砂和混合砂。由自然条件作用形成的,公称粒径小于5.00 mm的岩石颗粒,称为天然砂。天然砂又分为河砂、海砂和山砂。由岩石经除土开采、机械破碎、筛分而成的,公称粒径小于5.00 mm的岩石颗粒称为人工砂。由天然砂与人工砂按一定比例组合而成的砂,称为混合砂。

1)砂的技术要求

(1)颗粒级配

按细度模数不同,砂分为粗砂、中砂、细砂和特细砂,其范围应符合表4.3的规定。

表4.3　砂的细度模数

粗细程度	细度模数	粗细程度	细度模数
粗砂	3.7~3.1	细砂	2.2~1.6
中砂	3.0~2.3	特细砂	1.5~0.7

砂的颗粒级配:混凝土用砂除特细砂以外,砂的顺粒级配按公称直径630 mm筛孔的累计筛余量(以质量百分率计),分成Ⅰ、Ⅱ、Ⅲ3个级配区。

(2)砂子的含泥限制

砂子的含泥量:当混凝土强度等级≤C25时,含泥量≤5.0%;当混凝土强度等级为 C30 ~ C55 时,含泥量≤3.0% ;当混凝土强度等级≥C60 时,含泥量≤2.0%(含量按质量计)。

砂子的泥块含量:当混凝土强度等级≤C25 时,泥块含量≤2.0% ;当混凝土强度等级为 C30 ~ C55 时,泥块含量≤1.0% ;当混凝土强度等级≥C605 时,泥块含量≤0.5%(含量按质量计)。

2)砂的选用

制备混凝土拌合物时,宜选用级配良好、质地坚硬、颗粒洁净的天然砂、人工砂和混合砂。配制混凝土时宜优先选用Ⅱ区砂。

当采用Ⅰ区砂时,应提高砂率,并保持足够的水泥用量,以满足混凝土的和易性。

当采用Ⅲ区砂时,宜适当降低砂率,以保证混凝土强度。

配制泵送混凝土时,宜选用中砂。

3)砂子的检验

使用单位应按砂的同产地同规格分批验收。采用大型工具运输的,以 400 m³ 或 600 t 为一验收批。采用小型工具运输的,以 200 m³ 或 300 t 为一验收批。不足上述量者,应按验收批进行验收。

每验收批砂至少应进行颗粒级配、含泥量、泥块含量检验。对于海砂或有氯离子污染的砂,还应检验其氯离子含量;对于海砂,还应检验贝壳含量;对于人工砂及混合砂,还应检验石粉含量。

当砂的质量比较稳定、进料量又较大时,可以 1 000 t 为一验收批。

4)运输和堆放

砂在运输、装卸和堆放过程中,应防止颗粒离析、混入杂质,并按产地、种类和规格分别堆放。

4.1.4 掺合料

掺合料是混凝土的主要组成材料,起着改善混凝土性能的作用。在混凝土中加入适量的掺合料,可以起到降低温升、改善工作性、增进后期强度、改善混凝土内部结构、升高耐久性、节约资源的作用。

1)掺合料的分类

(1)粉煤灰

粉煤灰是指电厂煤粉炉烟道气体中收集的粉末。粉煤灰按煤种分为 F 类和 C 类;按其技术要求分为Ⅰ级、Ⅱ级和Ⅲ级。

(2)粒化高炉矿渣粉

粒化高炉矿渣粉是指以粒化高炉矿渣为主要原料,掺加少量石膏磨细制成一定细度的粉体。粒化高炉矿渣粉按其技术要求分为 S105、S95 和 S75。

(3)沸石粉

沸石粉是指用天然沸石粉配以少量无机物经细磨而成的一种良好的火山灰质材料。沸石粉按其技术要求分为Ⅰ级、Ⅱ级和Ⅲ级。

（4）硅灰

硅灰是指铁合金厂在冶炼硅铁合金或金属硅时，从烟尘中收集的一种飞灰。

2）掺合料的选用

（1）粉煤灰的选用

Ⅰ级粉煤灰允许用于后张预应力钢筋混凝土构件及跨度小于 6 m 的先张预应力钢筋混凝土构件；Ⅱ级粉煤灰主要用于普通钢筋混凝土和轻骨料钢筋混凝土；Ⅲ级粉煤灰主要用于无筋混凝土和砂浆。

（2）粒化高炉矿渣粉的选用

S105 级粒化高炉矿渣粉主要用于高性能钢筋混凝土；S95 级粒化高炉矿渣粉主要用于普通钢筋混凝土；S75 级粒化高炉矿渣粉主要用于无筋混凝土和砂浆。

（3）沸石粉的选用

沸石粉主要用于高性能混凝土，以降低新拌混凝土的泌水与离析，提高混凝土的密实性，改善混凝土的力学性能和耐久性能。

（4）硅灰的选用

硅灰主要用于高强混凝土，能显著提高混凝土的强度和耐久性能。

3）掺合料的验收

（1）粉煤灰验收

使用单位以连续供应的 200 t 相同厂家、相同等级、相同种类的粉煤灰为一验收批。不足上述量者，应按验收批进行验收。每验收批粉煤灰至少应进行细度、需水量比、含水量和雷氏法安定性（F 类粉煤灰可每季度测定一次）检验。当有要求时，尚应进行其他项目检验。

（2）粒化高炉矿渣粉验收

使用单位以连续供应的 200 t 相同厂家、相同等级、相同种类的粒化高炉矿渣粉为一验收批。不足上述量者，应按验收批进行验收。每验收批粒化高炉矿渣粉至少应进行活性指数和流动度比检验。当有要求时，尚应进行其他项目检验。

（3）沸石粉验收

使用单位以连续供应的 200 t 相同厂家、相同等级、相同种类的沸石粉为一验收批。不足上述量者，应按验收批进行验收。每验收批沸石粉至少应进行吸铵值、细度、活性指数和需水量比检验。当有要求时，尚应进行其他项目检验。

（4）硅灰验收

使用单位以连续供应的 50 t 相同厂家、相同等级、相同种类的硅灰为一验收批。不足上述量者，应按验收批进行验收。每验收批硅灰至少应进行烧失量、活性指数和需水量比检验。当有要求时，尚应进行其他项目检验。

4）运输和储存

掺合料在运输和储存时不得受翻、混入杂物，应防止污染环境，并应标明掺合料种类及其厂名、等级等。

4.1.5　外加剂

混凝土外加剂可改善新拌混凝土的和易性、调节凝结时间、改善可泵性、改变硬化混凝土强度的发展速率、提高耐久性。

外加剂的品种应根据工程设计和施工要求选择,通过试验及技术经济比较确定。选择确定外加剂及水泥品种后,应检验外加剂与水泥的适应性,符合要求方可使用;不同品种外加剂复合使用时,应注意其相容性及对混凝土性能的影响,使用前应进行试验,满足要求方可使用。

1)普通减水剂及高效减水剂

(1)品种

普通减水剂可用木质素磺酸盐类,包括木质素磺酸钙、木质素磺酸钠、木质素磺酸镁及丹宁等。高效减水剂可采用以下品种:多环芳香族磺酸盐类、水溶性树脂磺酸盐类、脂肪族类、其他(如改性木质素磺酸钙、改性丹宁等)。

(2)适用范围

普通减水剂宜用于日最低气温 5 ℃以上施工的混凝土,不宜单独用于蒸养混凝土;高效减水剂宜用于日最低气温 0 ℃以上施工的混凝土。当掺用含有木质素磺酸盐类物质的外加剂时,应先做水泥适应性试验。

(3)施工

减水剂进入工地的检验项目应包括 pH 值、密度、混凝土减水率,检验合格方可入库、使用。减水剂以溶液掺加时,溶液中的水量应从拌合水中扣除。液体减水剂宜与拌合水同时加入搅拌机内,粉剂减水剂宜与胶凝材料同时加入搅拌机内,混凝土搅拌均匀方可出料。掺减水剂的混凝土采用自然养护时,应加强初期养护;蒸养时,蒸养制度应经试验确定。

2)引气剂及引气减水剂

(1)品种

引气剂分为松香树脂类、烷基和烷基芳烃磺酸盐类、脂肪醇磺酸盐类、皂苷类等类型。

(2)适用范围

由于掺入混凝土中的引气剂经搅拌能在混凝土拌合物中引入大量分布均匀的微小气泡,并在其硬化后仍保留微小气泡,因此,引气剂及引气减水剂可用于抗冻混凝土、抗渗混凝土、抗硫酸盐混凝土、泌水严重的混凝土、贫混凝土、轻骨料混凝土、人工骨料配制的普通混凝土、高性能混凝土及有饰面要求的混凝土,但不宜用于蒸养混凝土及预应力混凝土。

(3)施工

抗冻性要求高的混凝土,必须掺引气剂或引气减水剂,其掺量应根据混凝土的含气量要求,通过试验确定。引气剂及引气减水剂宜以溶液掺加,使用时加入拌合水中,溶液中的水量应从拌合水中扣除。引气剂可与减水剂、早强剂、缓凝剂、防冻剂复合使用,配制溶液时如产生絮凝或沉淀等现象,应分别配制溶液并分别加入搅拌机内。

3)缓凝剂、缓凝减水剂及缓凝高效减水剂

(1)品种

缓凝剂及缓凝减水剂分为糖类、木质素磺酸盐类、羟基提酸及其盐类、无机盐类等类型。

（2）适用范围

缓凝剂、缓凝减水剂和缓凝高效减水剂可用于大体积混凝土、碾压混凝土、炎热条件下施工的混凝土、大面积浇筑的混凝土、避免冷缝产生的混凝土、需较长时间停放或长距离运输的混凝土、自流平免振混凝土、滑模或拉模施工的混凝土及其他需要延缓凝结时间的混凝土。缓凝高效减水剂可制备高强高性能混凝土，宜用于日最低气温 5 ℃以上施工的混凝土，不宜单独用于有早强要求的混凝土及蒸养混凝土。

（3）施工

缓凝剂、缓凝减水剂及缓凝高效减水剂以溶液掺加时应加入拌合水中，溶液中的水量应从拌合水中扣除。难溶和不溶物较多的应采用干渗法，并延长混凝土搅拌时间 30 s。

4）早强剂及早强减水剂

（1）品种

早强剂分为强电解质无机盐类早强剂、水溶性有机化合物等类型。

（2）适用范围

早强剂及早强减水剂适用于蒸养混凝土及常温、低温和最低温度不低于-5 ℃环境中施工的有早强要求的混凝土工程。炎热环境条件下不宜使用早强剂及早强减水剂。掺入混凝土后对人体产生危害或对环境产生污染的化学物质严禁用作早强剂。

（3）施工

常温及低温下使用早强剂或早强减水剂的混凝土，采用自然养护时宜使用塑料薄膜覆盖或喷洒养护液。终凝后应立即浇水潮湿养护。最低气温低于 0 ℃时还应加盖保温材料。最低气温低于-5 ℃时应使用防冻剂。采用蒸汽养护时，其蒸养制度应经试验确定。

5）防冻剂

（1）品种

防冻剂分为强电解质无机盐类、水溶性有机化合物类、有机化合物与无机盐复合类、复合型防冻剂等类型。现在考虑到含强电解质无机盐具有腐蚀性，多采用后面几种类型。

（2）适用范围

含亚硝酸盐、碳酸盐的防冻剂严禁用于预应力混凝土结构。含有硝胺、尿素等产生刺激性气味的防冻剂，严禁用于办公、居住等建筑工程。

（3）施工

防冻剂运到工地（或搅拌站）时首先应检查是否有沉淀结晶或结块。检验项目应包括密度、钢筋锈蚀试验，检验合格后方可使用。

6）膨胀剂

（1）品种

膨胀剂主要分为硫铝酸钙类、硫铝酸钙—氧化钙类及氧化钙类膨胀剂。

（2）适用范围

膨胀剂的适用范围应符合表 4.4 的规定。

表 4.4 膨胀剂的适用范围

用 途	适用范围
补偿收缩混凝土	地下、水中、海水中、隧道等构筑物、大体积混凝土（除大坝外）、配筋路面和板、屋面和厕浴间防水、构件补强、渗漏修补、预应力混凝土、回填槽等
填充用膨胀混凝土	结构后浇带、膨胀加强带、隧洞堵头、钢管与隧道之间的填充等
自应力混凝土	仅用于常温下使用的自应力钢筋混凝土压力管
灌浆用膨胀砂浆	机械设备的底座灌浆、地脚螺栓的固定、梁柱接头、构件补强、加固等

含硫铝酸钙、硫铝酸钙-氧化钙类膨胀剂的混凝土不得用于长期环境温度为 80 ℃ 以上的工程。含氧化钙类膨胀剂的混凝土不得用于海水或有侵蚀性水的工程。

（3）施工

掺膨胀剂的混凝土的配合比设计应符合下列规定：胶凝材料最少用量（水泥、膨胀剂和掺合料的总量）应符合表 4.5 的规定。

表 4.5 掺膨胀剂的混凝土胶凝材料最少用量

膨胀混凝土种类	胶凝材料最少用量/$(kg \cdot m^{-3})$
补偿收缩混凝土	300
填充用膨胀混凝土	350
自应力混凝土	500

水胶比不宜大于 0.5；用于有抗渗要求的补偿收缩混凝土的水泥用量应不小于 320 kg/m^3，当掺入掺合料时，其水泥用量不应小于 280 kg/m^3；补偿收缩混凝土的膨胀剂掺量不宜大于 12%，也不宜小于 6%；填充用膨胀混凝土的膨胀剂掺量不宜大于 15%，也不宜小于 10%；粉状膨胀剂应与混凝土其他原材料一起投入搅拌机，拌和时间应延长 30 s。

7）泵送剂

泵送剂由减水剂、缓凝剂、引气剂等复合而成。

泵送剂适用于工业与民用建筑及其他构筑物的泵送施工的混凝土；特别适用于大体积混凝土、高层建筑和超高层建筑；适用于滑模施工，也适用于水下灌注桩混凝土等。

8）防水剂

（1）品种

防水剂分为无机化合物类、有机化合物类、混合物类（两者混合或单独混合）、复合类（与引气剂、减水剂、调凝剂等外加剂复合）等。

（2）适用范围

防水剂可用于工业与民用建筑的屋面、地下室、隧道、巷道、给排水池、水泵站等有防水抗渗要求的混凝土工程。

（3）施工

防水剂混凝土搅拌时间应较普通混凝土延长 30 s。防水剂混凝土应加强早期养护，潮湿养护不得少于7 d。

9）速凝剂

（1）品种

在喷射混凝土工程中可采用粉状速凝剂和液体速凝剂。

（2）适用范围

速凝剂可用于采用喷射法加固施工的喷射混凝土，如地下工程支护、水池、预应力油罐、边坡加固、结构修复加固、深基坑护壁、堵漏用混凝土及需要速凝的其他混凝土。

（3）施工

速凝剂掺量一般为2% ~8%，掺量随速凝剂品种、施工温度和工程要求适当增减。为减少喷射的物料回弹及物料在管路中的堵塞，喷射混凝土粗骨料最大粒径不大于20 mm；中砂或粗砂的细度模数为2.8~3.5。

 【知识链接】

导入案例中计划采用商品混凝土，所加外加剂应包括减水剂、缓凝剂、引气剂，同时地下室考虑抗渗要求还要加防水剂。

4.1.6 拌和用水

拌和用水按其来源不同分为饮用水、地表水、地下水、再生水和海水等。

①符合国家标准的生活饮用水是最常使用的混凝土拌和用水，可直接用于拌制各种混凝土。

②地表水和地下水首次使用前，应按有关标准进行检验。

③海水可用于拌制素混凝土，但未经处理的海水严禁用于拌制钢筋混凝土和预应力混凝土。有饰面要求的混凝土也不应用海水拌制。

任务4.2 混凝土配合比设计

4.2.1 混凝土配合比设计步骤

①初步配合比阶段，根据配制强度和设计强度相互间关系，用水胶比计算方法，水量、砂率查表方法以及砂石材料计算方法等确定计算初步配合比。

②试验室配合比阶段，根据其施工条件的差异和变化、材料质量的可能波动调整配合比。

③基准配合比阶段，根据强度验证原理和密度修正方法，确定每立方米混凝土的材料用量。

④施工配合比阶段，根据实测砂石含水率进行配合比调整，提出施工配合比。

在施工生产中，对首次使用的混凝土配合比（施工配合比）应进行开盘鉴定，开盘鉴定时应检测混凝土拌合物的工作性能，并按规定留取试件进行检测，其检测结果应满足配合比设计要求。

4.2.2 混凝土配制强度的确定

1)当设计强度等级小于 C60 时

配制强度按式(4.1)计算:

$$f_{cu,0} \geq f_{cu,k} + 1.645\sigma \tag{4.1}$$

式中　$f_{cu,0}$——混凝土的配制强度,MPa;

　　$f_{cu,k}$——混凝土强度标准值,MPa;

　　σ——混凝土的强度标准差,MPa。

σ 的取值:当具有近 1~3 个月的同一品种、同一强度等级混凝土的强度资料时,其混凝土强度标准差应按式(4.2)求得:

$$\sigma = \sqrt{\dfrac{\sum\limits_{i=1}^{n} f_{cu,i}^2 - n m_{f_{cu}}^2}{n-1}} \tag{4.2}$$

式中　$f_{cu,i}$——第 i 组的试件强度,MPa;

　　$m_{f_{cu}}$——n 组试件的强度平均值,MPa;

　　n——试件组数,n 值不应小于 30。

强度等级小于等于 C30 的混凝土,计算得到的 σ 大于等于 3.0 MPa 时,应按计算结果取值;计算得到的 σ 小于 3.0 MPa 时,σ 应取 3.0 MPa;对于强度等级大于 C30 且小于 C60 的混凝土,计算得到的 σ 大于等于 4.0 MPa 时,应按计算结果取值;计算得到的 σ 小于 4.0 MPa 时,σ 应取 4.0 MPa。

当没有近期的同品种混凝土强度资料时,其混凝土强度标准差 σ 可按表 4.6 取用。

表 4.6　标准差 σ 值

单位:MPa

混凝土强度标准值	≤C20	C25 ~ C45	C50 ~ C55
σ	4.0	5.0	6.0

2)当设计强度等级大于或等于 C60 时

配制强度按式(4.3)计算:

$$f_{cu,0} \geq 1.15 f_{cu,k} \tag{4.3}$$

4.2.3 混凝土配合比计算

①计算出所要求的水胶比值。

②选取每立方米混凝土的用水量:

a. 当水灰比为 0.4~0.8 时,根据粗骨料的品种、粒径及施工要求的混凝土拌合物稠度,其用水量可查相应的规范中数据来确定。

b. 水灰比小于 0.4 的混凝土或采用特殊成型工艺的混凝土,其用水量应通过试验确定。

③计算每立方米混凝土的胶凝材料、矿物掺合料和水泥用量:

每立方米混凝土的胶凝材料用量按规范计算,并应进行试拌调整,在满足拌合物性能要求的情况下,取经济合理的胶凝材料用量。所计算的水泥用量应符合规范所规定的最小水泥用量。混凝土的最大水泥用量不宜大于 $550 \ kg/m^3$。

④选取混凝土的砂率:

a. 坍落度小于 10 mm 的混凝土,其砂率应经试验确定。

b. 坍落度为 10~60 mm 的混凝土,其砂率可根据粗骨料品种、粒径及水胶比来确定。

c. 坍落度大于 60 mm 的混凝土,其砂率可经试验确定。

⑤确定粗、细骨料用量:在已知混凝土用水量、水泥用量和砂率的情况下,按体积法或重量法求出粗、细骨料的用量,从而得出混凝土的初步配合比。

4.2.4　普通混凝土配合比的试配

1)试拌配合比

按照工程中实际使用的材料和搅拌方法,根据计算出的配合比进行试拌。如果试拌的混凝土坍落度或维勃稠度不能满足要求,或保水性不好,则应在保证水胶比不变条件下,调整配合比其他参数使混凝土拌合物性能符合设计和施工要求,然后修正计算配合比,提出试拌配合比。

2)在试拌配合比的基础上应进行混凝土强度试验

应采用 3 个不同的配合比,其中一个应为确定的试拌配合比,另外两个配合比的水胶比宜较试拌配合比分别增加和减少 0.05,用水量应与试拌配合比相同,砂率可分别增加和减少 1%。当不同水胶比的混凝土拌合物坍落度与要求值的差超过允许偏差时,可通过增、减用水量进行调整。

制作混凝土强度试件时,尚需试验混凝土的坍落度或维勃稠度、保水性及混凝土拌合物的表观密度,作为代表这一配合比的混凝土拌合物的各项基本性能。每种配合比应至少制作一组(3 块)试件,标准养护到 28 d 时进行试压;有条件的情况下也可同时制作多组试件,供快速检验或较早龄期的试压,以便提前定出混凝土配合比供施工使用,但以后仍必须以标准养护到 28 d 的检验结果为依据调整配合比。

3)普通混凝土配合比的调整和确定

经过试配以后,便可按照所得的结果确定混凝土的施工配合比。根据试验得出的混凝土强度与其相对应的胶水比关系,用作图法或计算法求出与混凝土配制强度相对应的胶水比,并应按下列原则确定每立方米混凝土的材料用量:

①用水量:应在基准配合比用水量的基础上,根据制作强度试件时测得的坍落度或维勃稠度进行调整确定。

②水泥用量应以用水量乘以选定出来的胶水比计算确定。

③粗骨料和细骨料用量应在基准配合比的粗骨料和细骨料用量的基础上,按选定的胶水比进行调整后确定。

4)施工配合比的确定

设计配合比是以干燥状态骨料为基准的,而实际工程使用的骨料都含有一定的水分,故必须进行修正,修正后的配合比称为施工配合比。

任务 4.3 混凝土搅拌

4.3.1 搅拌机的选择

混凝土搅拌是将各种组成材料拌制成质地均匀、颜色一致、具备一定流动性的混凝土拌合物。如混凝土搅拌得不均匀就不能获得密实的混凝土,影响混凝土的质量,所以搅拌是混凝土施工工艺中很重要的一道工序。由于人工搅拌混凝土质量差,消耗水泥多,而且劳动强度大,所以只有在工程量很小时才用人工搅拌,一般均采用机械搅拌。混凝土搅拌机有自落式和强制式两类,见表4.7。

表4.7 混凝土搅拌机类型

自落式			强制式			
鼓筒式	双锥式		立轴式			卧轴式(单轴双轴)
	反转出料	倾翻出料	涡浆式	行星式		
				定盘式	盘转式	

1)自落式混凝土搅拌机

自落式搅拌机是通过筒身旋转,带动搅拌叶片将物料提高,在重力作用下物料自由坠下,反复进行,互相穿插、翻拌、混合,从而使混凝土各组分搅拌均匀的。

(1)锥形反转出料搅拌机。

锥形反转出料搅拌机是中、小型建筑工程常用的一种搅拌机,正转搅拌,反转出料。由于搅拌叶片呈正、反向交叉布置,拌合料一方面被提升后靠自落进行搅拌,另一方面又被迫沿轴向作左右窜动,搅拌作用强烈。

锥形反转出料搅拌机外形如图4.1(a)所示,主要由上料装置、搅拌筒、传动机构、配水系统和电气控制系统等组成。

(2)双锥形倾翻出料搅拌机

双锥形倾翻出料搅拌机进出料在同一口,出料时由气动倾翻装置使搅拌筒下旋50°~60°,即可将物料卸出,如图4.1(b)所示。双锥形倾翻出料搅拌机卸料迅速,拌筒容积利用系数高,拌合物的提升速度低,物料在拌筒内靠滚动自落而搅拌均匀,能耗低,磨损小,能搅拌大粒径骨料混凝土,主要用于大体积混凝土工程。

2)强制式混凝土搅拌机

强制式搅拌机的搅拌鼓筒内有若干组叶片,搅拌时叶片绕竖轴或卧轴旋转,将各种材料强行搅拌,真正搅拌均匀。这种搅拌机适用于搅拌干硬性混凝土、流动性混凝土和轻骨料混凝土等,具有搅拌质量好、搅拌速度快、生产效率高、操作简便及安全可靠等优点。

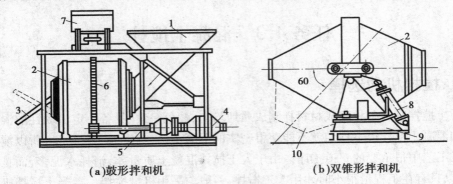

（a）鼓形拌和机　　　　　　（b）双锥形拌和机

图 4.1　自落式混凝土拌和机

1—装料机；2—拌和筒；3—卸料槽；4—电动机；5—传动轴；
6—齿圈；7—量水器；8—气顶；9—机座；10—卸料位置

（1）涡桨强制式搅拌机

如图 4.2 所示,涡桨强制式搅拌机是在圆盘搅拌筒中装一根回转轴,轴上装有拌和铲和刮板,随轴一同旋转,它用旋转着的叶片,将装在搅拌筒内的物料强行搅拌使之均匀。涡桨强制式搅拌机由动力传动系统、上料和卸料装置、搅拌系统、操纵机构和机架等组成。

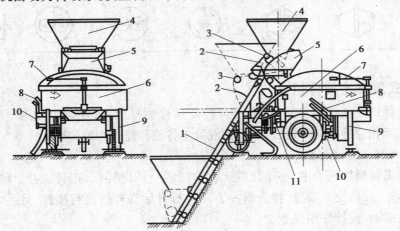

图 4.2　涡桨强制式混凝土搅拌机

1—上料轨道；2—上料斗底座；3—铰链轴；4—上料斗；5—进料承口；
6—搅拌筒；7—卸料手柄；8—斜斗下降手柄；9—撑脚；10—上料手柄；11—给水手柄

（2）单卧轴强制式混凝土搅拌机

单卧轴强制式混凝土搅拌机的搅拌轴上装有两组叶片,两组推料方向相反,使物料既有圆周方向运动,也有轴向运动,因而能形成强烈的物料对流,使混合料能在较短的时间内搅拌均匀。它由搅拌系统、进料系统、卸料系统和供水系统等组成。

（3）双卧轴强制式混凝土搅拌机

双卧轴强制式混凝土搅拌机为固定式,其结构基本与单卧式相似,由搅拌系统、进料系统、卸料系统和供水系统等组成。如图 4.3 所示,它有两根搅拌轴,轴上布置有不同角度的搅拌叶片,工作时两轴按相反的方向同步相对旋转。由于两根轴上的搅拌铲布置位置不同,螺旋线方向相反,于是被搅拌的物料在筒内既有上下翻滚的动作,也有轴向运动,从而增强了混合料运动的剧烈程度,因此搅拌效果更好。

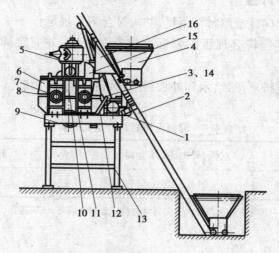

图 4.3 双卧轴强制式混凝土搅拌机

1—上料传动装置;2—上料架;3—搅拌驱动装置;4—料斗;
5—水箱;6—搅拌筒;7—搅拌装置;8—供油器;9—卸料装置;10—三通阀;
11—操纵杆;12—水泵;13—支撑架;14—罩盖;15—受料斗;16—电气箱

4.3.2 大型混凝土搅拌站

混凝土的现场拌制已属于限制技术,在规模大、工期长的工程中设置半永久性的大型搅拌站是发展方向。将混凝土集中在有自动计量装置的混凝土搅拌站集中拌制,用混凝土运输车向施工现场供应商品混凝土,有利于实现建筑工业化、提高混凝土质量、节约原材料和能源、减少现场和城市环境污染、提高劳动生产率。混凝土拌和楼布置如图4.4所示。

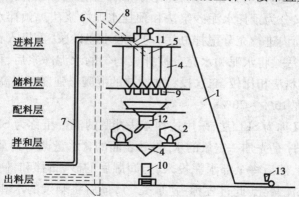

图 4.4 混凝土拌和楼布置示意图

1—皮带机;2—水箱及量水器;3—出料斗;4—骨料仓;5—水泥仓;
6—斗式提升机输送水泥;7—螺旋机输送水泥;8—风送水泥管道;
9—储料斗;10—混凝土吊罐;11—回转漏斗;12—回转喂料器;13—进料斗

4.3.3　混凝土搅拌的技术要求

1）混凝土原材料计量

混凝土搅拌时应准确计量原材料用量,并应符合下列规定:

①计量设备的精度应符合现行国家标准的有关规定,并应定期校准。使用前设备应归零。

②原材料的计量应按质量计,水和外加剂溶液可按体积计,其允许偏差应符合表4.8的规定。

表4.8　混凝土原材料计量允许偏差

原材料品种	水泥、外加剂、掺合料	细骨料	粗骨料	水
累计计量允许偏差/%	±1	±2	±2	±1

注:累计计量允许偏差指每一运输车中各盘混凝土的每种材料计量和的偏差,该项指标仅适用于采用计算机控制计量的搅拌站。

2）搅拌制度的确定

为了获得质量优良的混凝土拌合物,除正确选择搅拌机外,还必须正确确定搅拌制度,即投料顺序、搅拌时间和进料容量等。

（1）投料顺序

投料顺序应从提高搅拌质量,减少叶片、衬板的磨损,减少拌合物搅拌筒的黏结,减少水泥飞扬改善工作条件等方面综合考虑确定。常用方法有以下几种:

①一次投料法:在上料斗中先装石子,再加水泥和砂,然后一次投入搅拌机。在鼓筒内先加水或在料斗提升进料的同时加水,这种上料顺序可使水泥夹在石子和砂中间,上料时不致飞扬,又不致粘住斗底,且水泥和砂先进入搅拌筒形成水泥砂浆,可缩短包裹石子的时间。

②二次投料法:又分为预拌水泥砂浆法和预拌水泥净浆法。预拌水泥砂浆法是先将水泥、砂和水加入搅拌筒内进行充分搅拌,成为均匀的水泥砂浆,再投入石子搅拌成均匀的混凝土。预拌水泥净浆法是将水泥和水充分搅拌成均匀的水泥净浆后,再加入砂和石子搅拌成混凝土。与一次投料法相比较,二次投料法搅拌的混凝土强度可提高约15%,在强度相同的情况下,可节约水泥15%~20%。

③水泥裹砂法:又称为SEC法,采用这种方法拌制的混凝土称为SEC混凝土,也称为造壳混凝土。其搅拌程序是先加一定量的水,将砂表面的含水量调节到某一规定的数值后,再加入石子与湿砂拌匀,然后将全部水泥投入,与润湿后的砂、石拌和,使水泥在砂、石表面形成一层低水灰比的水泥浆壳(此过程称为"成壳"),最后将剩余的水和外加剂加入,搅拌成混凝土。与一次投料法比较,采用SEC法制备的混凝土强度可提高20%~30%,混凝土不易产生离析现象,泌水少,工作性能好。

（2）进料容量

搅拌机容量有几何容量、进料容量和出料容量3种标示。几何容量指搅拌筒内的几何容积,进料容量是指搅拌前搅拌筒可容纳的各种原材料的累计体积,出料容量是每次从搅拌筒内可卸出的最大混凝土体积。

为保证混凝土得到充分的拌和,装料容量通常是搅拌机几何容量的 $1/2 \sim 1/3$,出料容量约为装料容量的 $0.55 \sim 0.72$(称为出料系数)。

(3)搅拌时间

搅拌时间是影响混凝土质量及搅拌机生产率的重要因素之一,时间过短,拌和不均匀,会降低混凝土的强度及和易性;时间过长,不仅会影响搅拌机的生产率,而且会使混凝土和易性降低或产生分层离析现象。搅拌时间与搅拌机的类型、鼓筒尺寸、骨料的品种和粒径以及混凝土的坍落度等有关,混凝土搅拌的最短时间(即自全部材料装入搅拌筒中起到卸料止),可按表 4.9 采用,当能保证搅拌均匀时可适当缩短搅拌时间。搅拌强度等级 C60 及以上的混凝土时,搅拌时间应适当延长。

混凝土宜采用强制式搅拌机搅拌,并应搅拌均匀。采用分次投料搅拌方法时,应通过试验确定投料顺序、数量及分段搅拌的时间等工艺参数。掺合料宜与水泥同步投料,液体外加剂宜滞后于水和水泥投料;粉状外加剂宜溶解后再投料。

表 4.9 混凝土搅拌的最短时间

单位:s

混凝土坍落度/mm	搅拌机机型	搅拌机出料量/L		
		<250	250 ~ 500	>500
≤40	强制式	60	90	120
>40 且 ≤100	强制式	60	60	90
≥100	强制式	60		

注:1. 混凝土搅拌的最短时间是指从全部材料装入搅拌筒中起,到开始卸料止的时间;

2. 当掺有外加剂与矿物掺合料时,搅拌时间应适当延长;

3. 采用自落式搅拌机时,搅拌时间宜延长 30 s;

4. 当采用其他形式的搅拌设备时,搅拌的最短时间也可按设备说明书的规定或经试验确定。

任务 4.4 混凝土运输和输送

4.4.1 混凝土运输

混凝土运输一般是指混凝土自搅拌机中卸出来后,运至浇筑地点的地面运输。如采用预拌混凝土且运输距离较远时,混凝土地面运输多用混凝土搅拌运输车;如来自工地搅拌站,则多用载重 1 t 的小型机动翻斗车,近距离也用双轮手推车,有时还用皮带运输机和窄轨翻斗车等,应根据工程规模、施工场地宽窄和设备供应情况选用。

1)人工运输

人工运输混凝土常用手推车、架子车和斗车等。用手推车和架子车时,要求运输道路路面平整,随时清扫干净,防止混凝土在运输过程中受到强烈震动。道路的纵坡,一般要求水平,局部不宜大于15%,一次爬高不宜超过2~3 m,运输距离不宜超过200 m。

2)机动翻斗车

机动翻斗车是混凝土工程中使用较多的水平运输机械。它轻便灵活、转弯半径小、速度快且能自动卸料。车前装有容量为476 L的翻斗,载重量约1 t,最高时速为20 km/h,适用于短途运输混凝土或砂石料。

3)混凝土搅拌运输车

如图4.5所示,混凝土搅拌运输车是运送混凝土的专用设备。它的特点是在运量大、运距远的情况下,能保证混凝土的质量均匀,一般用于混凝土制备点(商品混凝土站)与浇筑点距离较远的情况。

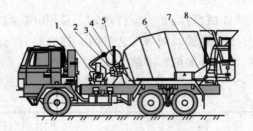

图4.5　混凝土搅拌运输车

1—泵连接组件;2—减速机总成;3—液压系统;4—机架;
5—供水系统;6—搅拌筒;7—操纵系统;8—进出料装置

4)混凝土运输质量控制

①预拌混凝土应采用符合规定的运输车运送。运输车在运送时应能保持混凝土拌合物的均匀性,不应产生分层离析现象。

②运输车在装料前应将筒内积水排尽。

③当需要在卸料前掺入外加剂时,外加剂掺入后搅拌运输车应快速进行搅拌,搅拌时间应由试验确定。

④严禁向运输车内的混凝土任意加水。

⑤混凝土的运送时间是指从混凝土由搅拌机卸入运输车开始至该运输车开始卸料为止。运送时间应满足施工规定。当未作规定时,采用搅拌运输车运送的混凝土,宜在1.5 h内卸料;采用翻斗车运送的混凝土,宜在1.0 h内卸料;当最高气温低于25 ℃时,运送时间可延长0.5 h。如需延长运送时间,则应采取相应的技术措施,并应通过试验验证。

⑥混凝土的运送频率,应能保证混凝土施工的连续性。

4.4.2　混凝土输送

混凝土输送,是指对运输至现场的混凝土,采用输送泵、溜槽、吊车配备斗容器、升降设备配备小车等方式送至浇筑点的过程。为提高机械化施工水平、提高生产效率、保证工程质量,宜优先选用预拌混凝土泵送方式。输送混凝土的管道、容器、溜槽不应吸水、漏浆,并应保证输送通畅。输送混凝土时,应根据工程所处环境条件采取保温、隔热、防雨等措施。常见的混凝土垂直输送有借助起重机械的混凝土垂直输送和泵管混凝土垂直输送。

1)借助起重机械的混凝土垂直输送

(1)吊斗混凝土垂直输送

吊车配备斗容器输送混凝土时应符合下列规定:

①应根据不同结构类型以及混凝土浇筑方法选择不同的斗容器。

②斗容器的容量应根据吊车吊运能力确定。

③运输至施工现场的混凝土宜直接装入斗容器进行输送。

④斗容器宜在浇筑点直接布料。

(2)混凝土垂直输送

混凝土的垂直输运,除采用塔式起重机配备斗容器外,还可使用推车结合升降设备的方式。升降设备包括用于运载人或物料的升降电梯、用于运载物料的升降井架以及混凝土提升机等设备。同时注意,在浇筑混凝土时,楼面上应已立好模板,扎好钢筋,因此需铺设手推车行走用的跳板。为了避免压坏钢筋,跳板可用马凳垫起。手推车的运输道路应形成回路,避免交叉和运输堵塞。

2)借助的混凝土溜槽输送

施工场地高差达十多米,架设溜槽可使混凝土通过滑道直达施工部位,使浇筑施工方便、快捷。溜槽宜平顺,每节之间应连接牢固,应有防脱落保护措施,运输和卸料过程中,应避免混凝土分离,严禁向溜槽内加水。

3)泵送混凝土输送

(1)混凝土泵工作原理

混凝土泵是一种有效的混凝土运输工具,以泵为动力,沿管道输送混凝土,可以同时完成水平和垂直运输,将混凝土直接运送至浇筑地点。混凝土泵根据驱动方式分为柱塞式混凝土泵和挤压式混凝土泵。柱塞式混凝土泵根据传动机构不同,又分为机械传动和液压传动两种,液压柱塞式混凝土泵的工作原理图如图4.6所示。它主要由料斗、液压缸和柱塞、混凝土缸、分配阀、Y形输送管、冲洗设备、液压系统和动力系统等组成。柱塞泵工作时,搅拌机卸出的或由混凝土搅拌运输车卸出的混凝土倒入料斗后,吸入端分配阀移开,排出端分配阀关闭,柱塞在液压作用下带动柱塞左移,混凝土在自重及真空力作用下进入混凝土缸内,然后移开,使混凝土被压入管道,将混凝土输送到浇筑地点。单缸混凝土泵的出料是脉冲式的,所以一般混凝土泵有两个混凝土缸并列交替进料和出料,通过Y形输料管,送入同一管道使出料较为稳定。

混凝土泵车是将混凝土泵装在车上,车上装有可以伸缩的布料杆,管道装在杆内,末端是一段软管,可将混凝土直接送到浇筑地点。如图4.7所示,这种泵车布料范围广、机动性好、移动方便,适用于多层框架结构施工。

不同型号的混凝土泵,其排量不同,水平运距和垂直运距也不同。常见的多为混凝土排量 30～90 m³/h,水平运距 200～500 m,垂直运距 50～100 m。

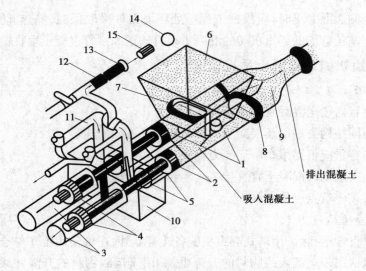

图 4.6 液压柱塞式混凝土泵工作原理图
1—混凝土缸;2—混凝土活塞;3—液压缸;4—液压活塞;5—活塞杆;
6—料斗;7—吸入端水平片阀;8—排出端竖直片阀;9—Y 形输送管;10—水箱;
11—水洗装置换向阀;12—水洗用高压软管;13—水洗法兰;14—海绵球;15—清洗活塞

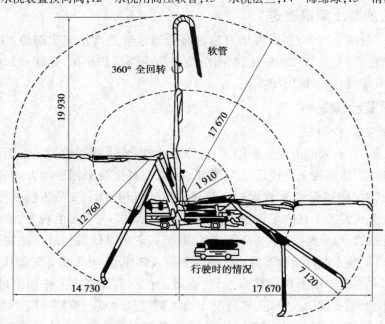

图 4.7 三折叠式布料车浇筑范围

(2)混凝土输送泵的选择及布置

①混凝土输送泵与混凝土搅拌运输车配套使用,且应使混凝土搅拌站的供应能力和混凝土搅拌车的运输能力大于混凝土泵的输送能力,每台泵的料斗周围最好能同时停留两辆混凝土搅拌运输车,以保证混凝土泵能连续工作。

②混凝土泵在输送混凝土前,管道应先用水泥浆或砂浆润滑。泵送时要连续工作,如中

断时间过长,混凝土将出现分层离析现象,应将管道内混凝土清除,以免堵塞,泵送完毕要立即将管道冲洗干净。

③输送泵的数量应根据混凝土浇筑量和施工条件确定,必要时宜设置备用泵。

④输送泵设置的位置应满足施工要求,场地应平整、坚实,道路应畅通。

⑤输送泵的作业范围不得有阻碍物,输送泵设置位置应有防范高空坠物的设施。

⑥当高层建筑过高时,可在中间楼层设置接力泵来泵送混凝土,接力泵的位置应使上、下泵的输送能力匹配,同时设置接力泵的楼面要验算其结构的承载能力,必要时应采取加固措施。

(3)混凝土输送泵管

混凝土输送管有直管、弯管、锥形管和软管。除软管外,目前建筑工程施工中应用的混凝土输送管多为壁厚 2 mm 的电焊钢管。直管常用的规格管径一般为 100,125,150 mm,标准管长 3 m,也有 2 m 和 1 m 的配管。弯管多用拉拔钢管制成,常用规格管径也为 100,125,150 mm,常用曲率半径为 1.0 m 和 0.5 m。锥形管也多用拉拔钢管制成,主要用于不同管径的变换处,长度多为 1 m。软管多为橡胶软管,多是设置在混凝土输送管末端,利用其柔性好的特点,用其将混凝土拌合物直接浇筑入模,长度一般为 5 m。

混凝土输送泵管的选择与支架的设置应符合下列规定:

①混凝土粗骨料最大粒径不大于 25 mm 时,可采用内径不小于 125 mm 的输送泵管;混凝土粗骨料最大粒径不大于 40 mm 时,可采用内径不小于 150 mm 的输送泵管。

②输送泵管安装接头应严密,输送泵管道转向宜平缓。

③输送泵管应采用支架固定,支架应与结构牢固连接,输送泵管转向处支架应加密。支架应通过计算确定,必要时还应对设置位置的结构进行验算。

④垂直向上输送混凝土时,地面水平输送泵管的直管和弯管总的折算长度不宜小于垂直输送高度的 0.2 倍,且不宜小于 15 m。

⑤输送泵管倾斜或垂直向下输送混凝土、且高差大于 20m 时,应在倾斜或垂直管下端设置直管或弯管,直管或弯管总的折算长度不宜小于高差的 1.5 倍;

⑥垂直输送高度大于 100 m 时,混凝土输送泵出料口处的输送泵管位置应设置截止阀。

(4)混凝土输送布料设备

目前我国布料杆的类型主要有楼面式布料杆、井式布料杆、壁挂式布料杆及塔式布料杆。布料杆主要由臂架、转台和回转机构、爬升装置、立柱、液压系统及电控系统组成。目前市场中布料杆的最大布料半径为 32~41 m,杆臂架回转均为 365°,布料臂架上的末端泵管的管端还装有 3 m 长的橡胶软管,有利于布料。

混凝土输送布料设备的选择和布置应符合下列规定:

①布料设备的选择应与输送泵相匹配;布料设备的混凝土输送管内径宜与混凝土输送泵管内径相同。

②布料设备的数量及位置应根据布料设备工作半径、施工作业面大小及施工要求确定。

③布料设备应安装牢固,且应采取抗倾覆稳定措施;布料设备安装位置处的结构或施工设施应进行验算,必要时应采取加固措施。

④应经常对布料设备的弯管壁厚进行检查,磨损较大的弯管应及时更换。

⑤布料设备作业范围不得有阻碍物,并应有防范高空坠物的设施。

(5)输送泵输送混凝土规定

①应先进行泵水检查,并应湿润输送泵的料斗、活塞等直接与混凝土接触的部位;泵水检查后,应清除输送泵内积水。

②输送混凝土前,应先输送水泥砂浆对输送泵和输送管进行润滑,然后再输送混凝土。

③输送混凝土速度应先慢后快、逐步加速,应在系统运转顺利后再按正常速度输送。

④输送混凝土过程中,应设置输送泵集料斗网罩,并应保证集料斗有足够的混凝土余量。

【知识链接】

导入案例中计划采用商品混凝土,混凝土输送采用泵输送,施工组织应考虑泵车布置的位置以适合混凝土的浇筑方向。当楼层过高时,泵车的压力不够,可在中间楼层布置转运泵。

任务 4.5　混凝土浇筑

4.5.1　混凝土浇筑前的准备工作

1)机具准备及检查

搅拌机、运输车、料斗、串筒、振动器等机具设备按需要准备充足。重要工程应有备用的搅拌机和振动器,特别是采用泵送混凝土,一定要有备用泵。

2)模板复验

检查模板的标高、位置及严密性,支架的强度、刚度、稳定性,检查浇筑用脚手架、走道的搭设和安全性。浇筑混凝土前,应清除模板内或垫层上的杂物。木模板应浇水加以润湿,但不允许留有积水。湿润后,木模板中尚未胀密的缝隙应贴严,以防漏浆。现场环境温度高于35 ℃时宜对金属模板进行洒水降温,洒水后不得留有积水。

3)隐蔽工程验收

检查钢筋与预埋件的规格、数量、安装位置及构件接点连接焊缝,是否与设计符合。对钢筋上的油污、鳞落的铁皮等杂物应清除干净,并做好钢筋及预留预埋管线的验收和钢筋保护层检查,做好钢筋工程隐蔽记录。

4.5.2　混凝土浇筑基本要求

1)施工段的划分

混凝土浇筑应保证混凝土的均匀性和密实性。混凝土宜一次连续浇筑;当不能一次连续浇筑时,可留设施工缝或后浇带分块浇筑。

混凝土浇筑要划分施工层和施工段,施工层一般按结构层划分,而每一施工层如何划分施工段,则要考虑工序数量、技术要求、结构特点等。在每层中先浇筑柱,再浇筑梁、板。要做到木工在第一施工层安装完模板,准备转移到第二施工层的第一施工段上时,该施工段所浇筑的混凝土强度应达到允许工人在其上操作的强度(1.2 MPa)。

2)分层振捣厚度控制

混凝土浇筑过程应分层进行,分层浇筑应符合表 4.10 规定的分层振捣厚度要求,上层混凝土应在下层混凝土初凝之前浇筑完毕。每层厚度见表 4.10。

表 4.10 混凝土浇筑层的厚度

项次	捣实混凝土的方法		浇筑层厚度/mm
1	插入式振动		振动器作用部分长度的 1.25 倍
2	表面振动		200
3	人工捣实	(1)在基础或无筋混凝土和配筋稀疏的结构中	250
		(2)在梁、墙、板、柱结构中	200
		(3)在配筋密集的结构中	150
4	轻骨料混凝土	插入式振动	300
		表面振动(振动时需加荷)	200

3)浇筑的连续性

混凝土运输、输送入模的过程宜连续进行,从运输到输送入模的延续时间不宜超过表 4.11 的规定,且不应超过表 4.12 的限值规定。掺早强型减水外加剂、早强剂的混凝土以及有特殊要求的混凝土,应根据设计及施工要求,通过试验确定允许时间。

表 4.11 运输到输送入模的延续时间

单位:min

条件	气温	
	≤ 25 ℃	> 25 ℃
不掺外加剂	90	60
掺外加剂	150	120

表 4.12 运输、输送入模及其间歇总的时间限值

单位:min

条件	气温	
	≤ 25 ℃	> 25 ℃
不掺外加剂	180	150
掺外加剂	240	210

4)倾落高度控制

对于水平构件,倾落高度不超过 2 m;对于竖向构件(如柱、墙模板)内的混凝土浇筑,倾落高度应符合表 4.13 的规定;当不能满足表 4.13 的要求时,应加设串筒、溜管、溜槽等装置。

表4.13 柱、墙模板内混凝土浇筑倾落高度限值

单位:m

条 件	浇筑倾落高度限值
粗骨料粒径大于 25 mm	≤3
粗骨料粒径小于等于 25 mm	≤6

注:当有可靠措施能保证混凝土不产生离析时,混凝土倾落高度可不受本表限制。

5)浇筑行表面处理

混凝土浇筑后,宜在混凝土初凝前和终凝前分别对混凝土裸露表面进行抹面处理,以防止混凝土表面出现裂缝。

4.5.3 混凝土浇筑施工要求

1)普通构件(梁、板、柱、墙)浇筑

①柱、墙混凝土设计强度比梁、板混凝土设计强度高一个等级时,柱、墙位置在梁、板高度范围内的混凝土经设计单位同意,可采用与梁、板混凝土设计强度等级相同的混凝土进行浇筑。

②柱、墙混凝土设计强度比梁、板混凝土设计强度高两个等级及以上时,应在交界区域采取分隔措施。分隔位置应在低强度等级的构件中,且距高强度等级构件边缘不应小于 500 mm 且不小于 0.5 倍的构件厚度。结构分隔位置可参考图 4.8 设置。

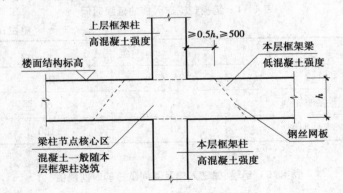

图 4.8 结构分隔方法

③宜先浇筑高强度等级混凝土,后浇筑低强度等级混凝土。

④柱、剪力墙混凝土浇筑应符合下列规定:

a. 浇筑墙体混凝土应连续进行,间隔时间不应超过混凝土初凝时间。

b. 墙体混凝土浇筑高度应高出板底 20 ~ 30 mm。柱混凝土墙体浇筑完毕之后,应将上

口甩出的钢筋加以整理,用木抹子按标高线将墙上表面混凝土找平。

c. 柱墙浇筑前底部应先填 5～10 cm 厚与混凝土配合比相同的减石子砂浆。混凝土应分层浇筑振捣,使用插入式振捣器时,每层厚度不大于 50 cm,振捣棒不得触动钢筋和预埋件。

d. 柱端混凝土应一次浇筑完毕,如需留施工缝时应留在主梁下面,无梁楼板应留在柱帽下面。在墙柱与梁板整体浇筑时,应在柱浇筑完毕后停歇 2 h,使其初步沉实,再继续浇筑。

e. 浇筑一排柱的顺序应从两端同时开始,向中间推进,以免因浇筑混凝土后由于模板吸水膨胀,断面增大而产生横向推力,最后使柱发生弯曲变形。

f. 剪力墙浇筑应采取长条流水作业,分段浇筑,均匀上升。墙体混凝土的施工缝一般宜设在门窗洞口上,接槎处混凝土应加强振捣,保证接槎严密。

g. 柱子高度不超过 3 m 时,可从柱顶直接下料浇筑;超过 3 m 时,应采用串筒或在模板侧面开孔分段下料浇筑。

⑤梁、板同时浇筑,浇筑方法应由一端开始用"赶浆法",即先浇筑梁,根据梁高分层浇筑成阶梯形,当达到板底位置时再与板的混凝土一起浇筑。随着阶梯形不断延伸,梁板混凝土浇筑连续向前进行。

⑥和板连成整体、高度大于 1 m 的梁,允许单独浇筑,其施工缝应留在板底以下 2～3 mm 处浇捣时,浇筑与振捣必须紧密配合。第一层下料慢些,梁底充分振实后再下第二层料,用"赶浆法"保持水泥浆沿梁底包裹石子向前推进,每层均应振实后再下料,梁底及梁侧部位要注意振实。振捣时不得触动钢筋及预埋件。

⑦浇筑板混凝土的虚铺厚度应略大于板面,用平板振捣器垂直浇筑方向来回振捣,厚板可用插入式振捣器顺浇筑方向托拉振捣,并用铁插尺检查混凝土厚度,振捣完毕后用长木抹子抹平。施工缝处或有预埋件及插筋处用木抹子找平。

⑧肋形楼板的梁板应同时浇筑,浇筑方法应先将梁根据高度分层浇捣成阶梯形,当达到板底位置时即与板的混凝土一起浇捣,随着阶梯形的不断延长,则可连续向前推进。倾倒混凝土的方向应与浇筑方向相反,如图 4.9 所示。

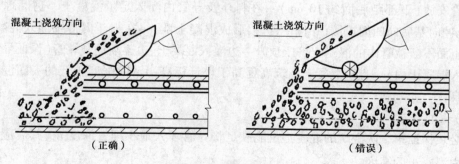

图 4.9　混凝土倾倒方向

⑨浇筑无梁楼盖时,在离柱帽下 5 cm 处暂停,然后分层浇筑柱帽,下料必须倒在柱帽中心,待混凝土接近楼板底面时,即可连同楼板一起浇筑。

📖 【知识链接】

导入案例中混凝土的浇筑方向应注意考虑倾倒混凝土的方向应与浇筑方向相反,可在施工方案中画出混凝土浇筑方向示意图进行明确。

2)水下混凝土浇筑

水下浇筑混凝土的浇筑方法有开底容器法、倾注法、装袋叠置法、柔性管法、导管法和泵压法。其中,导管法是工程上应用最广泛的浇筑方法,可用于规模较大的水下混凝土工程,能保证混凝土的整体性和强度,可在深水中施工。具体方法是:利用导管输送混凝土使之与水隔离,依靠管中混凝土的自重,使压管口周围的混凝土在已浇筑的混凝土内部流动、扩散,以完成混凝土的浇筑工作。导管法水下浇筑混凝土施工示意如图4.10所示。

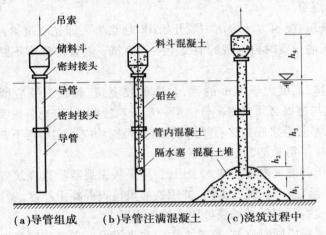

图4.10 导管法水下浇筑混凝土施工示意

(1)工作程序

导管安放(下部距底面约10 cm)→在料斗及导管内灌入足量混凝土→剪断球塞吊绳(混凝土冲向基底向四周扩散,并包住管口,形成混凝土堆)→在料斗内持续灌入混凝土、管外混凝土面不断被管内的混凝土挤压顶升→边灌入混凝土、边逐渐提升导管(保证导管下端始终埋入混凝土内)→直至混凝土浇筑高程高于设计标高→清除强度较低的表面混凝土至设计标高。

(2)施工要点

①必须保证第一次浇筑的混凝土量能满足将导管埋入最小埋置深度 h_1,其后应能始终保持管内混凝土的高度。

②严格控制导管提升高度,只能上下升降,不准左右移动,以免造成管内返水事故。

③导管直径的选择:水深小于3 m可选 $\phi250$,施工覆盖范围约4 m²;水深3~5 m可选 $\phi300$,施工覆盖范围约5~15 m²;水深5 m以上者可选 $\phi300~500$,施工覆盖范围为15~50 m²;当面积过大时,可用多根导管同时浇筑。

④当混凝土水下浇筑深度在10 m以内时,导管埋入混凝土的最小深度为0.8 m,当混凝

土水下浇筑深度在 10～20 m 时,导管埋入混凝土的最小深度为 1.1～1.5 m。

3)型钢混凝土浇筑

混凝土的浇筑质量是型钢混凝土结构质量好坏的关键。尤其是梁柱节点、主次梁交接处、梁内型钢凹角处等,由于型钢、钢筋和箍筋相互交错,会给混凝土的浇筑和振捣带来一定的困难,因此,施工时应特别注意确保混凝土的密实性。

①混凝土先浇捣柱后浇捣梁。混凝土粗骨料最大粒径不应大于型钢外侧混凝土保护层厚度的 1/3,且不宜大于 25 mm。

②混凝土浇筑应有充分的下料位置,浇筑应能使混凝土充盈整个构件各部位。

③在柱混凝土浇筑过程中,型钢周边混凝土浇筑宜同步上升,混凝土浇筑高差不应大于 500 mm,每个柱采用 4 个振捣棒振捣至顶。

④在梁柱接头处和梁的型钢翼缘下部,由于浇筑混凝土时有部分空气不易排出,或因梁的型钢混凝土翼缘过宽影响混凝土浇筑,需在型钢翼缘的一些部位预留排气孔和混凝土浇筑孔。

⑤梁混凝土浇筑时,在工字钢梁下的缘板以下从钢梁一侧下料,用振捣器在工字钢梁一侧振捣。将混凝土从钢梁底挤向另一侧,待混凝土高度超过钢梁下翼缘板 100 mm 以上时,改为两侧两人同时对称下料,对称振捣,待浇至上其缘板 100 mm 时再从梁跨中开始下料浇筑,从梁的中部开始振捣,逐渐向两端延伸,直至上翼缘下的全部气泡从钢梁梁端及梁柱节点位里穿钢筋的孔中排出。

4)大体积混凝土的浇筑方法

大体积混凝土浇筑后水化热量大,水化热积聚在内部不易散发,而混凝土表面又散热很快,会形成较大的内外温差,温差过大易在混凝土表面产生裂纹;在浇筑后期,混凝土内部又会因收缩产生拉应力,当拉应力超过混凝土当时龄期的极限抗拉强度时,就会产生裂缝,严重时会贯穿整个混凝土基础。

(1)浇筑方案

高层建筑或大型设备的基础,其厚度、长度及宽度都大,且往往不允许留施工缝,要求一次连续浇筑。施工时应分层浇筑、分层捣实,但又要保证上下层混凝土在初凝前结合好。可根据结构大小、混凝土供应情况,采用斜面分层、全面分层、分块分层 3 种浇筑方式,如图 4.11 所示。大体积混凝土浇筑最常采用的方法为斜面分层,如果对混凝土流淌距离有特殊要求的工程,混凝土可采用全面分层或分块分层的浇筑方法。

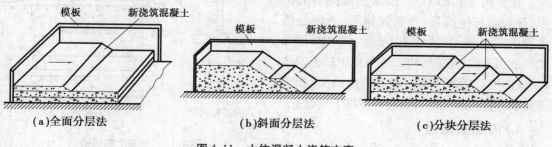

(a)全面分层法 (b)斜面分层法 (c)分块分层法

图 4.11 大体混凝土浇筑方案

①全面分层法是指在第一层全面浇筑完毕,在初凝前回来浇筑第二层,施工时从短边开始,沿长边逐层进行,适用于平面尺寸不大的基础。

②斜面分层法是指浇筑工作从浇筑层的下端开始,逐渐上移,适用于基础的长度超过厚度的3倍的基础。

③分块分层法是指混凝土从底层开始浇筑,进行一定距离后回来浇筑第二层,依次向前浇筑以上各层,适用于厚度不大而面积或长度较大的基础。

(2)大体积混凝土施工措施

①用低水化热的水泥,如矿渣水泥、火山灰或粉煤灰水泥。

②掺缓凝剂或缓凝型减水剂,也可掺入适量粉煤灰等外掺。

③采用中粗砂和大粒径、级配良好的石子,尽量减少混凝土的用水量。

④降低混凝土入模温度,减少浇筑层厚度,降低混凝土浇筑速度,必要时在混凝土内部埋设冷却水管,用循环水来降低混凝土温度。

⑤加强混凝土的保湿、保温,采取在混凝土表面覆盖保温材料或蓄水养护,减少混凝土表面的热扩散。

⑥与设计方协商,设置后浇带或采用跳仓法。

任务 4.6　混凝土振捣

混凝土浇入模板以后是较疏松的,里面含有空气与气泡。混凝土的强度、抗冻性、抗渗性以及耐久性等,都与混凝土的密实程度有关。目前主要是用人工或机械捣实混凝土使混凝土密实。人工捣实是用人力的冲击来使混凝土密实成型,只在缺乏机械、工程量不大或机械不便工作的部位采用。

混凝土振捣主要采用振捣器进行,振捣器产生小振幅、高频率的振动,使混凝土在其振动作用下,内摩擦力和黏结力大大降低,使干稠的混凝土获得了流动性,在重力的作用下骨料互相滑动而紧密排列,空隙由砂浆填满,空气被排出,从而使混凝土密实并填满模板内部空间,且与钢筋紧密结合。

4.6.1　混凝土振捣器

按振捣方式的不同,混凝土振捣器的类型,分为内部振捣器、外部振捣器、表面振捣器和振动台等,如图4.12所示。其中,外部式只适用于柱、墙等结构尺寸小且钢筋密的构件;表面式只适用于薄层混凝土的捣实(如渠道衬砌、道路、薄板等);振动台多用于实验室。

1)内部振捣器

内部振捣器又称为插入式振捣器。根据使用的动力不同,插入式振捣器有电动式、风

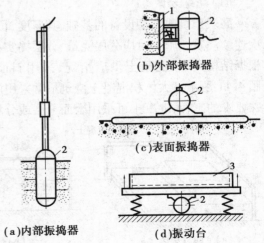

(b)外部振捣器

(c)表面振捣器

(a)内部振捣器

(d)振动台

图4.12　混凝土振捣器
1—模板;2—电动机;3—构件图

动式和内燃机式这 3 类。内燃机式仅用于无电源的场合。风动式因其能耗较大、不经济,同时风压和负载变化时会使振动频率显著改变,从而影响混凝土振捣密实质量,已逐渐被淘汰。一般工程均采用电动式振捣器,电动插入式振捣器又分为表 4.14 中的 3 种。

表 4.14　电动插入式振捣器

序号	名　称	构　造	适用范围
1	串励式振捣器	串励式电机拖动,直径为 18~50 mm	小型构件
2	软轴振捣器	有偏心式、外滚道行星式,内滚道行星式,振捣棒直径为 25~100 mm	除薄板外各种混凝土工程
3	硬轴振捣器	直联式,振捣棒直径为 80~133 mm	大体积混凝土

（1）软轴振捣器

软轴振捣器的电动机和机械增速器（齿轮机构）安装在底盘上,通过软轴（由钢丝股制成）带动振动棒内的偏心轴高速旋转而产生振动。由于偏心轴旋转的振动频率受到制造上的限制,故振动频率不高,主要应用在钢筋密集、结构单薄的部位。电动软轴插入式振捣器的结构如图 4.13 所示。

（2）硬轴振捣器

硬轴振捣器是将电动机装在振捣棒内部,直接与偏心块振动机构相连。同时采用低压变频装置代替机械增速器,以保证工人安全操作和提高振捣器的振动频率。电动硬轴插入式振捣器如图 4.14 所示。

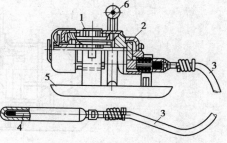

图 4.13　电动软轴插入式振捣器
1—电动机;2—机械增速器;3—软轴;
4—振捣棒;5—底盘;6—手柄

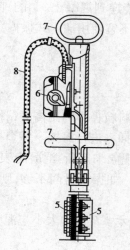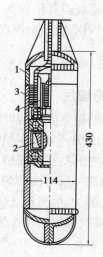

图 4.14　电动硬轴插入式振捣器（单位:mm）
1—振棒外壳;2—偏心块;3—电动机锭子;4—电动机转子;
5—橡皮弹性连接器;6—电路开关;7—把手;8—外接电源

硬轴振捣器构造比较简单,使用方便,其振捣影响半径大(35~60 cm),振捣效果好,故在大体积混凝土浇筑中应用最普遍,常见型号有国产 HZ6P-800、HZ6X-30 型,电动机电压为30~42 V。

2)表面振捣器

表面振捣器又称平板(梁)式振捣器,它有两种形式:一是在上述附着式振捣器底座上用螺栓紧固一块木板或钢板(梁),通过附着式振捣器所产生的激振力传递给振板,迫使振板振动而振实混凝土,如图 4.15 所示;另一类是定型的平板(梁)式振捣器,其振板为钢制槽形(梁形)振板,上有把手,便于边振捣、边拖行,由于其振捣作用深度较浅,仅使用于表面积大而平整的结构物,如平板、地面、屋面等构件。

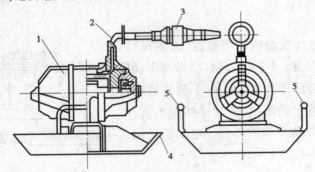

图 4.15　槽形平板式振捣器
1—振动电动机;2—电缆;3—电缆接头;4—钢制槽形振板;5—手柄

3)外部振捣器

外部振捣器又称附着式振捣器,通常是利用螺栓或钳形夹将其固定在模板外侧,不与混凝土直接接触,而借助模板或其他物体将振动力传递到混凝土。由于它的振动作用不能传太远,因此仅适用于振捣钢筋较密、厚度较小以及不宜使用插入式振捣器的结构件。

4.6.2　施工要点

1)内部振捣器的使用

坍落度小的用高频、坍落度大的可用低频;骨料粒径小的用高频,骨料粒径大的用低频。用振捣器振捣混凝土,应按一定顺序和间距,逐点插入进行振捣。每个插点振捣时间一般需要 20~30 s,实际操作时的振实标准按以下一些现象来判断:混凝土表面不再显著下沉,不出现气泡;并在表面出现一层薄而均匀的水泥浆。如振捣时间不够,则达不到振实要求;过振则骨料下沉、砂浆上翻,产生离析。

振捣器的有效振捣范围用振动作用半径 R 表示。R 值的大小与混凝土坍落度和振捣器性能有关,可经试验确定,一般为 30~50 cm。

为了避免漏振,插入点之间的距离不能过大。要求相邻插点间距不应大于其影响半径的 1.5~1.75 倍,如图 4.16 所示。在布置振捣器插点位置时,还应注意不要碰到钢筋和模板。但振捣棒与模板的距离不应大于振捣棒作用半径的 0.5 倍,以免因漏振使混凝土表面出现蜂窝、麻面。

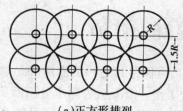 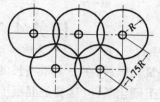

（a）正方形排列　　　　　　　　　（b）三角形排列

图 4.16　振捣器插入点排列示意图

在每个插点进行振捣时,振捣器要垂直插入,快插慢拔,并插入下混凝土 5～10 cm,以保证上、下混凝土结合。

2）表面振捣器的使用

表面振捣器振捣应覆盖振捣平面边角,表面振捣器移动间距应覆盖已振实部分混凝土边缘,倾斜表面振捣时,应由低处向高处进行振捣。

3）外部振捣器的使用

附着式振捣器安装时应保证转轴水平或垂直,如图 4.17 所示。在一个模板上安装多台附着式振捣器同时进行作业时,各振捣器频率必须保持一致,相对安装的振捣器应错开。振捣器所装置的构件模板,要坚固牢靠,构件的面积应与振捣器的额定振动板面积相适应。

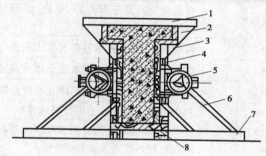

图 4.17　附着式振捣器的安装

1—模板面卡；2—模板；3—角撑；4—夹木枋；
5—附着式振捣器；6—斜撑；7—底横枋；8—纵向底枋

4）混凝土分层振捣的最大厚度

振捣棒分层振捣的最大厚度为振捣棒作用部分长度的 1.25 倍,表面振动器分层振捣的最大厚度为 200 mm,附着振捣器分层振捣的最大厚度根据设置方式通过试验确定。

5）特殊部位混凝土加强振捣的措施

①宽度大于 0.3 m 的预留洞底部区域应在洞口两侧进行振捣,并应适当延长振捣时间；宽度大于 0.8 m 的洞口底部,应采取特殊的技术措施。

②后浇带及施工缝边角处应加密振捣点,并应适当延长振捣时间。

③钢筋密集区域或型钢与钢筋结合区域应选择小型振捣棒辅助振捣,加密振捣点,并适当延长振捣时间。

④基础大体积混凝土浇筑流淌形成的坡顶和坡脚应适时振捣,不得漏振。

任务 4.7　混凝土养护

混凝土浇筑完毕后,在一个相当长的时间内,应保持其适当的温度和足够的湿度,以创造良好的混凝土硬化条件,这就是混凝土的养护工作。混凝土表面水分不断蒸发,如不设法防止水分损失,水化作用不能充分进行,混凝土的强度将受到影响,还可能产生干缩裂缝。因此混凝土养护的目的:一是创造有利条件,使水泥充分水化,加速混凝土的硬化;二是防止混凝土成型后因暴晒、风吹、干燥等自然因素影响,出现不正常的收缩、裂缝等现象。因此,混凝土浇筑后应及时进行保湿养护,保湿养护可采用洒水、覆盖、喷涂养护剂等方式。选择养护方式应考虑现场条件、环境温湿度、构件特点、技术要求、施工操作等因素。

4.7.1　混凝土养护分类

混凝土的养护方法分为自然养护和热养护两类,见表4.15。养护时间取决于当地气温、水泥品种和结构物的重要性。

表 4.15　混凝土的养护

类　别	名　称	说　明
自然养护	洒水(喷雾)养护	在混凝土面不断洒水(喷雾),保持其表面湿润
	覆盖浇水养护	在混凝土面覆盖湿麻袋、草袋、湿砂、锯末等,不断洒水保持其表面湿润
	围水养护	四周围成土埂,将水蓄在混凝土表面
	铺膜养护	在混凝土表面铺上薄膜,阻止水分蒸发
	喷膜养护	在混凝土表面喷上薄膜,阻止水分蒸发
热养护	蒸汽养护	利用热蒸汽对混凝土进行湿热养护
	热水(热油)养护	将水或油加热,将构件搁置在其上养护
	电热养护	对模板加热或微波加热养护
	太阳能养护	利用各种罩、窑、集热箱等封闭装置对构件进行养护

4.7.2　混凝土养护施工要点

1)洒水养护

洒水养护宜在混凝土裸露表面覆盖麻袋或草帘后进行,也可采用直接洒水、蓄水等养护方式,洒水养护应保证混凝土处于湿润状态。当日最低温度低于5 ℃时,不应采用洒水养护,应在混凝土浇筑完毕后的12 h 内进行覆盖浇水养护。

2)覆盖养护

覆盖养护应在混凝土终凝后及时进行,宜在混凝土裸露表面覆盖塑料薄膜、塑料薄膜加麻袋、塑料薄膜加草帘。覆盖应严密,覆盖物相互搭接不宜小于100 mm,确保混凝土处于保温保湿状态。塑料薄膜应紧贴混凝土裸露表面,且薄膜内应保持有凝结水,以保证混凝土处于湿润状态。

3）喷涂养护

养生液养护是将可成膜的溶液喷洒在混凝土表面上,溶液挥发后在混凝土表面凝结成一层薄膜,使混凝土表面与空气隔绝,让封闭混凝土中的水分不再蒸发,而完成水化作用。

①养护剂应均匀喷涂在结构构件表面,不得漏喷。

②墙、柱等竖向混凝土结构在混凝土的表面不便浇水或使用塑料薄膜养护时,可采用涂刷或喷洒养生液进行养护,以防止混凝土内部水分的蒸发。

③涂刷(喷洒)养护液的时间,应掌握混凝土水分蒸发情况,在不见浮水、混凝土表面以手指轻按无指印时进行涂刷或喷洒。涂刷(喷洒)养护液过早会影响薄膜与混凝土表面结合,容易过早脱落,过迟会影响混凝土强度。

④养护液涂刷(喷洒)厚度以 2.5 m²/kg 为宜,厚度要求均匀一致。

⑤养护液涂刷(喷洒)后很快就形成薄膜,为达到养护目的,必须保护薄膜的完整,要求不得有损坏破裂,发现有损坏应及时补刷(补喷)养护液。

4）混凝土加热养护

（1）蒸汽养护

蒸汽养护是由轻便锅炉供应蒸汽,给混凝土提供一个高温高湿的硬化条件,加快混凝土的硬化速度,提高混凝土早期强度的一种方法。用蒸汽养护混凝土,可以提前拆模(通常 2 d 即可拆模),缩短工期,大大节约模板。为了防止混凝土收缩而影响质量,并能使强度继续增长,经过蒸汽养护后的混凝土,还要放在潮湿环境中继续养护,一般洒水 7~21 d 使混凝土处于相对湿度在 80%~90% 的潮湿环境中。为了防止水分蒸发过快,混凝土制品上面可遮盖草帘或其他蔽盖物。

（2）太阳能养护

太阳能养护直接利用太阳能加热养护棚内的空气,使内部混凝土能够在足够的温度和湿度下进行养护,获得早强。在混凝土成型、表面找平收面后,在其上覆盖一层黑色塑料薄膜,再盖一层气垫薄膜。塑料薄膜应采用耐老化的,接缝应采用热黏合。覆盖时应紧贴四周,用砂袋或其他重物压紧盖严,防止被风吹开而影响养护效果。塑料薄膜若采用搭接时,其搭接长度不小于 30 cm。

4.7.3 混凝土养护质量控制

1）养护时间

①采用硅酸盐水泥、普通硅酸盐水泥或矿渣硅酸盐水泥配制的混凝土,不应少于 7 d;采用其他品种水泥时,养护时间应根据水泥性能确定。

②采用缓凝型外加剂、大掺量矿物掺合料配制的混凝土,不应少于 14 d。

③抗渗混凝土、强度等级 C60 及以上的混凝土,不应少于 14 d。

④后浇带混凝土的养护时间不应少于 14 d。

⑤地下室底层墙、柱和上部结构首层墙、柱,宜适当增加养护时间。

2）柱、墙混凝土养护

①地下室底层和上部结构首层柱、墙混凝土带模养护时间,不宜少于 3 d;带模养护结束

后可采用洒水养护方式继续养护,必要时也可采用覆盖养护或喷涂养护剂的养护方式继续养护。

②其他部位柱、墙混凝土可采用洒水养护,必要时,也可采用覆盖养护或喷涂养护剂养护。

3)基础大体积混凝土养护

基础大体积混凝土裸露表面应采用覆盖养护方式;当混凝土表面以内 40~80 mm 位置的温度与环境温度的差值小于 25 ℃时,可结束覆盖养护。覆盖养护结束但尚未到达养护时间要求时,可采用洒水养护方式直至养护结束。

4)其他

混凝土强度达到 1.2 N/mm² 前,不得在其上踩踏、堆放荷载、安装模板及支架。

同条件养护试件的养护条件应与实体结构部位养护条件相同,并应采取措施妥善保管。

【知识链接】

导入案例中混凝土养护方案应考虑地下室与上部结构的养护时间和养护方法不同,同时针对不同水泥配制的混凝土养护时间也存在不同之处,所以施工方案应详细说明其原因。

任务 4.8 混凝土施工缝与后浇带

混凝土结构大多要求整体浇筑。如因技术或组织上的原因不能连续浇筑,且停顿时间有可能超过混凝土的初凝时间时,则应事先确定在适当位置留置施工缝。由于混凝土的抗拉强度约为其抗压强度的 1/10,因而施工缝是结构中的薄弱环节,宜留在结构剪力较小的部位,同时要方便施工。

高层建筑、公共建筑及超长结构的现浇整体钢筋混凝土结构中通常设置后浇带,使大体积混凝土可以分块施工,加快施工进度及缩短工期。不设永久性的沉降缝,简化了建筑结构设计,提高了建筑物的整体性,也减少了渗漏水的现象。

4.8.1 施工缝、后浇带的类型

1)施工缝的类型

混凝土施工缝的设置一般分两种——水平施工缝和竖直施工缝。水平施工缝一般设置在竖向结构中,一般设置在墙、柱或厚大基础等结构。垂直施工缝一般设置在平面结构中,一般设置在梁、板等构件中。

2)后浇带的类型

混凝土后浇带的设置一般分两种——沉降后浇带和伸缩后浇带。沉降后浇带有效解决了沉降差的问题,使高层建筑和裙房的结构及基础设计为整体。伸缩后浇带可减少温度、收缩的影响,从而避免有害裂缝的产生。

4.8.2 施工缝、后浇带的留设

1)水平施工缝的留设位置

①柱、墙施工缝可留设在基础、楼层结构顶面,柱施工缝与结构上表面的距离宜为0~100 mm,墙施工缝与结构上表面的距离宜为0~300 mm;柱、墙施工缝也可留设在楼层结构底面,施工缝与结构下表面的距离宜为0~50 mm;当板下有梁托时,可留设在梁托下0~20 mm(图4.18)。

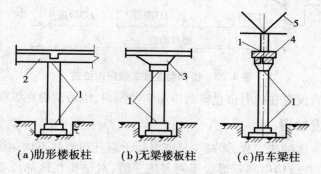

（a）肋形楼板柱　　（b）无梁楼板柱　　（c）吊车梁柱

图4.18　柱子施工缝的位置

1—施工缝;2—梁;3—柱帽;4—吊车梁;5—屋架

②高度较大的柱、墙、梁以及厚度较大的基础可根据施工需要在其中部留设水平施工缝;必要时可对配筋进行调整,中间设置暗梁以抵抗弯矩,并应征得设计单位认可。

2)垂直施工缝的留设位置

①有主次梁的楼板施工缝应留设在次梁跨度中间的1/3范围内(图4.19)。

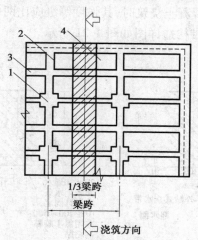

1/3梁跨

梁跨

浇筑方向

图4.19　有梁板的施工缝位置

1—柱;2—主梁;3—次梁;4—板

②单向板施工缝应留设在平行于板短边的任何位置。

③楼梯梯段施工缝宜设置在梯段板跨度端部的1/3范围内(图4.20)。

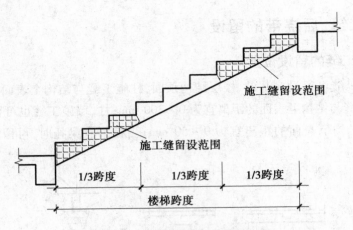

图 4.20 楼梯垂直施工缝留设位置

④墙的施工缝宜设置在门洞口过梁跨中 1/3 范围内,也可留设在纵横交接处。

3)后浇带留设位置

大体积混凝土主体结构工程,为减少早期混凝土裂缝和地基不均匀沉降的影响,需留设后浇带,后浇带部位在结构中实际形成了两条施工缝,对结构在该部位受力有一定影响,所以应留设在受力较小的部位,因后浇带是柔性接缝,故也应留设在变形较小的部位。间距宜为 30 ~ 60 m,宽度宜为 700 ~ 1 000 mm。

后浇带可做成平缝,结构立筋不宜在缝中断开;如需断开,则主筋搭接长度大于 45 倍主筋直径,并应按设计要求加设附加钢筋。后浇带应在其两侧混凝土龄期达 6 周后再施工,但高层建筑的后浇带应在结构顶板浇筑钢筋混凝土 2 周后进行,施工缝表面需按上述的办法处理,补偿收缩混凝土的养护期不应少于 4 周。

后浇带应采用补偿收缩混凝土浇筑时,其强度等级应比两侧混凝土提高一个等级,混凝土养护应不少于 28 d。后浇带构造详图如图 4.21 所示。

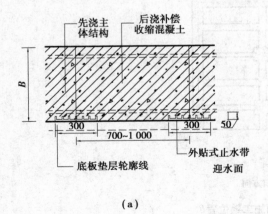

(a)

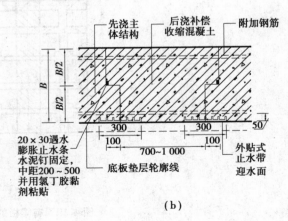

(b)

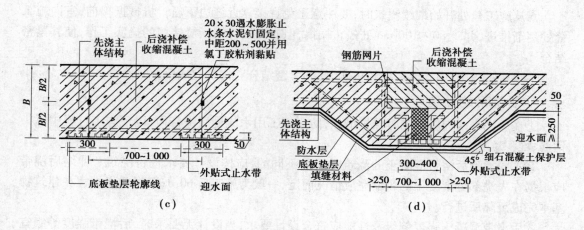

图 4.21 后浇带构造

4)设备基础施工缝留设位置

①水平施工缝应低于地脚螺栓底端,与地脚螺栓底端的距离应大于 150 mm;当地脚螺栓直径小于 30 mm 时,水平施工缝可留设在深度不小于地脚螺栓埋入混凝土部分总长度的 3/4 处。

②垂直施工缝与地脚螺栓中心线的距离不应小于 250 mm,且不应小于螺栓直径的 5 倍。

5)承受动力作用的设备基础施工缝留设位置

①标高不同的两个水平施工缝,其高低接合处应留设成台阶形,台阶的高宽比不应大于 1.0。
②在水平施工缝处继续浇筑混凝土前,应对地脚螺栓进行一次复核校正。
③垂直施工缝或台阶形施工缝的垂直面处应加插钢筋,插筋数量和规格应由设计确定。

4.8.3 施工缝的处理方法

1)施工缝、后浇带留设

施工缝、后浇带留设界面应垂直于结构构件和纵向受力钢筋。结构构件厚度或高度较大时,施工缝或后浇带界面宜采用专用材料封挡。

混凝土浇筑过程中,因特殊原因需临时设置施工缝时,施工缝留设应规整,并宜垂直于构件表面,必要时可采取增加插筋、事后修凿等技术措施。

2)施工缝或后浇带处混凝土浇筑

①结合面应采用粗糙面,结合面应清除浮浆、疏松石子及软弱混凝土层,并清理干净。
②结合面处应采用洒水方法进行充分湿润,并不得有积水。
③施工缝处已浇筑混凝土的强度不应小于 1.2 MPa。
④柱、墙水平施工缝水泥砂浆接浆层厚度不应大于 30 mm,接浆层水泥砂浆应与混凝土浆液同成分。
⑤施工缝位置附近调整钢筋时,要做到钢筋周围的混凝土不受松动和损坏,钢筋上的油污、水泥砂浆及浮锈等杂物也应清除。

⑥从施工缝处开始继续浇筑时,要注意避免直接靠近缝边下料。机械振捣前,宜向施工缝处逐渐推进,并距80~100 cm处停止振捣,但应加强对施工缝接缝的捣实工作,使其紧密结合。

⑦浇筑过程中,施工缝应细致捣实,使其紧密结合。浇筑完成后及时养护。

3)后浇带的处理

①在后浇带四周应做临时保护措施,防止施工用水流进后浇带内,以免施工过程中污染钢筋、堆积垃圾。

②不同类型后浇带混凝土的浇筑时间是不同的,应按设计要求进行浇筑。伸缩后浇带应根据在先浇部分混凝土的收缩完成情况而定,一般为施工后60 d;沉降后浇带宜在建筑物基本完成沉降后进行。

③后浇带混凝土强度等级及性能应符合设计要求,当设计无要求时,后浇带强度等级宜比两侧混凝土提高一级,并宜采用减少收缩的技术措施进行浇筑,浇筑后并保持至少14 d的湿润养护。

任务4.9　大体积混凝土裂缝控制

大体积混凝土施工应合理选用混凝土配合比,宜选用水化热低的水泥,并宜掺加粉煤灰、矿渣粉和高性能减水剂,控制水泥用量,应加强混凝土养护工作。

4.9.1　结构构造设计

大体积混凝土宜采用后期强度作为配合比、强度评定的依据。基础混凝土可采用龄期为60 d(56 d)、90 d的强度等级;柱、墙混凝土强度等级不小于C80时,可采用龄期为60 d(56 d)的强度等级。采用混凝土后期强度应经设计单位认可。

4.9.2　施工技术措施

大体积混凝土施工时,应对混凝土进行温度控制,混凝土最大绝热温升和内部最高温度应进行计算。大体积混凝土施工温度控制应符合下列规定:

①混凝土入模温度不宜大于30 ℃;混凝土最大绝热温升不宜大于50 ℃。

②在覆盖养护阶段,混凝土结构构件表面以内40~80 mm位置处的温度与混凝土结构构件内部的温度差值不宜大于25 ℃,结束覆盖养护后,混凝土浇筑体表面以内40~80 mm位置处的温度与混凝土结构构件内部的温度差值不宜大于25 ℃。

③与混凝土结构构件表面温度的差值不宜大于25 ℃。

④混凝土降温速率不宜大于2.0 ℃/d。

⑤用跳仓法和企口缝施工。

4.9.3　大体积混凝土测温

1)基础大体积混凝土测温点设置

①宜选择具有代表性的两个竖向剖面进行测温,竖向剖面宜通过中部区域,竖向剖面的

周边及内部应进行测温。

②竖向剖面上的周边及内部测温点宜上下、左右对齐;每个竖向位置设置的测温点不应少于 3 处,间距不宜大于 1.0 m;每个横向设置的测温点不应少于 4 处,间距不应大于 10 m。

③竖向剖面的中部区域应设置测温点;竖向剖面周边测温点应布置在基础表面内 40 ~ 80 mm 位置。

④覆盖养护层底部的测温点宜布置在代表性位置,且不应少于 2 处;环境温度测温点不应少于 2 处,且应离开基础周边一定的距离。

⑤对基础厚度不大于 1.6 m,裂缝控制技术措施完善的工程可不进行测温。

2)柱、墙、梁大体积混凝土测温点设置

①柱、墙、梁结构实体最小尺寸大于 2 m、且混凝土强度等级不小于 C60 时,宜进行测温。

②测温点宜设置在高度方向上的两个横向剖面中;横向剖面中的中部区域应设置测温点,测温点设置不应少于 2 点,间距不宜大于 1.0 m;横向剖面周边的测温点宜设置在距结构表面内 40 ~ 80 mm 位置。

③环境温度测温点设置不宜少于 1 点,且应离开浇筑的结构边一定距离。

④可根据第一次测温结果完善温度控制技术措施,后续工程可不进行测温。

3)大体积混凝土测温应符合下列规定

①宜根据每个测温点被混凝土初次覆盖时的温度确定各测点部位混凝土的入模温度。

②结构内部测温点、结构表面测温点、环境测温点的测温,应与混凝土浇筑、养护过程同步进行。

③应按测温频率要求及时提供测温报告,测温报告应包含各测温点的温度数据、温度变化曲线、温度变化趋势分析等内容。

④混凝土结构表面以内 40 ~ 80 mm 位置的温度与环境温度的差值小于 20 ℃时,可停止测温。

4)大体积混凝土测温频率

①第 1 天至第 4 天,每 4 h 不应少于一次。

②第 5 天至第 7 天,每 8 h 不应少于一次。

③第 7 天至测温结束,每 12 h 不应少于一次。

任务 4.10　混凝土的质量检查

混凝土质量检查包括过程控制检查和拆模后的实体质量检查。过程控制检查包括:对混凝土拌制和浇筑过程中所用材料的质量及用量、搅拌及浇筑地点的坍落度的检查,每工作班内至少检查 2 次(注意以浇筑地点的测量数据为准),对执行混凝土搅拌制度及现场振捣质量也应随时检查。拆模后的实体质量检查包括:对已完成的混凝土进行外观质量及强度检查,对有抗冻、抗渗要求的混凝土进行抗冻抗渗性能检查。

混凝土结构质量的检查,检查的频率、时间、方法和参加检查的人员,应当根据质量控制

的需要确定;施工单位应对完成施工的部位或成果的质量进行自检,自检应全数检查;混凝土结构质量检查应做记录。对于返工和修补的构件,应有返工修补前后的记录,并应有图像资料;混凝土结构质量检查中,对于已经隐蔽、不可直接观察和量测的内容,可检查隐蔽工程验收记录;需要对混凝土结构的性能进行检验时,应委托有资质的检测机构检测并出具检测报告。

4.10.1　混凝土质量过程控制检查

(1)模板方面

①模板与模板支架的安全性。

②模板位置、尺寸。

③模板的刚度和密封性。

④模板涂刷隔离剂及必要的表面湿润。

⑤模板内杂物清理。

(2)钢筋及预埋件方面

①钢筋的规格、数量。

②钢筋的位置。

③钢筋的保护层厚度。

④预埋件(预埋管线、箱盒、预留孔洞)规格、数量、位置及固定。

(3)混凝土拌合物方面

①坍落度、入模温度等。

②大体积混凝土的温度测控。

(4)混凝土浇筑方面

①混凝土输送、浇筑、振捣等。

②混凝土浇筑时模板的变形、漏浆等。

③混凝土浇筑时钢筋和预埋件(预埋管线、预留孔洞)位置。

④混凝土试件制作。

⑤混凝土养护。

⑥施工载荷加载后,模板与模板支架的安全性。

4.10.2　混凝土外观质量检查

混凝土结构拆模后,应从外观上检查其表面有无麻面、蜂窝、孔洞、露筋、缺棱掉角、缝隙夹层等缺陷,外形尺寸是否超过规范允许偏差。

1)混凝土外观质量缺陷

外观缺陷分类见表4.16的规定。

表 4.16　混凝土结构外观缺陷分类

名称	现　　象	严重缺陷	一般缺陷
露筋	构件内钢筋未被混凝土包裹而外露	纵向受力钢筋有露筋	其他钢筋有少量露筋
蜂窝	混凝土表面缺少水泥砂浆而形成石子外露	构件主要受力部位有蜂窝	其他部位有少量蜂窝
孔洞	混凝土中孔穴深度和长度均超过保护层厚度	构件主要受力部位有孔洞	其他部位有少量孔洞
夹渣	混凝土中夹有杂物且深度超过保护层厚度	构件主要受力部位有夹渣	其他部位有少量夹渣
疏松	混凝土中局部不密实	构件主要受力部位有疏松	其他部位有少量疏松
裂缝	缝隙从混凝土表面延伸至混凝土内部	构件主要受力部位有影响结构性能或使用功能的裂缝	其他部位有少量不影响结构性能或使用功能的裂缝
连接部位缺陷	构件连接处混凝土有缺陷及连接钢筋、连接件松动	连接部位有影响结构传力性能的缺陷	连接部位有基本不影响结构传力性能的缺陷
外形缺陷	缺棱掉角、棱角不直、翘曲不平、飞边凸肋等	清水混凝土构件有影响使用功能或装饰效果的外形缺陷	其他混凝土构件有不影响使用功能的外形缺陷
外表缺陷	构件表面麻面、掉皮、起砂、玷污等	具有重要装饰效果的清水混凝土构件有外表缺陷	其他混凝土构件有不影响使用功能的外表缺陷

2）混凝土结构缺陷产生的原因

①蜂窝：由于混凝土配合比不准确、浆少而石子多,或搅拌不均造成砂浆与石子分离,或浇筑方法不当,或振捣不足,以及模板严重漏浆。

②麻面：模板表面粗糙不光滑,模板湿润不够,接缝不严密,振捣时发生漏浆。

③露筋：浇筑时垫块位移甚至漏放,钢筋紧贴模板,或者因混凝土保护层处漏振或振捣不密实而造成露筋。

④孔洞：混凝土结构内存在空隙,砂浆严重分离,石子成堆,砂与水泥分离。另外,有泥块等杂物掺入也会形成孔洞。

⑤缝隙和薄夹层：主要发生在混凝土内部处理不当的施工缝、温度缝和收缩缝,以及混凝土内有外来杂物而造成夹层。

⑥裂缝：构件制作时受到剧烈振动,混凝土浇筑后模板变形或沉陷,混凝土表面水分蒸发过快,养护不及时等,以及构件堆放、运输、吊装时位置不当或受到碰撞。

3）混凝土结构缺陷修整

施工过程中发现混凝土结构缺陷时,应认真分析缺陷产生的原因。对严重缺陷施工单位应制订专项修整方案,方案应经论证审批后再实施,不得擅自处理。

（1）一般混凝土结构缺陷处理方法

①表面抹浆修补。对数量不多的小蜂窝、麻面、露筋、露石的混凝土表面,主要是保护钢筋和混凝土不受侵蚀,可用 1:2～1:2.5 水泥砂浆抹面修整。

②细石混凝土填补。当蜂窝比较严重或露筋较深时,应取掉不密实的混凝土,用清水洗净并充分湿润后,再用比原强度等级高一级的细石混凝土填补并仔细捣实。

③水泥灌浆与化学灌浆。对于宽度大于 0.5 mm 的裂缝,宜采用水泥灌浆;对于宽度小于 0.5 mm 的裂缝,宜采用化学灌浆。

④混凝土结构尺寸偏差一般缺陷,可采用装饰修整方法修整。

（2）混凝土结构外观严重缺陷修整

混凝土结构外观严重缺陷修整应符合下列规定:

①对于露筋、蜂窝、孔洞、夹渣、疏松、外表缺陷,应凿除胶结不牢固部分的混凝土至密实部位,清理表面,支设模板,洒水湿润,涂抹混凝土界面剂,并采用比原混凝土强度等级高一级的细石混凝土浇筑密实,养护时间不应少于 7 d。

②开裂缺陷修整应符合下列规定:

a. 对于民用建筑的地下室、卫生间、屋面等接触水介质的构件,均应注浆封闭处理,注浆材料可采用环氧、聚氨酯、氰凝、丙凝等。对于民用建筑不接触水介质的构件,可采用注浆封闭、聚合物砂浆粉刷或其他表面封闭材料进行封闭。

b. 对于无腐蚀介质工业建筑的地下室、屋面、卫生间等接触水介质的构件以及有腐蚀介质的所有构件,均应注浆封闭处理,注浆材料可采用环氧、聚氨酯、氰凝、丙凝等。对于无腐蚀介质工业建筑不接触水介质的构件,可采用注浆封闭、聚合物砂浆粉刷或其他表面封闭材料进行封闭。

③清水混凝土的外形和外表严重缺陷,宜在水泥砂浆或细石混凝土修补后用磨光机械磨平。

4）位置和尺寸偏差

（1）主控项目

现浇结构不应有影响结构性能或使用功能的尺寸偏差;混凝土设备基础不应有影响结构性能和设备安装的尺寸偏差。

对超过尺寸允许偏差且影响结构性能和安装、使用功能的部位,应由施工单位提出技术处理方案,经监理、设计单位认可后进行处理。对经处理的部位应重新验收。

检查数量:全数检查。

检验方法:量测,检查处理记录。

（2）一般项目

现浇结构的位置、尺寸偏差及检验方法应符合表 4.17 的规定。

表4.17 现浇结构尺寸允许偏差和检验方法

项 目		允许偏差/mm	检验方法
轴线位置	整体基础	15	经纬仪及尺量
	独立基础	10	经纬仪及尺量
	柱、墙、梁	10	尺量
垂直度	柱墙层高 ≤6 m	12	经纬仪或吊线、尺量
	柱墙层高 >6 m	10	经纬仪或吊线、尺量
	全高 $H \leq 300$ m	$H/30\ 000 + 20$	经纬仪、尺量
	全高 $H > 300$ m	$H/10\ 000$ 且 ≤ 80	经纬仪、尺量
标高	层高	±10	水准仪或拉线、尺量
	全高	±30	水准仪或拉线、尺量
截面尺寸	基础	+15，−10	尺量
	柱、梁、板、墙	+10，−5	尺量
	楼梯相邻踏步高差	±6	尺量
电梯井	中心位置	+25，0	尺量
	长、宽尺寸	$H/1\ 000$ 且 ≤ 30	经纬仪、钢尺检查
表面平整度		8	2 m靠尺和塞尺检查
预埋件中心线位置	预埋板	10	尺量
	预埋螺栓	5	尺量
	预埋管	5	尺量
	其他	10	尺量
预埋洞、孔中心线位置		15	钢尺检查

注：1.检查轴线、中心线位置时，应沿纵、横两个方向量测，并取其中偏差的较大值；

2.H为全高，单位为mm。

检查数量：按楼层、结构缝或施工段划分检验批。在同一检验批内，对梁、柱和独立基础，应抽查构件数量的10%，且不少于3件；对墙和板，应按有代表性的自然间抽查10%，且不少于3间；对大空间结构，墙可按相邻轴线间高度5 m左右划分检查面，板可按纵、横轴线划分检查面，抽查10%，且均不少于3面；对电梯井应全数检查；对设备基础应全数检查。

4.10.3 混凝土强度检验

1）混凝土的取样、养护和试验

用于检查结构构件混凝土质量的试件，应在混凝土的浇筑地点随机取样制作。此外，考虑到搅拌机出料口的混凝土拌合物，经运输到达浇筑地点后，混凝土的质量还可能会有变化，因此规定试样应在浇筑地点抽取。

（1）试件取样和留置

①试件的取样频率和数量，试件的留置应符合下列规定：

a.每100盘，但不超过100 m³的同配合比混凝土，取样次数不应少于一次。

b. 每一工作班拌制的同配合比混凝土,不足 100 盘和 100 m³ 时,其取样次数不应少于一次。

c. 当一次连续浇筑的同配合比混凝土超过 1 000 m³ 时,每 200 m³ 取样不应少于一次。

一盘指搅拌混凝土的搅拌机一次搅拌的混凝土,一个工作班指 8 h。

②对房屋建筑,每一楼层、同一配合比的混凝土,取样不应少于一次。

③每次取样应至少留置一组标准试件,每组 3 个试件应由同一盘或同一车的混凝土中取样制作,同条件养护试件的留置组数可根据实际需要确定。

④采用蒸汽养护的构件,其试件应先随构件同条件养护,然后置入标准养护条件下继续养护,两段养护时间的总和应为设计规定龄期。

⑤预拌混凝土除应在预拌混凝土厂内按规定留置试件外,混凝土运到施工现场后应按上述规定留置试件和取样。

(2)每组混凝土试件强度代表值的确定

①取 3 个试件强度的算术平均值作为每组试件的强度代表值。

②当一组试件中强度的最大值或最小值与中间值之差超过中间值的 15% 时,取中间值作为该组试件的强度代表值。

③当一组试件中强度的最大值和最小值与中间值之差均超过中间值的 15% 时,该组试件的强度不应作为评定的依据。

对掺矿物掺合料的混凝土进行强度评定时,可根据设计规定,采用大于 28 d 龄期的混凝土强度。为了改善混凝土性能和节能减排,目前多数混凝土中都掺有矿物掺合料,尤其是大体积混凝土。实验表明,与纯水泥混凝土相比,掺加矿物掺合料混凝土早期强度较低,而后期强度发展较快,在温度较低条件下更明显。为了充分利用掺加矿物掺合料混凝土的后期强度,其混凝土强度进行合格评定时的试验龄期可以大于 28 d,具体龄期应由设计部门规定。

(3)非标准尺寸试件强度换算

当采用非标准尺寸试件时,应将其抗压强度乘以尺寸折算系数,折算成边长为 150 mm 的标准尺寸试件抗压强度。尺寸折算系数按下列规定采用:

①当混凝土强度等级低于 C60 时,对边长为 100 mm 的立方体试件取 0.95,对边长为 200 mm 的立方体试件取 1.05。

②当混凝土强度等级不低于 C60 时,宜采用标准尺寸试件;使用非标准尺寸试件时,尺寸折算系数应由试验确定,其试件数量不应少于 30 对组。

2)统计方法评定

采用统计方法评定时,根据混凝土强度质量控制的稳定性,将评定混凝土强度的统计法分为标准差已知方案和标准差未知方案两种,应按下列规定进行:

(1)标准差已知方案

同一品种的混凝土生产,有可能通过质量管理,在较长的时期内维持基本相同的生产条件,即维持原材料、设备、工艺以及人员配备的稳定性,即使有所变化,也能很快予以调整而恢复正常。由于这类生产状况能使每批混凝土强度的变异性基本稳定,因此每批的强度标准差 σ_0 可根据前一时期生产累计的强度数据确定。符合以上情况时,就可采用标准差已知方案(一般来说,预制构件生产可以采用标准差已知方案)。

标准差已知方案的 σ_0 由同类混凝土、生产周期不应少于 60 d 且不宜超过 90 d、样本容量不少于 45 组的强度数据计算确定,并假定其值延续在一个检验期内保持不变。3 个月后,重新按上一个检验期的强度数据计算 σ_0 值。

检验批混凝土立方体抗压强度的标准差应按式(4.4)计算

$$\sigma_0 = \sqrt{\frac{\sum_{i=1}^{n} f_{cu,i}^2 - n m_{f_{cu}}^2}{n-1}} \qquad (4.4)$$

式中　$m_{f_{cu}}$——同一检验批混凝土立方体抗压强度的平均值,N/mm²,精确到 0.1 N/mm²;

　　　σ_0——检验批混凝土立方体抗压强度的标准差,N/mm²,精确到 0.01 N/mm²,当检验批混凝土强度标准差 σ_0 计算值小于 2.5 N/mm² 时,应取 2.5 N/mm²;

　　　$f_{cu,i}$——前一个检验期内同一品种、同一强度等级的第 i 组混凝土试件的立方体抗压强度代表值,N/mm²,精确到 0.1 N/mm²;该检验期不应少于 60 d,也不得大于 90 d;

　　　n——前一检验期内的样本容量,在该期间内样本容量不应少于 45 个。

一个检验批的样本容量应为连续的 3 组试件,其强度应同时符合下列规定:

$$m_{f_{cu}} \geq f_{cu,k} + 0.7 \sigma_0 \qquad (4.5)$$
$$f_{cu,min} \geq f_{cu,k} - 0.7 \sigma_0 \qquad (4.6)$$

式中　$f_{cu,k}$——混凝土立方体抗压强度标准值,N/mm²,精确到 0.1 N/mm²;

　　　$f_{cu,min}$——同一检验批混凝土立方体抗压强度的最小值,N/mm²,精确到 0.1 N/mm²。

当混凝土强度等级不高于 C20 时,其强度的最小值尚应满足:

$$f_{cu,min} \geq 0.85 f_{cu,k} \qquad (4.7)$$

当混凝土强度等级高于 C20 时,其强度的最小值尚应满足:

$$f_{cu,min} \geq 0.9 f_{cu,k} \qquad (4.8)$$

【例 4.1】　某混凝土构件厂生产的预应力空心板,设计强度等级为 C30,某月的 8 批强度数据见表 4.19,该厂前一检验期 16 批混凝土强度数据见表 4.18。

表 4.18　某构件厂生产空心板混凝土强度数据

检验批	1	2	3	4	5	6	7	8
强度代表值	31	31	32	32.5	37	33.5	35	38
	31	35	30	32	35	35.5	32	36
	35	34	36	33	33	31	34	33.3
检验批	9	10	11	12	13	14	15	16
强度代表值	34.7	34	37.5	38.8	37.5	32	31	32
	30.5	36	32	34	33	38	39	37
	30	32	33	35	34	34	34	31

按公式标准差计算结果为 $\sigma_0 = 2.42$ MPa,取 $\sigma_0 = 2.50$ MPa 计算验收界限:

$$[mf_{cu}] = 30 + 0.7 \times 2.5 = 31.8(\text{MPa})$$
$$[f_{cu,min}] = 30 - 0.7 \times 2.5 = 28.3(\text{MPa})$$

合格评定结果见表 4.19。

表 4.19　预应力空心板某月 8 批强度数据评定结果

检验批	1	2	3	4	5	6	7	8
强度代表值	34.1	30	32	33	31.5	34.5	37	34.5
	32.3	31	37	32	33.5	33	32	31.5
	32	33	33	36.2	34.6	29.5	31	31.6
平均值	32.8	31.3	34.0	33.7	33.2	32.3	33.3	32.5
评定结果	合格	不合格	合格	合格	合格	合格	合格	合格

(2)标准差未知方案

当生产连续性较差、在生产中无法维持基本相同的生产条件,或生产周期较短,无法积累强度数据以资计算可靠的标准差参数时,此时检验评定只能直接根据每一检验批抽样的样本强度数据确定。一般来说,建筑工程现浇结构采用标准差未知方案。为了提高检验的可靠性,本标准要求每批样本组数不少于 10 组。

同一检验批混凝土立方体抗压强度的标准差应按式(4.9)计算:

$$S_{f_{cu}} = \sqrt{\frac{\sum_{i=1}^{n} f_{cu,i}^2 - n m_{f_{cu}}^2}{n-1}} \tag{4.9}$$

式中　$S_{f_{cu}}$——同一检验批混凝土立方体抗压强度的标准差,单位为 N/mm^2,精确到 0.01 N/mm^2;当检验批混凝土强度标准差 σ_0 计算值小于 2.5 N/mm^2 时,应取 2.5 N/mm^2;

n——本检验期内的样本容量。

强度应同时满足:

$$m_{f_{cu}} \geqslant f_{cu,k} + \lambda_1 \cdot S_{f_{cu}} \tag{4.10}$$
$$f_{cu,min} \geqslant \lambda_2 \cdot S_{f_{cu}} \tag{4.11}$$

λ_1 和 λ_2 为合格评定系数,按表 4.20 取用。

表 4.20　混凝土强度的合格评定系数

试件组数	10 ~ 14	15 ~ 19	≥20
λ_1	1.15	1.05	0.95
λ_2	0.90	0.85	—

【例 4.2】　某教学楼浇筑 C30 混凝土,本批共留标养试件 27 组,强度数据见表 4.21。请评定此批混凝土是否合格。

表 4.21　某工程混凝土强度数据

组号	1	2	3	4	5	6	7	8	9
强度代表值	33.8	40.3	39.7	29.5	31.6	32.4	32.1	31.8	30.1
组号	10	11	12	13	14	15	16	17	18
强度代表值	37.9	36.7	30.4	32.0	29.5	30.4	31.2	34.2	36.7
组号	19	20	21	22	23	24	25	26	27
强度代表值	41.9	36.9	31.4	30.7	31.4	30.5	30.7	30.9	32.1

计算批的平均值和标准差为：

$$m_{f_{cu}} = 33.2 \text{ MPa} \quad S_{f_{cu}} = 3.55 \text{ MPa}$$

找出最小值：

$$f_{cu,min} = 29.5 \text{ MPa}$$

选定合格判断系数：

$$n > 20 \quad \lambda_1 = 0.95 \quad \lambda_2 = 0.85$$

计算验收界限：

$$\left[m_{f_{cu}} \right] = 30 + 0.95 \times 3.55 = 33.4(\text{MPa})$$
$$\left[f_{cu,min} \right] = 0.85 \times 30 = 25.5(\text{MPa})$$

结果评定：

$$m_{f_{cu}} = 33.2 < \left[m_{f_{cu}} \right] = 33.4 \qquad （平均值不合格）$$
$$f_{cu,min} = 29.5 > \left[f_{cu,min} \right] = 25.5 \qquad （最小值合格）$$

结论：不合格。

3）非统计方法评定

当用于评定的样本容量小于 10 组时，应采用非统计方法评定混凝土强度。

其强度应同时符合：

$$m_{f_{cu}} \geqslant \lambda_3 \cdot f_{cu,k} \tag{4.12}$$
$$f_{cu,min} \geqslant \lambda_4 \cdot f_{cu,k} \tag{4.13}$$

λ_3 和 λ_4 为合格评定系数，按表 4.22 取用。

表 4.22　混凝土强度的合格评定系数

混凝土强度	<C60	≥C60
λ_3	1.15	1.10
λ_4	0.95	

【例 4.3】　某工程 C60 混凝土，本批共留标养试件 8 组，28 d 强度数据见表 4.23。请评定此批混凝土是否合格。

表 4.23　某工程混凝土强度数据

组号	1	2	3	4	5	6	7	8
强度代表值	63	63	67	65	62.5	62.6	68	65

计算批的平均值为：

$$m_{f_{cu}} = 64.5 \ \text{MPa}$$

找出最小值：

$$f_{cu,min} = 62.5 \ \text{MPa}$$

选定合格判断系数：

$$\lambda_3 = 1.10 \quad \lambda_4 = 0.95$$

计算验收界限：

$$\lambda_3 f_{cu,k} = 1.10 \times 60 = 66 (\text{MPa})$$
$$\lambda_4 f_{cu,k} = 0.95 \times 60 = 57 (\text{MPa})$$

结果评定：

$$m_{f_{cu}} = 64.5 \ \text{MPa} < 66 \ \text{MPa} \qquad （平均值不合格）$$
$$f_{cu,min} = 62.5 \ \text{MPa} > 57 \ \text{MPa} \qquad （最小值合格）$$

结论：不合格。

【知识链接】

混凝土质量评定包括统计方法和非统计方法两种，区别主要在于取样数量的不同。通常施工现场取样数量大多超过 10 组，故多采用统计方法进行混凝土质量评定。

项目小结

本章的重点和难点是混凝土质量评定，要求学生在掌握混凝土分项工程基本原理的基础上，重点掌握混凝土原材料进场检验的程序、混凝土配合比设计程序、混凝土运输与输送注意事项、混凝土浇筑施工要点、混凝土养护施工要点，熟悉混凝土输送机械设备，熟悉混凝土施工缝的留置。

在学习本章的内容时，应注意掌握混凝土施工质量管理流程：首先是原材料的进场检验，其次是混凝土的配合比设计，然后进行混凝土浇筑，最后组织混凝土分项工程质量评定。

复习思考题

1. 简述外加剂的种类和作用。
2. 试分析水灰比、含砂率对混凝土质量的影响。
3. 混凝土配料时为什么要进行施工配合比换算？如何换算？

4. 如何确定搅拌混凝土时的投料顺序？

5. 混凝土运输有何要求？混凝土在运输和浇筑中如何避免产生分层离析？

6. 试述施工缝留设的原则和处理方法。

7. 大体积混凝土施工应注意哪些问题？如何进行水下混凝土浇筑？

8 影响混凝土质量有哪些因素？在施工中如何才能保证质量？

实训项目

请根据导入案例所列的条件,分别编制各项工程的混凝土施工方案,编制内容包括混凝土的运输、浇筑、养护、泵管安装、混凝土常见质量问题的原因和预防等。

项目 5

预应力分项工程施工

● **导入案例 1** 某工程屋面为现浇梁板结构,其中的屋面梁($b \times h = 500 \text{ mm} \times 1\,200 \text{ mm}$)采用后张部分预应力混凝土结构。每榀预应力屋面梁采用 3 束 5 根直径 $\Phi^s 15.2 \text{ mm}$(1×7 强度等级 $1\,860 \text{ MPa}$)高强度低松弛钢绞线作为纵向受力钢筋。混凝土强度等级 C40。孔道灌浆采用 PO 52.5 普通硅酸盐水泥,水灰比为 0.45,并掺入 0.25% 水质素磺酸钙。

● **导入案例 2** 某工程 T 梁为先张法预应力梁,$L = 12.4 \text{ m}$,梁的预应力筋为 12 根 $\Phi^s 15.2 \text{ mm}$ 钢绞线,分三层布置,总的张拉力达到 250 t。

● **基本要求** 学习掌握预应力混凝土的工作原理;能进行先张法台座类型的选用并进行计算;掌握张拉程序、张拉力控制和放张方法;掌握后张法的施工工艺、锚夹具类型及张拉设备;了解无黏结预应力筋的施工工艺;组织进行预应力工程质量检验。

● **教学重点及难点** 先张法和后张法的施工工艺过程、质量控制与技术措施;锚(夹)具、张拉机具的构造及使用方法;施工过程中可能产生的应力损失及弥补的方法。

任务 5.1 预应力混凝土基本概念

预应力混凝土工程在 1928 年由法国弗来西奈首先研究成功,其后在世界各国广泛推广应用。我国预应力技术起源于 20 世纪 50 年代,近 60 年来随着我国预应力材料、工艺、设备和结构技术的发展,预应力混凝土技术水平不断提高,应用领域进一步扩大,由开始的体内预应力混凝土结构向外延伸到框架、桁架等钢结构和空间结构中,现在无论是在数量上,还是在结构类型方面均得到迅速发展,且已经从单一的结构材料技术发展成具有结构材料功能、结构设计手段和特殊工艺方法的综合技术——预应力技术。预应力技术已经从开始的单个构件发展到预应力结构新阶段,如无黏结预应力现浇平板结构、装配式整体预应力板柱结构、预应力薄板叠合板结构、大跨度部分预应力框架结构等。

预应力混凝土按预应力度大小可分为全预应力混凝土和部分预应力混凝土。全预应力混凝土是在全部使用荷载下受拉边缘不允许出现拉应力的预应力混凝土,适用于要求混凝土不开裂的结构。部分预应力混凝土是在全部使用荷载下受拉边缘允许出现一定的拉应力或裂缝的混凝土,其综合性能较好,费用较低,适用面广。

按预加应力的方法不同可分为先张法预应力混凝土和后张法预应力混凝土。先张法是在混凝土浇筑前张拉钢筋,预应力靠钢筋与混凝土之间的黏结力传递给混凝土。后张法是在混凝土达到一定强度后张拉钢筋,预应力靠锚具传递给混凝土。在后张法中,按预应力筋黏结状态又可分为有黏结预应力混凝土和无黏结预应力混凝土。前者在张拉后通过孔道灌浆使预应力筋与混凝土相互黏结,后者由于预应力筋涂有油脂,预应力只能永久地靠锚具传递。

任务 5.2 预应力筋

预应力钢筋是指在预应力结构中用于建立预加应力的单根或成束的预应力钢丝、钢绞线或钢筋等。预应力筋按材料类型可分为钢丝、钢绞线、钢筋(钢棒)、非金属预应力筋等,其中以钢绞线与钢丝采用最多。非金属预应力筋主要有碳纤维增强塑料(CFRP)、玻璃纤维增强塑料(GFRP)等。冷拔低碳钢丝和冷拉钢筋由于存在残余应力,屈强比低,已逐渐为螺旋肋钢丝、刻痕钢丝或 1×3 钢绞线所取代,不再作为预应力钢筋使用。

5.2.1 预应力钢丝

预应力钢丝是用优质高碳钢盘条,经索氏体化处理、酸洗、镀铜或磷化后冷拔而成的钢丝的总称。预应力钢丝用高碳钢盘条采用 80 号钢,其含碳量为 $0.70\% \sim 0.9\%$。预应力钢丝根据深加工要求不同,可分为冷拉钢丝和消除应力钢丝两类。消除应力钢丝按应力松弛性能不同,又可分为普通松弛钢丝和低松弛钢丝。预应力钢丝按表面形状不同,可分为光圆钢丝、刻痕钢丝和螺旋肋钢丝。高强预应力筋如钢丝、钢绞线等都属于硬钢性质,只有精轧螺纹钢筋仍属软钢性质。

1)冷拉钢丝

冷拉钢丝是经冷拔后直接用于预应力混凝土的钢丝,其盘径基本等于拔丝机卷筒的直径,开盘后钢丝呈螺旋状,没有良好的伸长值。这种钢丝存在残余应力,屈强比低,伸长率小,仅用于铁路轨枕、压力水管、电杆等。

2)消除应力钢丝(普通松弛型)

消除应力钢丝(普通松弛型)是冷拔后经高速旋转的矫直辊筒矫直,并经回火(350 ~ 400 ℃)处理的钢丝,其盘径不小于 1.5 m。钢丝经矫直回火后,可消除钢丝冷拔中产生的残余应力,提高钢丝的比例极限、屈强比和弹性模量,并改善塑性;同时获得良好的伸直性,施工方便。这种钢丝以往广泛应用,但现在由于技术进步,已逐步向低松弛方向发展。

3)消除应力钢丝(低松弛型)

消除应力钢丝(低松弛型)是冷拔后在张力状态下经回火处理的钢丝。钢丝的张力为抗拉强度的30% ~50%。经稳定化处理的钢丝,弹性极限和屈服强度提高,应力松弛率大大降低,单价稍贵,但考虑到构件的抗裂性能提高、钢材用量减少等因素,其综合经济效益较好。这种钢丝已逐步在房屋、桥梁、市政、水利等大型工程中推广应用,具有较强的生命力。

4)螺旋肋钢丝

螺旋肋钢丝是通过专用拔丝模冷拔方法使钢丝表面沿长度方向上产生规则间隔的肋条的钢丝,直径为4 ~9 mm,标准抗拉强度为1 570 ~1 770 N/mm²。钢丝表面的螺旋肋可增加与混凝土的握裹力。这种钢丝可用于先张法预应力混凝土构件。

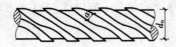

如图5.1所示,螺旋肋钢丝的每个螺旋肋导程有4条螺旋肋。其单肋宽度a:公称直径$d_n = 5$ mm时,a为1.30 ~1.70 mm;$d_n = 7$ mm时,a为1.80 ~2.20 mm。螺旋肋钢丝的公称直径、横截面积、每米参考质量与光圆钢丝相同。

图5.1 螺旋肋钢丝外形

5)刻痕钢丝

刻痕钢丝是用冷轧或冷拔方法使钢丝表面产生周期变化的凹痕或凸纹的钢丝。钢丝表面凹痕或凸纹可增加与混凝土的握裹力,直径为5 mm或7 mm,标准抗拉强度为1 570 N/mm²。这种钢丝可用于先张法预应力混凝土构件。

如图5.2所示,刻痕钢丝其中一条凹痕倾斜方向与其他两条相反。刻痕深度a为0.12 ~0.15 mm,长度b为3.5 ~5.0 mm,节距L为5.5 ~8.0 mm。公称直径$d_g > 5.0$ mm时,

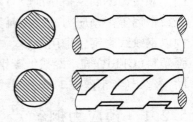

图5.2 刻痕钢丝

上述数据取大值。刻痕钢丝的公称直径、横截面积、每米参考质量与光圆钢丝相同。

5.2.2 预应力钢绞线

钢绞线是用冷拔钢丝绞扭而成,其方法是在绞线机上以一种稍粗的直钢丝为中心,其余钢丝则围绕其进行螺旋状绞合(图5.3),并经低温回火消除应力制成。钢绞线的整根破断力大、柔性好,施工方便,但价格比钢丝贵。预应力钢绞线按捻制结构不同可分为1×2钢绞线、1×3钢绞线和1×7钢绞线等。1×2钢绞线、1×3钢绞线仅用于先张法预应力混凝土构件;1×7钢绞线是由6根外层钢丝围绕着一根中心钢丝(直径加大2.5%)绞成,用途最为广泛,既适用于先张法,又适用于后张法预应力混凝土结构。

预应力钢绞线的捻距为钢绞线公称直径的12 ~16倍,模拔钢绞线的捻距应为钢绞线公称直径的14 ~18倍。钢绞线的捻向,如无特殊规定,则为左(S)捻,需加右(Z)捻应在工艺中注明。在拉拔前,个别钢丝允许焊接,但在拉拔中或拉拔后不应进行焊接。成品钢绞线切断后应是不松散的或可以不困难地捻正到原来的位置。

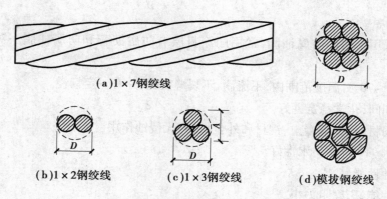

（a）1×7钢绞线

（b）1×2钢绞线　　　　（c）1×3钢绞线　　　　（d）模拔钢绞线

图 5.3　预应力钢绞线

1）标准型钢绞线

标准型钢绞线即消除应力钢绞线，是由冷拉光圆钢丝捻制成的钢绞线。标准型钢绞线力学性能优异、质量稳定、价格适中。低松弛钢绞线是目前建筑工程中用途最广、用量最大的一种预应力筋。

2）刻痕钢绞线

刻痕钢绞线是由刻痕钢丝捻制成的钢绞线，可增加钢绞线与混凝土的握裹力，其力学性能与低松弛钢绞线相同。

3）模拔钢绞线

模拔钢绞线是在捻制成型后，再经模拔处理制成的。这种钢绞线内的钢丝在模拔时被压扁，各根钢丝成为面接触，使钢绞线的密度提高约18%。在相同截面面积时，该钢绞线的外径较小，可减少孔道直径；在相同直径的孔道内，可使钢绞线的数量增加，而且它与锚具的接触面较大，易于锚固。

4）不锈钢绞线

不锈钢绞线，也称不锈钢索，是由一层或多层多根圆形不锈钢丝绞合而成的，适用于玻璃幕墙等结构拉索，也可用于栏杆拉索等装饰工程。国产建筑用不锈钢索按构造类型，可分 1×7、1×19、1×37 及 1×61 等，钢绞线的强度可分为 1 330 MPa 和 1 100 MPa。

5）无黏结钢绞线

钢绞线油脂层的涂敷及护套的制作，应采用挤塑涂层工艺一次完成。其工艺设备主要由放线盘、给油装置、塑料挤出机、水冷装置、牵引机、收线机等组成。钢绞线经给油装置涂油后，通过塑料挤出机的机头出口处，塑料熔融被挤成管状包覆在钢绞线上，经冷却水槽使塑料护套硬化，即形成无黏结钢绞线，如图 5.4 所示。

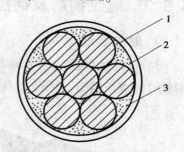

图 5.4　无黏结预应力钢绞线
1—钢绞线；2—油脂；3—塑料护套

钢丝束和钢绞线束不得有死弯，有死弯的必须切断，成型每根钢丝必须是通长的，严禁有接头。涂料层、外包层的作用是使预应力筋与混凝土隔离，减少张拉时的摩擦损失，防止预应力筋锈蚀。

（1）涂料层

涂料层采用专门的防腐油脂，常用的涂料层有防腐沥青和防腐油脂。对涂料的要求如下：

①在 -20 ~ 70 ℃ 温度范围内，不流淌，不裂缝变脆，并有一定韧性。

②使用期间，化学稳定性好。

③对周围材料（如混凝土、钢材和外包材料）无侵蚀作用。

④不透水、不吸湿、防水性好。

⑤防腐蚀性能好。

⑥润滑性能好，摩阻力小。

（2）外包层

常用的外包层外材料是高密度聚乙烯或聚丙烯塑料制品。严禁使用聚氯乙烯制品，因其在长期的使用过程中氯离子将析出，对周围的材料有腐蚀作用。对外包层的要求如下：

①在 -20 ~ 70 ℃ 温度范围内，低温不脆化，高温化学稳定性好。

②必须具有足够的韧性和抗破损性能。

③对周围材料（如混凝土、钢材）无侵蚀作用。

④防水性好，保证预应力筋在运输、储存、铺放和浇筑混凝土的过程中不会破损。

6）缓黏结钢绞线

缓黏结钢绞线是用缓慢凝固的水泥基缓凝剂或特种树脂涂料涂敷在钢绞线表面上，并外包压波的塑料护套制成的。这种缓黏结钢绞线的涂料经过一定时间固化后，伴随着固化剂的化学作用，特种涂料不仅有较好的内聚力，而且和被黏结物表面产生很强的黏结力，由于塑料护套表面压波，又与混凝土产生了较好的黏结力，因此，最终形成有黏结预应力筋安全性高，并具有较强的防腐蚀性能等优点。

缓黏结钢绞线既有无黏结预应力筋施工工艺简单、不用预埋管和灌浆作业、施工方便的优点；同时在性能上又具有黏结预应力抗展性能好、极限状态顶应力钢筋强度发挥充分、节省钢材的优势，因此具有很好的结构性能和推广应用前景。

5.2.3　螺纹钢筋及钢拉杆

1）螺纹钢筋

精轧螺纹钢筋是一种用热轧方法在整根钢筋表面上轧出不带纵肋而横肋为不连续的梯形螺纹的直条钢筋，如图 5.5 所示。该钢筋在任意截面处都能拧上带内螺纹的连接器进行接长，或拧上特制的螺母进行锚固，无须冷拉与焊接，施工方便，主要用于房屋、桥梁与构筑物等直线筋。钢筋的接长用连接螺纹套筒，端头锚固用螺母。精轧螺纹钢筋具有锚固简单、施工方便、无须焊接等优点。目前国内生产的精轧螺纹钢筋品种直径为 18 ~ 50 mm，其屈服强度分为 785，830，930，1 080 MPa 4 种。

图 5.5　精轧螺纹钢筋外形

2)顶应力钢拉杆

顶应力钢拉杆是由优质碳素结构钢、低合金高强度结构钢和合金结构钢等材料经热处理后制成的一种光圆钢棒,钢棒两端装有耳板或叉耳,中间装有调节套筒组成的钢拉杆。预应力钢拉杆的直径一般在 $\phi20 \sim \phi210$,按杆体屈服强度分为 345,450,550,650 MPa 4 种强度级别,主要用于大跨度空间钢结构、船坞、码头及坑道等领域。

5.2.4 预应力筋质量检验

1)标牌检查

预应力钢筋出厂,每捆(盘)应挂有两个标牌,上注厂名、品名、规格、生产工艺及日期、批号等,并有随货同行的出厂质量证明书。每验收批由同一牌号、同一规格、同一生产工艺的预应力钢筋组成,每批数量不超过 60 t。

2)外观检查

预应力钢丝的外观质量,应逐盘检查。钢丝表面不得有油污、氧化铁皮、裂纹或机械损伤,但表面上允许有浮锈和回火色。镀锌钢丝的锌层应光滑均匀、无裂纹。钢丝直径检查,按 10% 盘选取,但不得少于 6 盘。

钢绞线的外观质量,应逐盘检查。钢绞线的捻距应均匀,切断后不松散,其表面不得带有油污、锈斑或机械损伤,但允许有浮锈和回火色。镀锌或涂环氧钢绞线、无黏结钢绞线等,涂层表面应均匀、光滑、无裂纹、无明显褶皱。

无黏结预应力筋每验收批应抽取 3 个试件,检验油脂重量和护套厚度。

精轧螺纹钢的外观检查应逐根进行,钢筋表面不得有锈蚀、油污、横向裂缝、结疤。

3)力学性能

钢丝外观检查合格后,从同一批中任意选取 10% 盘(不少于 6 盘)钢丝,每盘在任意位置截取 2 根试件,一根做拉伸试验(抗拉强度与伸长率),一根做反复弯曲试验。如有某一项试验结果不符合标准的要求,则该盘钢丝为不合格品,并从同一批未经试验的钢丝盘中再取双倍数量的试件进行复验,如仍有一项试验结果不合格,则该批钢丝判为不合格品,或逐盘检验取用合格品。

钢绞线在每批中任意选取 3 盘,每盘在任意位置截取一根试件做拉伸试验,如有某一项试验结果不合标准要求,则该不合格盘报废,另从未经检验过的钢绞线中抽取双倍数量的试件进行复检,如仍有一项不合格,则该批钢绞线判为不合格品。

4)运输及存放

预应力筋由于强度高、塑性差,在无应力状态下的腐蚀作用比普通钢筋敏感。预应力筋在运输或存放过程中如遭受雨淋、湿气或腐蚀介质的侵蚀,易发生锈蚀,不仅降低质量,使钢筋表面出现腐蚀坑,有时甚至会造成钢筋脆断。

任务 5.3 锚具、夹具和张拉设备

预应力锚固体系包括锚具、夹具和张拉设备,锚固体系的种类很多,且配套化、系列化、工厂化生产。锚具是后张法结构或构件中为保持预应力筋拉力并将其传递到混凝土上用的永久性锚固装置。夹具是先张法构件施工时为保持预应力筋拉力并将其固定在张拉台座(或钢模)上用的临时性锚固装置。后张法张拉用的夹具又称工具锚,是将千斤顶(或其他张拉设备)的张拉力传递到预应力筋的装置。连接器是先张法或后张法施工中将预应力从一根预应力筋传递到另一根预应力筋的装置。

预应力筋用锚具、夹具和连接器按锚固方式不同,可分为夹片式(单孔与多孔夹片锚具)、支承式(镦头锚具、螺母锚具等)、锥塞式(钢质锥形锚具等)和握裹式(挤压锚具、压花锚具等)4 类,锚具、夹具和连接器的代号见表 5.1。

表 5.1 锚具、夹具和连接器的代号

分类代号		锚 具	夹 具	连接器
夹片式	圆形	YJM	YJJ	YJL
	扁形	BJM		
支承式	镦头	DTM	DTJ	DTL
	螺母	LMM	LMJ	LML
锥塞式	钢质	GZM	—	—
	冷铸	LZM	—	—
	热铸	RZM	—	—
握裹式	挤压	JYM	JYJ	JYL
	压花	YHM		

锚具、夹具和连接器的标记由产品代号、预应力钢筋直径、预应力钢材根数 3 部分组成(生产企业的体系代号只在需要时加注)。例如:"YJM 15-12"表示为锚固 12 根直径为 15.2 mm 预应力混凝土用钢绞线的圆形夹片式群锚锚具。

5.3.1 性能要求

1)锚具性能要求

锚具的静载锚固性能,应由预应力筋-锚具组装件静载试验测定的锚具效率系数和达到实测极限拉力时组装件受力长度的总应变确定。在预应力筋强度等级已确定的条件下,预应力筋-锚具组装件的静载锚固性能试验结果,应同时满足锚具效率系数 η_a 等于或大于 0.95 和预应力筋总应变 ε_{apu} 等于或大于 2.0% 两项要求(对纤维增强复合材料筋用锚具 $\eta_a \geq 0.9$ 即可)。

锚具效率系数 η_a 应按下式计算：

$$\eta_\mathrm{a} = \frac{F_\mathrm{apu}}{\eta_\mathrm{p} \cdot F_\mathrm{pm}} \tag{5.1}$$

式中　F_apu——预应力筋-锚具组装件的实测极限拉力；

　　　F_pm——预应力筋的实际平均极限抗拉力，由预应力钢材试件实测破断荷载平均值计算得出；

　　　η_p——预应力筋的效率系数，它是指考虑预应力筋根数等因素影响的预应力筋应力不均匀的系数。

η_p 应按下列规定取用：预应力筋-锚具组装件中预应力钢材为 $1 \sim 5$ 根时，$\eta_\mathrm{p} = 1$；$6 \sim 12$ 根时，$\eta_\mathrm{p} = 0.99$；$13 \sim 19$ 根时，$\eta_\mathrm{p} = 0.98$；20 根以上时，$\eta_\mathrm{p} = 0.97$。

当预应力筋-锚具（或连接器）组装件达到实测极限拉力 F_apu 时，应由预应力筋的断裂，而不应由锚具（或连接器）的破坏导致试验的终结。预应力筋拉应力未超过 $0.8 f_\mathrm{ptk}$ 时，锚具主要受力零件应在弹性阶段工作，脆性零件不得断裂。预应力筋-锚具或夹具组装件静载锚固性能试验装置如图 5.6 所示。

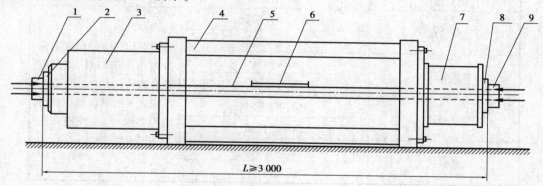

L≥3 000

图 5.6　预应力筋-锚具或夹具组装件静载锚固性能试验装置示意图
1,9—试验锚具或夹具；2,8—环形支承垫板；3—加载用千斤顶；4—承力台座；
5—预应力筋；6—总伸长率测量装置；7—荷载传感器

用于承受静、动荷载的预应力混凝土结构，其预应力筋-锚具组装件，除应满足静载锚固性能要求外，尚应满足循环次数为 200 万次的疲劳性能试验要求。在抗震结构中，预应力筋-锚具组装件还应满足循环次数为 50 次的周期荷载试验。锚具尚应满足分级张拉、补张拉和放松拉力等张拉工艺的要求。锚固多根预应力筋的锚具，除应具有整束张拉的性能外，尚宜具有单根张拉的可能性。

2）夹具性能要求

夹具的静载锚固性能，应由预应力筋-夹具组装件静载试验测定的夹具效率系数 η_g 确定。试验结果应满足 $\eta_\mathrm{g} \geqslant 0.920$。夹具的效率系数 η_g 按式（5.2）计算：

$$\eta_\mathrm{g} = \frac{F_\mathrm{gpu}}{F_\mathrm{pu}} \tag{5.2}$$

式中　F_gpu——预应力筋-夹具组装件的实测极限拉力。

当预应力筋-夹具组装件达到实测极限拉力时，应由预应力筋的断裂，而不应由夹具的破坏导致试验终结。夹具应具有良好的自锚、松锚和重复使用的性能,主要锚固零件应具有良好的防锈性能。夹具的可重复使用次数不宜少于 300 次。主要锚固零件宜采取镀膜防锈。自锁即锥销、齿板或锲块打入后不会反弹而脱出的能力;自锚即预应力筋张拉中能可靠地锚固在夹具中而不被拉出的能力。

3)连接器性能要求

在张拉预应力后永久留在混凝土结构或构件中的预应力筋连接器,都必须符合锚具的性能要求。如在张拉后还需放张和拆除的连接器,则必须符合夹具的性能要求。

5.3.2 锚具种类

1)锚具的分类

锚具的分类见表 5.2。

表 5.2 锚具分类

锚具类型	常见锚具	备 注
夹片式	单孔夹片锚具	1. 按在构件中的位置又可分为张拉端锚具、固定端锚具两种; 2. 锚具一般由设计单位按结构要求、产品性能和张拉施工方法选用
夹片式	多孔夹片锚具	
支承式	镦头锚具	
支承式	螺母锚具	
锥塞式	钢质锥形锚具	
锥塞式	锥形螺杆锚	
握裹式	挤压锚具	
握裹式	压花锚具	

2)夹片式锚具

夹片式锚具分为单孔夹片锚具和多孔夹片锚具,由工作锚板、工作夹片、锚垫板、螺旋筋组成,可锚固预应力钢绞线,也可锚固 $7\Phi^P5$、$7\Phi^P7$ 的预应力钢丝束,主要用作张拉端锚具,具有自动跟进、放张后自动锚固、锚固效率系数高、锚固性能好、安全可靠等特点。

单孔夹片锚具适用于锚固单根无黏结预应力钢绞线,也可用作先张法夹具。多孔夹片锚固体系由多孔夹片锚具、锚垫板(也称铸铁喇叭管、锚座)、螺旋筋等组成。这种锚具是在一块多孔的锚板上,利用每个锥形孔装一副夹片,夹持一根钢绞线。其优点是任何一根钢绞线锚固失效,都不会引起整体锚固失效,每束钢绞线的根数不受限制。多孔夹片锚具对锚板与夹片的要求与单孔夹片锚具相同,国内生产厂家已有数十家,主要品牌有 JM、QM、OVM、HVM、TM 等。

(1)JM 型锚具

JM 型锚具为单孔夹片式锚具。JM12 型锚具可用于锚固 4 ~ 6 根直径为 12 mm 的钢筋或 4 ~ 6 束直径为 12 mm 的钢绞线。JM15 型锚具则可锚固直径为 15 mm 的钢筋或钢绞线。JM 型锚具由锚环和夹片组成,其构造如图 5.7 所示。

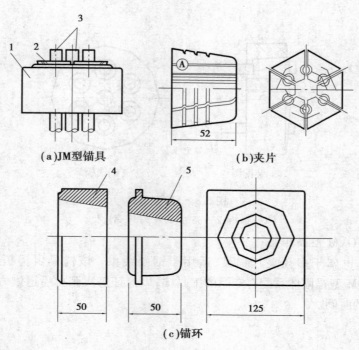

(a)JM型锚具　　　　　　　　　　　(b)夹片

(c)锚环

图5.7　JM型锚具

1—锚环;2—夹片;3—钢筋束和钢绞线束;4—圆钳环;5—方锚环

JM型锚具性能好,锚固时钢筋束或钢绞线束被单根夹紧,不受直径误差的影响,且预应力筋是在呈直线状态下被张拉和锚固,受力性能好。为此,为适应小吨位高强钢丝束的锚固,近年来还发展了锚固6～7根φ5碳素钢丝的JM5-6和JM5-7型锚具,其原理完全相同。JM12型锚具是一种利用楔块原理锚固多根预应力筋的锚具,它既可作为张拉端的锚具,又可作为固定端的锚具或作为重复使用的工具锚。JM12型锚具宜选用相应的YC-60型穿心式千斤顶来张拉预应力筋。

(2)XM型锚具

XM型锚具属多孔夹片锚具,是一种新型锚具,它由锚板与3片夹片组成,如图5.8所示。XM型锚具既适用于锚固钢绞线束,又适用于锚固钢丝束;既可锚固单根预应力筋,又可锚固多根预应力筋。当用于锚固多根预应力筋时,既可单根张拉、逐根锚固,又可成组张拉、成组锚固。另外,它还既可用作工作锚具,又可用作工具锚。近年来随着预应力混凝土结构和无黏结预应力结构的发展,XM型锚具已得到广泛应用。实践证明,XM型锚具具有通用性强、性能可靠、施工方便、便于高空作业的特点,可广泛应用于现代预应力混凝土工程。

XM型锚具的锚板上的锚孔沿圆周排列,夹片采用三片式,按120°均分开缝,沿轴向有倾斜偏转角,倾斜偏转角的方向与钢绞线的扭角相反,以确保夹片能夹紧钢绞线或钢丝束的每一根外围钢丝,形成可靠的锚固。

XM型锚具在充分满足自锚条件下,夹片的锥面选用了较大的锥角,使XM锚具可用作工作锚和工具锚。当用作工具锚时,可在夹片和锚板之间涂抹一层能在极大压强下保持润滑性能的固体润滑剂(如石墨、石蜡等),当千斤顶回程时,用锤轻轻一击,即可松开脱落。用作工作锚时,它具有连续反复张拉的功能,可用行程不大的千斤顶张拉任意长度的钢绞线。

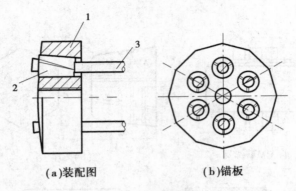

(a)装配图　　　　**(b)锚板**

图 5.8　XM 型锚具

1—锚板;2—夹片(3 片);3—钢绞线

（3）QM 及 OVM 型锚具型

QM 型锚具也属于多孔夹片锚具,适用于钢绞线束。该锚具由锚板与夹片组成,如图 5.9 所示。QM 型锚固体系配有专门的工具锚,以保证每次张拉后退锚方便,并减少安装工具锚所花费的时间。

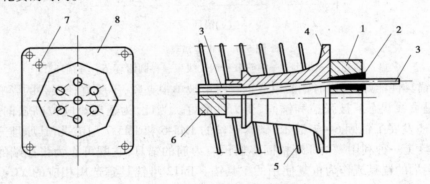

图 5.9　QM 型锚具及配件

1—锚板;2—夹片;3—钢绞线;4—喇叭形铸铁垫板;5—螺旋筋;

6—预留孔道用的螺旋管;7—灌浆孔;8—锚垫板

OVM 型锚具是在 QM 型锚具的基础上,将夹片改为二片式,并在夹片背部上部锯有一条弹性槽,以提高锚固性能。

3)镦头锚具

镦头锚体系可张拉Φ^{P}5、Φ^{P}7 高强钢丝束,常用镦头锚分为 A 型和 B 型。A 型由锚杯和螺母组成,用于张拉端;B 型为锚板,用于固定端。镦头锚具的工作原理是将预应力筋穿过锚杯的蜂窝眼后,用专门的镦头机将钢筋或钢丝的端头镦粗,将镦粗头的预应力束直接锚固在锚杯上,待千斤顶拉杆旋入锚杯内螺纹后即可进行张拉。当锚杯带动钢筋或钢丝伸长到设计值时,将锚圈沿锚杯外的螺纹旋紧顶在构件表面,于是锚圈通过支承垫板将预压力传到混凝土上。镦头锚具的优点是操作简便迅速,不会出现锥形锚易发生的"滑丝"现象,故不发生相应的预应力损失。这种锚具的缺点是下料长度要求很精确,否则,在张拉时会因各钢丝受力不均匀而发生断丝现象。预应力筋采用钢丝镦头器镦头成型,配套张拉使用 YDC 系列穿心式千斤顶,主要用于后张法施工中,如图 5.10 所示。

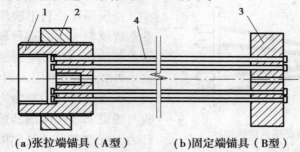

(a)张拉端锚具（A型）　　**(b)固定端锚具（B型）**

图 5.10　钢丝束镦头锚具

1—锚环;2—螺母;3—锚板;4—钢丝束

4)精轧螺纹钢锚具

精轧螺纹钢筋锚具是利用与该钢筋螺纹匹配的特制螺母锚固的一种支承式锚具,由螺母和垫板组成。螺母分为平面螺母和锥面螺母两种。锥面螺母可通过锥体与锥孔的配合,保证预应力筋的正确对中;开缝的作用是增强螺母对预应力筋的夹持能力。螺母的内螺纹是按钢筋尺寸公差和螺母尺寸之和设计的,凡是钢筋尺寸在允许范围内,都能实现较好的连接。垫板相应地分为平面垫板与锥面垫板两种。由于螺母传给垫板的压力沿 45°方向向四周传递,垫板的边长等于螺母最大外径加 2 倍垫板厚度。精轧螺纹钢筋锚具可锚固 $\Phi^T 25$、$\Phi^T 32$ 高强精轧螺纹钢筋,主要用于先张法、后张法施工的预应力箱梁、纵向预应力及大型预应力屋面,其构造如图 5.11 所示。

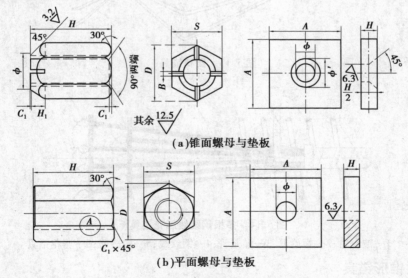

(a)锥面螺母与垫板

(b)平面螺母与垫板

图 5.11　精轧螺纹钢锚具

5)握裹式锚具

钢绞线束固定端的锚具除可以采用与张拉端相同的锚具外,还可选用握裹式锚具。握裹式锚具有挤压锚具与压花锚具两类。

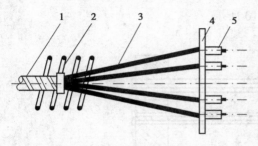

图 5.12　挤压锚具的构造

1—波纹管;2—螺旋筋;3—钢绞线;
4—钢垫板;5—挤压锚具

（1）挤压锚具

挤压锚具是利用液压压头机将套筒挤紧在钢绞线端头上的一种锚具。套筒内衬有硬钢丝螺旋圈,在挤压后硬钢丝全部脆断,一半嵌入外钢套,一半压入钢绞线,从而增加钢套筒与钢绞线之间的摩阻力。锚具下设有钢垫板与螺旋筋。这种锚具适用于构件端部的设计力大或端部尺寸受到限制的情况。挤压锚具的构造如图 5.12 所示。

（2）压花锚具

压花锚具是利用液压压花机将钢绞线端头压成梨形散花状的一种锚具(5.13)。梨形头的尺寸,对于 $\phi^s15.2$ 钢绞线不小于 $\phi95$ mm× 150 mm。多根钢绞线梨形头应分排埋置在混凝土内。为提高压花锚四周混凝土及散花头根部混凝土抗裂强度,在散花头的头部配置构造筋,在散花头的根部配置螺旋筋,压花锚距构件截面边缘不小于 30 cm。第一排压花锚的锚固长度,对 $\phi^s15.2$ 钢绞线不小于 95 cm,每排相隔至少 30 cm。多根钢绞线压花锚具的构造如图 5.14 所示。

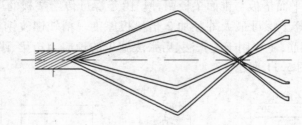

图 5.13　压花锚具

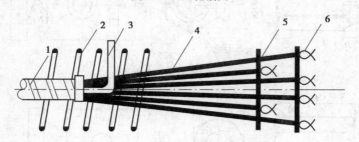

图 5.14　多根钢绞线压花锚具

1—波纹管;2—螺旋筋;3—灌浆管;4—钢绞线;5—构造筋;6—压花锚具

6）钢质锥形锚具

钢质锥形锚具（又称弗氏锚具）由锚圈和锚塞组成,可锚固 6 ～ 30 ϕ^P5 或 12 ～ 24 ϕ^P7 的高强钢丝束,常用于后张法预应力混凝土结构和构件中,配套 YDZ 系列专用千斤顶张拉。锚环采用 45 号钢,锚塞采用 45 号钢或 T7、T8 碳素工具钢,其构造如图 5.15 所示。

5.3.3　夹具

1）钢丝的夹具

　　先张法中钢丝的夹具分为两类:一类是将预应力筋锚固在台座或钢模上的锚固夹具;另一类是张拉时夹持预应力筋用的夹具。锚固夹具与张拉夹具都是重复使用的工具。图 5.16 是钢丝的锚固夹具,图 5.17 是钢丝的张拉夹具。

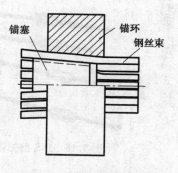

图 5.15　钢质锥形锚具

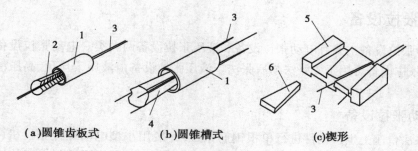

(a)圆锥齿板式　　　　　(b)圆锥槽式　　　　　(c)楔形

图 5.16　钢丝用锚固夹具

1—套筒;2—齿板;3—钢丝;4—锥塞;5—锚板;6—楔块

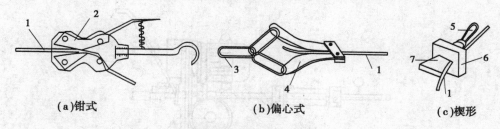

(a)钳式　　　　　　　(b)偏心式　　　　　(c)楔形

图 5.17　钢丝的张拉夹具

1—钢丝;2—钳齿;3—拉钩;4—偏心齿条;5—拉环;6—锚板;7—楔块

2）钢绞线的夹具

　　QM 预应力体系中的 JXS、JXL、JXM 型夹具是专为先张台座法预应力钢绞线张拉的需要而设计的,可适应 $\phi^s9.5$、$\phi^s12.2$、$\phi^s12.7$、$\phi^s15.2$、$\phi^s15.7$、$\phi^s17.8$ 等规格钢绞线的先张台座张拉。如图 5.18 所示即为 JXS 型先张夹具。

3）钢筋夹具

　　钢筋锚固多用螺母锚具、镦头锚和销片夹具等。张拉时可用连接器与螺母锚具连接,或用销片夹具等。钢筋镦头,直径 22 mm 以下的钢筋用对焊机镦热或冷镦,大直径钢筋可用压模加热锻打或成型。镦过的钢筋需经过冷拉,以检验镦头处的强度。销片式夹具由圆套筒和圆锥形销片组成,套筒内壁呈圆锥形,与销片锥度吻合。销片有两片式和三片式,钢筋就夹紧在销片的凹槽内,如图 5.19 所示。

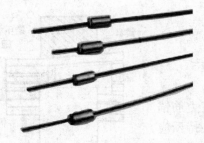

图 5.18　JXS 型先张夹具

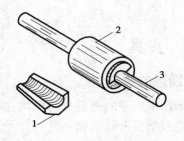

图 5.19　两片式销片夹具

1—销片;2—套筒;3—预应力筋

5.3.4　张拉设备

预应力张拉设备主要有电动张拉设备和液压张拉设备两大类。电动张拉设备仅用于先张法,液压张拉设备可用于先张法与后张法。液压张拉设备由液压千斤顶、高压油泵和外接油管组成。

1)电动张拉设备

在先张法台座上生产构件进行单根钢筋张拉,一般用小型电动螺杆张拉机(图 5.20),以弹簧、杠杆等设备测力。用弹簧测力时,宜设置行程开关,以便张拉到规定的拉力时能自行停车。

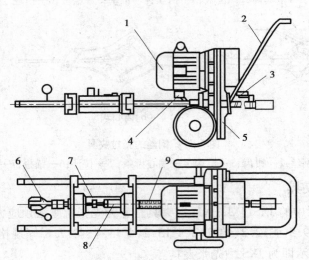

图 5.20　电动螺杆张拉

1—电动机;2—手柄;3—前限位开关;4—后限位开关;5—减速箱;

6—夹具;7—测力器;8—计量标尺;9—螺杆

对长线台座,由于放置钢筋的长度较大,张拉时伸长值也较大,一般电动螺杆张拉机或液压千斤顶的行程难以满足,故张拉小直径的钢筋可用卷扬机。图 5.21 为采用卷扬机张拉单根预应力筋的示意图。

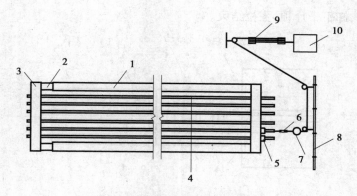

图 5.21　用卷扬机张拉钢筋

1—台座;2—放松装置;3—横梁;4—预应力筋;5—锚固夹具;6—张拉夹具;
7—测力计;8—固定梁;9—滑轮组;10—卷扬机

2)液压张拉设备

（1）普通千斤顶

先张法施工中常常会进行多根钢筋的同步张拉,当用钢台模以机组流水法或传送带法生产构件时,多进行多根张拉,可用普通液压千斤顶进行张拉。张拉时要求钢丝的长度基本相等,以保证张拉后各钢筋的预应力相同,为此,应事先调整钢筋的初应力。图 5.22 是用液压千斤顶进行成组张拉的示意图。

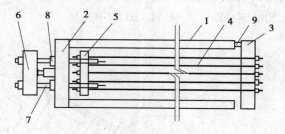

图 5.22　液压千斤顶成组张拉

1—台模;2,3—前后横梁;4—钢筋;5,6—拉力架横梁;
7—大螺丝杆;8—油压千斤顶;9—放松装置

（2）拉杆式千斤顶

拉杆式千斤顶为空心拉杆式千斤顶,选用不同的配件可组成几种不同的张拉形式,可张拉 DM 型螺丝端杆锚、JLM 精轧螺丝钢锚具、LZM 冷铸锚等。拉杆式千斤顶可用于螺母锚具、锥形螺杆锚具、钢丝镦头锚具等,它由主油缸、主缸活塞、回油缸、回油活塞、连接器、传力架、活塞拉杆等组成。图 5.23 是用拉杆式千斤顶张拉时的工作示意图。张拉前,先将连接器旋在预应力的螺丝端杆上,相互连接牢固。千斤顶由传力架支承在构件端部的钢板上。张拉时,高压油进入主油缸,推动主缸活塞及拉杆,通过连接器和螺丝端杆,预应力筋被拉伸。千斤顶拉力的大小可由油泵压力表的读数直接显示。当张拉力达到规定值时,拧紧螺丝端杆上的螺母,此时张拉完成的预应力筋被锚固在构件的端部。锚固后回油缸进油,推动回油活塞工作,千斤顶脱离构件,主缸活塞、拉杆和连接器回到原始位置。最后将连接器从螺丝端杆上卸掉,卸下千斤顶,张拉结束。

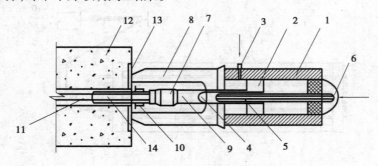

图 5.23　拉杆式千斤顶张拉原理

1—主油缸;2—主缸活塞;3—进油孔;4—回油缸;5—回油活塞;6—回油孔;7—连接器;
8—传力架;9—拉杆;10—螺母;11—预应力筋;12—混凝土构件;13—预埋铁板;14—螺丝端杆

目前常用的一种千斤顶是 YL60 型拉杆式千斤顶。另外还有 YL400 型和 YL500 型千斤顶,其张拉力分别为 4 000 kN 和 5 000 kN,主要用于张拉力较大的钢筋张拉。

（3）穿心式千斤顶

穿心式千斤顶是利用双液压缸张拉预应力筋和顶压锚具的双作用千斤顶。穿心式千斤顶适用于张拉带 JM 型锚具、XM 型锚具的钢筋,配上撑脚与拉杆后,也可作为拉杆式千斤顶张拉带螺母锚具和镦头锚具的预应力筋。图 5.24 为 JM 型锚具和 YC60 型千斤顶的安装示意图,其系列产品有 YC20D 型、YC60 型和 YC120 型千斤顶。

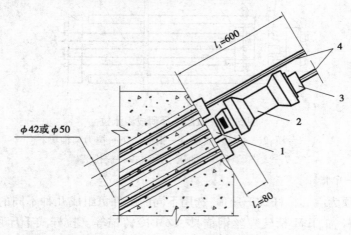

图 5.24　YC60 型千斤顶具和 JM 型锚的安装

1—工作锚;2—YC60 型千斤顶;3—工具锚;4—预应力筋束

图 5.25 为 YC60 型千斤顶构造图,主要由张拉油缸、顶压油缸、顶压活塞、穿心套、保护套、端盖堵头、连接套、撑套、回弹弹簧和动、静密封圈等组成。该千斤顶具有双作用,即张拉与顶锚两个作用。其工作原理是:张拉预应力筋时,张拉缸油嘴进油、顶压缸油嘴回油,顶压油缸、连接套和撑套连成一体右移顶住锚环;张拉油缸、端盖螺母及堵头和穿心套连成一体,带动工具锚左移张拉预应力筋;顶压锚固时,在保持张拉力稳定的条件下,顶压缸油嘴进油,

顶压活塞、保护套和顶压头连成一体右移将夹片强力顶入锚环内,此时张拉缸油嘴回油,顶压缸油嘴进油,张拉缸液压回程;最后,张拉缸、顶压缸油嘴同时回油,顶压活塞在弹簧力作用下回程复位。大跨度结构、长钢丝束等引伸量大者,以用穿心式千斤顶为宜。

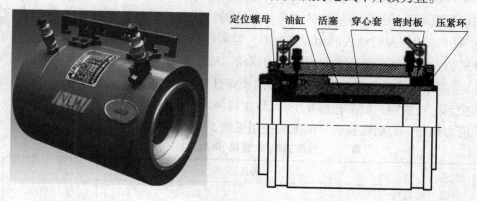

图 5.25　YC60 型千斤顶

（4）锥锚式千斤顶

锥锚式千斤顶是具有张拉、顶锚和退楔功能三作用的千斤顶,用于张拉带锥形锚具的钢丝束,系列产品有 YZ38 型、YZ60 型和 YZ85 型千斤顶。锥锚式千斤顶由张拉油缸、顶压油缸、退楔装置、楔形卡环、退楔翼片等组成（图 5.26）。其工作原理是:当张拉油缸进油时,张拉缸被压移,使固定在其上的钢筋被张拉。钢筋张拉后,改由顶压油缸进油,随即由副缸活塞将锚塞顶入锚圈中,张拉缸、顶压缸同时回油,则在弹簧力的作用下复位。

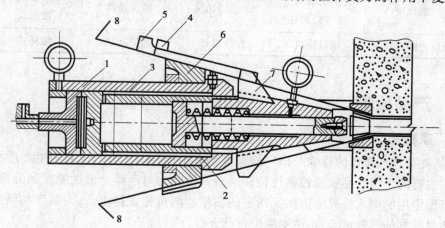

图 5.26　锥锚式千斤顶

1—主缸;2—副缸;3—退楔块;4—楔块（张拉时位置）;5—楔块（退出位置）;
6—锥形卡环;7—退楔翼片;8—预应力筋

3）液压油泵

高压油泵是向液压千斤顶各个油缸供油,使其活塞按照一定速度伸出或回缩的主要设备。油泵的额定压力应等于或大于千斤顶的额定压力。高压油泵分手动和电动两类,目前常使用的有 ZB4-500 型、ZB10/320-4/800 型、ZB6/1-800 型和 ZB1-630 型等几种,其额定压力为 40 ~ 80 MPa。

用千斤顶张拉预应力筋时,张拉力的大小是通过油泵上的油压表的读数来控制的。油压表的读数表示千斤顶张拉油缸活塞单位面积的油压力。在理论上如已知张拉力 N,活塞面积 A,则可求出张拉时油表的相应读数 P。但实际张拉力往往比理论计算值小,其原因是一部分张拉力被油缸与活塞之间的摩阻力抵消。而摩阻力的大小受多种因素的影响又难以计算确定,因此为保证预应力筋张拉应力的准确性,应定期校验千斤顶,确定张拉力与油表读数的关系。校验期一般不超过 6 个月,校正后的千斤顶与油压表必须配套使用。

预应力钢筋、锚具、张拉机具的配套使用见表 5.3。

表 5.3 预应力钢筋、锚具、张拉机具的配套使用

预应力筋品种	锚具形式			张拉机械
	张拉端	固定端		
		安装在结构外部	安装在结构内部	
钢绞线	夹片锚具 压接锚具	夹片锚具 挤压锚具 压接锚具	压花锚具 挤压锚具	穿心式
单根钢筋	夹片锚具 镦头锚具	夹片锚具 镦头锚具	镦头锚具	拉杆式
钢丝束	镦头锚具 冷(热)铸锚	冷(热)铸锚	镦头锚具	穿心式 锥锚式
预应力螺丝钢筋	螺母锚具	螺母锚具	螺母锚具	拉杆式

5.3.5 产品检验

1)厂家检验

锚具、夹具和连接器的检验分出厂检验和型式检验两类。出厂检验为生产厂在每批产品出厂前进行的厂内产品质量控制性检验。型式检验为对产品全面性能控制的检验,为技术或质量鉴定用的型式检验应由国家指定的质量检测机构主持进行;为新产品研制和生产厂产品质量控制的各种试验,可由本单位自己进行。

出厂检验时,每批零件产品的数量是指同一种产品、同一批原材料、用同一种工艺一次投料生产的数量,每个抽检组批不得超过 2 000 件(套)。外观检验抽取 5% ~ 10%。对有硬度要求的零件应做硬度检验,按热处理每炉装炉量的 3% ~ 5% 抽样。静载试验用的锚具、夹具或连接器,按成套产品抽样,应在外观及硬度检验合格后的产品中抽取,每生产组批抽取 3 个组装件的用量。

①锚具产品进场验收时,除按合同核对锚具的型号、规格、数量及适用的预应力筋品种、规格和强度等级外,尚应核对锚具产品质量保证书、锚固区传力性能检验报告。

②锚具供应商应提供产品技术手册,其内容应包括:厂家需向用户说明的有关设计、施工的相关参数,锚具排布要求的锚具最小中心间距及锚具中心到构件边缘的最小距离,张拉时要求达到的混凝土强度,局部受压加强钢筋等技术参数。

2)产品进场验收

①应从每批中抽 2% 的锚具且不应少于 10 套样品外观检查。其外形尺寸与和外观质量应符图样规定,且表面不得有裂纹及锈蚀。当有 1 个零件不符合产品质量保证书所示的外形尺寸,应另取双倍数量的零件重做检查,若仍有 1 件不合格,则判定为不合格。当有 1 个零件表面有裂纹或夹片、锚孔锥面有锈蚀时,应对本批产品的外观逐套检查,合格者方可进入后续检验。

②硬度检验。对硬度有要求的锚具零件,应进行硬度检验。应从每批中抽取 3% 的样品且不应少于 5 套(多孔夹片式锚具的夹片,每套应抽取 6 片)进行检验,硬度值应符合产品质量保证书的规定;当有 1 个零件不符合时,应另取双倍数量的零件重做检验;在重做检验中如仍有 1 个零件不符合,应对该批产品逐个检验,符合者方可进入后续检验。

③静载锚固性能试验。应在外观检查和硬度检验均合格的锚具中抽取样品,与相应规格和强度等级的预应力筋组装成 3 个预应力筋锚具组装件,进行静载锚固性能试验。当有 1 个试件不符合时,即判定为不合格,但允许另取双倍数量的试件重做试验。若重做试验的全部试件合格,可判定本批产品合格;如仍有 1 个试件不符合,则判定该批产品为不合格品。

④夹具进场验收时,应进行外观检查、硬度检验和静载锚性能试验。检验和试验方法与锚具相同。夹具用量较少时,如由生产厂提供有效的静载锚固性能试验合格的证明文件,可仅进行外观检查和硬度检验。

⑤后张法连接器的进场验收规定应与锚具相同。先张法连接器的进场验收规定应与夹具相同。

⑥进场验收时,每个检验批的锚具不宜超过 2 000 套,每个检验批的连接器不宜超过 500 套,每个检验批的夹具不宜超过 500 套。获得第三方独立认证的产品,其检验批的批量可扩大 1 倍。

任务 5.4　预应力筋制作与安装

5.4.1　预应力筋下料

预应力筋应采用砂轮锯或切断机切断,不得采用电弧切割,以免电弧损伤预应力筋。预应力筋的下料长度应通过计算确定,计算时应考虑结构的孔道长度、锚具厚度、千斤顶长度、焊接接头或镦头预留量、冷拉伸长值、弹性回缩值、张拉伸长值和外露长度等因素。

对需要镦头的钢丝,其切割面应与母材垂直;钢绞线切割前应用铅丝将切割处两端捆扎,防止端头松散。粗钢筋的接头必须使用闪光对焊工艺。预应力筋的接长必须使用连接器。

1)钢绞线

钢绞线是成盘状供应,不需要对焊接长。制作工序是:开盘→下料→编束。钢绞线编束宜用20号铁丝绑扎,间距为2~3 m。编束前应先将钢绞线理顺,使各根钢绞线松紧一致。

钢绞线下料长度,在采用夹片锚具、穿心式千斤顶张拉时(图5.27),按式(5.3)和式(5.4)计算:

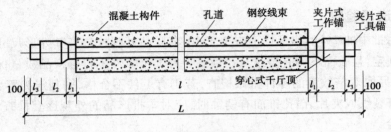

图 5.27　钢绞线下料长度计算简图

两端张拉:
$$L = l + (l_1 + l_2 + l_3 + 100) \tag{5.3}$$
一端张拉:
$$L = l + 2(l_1 + 100) + l_2 + l_3 \tag{5.4}$$

式中　l——构件的孔道长度;

　　　l_1——夹片式工作锚厚度;

　　　l_2——穿心式千斤顶长度;

　　　l_3——夹片式工具锚厚度。

2)钢丝束

同一束钢丝束中各根钢丝下料长度的相对差值,当钢丝束长度小于或等于20 m时,不宜大于1/3 000;当钢丝束长度大于20 m时,不宜大于1/5 000,且不大于5 mm。钢丝束制作时,为了保证每根钢丝长度相等,以使预应力张拉时每根钢丝受力均匀一致,一般采用应力下料,即把钢丝用300 MPa的控制应力拉长,划定长度,放松后剪切下料,下料长度要求很精确,否则在张拉时会因各钢丝受力不均匀而发生断丝现象。较常采用的是钢管限位法下料法,即将钢丝通过小直径钢管(钢管内径略粗于钢丝直径),调直固定于工作台上等长下料,钢丝通过钢管时由钢管来限制钢丝左右摆动弯曲,这样可以提高钢丝下料的精度。

下料长度:采用钢质锥形锚具、锥锚式千斤顶张拉时(图5.28),按式(5.5)和式(5.6)计算:

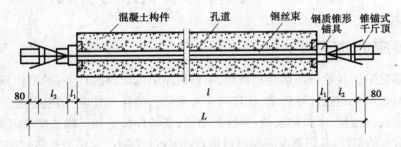

图 5.28　采用钢质锥形锚具时钢丝下料长度计算简图

两端张拉:
$$L = l + 2(l_1 + l_2 + 80) \tag{5.5}$$
一端张拉:
$$L = l + 2(l_1 + 80) + l_2 \tag{5.6}$$

式中　l——构件的孔道长度;

l_1——锚环厚度；

l_2——千斤顶分丝头至卡盘外端距离。

用镦头锚具，以拉杆式穿心千斤顶在构件上张拉时，钢丝的下料长度 L 计算应考虑钢丝束张拉锚固后螺母位于锚杯中部，如图 5.29 所示。

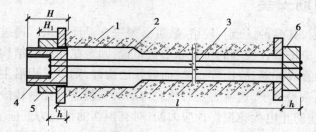

图 5.29 采用镦头锚具时钢丝下料长度计算简图
1—混凝土构件；2—孔道；3—钢丝束；4—锚杯；5—螺母；6—锚板

$$L = l + 2(h + \delta) + K(H - H_1) - \Delta L - C \tag{5.7}$$

式中　l——构件的孔道长度，按实际丈量；

　　　h——锚杯底部厚度或锚板厚度；

　　　δ——钢丝镦头留量，对 $\phi^P 5$ 取 10 mm；

　　　K——系数，一端张拉时取 0.5，两端张拉时取 1.0；

　　　H——锚杯高度；

　　　H_1——螺母高度；

　　　ΔL——钢丝束张拉伸长值；

　　　C——张拉时构件混凝土的弹性压缩值。

3）粗钢筋

单根预应力钢筋一般张拉端均采用螺丝端杆锚具；而固定端除采用螺丝端杆锚具外，还可采用帮条锚具或镦头锚具。其制作工序是：配料→对焊→冷拉。

下料长度应按式（5.8）计算确定，计算时要考虑锚具种类、对焊接头或镦粗头的压缩量、张拉伸长值、冷拉率和弹性回缩率、构件长度等因素（图 5.30）。

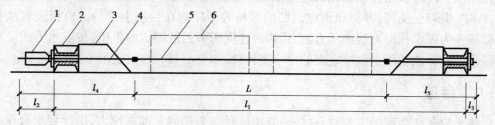

图 5.30 长线台座预应力筋下料长度计算简图
1—张拉装置；2—钢横梁；3—台座；4—工具式拉杆；5—预应力筋；6—待浇混凝土的构件

$$L = l_1 + l_2 + l_3 - l_4 - l_5 \tag{5.8}$$

式中　l_1——长线台座长度；

　　　l_2——张拉装置长度（含外露预应力筋长度）；

l_3——固定端所需长度；

l_4——张拉端工具式拉杆长度；

l_5——固定端工具式拉杆长度。

5.4.2　预应力筋安装

预应力筋安装时,其品种、级别、规格、数量必须符合设计要求。通过检验定长切断并做好锚头的预应力筋,应按设计要求的位置和形状布置,固定在相应的结构构件内。对于先张法预应力构件,多为直线配筋,故比较简单;而后张法构件,则多采用沿主拉应力方向布置的曲线形状,情况就复杂得多了,这就需要对预应力筋的安装进行控制和检验。

①施工过程中应防止电火花损伤预应力筋,对有损伤的预应力筋应予以更换。

②先张法预应力施工时应选用非油质性的模板隔离剂,在铺设预应力筋时严禁隔离剂沾污预应力筋。

③在后张法施工中,对于浇筑混凝土前穿入孔道的预应力筋,应有防锈措施。

④无黏结预应力的护套应完整,局部破损处采用防水塑料胶带缠绕紧密修补好。

⑤无黏结预应力筋的定位应牢固,浇筑混凝土时不应出现移位和变形,端部的预埋垫板应垂直于预应力筋,内埋式固定端垫板不应重叠,锚具与垫块应贴紧。

⑥预应力筋的保护层厚度应符合设计及有关规范的规定。无黏结预应力筋成束布置时,其数量及排列形状应能保证混凝土密实,并能够握裹住预应力筋。

任务 5.5　先张法预应力施工

先张法是在混凝土构件浇筑前先张拉预应力筋,并用夹具将其临时锚固在台座或钢模上,再浇筑构件混凝土,待其达到一定强度后(约75%)放松并切断预应力筋,使预应力筋产生弹性回缩,借助混凝土与预应力筋间的黏结,对混凝土产生预压应力。预应力筋的张拉力,主要是由预应力筋与混凝土之间的黏结力传递给混凝土的。图 5.31 为预应力混凝土构件先张法(台座)生产示意图。

先张法生产可采用台座法和机组流水法。台座法是构件在台座上生产,即预应力筋的张拉、固定、混凝土浇筑、养护和预应力筋的放松等工序均在台座上进行。机组流水法是利用钢模板作为固定预应力筋的承力架,将构件连同模板通过固定的机组,按流水方式完成其生产过程。先张法适用于生产定型的中小型构件,如空心板、屋面板、吊车梁、檩条等。

5.5.1　台座

台座是先张法生产的主要设备之一,它承受预应力筋的全部张拉力,因此要求台座必须具有足够的强度、刚度和稳定性,同时要满足生产工艺要求。台座法一般用于以钢丝作预应力筋的中小型构件的生产。

台座构造形式有墩式台座、槽式台座和构架式台座,选用时根据构件种类、张拉吨位和施工条件而定。

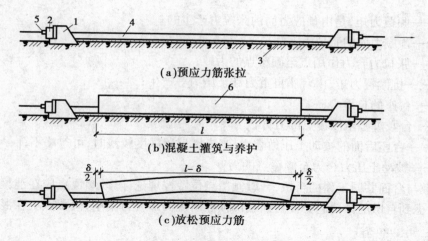

(a)预应力筋张拉

(b)混凝土灌筑与养护

(c)放松预应力筋

图 5.31 先张法台座生产示意图

1—台座承力结构;2—横梁;3—台面;4—预应力筋;5—锚固夹具;6—混凝土构件

1)墩式台座

墩式台座由台墩、台面与横梁等组成(图 5.32)。目前常用的是现浇钢筋混凝土制成的、由台座与台面共同受力的台座,横梁用于锚固预应力筋。台座的长度和宽度由场地大小、构件类型和产量而定,一般长度为 100~150 m,这样既可利用钢丝长的特点,张拉一次可生产多根构件,又可减少因钢丝滑动或台座横梁变形引起的预应力损失。

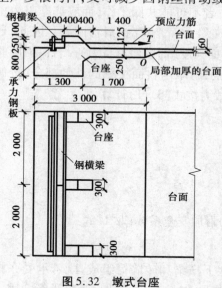

图 5.32 墩式台座

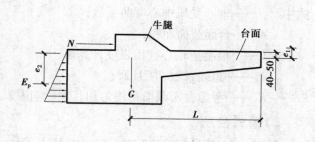

图 5.33 墩式台座稳定性验算简图

台座稍有变形、滑移或倾角,均会引起较大的应力损失。所以台座设计时应进行稳定性和强度验算(图 5.33),稳定性是指台座的抗倾覆能力和抗滑移能力。

台座的抗倾覆验算可按式(5.9)进行:

$$K = \frac{M_1}{M} = \frac{GL + E_p e_2}{N e_1} \leqslant 1.5 \tag{5.9}$$

式中　K——抗倾覆安全系数;

M——倾覆力矩,是由预应力筋的张拉力产生的;

N——预应力筋的张拉力;

e_1——张拉力合力作用点至倾覆点的力臂;

M_1——抗倾覆力矩,由台座自重力和土压力等产生;

G——台座的自重力;

L——台墩重心至倾覆点的力臂;

E_p——台座后面的被动土压力合力,当台墩埋置深度较浅时,可忽略不计;

e_2——被动土压力合力至倾覆点的力臂。

对台墩与台面共同工作的台墩,台墩倾覆点位置按理论计算,倾覆点应在混凝土台面表面处,但考虑到台墩的倾覆趋势使台面端部顶点出现局部应力集中,倾覆点应在混凝土台面面层下 40～50 mm 处。

台座抗滑移验算可按式(5.10)进行:

$$K_c = \frac{N_1}{N} \geq 1.3 \qquad (5.10)$$

式中 K_c——抗滑移安全系数;

N——张拉力合力;

N_1——抗滑移的力,对独立的台墩,由侧壁土压力和底部摩阻力等产生。

对与台面共同工作的台墩,因台面混凝土的弹性模量(C20 混凝土为 $2.6×10^4$ N/mm^2)和土的压缩模量(低压缩土为 20 N/mm^2)相差极大,二者不可能共同工作,而底部摩阻力也较小(约占 5%),实际上台墩的水平推力几乎全部传递给台面,不存在滑移问题。因此,台墩与台面共同工作时,可不作抗滑移计算,而应验算台面强度(即台面承载力)。台座强度验算时,支承横梁的牛腿按柱子牛腿计算方法计算其配筋;台墩与台面接触的外伸部分,按偏心受压构件计算;台面按轴心受压杆件计算。台面承载力按式(5.11)计算:

$$P = \psi A f_c / K_1 K_2 \qquad (5.11)$$

式中 ψ——轴心受压中心弯曲系数;

A——台面截面面积;

f_c——混凝土轴心抗压强度计算值;

K_1——超载系数,取 1.25;

K_2——考虑台面截面不均匀和其他影响因素的附加安全系数,取 1.5。

2)槽式台座

如图 5.34 所示,槽式台座由钢筋混凝土压杆、上下横梁和砖墙等组成,既可承受张拉力,又可作蒸汽养护槽,适用于张拉吨位较高的大型构件,如吊车梁、屋架、薄腹梁等。槽式台座长度一般为 45 m(可生产 6 根 6 m 吊车梁)或 76 m(可生产 10 根 6 m 吊车梁)。为便于混凝土运输与蒸汽养护,台座宜低于地面。

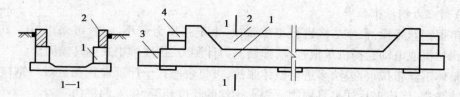

图 5.34　槽式台座

1—钢筋混凝土压杆;2—砖墙;3—下横梁;4—上横梁

槽式台座也需进行强度和稳定性计算。端柱和传力柱的强度按钢筋混凝土结构偏心受压构件计算。

3)钢模台座

钢模台座主要在工厂流水线上使用,它是将制作构件的模板作为预应力钢筋锚固支座的一种台座。模板具有相当的刚度,可将预应力钢筋放在模板上进行张拉。这种方法通常称为机组流水法。

4)台面

台面一般是在夯实的碎石垫层上浇筑一层 60～100 mm 的 C15～C20 混凝土而成。台面要求平整、光滑,沿其纵向设 3% 的排水坡度。台面伸缩缝可根据当地温差和经验设置,一般大约 10 m 设置一条伸缩缝。横梁是锚固夹具临时固定预应力筋的支点,也是张拉机械张拉预应力筋的支座,常采用型钢或钢筋混凝土制作,横梁需有足够的刚度,受力后挠度不应大于 2 mm,并不得产生翘曲。横梁按承受均布荷载的简支梁计算。预应力筋的定位板必须安装准确,受力后其挠度不应大于 1 mm。

📖【知识链接】

在上述先张法案例中,根据场地条件选择合适的台座,如在预制构件厂制作通常采用槽式台座,而案例工程张拉较大,应采用钢模台座为宜。

5.5.2　先张法预应力施工工艺

先张法(台座法)施工主要工艺流程是:清理台座、刷隔离剂→预筋制作、非预筋骨架制作→穿预筋及安放非预钢筋骨架→安放预埋铁件→调整初应力→张拉预应力筋→安装模板→浇筑混凝土→养护混凝土→拆除模板→放张、切断预应力筋→构件起吊堆放→继续养护。

1)预应力筋的铺放

在铺放预应力筋前台座表面应涂刷隔离剂,应选用非油质类模板隔离剂,隔离剂不得污染预应力筋,以免影响预应力筋与混凝土的黏结。如果预应力筋受到污染,应使用适当的溶剂加以清洗。在生产过程中,应防止雨水冲刷掉台面上的隔离剂。

2)预应力筋的张拉

张拉前,应对台座、横梁及各项张拉设备进行详细检查,符合要求后方可进行操作。

（1）预应力钢丝张拉

①单根钢丝张拉：台座法多进行单根张拉，由于张拉力较小，一般可采用 10~20 kN 电动螺杆张拉机或电动卷扬机单根张拉，弹簧测力计测力，优质锥销式夹具锚固。

②整体钢丝张拉：台模法多进行整体张拉，可将台座式千斤顶设置在台墩与钢横梁之间进行整体张拉，优质夹片式夹具锚固。要求钢丝的长度相等，事先调整初应力。

在预制厂生产预应力多孔板时，可在钢模上用镦头梳筋板夹具进行整体张拉。方法是：钢丝两端镦粗，一端卡在固定梳筋板上；另一端卡在张拉端的活动梳筋板上，用张拉钩勾住活动梳筋板，再通过连接套筒将张拉钩和拉杆式千斤顶连接，即可张拉。

（2）预应力钢绞线张拉

①单根钢绞线张拉：在两横梁式台座上，单根钢绞线可采用与钢绞线张拉力配套的小型前卡式千斤顶张拉，单孔夹片工具锚固定。为了节约钢绞线，也可采用工具式拉杆与套筒式连接器。

②整体张拉：一般在三横梁式台座上进行，台座式千斤顶与活动横梁组装在一起，利用工具式螺杆与连接器将钢绞线挂在活动横梁上。张拉前，先用小型千斤顶在固定端逐根调整钢绞线初应力。张拉时，台座式千斤顶推动活动横梁带动钢绞线整体张拉，然后用夹片锚或螺母锚固在固定横梁上。

（3）粗钢筋的张拉

粗钢筋的张拉分单根张拉和多根成组张拉。由于在长线台座上预应力筋的张拉伸长值较大，一般千斤顶行程多不能满足，张拉较小直径钢筋可用卷扬机。

（4）张拉控制应力值

预应力筋的张拉控制应力，应符合设计要求。张拉控制应力的数值直接影响预应力的效果，控制应力越高，建立的预应力则越大。但控制应力过高，预应力筋处于高应力状态，使构件出现裂缝的荷载与破坏荷载接近，破坏前无明显的预兆，这是不允许的。因此，预应力筋的张拉控制应力（σ_{con}）应符合设计规定，但其最大张拉控制应力消除应力钢丝、钢绞线、热处理钢筋不得超过 $0.75 f_{ptk}$（f_{ptk} 为预应力筋极限抗拉强度值）。

当符合下列情况之一时，张拉控制应力限值可提高 $0.05 f_{ptk}$：

①要求提高构件在施工阶段的抗裂性能而在使用阶段受压区内设置的预应力筋。

②要求部分抵消由于应力松弛、摩擦、钢筋分批张拉以及预应力筋与张拉台座之间的温差等因素产生的预应力损失。

（5）张拉程序

同时张拉多根预应力筋时，应预先调整其初应力，使相互之间的应力一致，初应力宜为张拉控制应力 σ_{con} 的 10%~15%。张拉过程中，应使活动横梁与固定横梁始终保持平行，并应抽查预应力筋的预应力值，其偏差的绝对值不得超过按一个构件全部预应力筋预应力总值的 5%。预应力筋的张拉程序应符合设计规定，设计无规定时，其张拉程序可按表 5.4 进行。

表5.4　先张法预应力钢筋张拉程序

预应力筋种类	张拉程序
钢筋	$0\rightarrow$初应力$\rightarrow105\%\ \sigma_{con}\rightarrow0.9\ \sigma_{con}\rightarrow\sigma_{con}$（锚固）
钢丝、钢绞线	$0\rightarrow$初应力$\rightarrow105\%\ \sigma_{con}$（持续 2 min）$\rightarrow0\rightarrow\sigma_{con}$（锚固） 对于夹片式等具有自锚性能的锚具： 普通松弛力筋 $0\rightarrow$初应力$\rightarrow103\%\ \sigma_{con}$（锚固） 低松弛力筋 $0\rightarrow$初应力$\rightarrow\sigma_{con}$（持续 2 min 锚固）

注:1. 表中 σ_{con} 为张拉时的控制应力值,包括预应力损失值;
　　2. 张拉钢筋时,为保证施工安全,应在超张拉至 $0.9\ \sigma_{con}$ 时安装模板、普通钢筋及预埋
　　　 件等。

（6）预应力筋伸长值与应力的测定

顶应力筋的张拉力,一般采用张拉力控制、伸长值校核,张拉时预应力筋的理论伸长值
与实际伸长值的允许偏差为±6%。

预应力钢丝内力的检测,一般在张拉锚固后 1 h 内进行。此时,锚固损失已完成,钢筋
松弛损失也部分产生。采用测力仪检查所建立的预应力值,其偏差不得大于或小于设计规
定相应阶段预应力值的±5%。

预应力筋张拉应力值的测定:一般对于测定钢丝的应力值,多采用弹簧测力仪、电阻应
变式传感仪和弓式测力仪;对于测定钢绞线的应力值,可采用压力传感器、电阻式应变传感
器或通过连接在油泵上的液压传感器读数仪直接采集张拉力等。

（7）先张法预应力筋断丝限制

多根预应力筋同时张拉时,预应力筋的断丝根数不得超过表5.5 的规定,且严禁相邻两
根预应力筋断裂和滑脱。构件在浇筑混凝土前发生断裂和滑脱的预应力筋必须予以更换。

表5.5　先张法预应力筋断丝限制

类　　别	检查项目	控制数
钢丝、钢绞线	同一构件内断丝根数不得超过钢丝的总数	1%
钢筋	断筋	不允许

张拉完毕,预应力筋对设计位置的偏差不得大于 5 mm,也不得大于构件截面最短边长
的 4%。施工中应注意安全,张拉时,正对钢筋两端禁止站人。敲击锚塞时,不应用力过猛,
以免预应力筋断裂伤人,但要求锚塞可靠。

3）混凝土的浇筑和养护

混凝土的浇筑应每条生产线一次完成,不允许留设施工缝。构件应避开台面的伸缩缝,
若避不开,可先在伸缩缝上铺薄钢板或油毡,然后浇筑混凝土。为减少混凝土收缩徐变引起
的预应力损失,应采用低水灰比,控制水泥用量,采用良好的砂石级配,保证振捣密实（特别
是构件端部）,以保证混凝土的强度和黏结力。浇筑时,振捣器不应碰撞预应力筋。在混凝
土未达到规定强度之前,不允许碰撞或踩动预应力筋。

当叠层生产时,应待下层构件的混凝土强度达到 8 ~ 10 N/mm² 后,方可浇筑上层构件的混凝土。一般当气温平均高于 20 ℃ 时,每两天可叠一层。当气温较低时,可采用早强措施,以缩短养护时间,加速台座周转,提高生产率。预应力混凝土可采用自然养护或蒸汽养护。当在台座上生产的预应力混凝土采用蒸汽养护时,应采取正确的养护制度,以减少由于温差引起的预应力损失。这种预应力损失的产生是由于预应力筋张拉后锚固在台座上,加热后因预应力筋与台面膨胀率不同,预应力筋膨胀率大,在加热作用下产生膨胀,而台座的膨胀率小,长度几乎无变化,因此预应力筋的应力减小,如果在这种情况下混凝土逐渐硬化,那么预应力筋由于温度升高而引起的应力减少则永远不能恢复,造成预应力损失。所以宜在开始蒸汽养护时控制温差在 20 ℃ 内,待混凝土强度达 10 N/mm² 后,再正常升温加热养护混凝土至规定的强度。若以机组流水法或传送带法用钢模制作预应力构件,蒸汽养护时由于钢模与预应力筋同样收缩,就不存在因温差引起的预应力损失。

4)预应力筋的放张

先张法施工的预应力筋放张时,预应力混凝土构件的强度必须符合设计要求,设计无规定时,其强度不得低于设计混凝土强度标准值的75%。重叠生产的构件,需待最后一层构件的强度达到75%的设计强度后进行预应力筋放张。过早放张会引起较大的预应力损失。预应力混凝土构件在预应力筋放张前应对试块进行试压。

放张前,应将限制位移的侧模、翼缘模板或内模板拆除,使预应力筋放松时构件能自由压缩,否则将损坏模板或使构件开裂。对有横肋的构件(如大型屋面板),其横肋断面应有合适的斜度,或采用活动钢模,以免放张预应力筋时构件端肋开裂。

(1)放张顺序

预应力筋放张顺序,应按设计与工艺要求进行。如无相应规定,可按下列要求进行:

①轴心受预压的构件(如拉杆、桩等),所有预应力筋应同时放张。

②偏心受预压的构件(如梁等),应先同时放张预压力较小区域的预应力筋,再同时放张预压力较大区域的预应力筋。

③如不能满足以上两项要求时,应分阶段、对称、交错地放张,防止在放张过程中构件产生弯曲、裂纹和预应力筋断裂。

(2)放张方法

当预应力筋采用钢丝时,配筋不多的中小型钢筋混凝土构件,钢丝可用砂轮锯或切断机切断等方法放松。

配筋多的钢筋混凝土构件,钢丝应同时放松,如逐根放松,则最后几根钢丝将由于承受过大的拉力而突然断裂,易使构件端部开裂。预应力筋放张应符合下列规定:多根整批预应力筋的放张,可采用千斤顶放张(图5.35),也可采用楔块放张法(图5.36)、砂箱放张法(图5.37)。用砂箱放张时,放砂速度应均匀一致;用千斤顶放张时,放张宜分数次完成。单根钢筋采用拧松螺母的方法放张时,宜先两侧后中间,并不得一次将一根预应力筋松完。

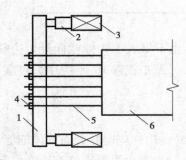

图 5.35 千斤顶放张装置
1—横梁;2—千斤顶;3—承力架;
4—夹具;5—预应力筋;6—构件

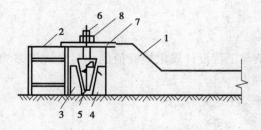

图 5.36 楔块放张装置
1—台座;2—横梁;3,4—钢块;5—钢楔块;
6—螺杆;7—承力板;8—螺母

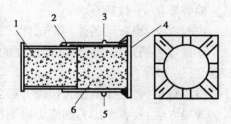

图 5.37 砂箱装置构造图
1—活塞;2—钢套箱;3—进砂口;4—箱底板;
5—出砂口;6—砂子

预应力钢筋放张后,可用乙炔-氧气火焰切割,但应采取措施防止烧坏钢筋端部;预应力钢丝放张后,可用切割、锯断或剪切的方法切断;钢绞线放张后,可用砂轮切断。长线台座上预应力筋的切断顺序,应由放张端开始,逐次切向另一端。

【小任务】

在上述先张法案例中,请同学们根据预应力筋的材料来确定正确的张拉程序,最后按张拉力的大小来确定预应力筋放张装置。

5.5.3 先张法质量检验

先张法预应力施工质量,应按现行国家标准《混凝土结构工程施工质量验收规范》(GB 50204—2015)的规定进行验收。

1)主控项目

①预应力筋进场时,应按现行国家标准《预应力混凝土用钢丝》(GB/T 5223—2014),《预应力混凝土用钢绞线》(GB/T 5224—2003)等的规定抽取试件作力学性能检验,其质量必须符合有关标准的规定。

检查数量:按进场的批次和产品的抽样检验方案确定。

检验方法:检查产品合格证、出厂检验报告和进场复验报告。

②预应力筋用夹具的性能,应符合现行国家标准《预应力筋用锚具、夹具和连接器》(GB/T 14370—2007)的规定。

检验方法:检查产品合格证和出厂检验报告。

③预应力筋铺设时,其品种、级别、规格、数量等必须符合设计要求。

检查数量:隐蔽工程验收时全数检查。

检验方法:观察与钢尺检查。

④先张法预应力施工时,应选用非油类隔离剂,并应避免沾污预应力筋。

检查数量:全数检查。

检验方法:观察。

⑤预应力筋放张时,混凝土强度应符合设计要求;如设计无规定,不应低于设计的混凝土强度标准值的75%。

检查数量：全数检查。

检验方法：检查同条件养护试件试验报告。

⑥预应力筋张拉锚固后实际建立的预应力值与工程设计规定检验值的相对允许偏差为±5%。

检查数量：每工作班抽查预应力筋总数的1%，且不少于3根。

检验方法：检查预应力筋应力检测记录。

⑦在浇筑混凝土前发生断裂或滑脱的预应力筋必须予以更换。

检验方法：全数观察，检查张拉记录。

⑧预应力筋放张时，宜缓慢放松锚固装置，使各根预应力筋同时缓慢放松。

检验方法：全数观察检查。

2）一般项目

①钢丝两端采用墩头夹具时，对短线整体张拉的钢丝，同组钢丝长度的极差不得大于2 mm。钢丝墩头的强度不得低于钢丝强度标准值的98%。

检查数量：每工作班抽查预应力筋总数的3%，且不少于3束。对钢丝墩头强度，每批钢丝检查6个墩头试件。

检验方法：观察、钢尺检查。检查钢丝墩头试验报告。

②锚固时张拉端预应力筋的内缩量应符合设计要求；当设计无具体要求时，应符合规范的规定。

检查数量：每工作班抽查预应力筋总数的3%，且不少于3根。

检验方法：钢尺检查。

③先张法预应力筋张拉后与设计位置的偏差不得大于5 mm，且不得大于构件截面短边边长的4%。

检查数量：每工作班抽查预应力筋总数的3%，且不少于3根。

检验方法：钢尺检查。

任务5.6 后张法预应力施工

后张法应力混凝土施工是先制作钢筋混凝土构件，并在制作构件时，在设计规定的位置预留孔道，待混凝土达到设计规定的强度后，将预应力筋穿入孔道中，进行预应力筋的张拉，张拉完毕，用锚具将预应力筋锚固在构件的端部，然后在预留孔道内灌浆，使预应力筋不受锈蚀。预应力筋的张拉力，主要靠构件端部的锚具传递给预应力混凝土构件，使其产生压应力。图5.38即为预应力混凝土后张法生产示意图。

后张法施工的优点是直接在构件上进行预应力筋张拉，不需要专门的台座，适宜于在施工现场生产大型预应力混凝土构件，特别是大跨度构件，如薄腹梁、吊车梁、屋架等。后张法施工又是预制构件拼装的一种手段，长而大的预应力混凝土构件，可在预制件厂预制成小型块体，运到施工现场后，穿入钢筋，通过施加预应力拼装成整体。后张法施工的缺点是需要在钢筋两端设置专门的锚具，这些锚具将作为工作锚永远留在构件上，不能重复使用，而且加工精度要求很高，费用较高。同时由于留孔、穿筋、灌浆及锚具部分预压应力局部集中处需要加强配筋等原因,使构件端部构造和施工操作都比先张法复杂,所以造价一般比较高。后张法预应力施工按黏结方式可以分为有黏结预应力、无黏结预应力和缓黏结预应力 3 种形式。

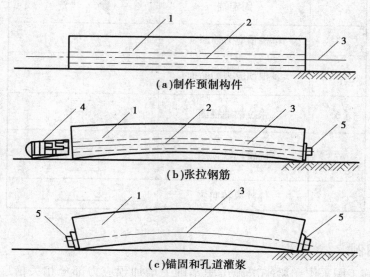

(a)制作预制构件

(b)张拉钢筋

(c)锚固和孔道灌浆

图 5.38　预应力混凝土后张法生产示意图

1—混凝土构件;2—预留孔道;3—预应力筋;4—千斤顶;5—锚具

5.6.1　后张法预应力梁施工图表示方法

1)预应力配筋及符号

有黏结和无黏结预应力配筋数量分别用 $n-m\phi^s d$ 表示,具体含义如图 5.39 所示。

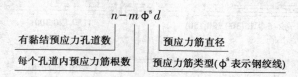

图 5.39　预应力配筋数量表示含义

2)图例表示符号

预应力筋在结构平面图中应表示出其张拉端与固定端的位置,张拉端和固定端位置均相同的称为一组预应力筋并以符号表示,见表 5.6。

表 5.6　后张法预应力图例表示

序　号	名　称	图　例
1	预应力筋	——————
2	张拉端	▷————

续表

序　号	名　称	图　例
3	固定端	
4	单根预应力筋断面	◯
5	多根预应力筋断面	⊕
6	张拉端端视图	
7	固定端端视图	
8	体外束转向块	

3)施工图例

预应力梁施工图采用在梁平法施工图基础上增加预应力部分相关信息的平面表示方法,图中应包含预应力梁编号、跨数和截面尺寸,在梁中心线附近用图例绘制各组预应力筋,在每组预应力筋图例旁注写配筋数量和线形。前面后张法案例中屋面梁($b\times h=500$ mm$\times$1 200 mm),每榀预应力屋面梁采用 3 束 5 根直径$\Phi^s15.2$ mm(1×7 强度等级 1 860 MPa)高强度低松弛钢绞线作为纵向受力钢筋,如图 5.40 所示。

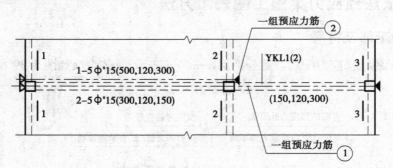

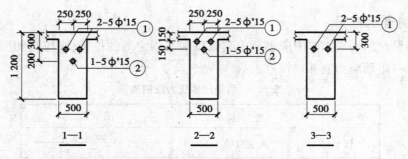

图 5.40　预应力筋沿梁横截面宽度方向的布置示意

【小任务】

在上述后张法案例中,请同学们结合图例符号思考图中预应力筋曲线布置位置,张拉端和固定端的布置形式。本案例图形如图5.41所示。

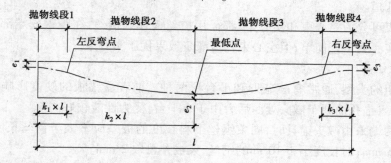

基本表达: (C4, e_1, e_2, e_3, k_1, k_2, k_3) (k_1, k_2, k_3在图纸总说明中统一说明)
缩略表达: (e_1, e_2, e_3)

图 5.41 基本线形 C4 及其缩略表达形式

5.6.2 有黏结预应力施工

后张有黏结预应力是应用最普遍的一种预应力形式,有黏结预应力施工既可以用于现浇混凝土构件中,也可以用于预制构件中,二者施工顺序基本相同。有黏结预应力施工最主要的特点是在预应力筋张拉后要进行孔道灌浆,使顶应力筋包裹在水泥浆中,灌注的水泥浆即起到保护预应力筋的作用,又起到传递预应力的效果。

后张法施工的主要工艺流程是:场地平整夯实→安装模板→安装非预应力钢筋骨架→埋设芯管及铁件→抽芯管→构件养护→拆除模板→清理孔道穿入预应力筋(束)→施加预应力→孔道灌浆→起吊、运输、就位。

1)预应力筋制作

(1)钢绞线下料

钢绞线下料宜用砂轮切割机切割,不得采用电弧切。开始下料时,由于钢绞线的弹力大,在无防护的情况下放盘时,钢绞线容易弹出伤人并发生绞线紊乱现象。此时可设置一个简易牢固的铁笼,将钢绞线罩在铁笼内,铁笼应紧贴钢绞线盘,再剪开钢绞线的包装钢带,将绞线头从盘卷心抽出。铁笼的尺寸不宜过大,以刚好能包裹住钢绞线线盘的外径为合适。

(2)钢绞线固定端锚具的组装

挤压锚组装通常在下料时进行,然后再运到施工现场铺放,也可以将挤压机运至铺放施工现场进行挤压组装。压花锚具是通过挤压钢绞线,使其局部散开,形成梨状钢丝与混凝土握裹而形成锚固端区。

(3)预应力钢丝下料与编束

消除应力钢丝开盘后,可直接下料。钢丝下料时如发现钢丝表面有电接头或机械损伤,应随时剔除,钢丝下料可用钢管限位法或用牵引索在拉紧状态下进行。

为保证钢丝束两端钢丝的排列顺序一致,穿束与张拉时不致紊乱,每束钢丝都需进行编束。采用镦头锚具时,根据钢丝分圈布置的特点,首先将内圈和外圈钢丝分别用铁丝顺序编扎,然后将内圈钢丝放在外圈钢丝内扎牢。为了简化钢丝编束,钢丝的一端可直接穿入锚杯,另一端距端部约 20 cm 处编束,以便穿锚板时钢丝不紊乱,钢丝束的中间部分可根据长度适当编扎几道。

钢丝编束可分为空心束和实心束,都需用梳丝板理顺钢丝,在距钢丝端部 5 ~ 10 cm 处编扎一道。实心束工艺简单,但空心束孔道灌浆效果优于实心束。

（4）钢丝镦头

钢丝镦粗的头型,通常有蘑菇形和平台形两种。前者受锚板的硬度影响大,如锚板较软,镦头易陷入锚孔而断于镦头处。后者由于有平台,受力性能较好。

钢丝束两端采用镦头锚具时,同束钢丝下料长度的极差应不大于钢丝长度的 1/5 000,且不得大于 5 mm;对长度小于 10 m 的钢丝,束极差可取 2 mm。

钢丝镦头尺寸应不小于规定值、头型应圆整端正;钢丝镦头的圆弧形周边如出现纵向微小裂绞尚可允许,如裂绞长度已延伸至钢丝母材或出现斜裂纹或水平裂纹,则不允许。钢丝镦头强度不得低于钢丝强度标准值的 98%。

2）孔道留设

（1）孔道直径和要求

孔道留设是后张法预应力混凝土构件制作的关键工序。预应力筋的孔道形状有直线、曲线和折线 3 种。孔道直径、长度和形状应由设计规定,如设计无规定时,对于粗钢筋,孔道直径应比预应力筋外径、钢筋对焊接头外径大 10 ~ 15 mm;对于钢丝或钢绞线,孔道直径应比预应力筋外径大 5 ~ 10 mm,且孔道面积宜为预应力筋净面积的 3 ~ 4 倍。凡需要起拱的构件,预留孔道宜随构件同时起拱。

预应力孔道的间距与保护层:对预制构件,孔道的水平净间距不宜小于 30 mm,且不应小于粗骨料直径的 1.25 倍,孔道至构件边缘的净间距不应小于 30 mm,且不应小于孔道半径。

对现浇构件,预留孔道在竖直方向的净同距不应小于孔道半径,水平方向净间距不宜小于孔道直径的 1.5 倍。从孔壁算起的混凝土最小保护层厚度,梁底不宜小于 50 mm,梁侧不宜小于 40 mm。

（2）预留孔道方法

预留孔道通常有预埋管法和抽芯法两种。

①抽芯法又可分钢管抽芯法和胶管抽芯法。

a. 钢管抽芯法:预先把钢管埋设在模板内的孔道位置处,在混凝土浇筑过程中和浇筑后,间隔一定时间慢慢转动钢管,避免混凝土黏结钢管,待混凝土初凝后、终凝前将钢管抽出,形成孔道。钢管抽芯法适用于留设直线型孔道。为了满足转管和抽管的需要,钢管两端应伸出构件端部 500 mm。钢管表面必须平直光滑,预埋前应除锈、刷油。混凝土浇筑前将钢管敷设在模板中的孔道位置上,每隔不超过 1 m 用钢筋井字架予以固定,并与非预应力钢筋骨架扎牢。每根钢管长度最好不超过 15 m,以利于旋转和抽管,较长的构件可采用两根钢管组合使用,中间用套管连接,套管内表面要与钢管外表面紧密结合,以防漏浆堵塞孔道。在钢管的一端钻有 16 mm 的小孔,以备插入钢筋棒转动钢管。混凝土浇筑后,定时（10 min）

转动钢管,破坏混凝土与钢管的黏结,并在每次转管后,将混凝土表面压实抹光。

抽管时间应根据水泥品种、水灰比、气温和养护方法等决定,具体时间应通过试验确定,一般应在混凝土初凝后、终凝前进行,以混凝土抗压强度达到 0.4 ~ 0.8 MPa 时为宜。抽管过早会造成塌孔事故,太晚混凝土与钢管黏结牢固,抽管困难,甚至抽不出来。抽芯后,应用通孔器或压气、压水等方法对孔道进行检查,以防以后穿筋困难,如发现孔道堵塞或有残留物或与邻孔有串通,应及时处理。抽管顺序宜先上后下,可用小型卷扬机或绞磨拉拔,或用人工拉拔。抽管时必须速度均匀,边抽边转,并与孔道保持在同一直线上。

b. 胶管抽芯法:留孔用的胶管一般有 5 层或 7 层夹布胶管和供预应力混凝土专用的钢丝网橡皮管两种,可以预留直线孔道、曲线孔道和折线孔道。夹布胶管质软,必须在管内充气或充水后才能使用,应将它预先敷设在模板中的孔道位置上。胶管每隔不大于 0.5 m,用钢筋井字架予以固定。使用时一端密封,另一端接上阀门充水或充气,加压到 0.6 ~ 0.8 N/mm² ,使胶管外径涨大 3 mm 左右,然后浇筑混凝土。待混凝土初凝后抽管,抽管时可将阀门松开放水或放气降压,待胶管壁回缩与混凝土脱离即可抽出。抽管时间也应通过试验确定,以混凝土抗压强度达到 0.4 ~ 0.8 MPa 时为宜,抽拔时不应损伤结构混凝土。抽芯后,应用通孔器或压气、压水等方法对孔道进行检查,以防以后穿筋困难。如发现孔道堵塞或有残留物或与邻孔有串通,应及时处理。钢丝网胶皮管质硬,且有一定弹性,不用充水和充气,预留孔道时与钢管一样使用,不同的是浇筑混凝土后不用转动,抽管时利用其有一定弹性的特点,在拉力作用下使断面缩小,即可把胶管抽拔出来。胶管抽芯法的抽管顺序为先上后下、先曲后直。

②预埋管法是利用与孔道直径相同的金属管埋入混凝土构件中,无须抽管。常用的是波纹状金属螺旋管。这种方法由于省去了抽管工序,且孔道留设的位置、形状易于保证,目前应用较为普遍。金属螺旋管因质量轻、刚度好、弯折方便且与混凝土黏结好,它不但用于直线孔道,更适用于各种曲线孔道。金属螺旋管的固定,采用钢筋井字架,并用铁丝绑扎,井字架间距不宜大于 0.8 m,曲线孔道时应加密。金属螺旋管的连接,采用大一个直径级别的同型螺旋管,接头管长度为被连接管道内径的 5 ~ 7 倍。连接时不应使接头产生角度变化及在混凝土浇筑期间发生管道的转动或位移,并应用密封胶或塑料热塑管封口(图 5.42),防止水泥浆渗入。金属螺旋管使用时应尽量避免反复弯曲,以防管壁开裂;同时应防止电焊火花烧伤管壁。金属螺旋管安装后应检查管壁有无破损、接头是否密封等,并及时用胶带修补。

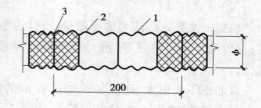

图 5.42 金属螺旋管的连接

1—金属螺旋管;2—接头管(大一个直径级别);3—密封胶

(3)灌浆孔、出浆排气管和泌水管

①灌浆孔:一般在构件两端和中间每隔 12 m 设置一个灌浆孔,孔径为 20 ~ 25 mm(与灌浆机输浆管嘴外径相适应),用木塞留设。曲线孔道应在最低点设置灌浆孔,以利于排出空气,保证灌浆密实;当一个构件有多根孔道时,其灌浆孔不应集中留在构件的同一截面上,以免构件截面削弱过大。灌浆孔的方向应使灌浆时水泥浆自上而下垂直或倾斜注入孔道;灌

浆孔的最大间距,抽芯成孔的不宜大于 12 m,预埋波纹管不大于 30 m。

②出浆排气管和泌水管:构件的两端留设排气孔,曲线孔道的峰顶处应留设排气兼泌水孔,必要时可在最低点设置排水孔。

3)预应力筋安装及保护

预应力筋可在混凝土浇筑之前或之后穿入管道中,对在混凝土浇筑及养护前安装在管道中但在下列规定时限内没有灌浆的预应力筋,应采取防止锈蚀或其他防腐蚀的措施,直到灌浆。不同暴露条件下,未采取防腐蚀措施的预应力筋在安装后至灌浆时的容许间隔时间如下:

①空气湿度大于 70% 或盐分过大时,7 d。

②空气湿度 40% ~70% 时,15 d。

③空气湿度小于 40% 时,20 d。

当预应力筋安装在管道中后,管道端部开口应密封以防止湿气进入。采用蒸汽养护时,在养护完成之前不应安装预应力筋。在任何情况下,当在安装有预应力筋的构件附近进行电焊时,对全部预应力筋均应进行保护,防止溅上焊渣。

4)预应力筋穿束

(1)穿束分类

根据穿束时间,可分为先穿束法和后穿束法两种。

①先穿束法:在浇筑混凝土之前穿束。先穿束法省时省力,能够保证预应力筋顺利放入孔道内。但如果波纹管绑扎不牢固,预应力筋的自重会引起的波纹管变位,会影响到矢高的控制,如果穿入的钢绞线不能及时张拉和灌浆,钢绞线易生锈。

②后穿束法:在浇筑混凝土之后穿束。此法可在混凝土养护期内进行,穿束不占工期。穿束后即行张拉预应力筋易于防锈。对于金属波纹管孔道,在穿预应力筋时,预应力筋的端部应套有保护帽,防止预应力筋损坏波纹管。

(2)穿束方法

根据一次穿入预应力筋的数量,可分为整束穿束、多根穿束和单根穿束。钢丝束应整束穿;钢绞线宜采用整束穿,也可用多根或单根穿。穿束工作可采用人工、卷扬机或穿束机进行。

对曲率不是很大、且长度不大于 30 m 的曲线束,适宜人工穿束。

对多波曲率较大、孔道直径偏小且束长大于 80 m 的预应力筋,也可采用卷扬机穿束。钢绞线与钢丝绳间用特制的牵引头连接。每次牵引一组 2~3 根钢绞线,穿束速度快。

对于大型桥梁与构筑物单根穿钢绞线,适宜用于穿束机穿束。

5)预应力筋张拉

预应力筋的张拉是生产预应力构件的关键工序,张拉前应对构件进行检查,外观和尺寸应符合质量标准要求。下面就预应力筋张拉时对混凝土构件强度的要求、张拉顺序和张拉制度等进行分别叙述。

(1)张拉时对混凝土构件强度的要求

预应力筋张拉前,应提供构件混凝土的强度试压报告。混凝土试块采用同条件养护与标准养护。当混凝土的立方体强度满足设计要求后方可施加预应力。

施加预应力时构件的混凝土强度等级应在设计图纸上标明,如设计无要求时,对于 C40 混凝土不应低于设计强度的 75%,对于 C30 或 C35 混凝土则不应低于设计强度的 100%。

现浇混凝土施加预应力时,混凝土的龄期:对后张预应力楼板不宜小于 5 d,对于后张预应力大梁不宜小于 7 d。

对于有通过后浇带的预应力构件,应使后浇带的混凝土强度也达到上述要求后再进行张拉。后张预应力构件为了搬运等需要,可提前施加一部分预应力,以承受自重等荷载。张拉时混凝土的立方体强度不应低于设计强度等级的 60%。必要时应进行张拉端的局部承压计算,防止混凝土因强度不足而产生裂缝。

(2)构件张拉端部位清理

锚具安装前,应清理锚垫板端面的混凝土残渣和喇叭管口内的封堵与杂物。应检查喇叭管或锚垫板后面的混凝土是否密实,如发现混凝土有空洞,应剔凿补实后,再开始张拉。应仔细清理喇叭口外露的钢绞线上的混凝土残渣和水泥浆,如果锚具安装处的钢绞线上留有混凝土残渣或水泥浆,将严重影响夹片锚具的锚固性能,张拉后可能发生钢绞线回缩的现象。

(3)张拉顺序

预应力构件的张拉顺序,应根据结构受力特点、施工方便、操作安全等因素确定。对现浇预应力混凝土框架结构,宜先张拉楼板、次梁,后张拉主梁。后张法预应力混凝土屋架等构件,一般在施工现场平卧重叠制作,重叠层数为 3~4 层,其张拉顺序宜先上后下逐层进行。为了减少上下层之间因摩擦引起的预应力损失,可逐层加大张拉力。

预应力筋张拉顺序应符合设计要求,应避免使混凝土构件产生过大的偏心力、扭转与侧弯,应使结构不变位等。分批、分阶段、对称张拉是一项重要原则。分批张拉时,因后批预应力筋张拉时对混凝土产生弹性压缩,从而引起前批张拉的预应力筋应力值降低,因此需计算后批张拉的弹性回缩造成的预应力损失值,将其分别加到先张拉预应力筋的张拉控制应力值中去,或采用同一张拉值对先批张拉的预应力筋逐根复位补足。

图 5.43 和图 5.44 是预应力筋张拉顺序的两个例子,体现了分批、对称的原则。

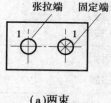

(a)两束

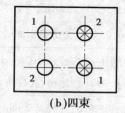

(b)四束

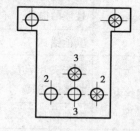

图 5.43 屋架下弦杆预应力筋的张拉顺序
1,2—预应力筋分批张拉顺序

图 5.44 吊车梁预应力筋的张拉顺序
1,2,3—预应力筋的分批张拉顺序

(4)张拉方式

①一端张拉方式:预应力筋只在一端张拉,而另一端作为固定端不进行张拉。由于受摩擦的影响,一端张拉会使预应力筋的两端应力值不同,当预应力筋的长度超过一定值(曲线配筋约为 30 m)时,锚固端与张拉端的应力值的差别将明显加大,因此采用一端张拉的预应力筋,其长度不宜超过 30 m。

②两端张拉方式:对预应力筋的两端进行张拉和锚固,通常一端先张拉,另一端补张拉。

③分批张拉方式:对配有多束预应力筋的同一构件或结构,分批进行预应力筋的张拉。由于后批预应力筋张拉所产生的混凝土弹性压缩变形会对先批张拉的预应力筋造成预应力损失,所以先批张拉的预应力筋张拉力应加上该弹性压缩损失值,或将弹性压缩损失平均值统一增加到每根预应力筋的张拉力内。

现浇混凝土结构或构件自身的刚度较大时,一般情况下后批张拉对先批张拉造成的损失并不大,通常不计算后批张拉对先批张拉造成的预应力损失,并调整张拉力,而是在张拉时将张拉力提高 1.03 倍来消除这种损失,这样做也使得预应力筋的张拉变得简单。

④分段张拉方式:在多跨连续梁板分段施工时,通长的预应力筋需要逐段进行张拉的方式。对大跨度多跨连续梁,在第一段混凝土浇筑与预应力筋张拉锚固后,第二段预应力筋利用锚头连接器接长,以形成通长的预应力筋。

当预应力结构中设置后浇带时,为减少梁下支撑体系的占用时间,可先张拉后浇带两侧预应力筋,用搭接的预应力筋将两侧预应力连接起来。

⑤分阶段张拉方式:在后张预应力转换梁等结构中,因为荷载是分阶段逐步加到梁上的,预应力筋通常不允许一次张拉完成,为了平衡各阶段的荷载,需要采取分阶段逐步施加预应力。

⑥补偿张拉方式:这是在早期预应力损失基本完成后,再进行张拉的方式。采用这种补偿张拉,可克服弹性压缩损失,减少钢材应力松弛损失,混凝土收缩徐变损失等,以达到预期的预应力效果。

（5）张拉程序

预应力筋的张拉程序主要根据构件类型、松弛损失取值等因素确定。用超张拉方法减少预应力筋的应力松弛损失时,预应力筋的张拉程序见表 5.7。

表 5.7　后张法预应力筋张拉程序

预应力筋种类		张拉程序
钢绞线束	对于夹片等有自锚性能的锚具	普通松弛力筋 $0 \to$ 初应力 $\to 103\% \ \sigma_{con}$（锚固）
		低松弛力筋 $0 \to$ 初应力 $\to \sigma_{con}$（持荷 2 min 锚固）
	其他锚具	$0 \to$ 初应力 $\to 105\% \ \sigma_{con}$（持荷 2 min）$\to \sigma_{con}$（锚固）
钢丝束	对于夹片等有自锚性能的锚具	普通松弛力筋 $0 \to$ 初应力 $\to 103\% \ \sigma_{con}$（锚固）
		低松弛力筋 $0 \to$ 初应力 $\to \sigma_{con}$（持荷 2 min 锚固）
	其他锚具	$0 \to$ 初应力 $\to 105\% \ \sigma_{con}$（持荷 2 min）$\to \sigma_{con}$（锚固）
精轧螺纹钢筋	直线配筋时	$0 \to$ 初应力 $\to \sigma_{con}$（持荷 2 min 锚固）
	曲线配筋	$0 \to \sigma_{con}$（持荷 2 min）$\to 0$（上述程序可反复几次）$\to$ 初应力 $\to \sigma_{con}$（持荷 2 min 锚固）

注:1. 表中 σ_{con} 为张拉时的控制应力值,包括预应力损失值;

2. 梁的竖向预应力筋可一次张拉到控制应力,持荷 5 min 锚固。

(6)张拉质量要求

预应力筋张拉锚固后,实际建立的预应力值与工程设计规定检验值的相对允许偏差为±5%。用应力控制方法张拉时,还应测定预应力筋的实际伸长值。预应力筋张拉伸长实测值与计算值的偏差应不大于±6%,允许误差的合格率应达到95%,且最大偏差不应超过10%。张拉时,千斤顶的张拉作用线应与预应力筋的轴线重合一致。对曲线预应力筋,应使张拉力作用线与孔道中心线末端的切线重合。

张拉过程中应避免预应力筋断丝及滑移。对后张法预应力结构构件,断丝及滑移的数量不得超过表5.8的规定。

表5.8 预应力筋断丝限制

类 别	检查项目	控制数
钢丝束和钢绞线束	每束钢丝断丝或滑移	1根
	每束钢绞线断丝或滑移	1丝
	每个断面断丝之和不超过该断面钢	总数的1%
单根钢筋	断筋或滑移	不容许

注:1. 钢绞线断丝指单根钢绞线内钢丝断丝;
　　2. 超过表列控制数时,原则上应更换。当不能更换时,在许可条件下,可采取补救措施,如提高其他束预应力值,但需满足设计上各阶段极限状态的要求。

6)孔道灌浆

预应力筋张拉后,利用灰浆泵将水泥浆压灌到预应力孔道中去,以控制超载时裂缝的间距与宽度,并减轻两端锚具的负荷状况。其作用是:保护预应力筋以免生锈;使预应力筋与构件混凝土有效黏结。预应力筋张拉完毕,孔道应尽早灌浆。用连接器连接的多跨连续预应力筋的孔道灌浆,应张拉完一跨即灌注一跨,不应各跨全部张拉完毕后一次连续灌浆。

(1)灌浆材料

灌浆材料宜采用强度不低于42.5 MPa的普通硅酸盐水泥调制的水泥浆,水泥浆的抗压强度应符合设计规定,设计无具体规定时,应不低于30 MPa。水灰比宜控制在0.4~0.45,掺入适量减水剂时,水灰比可减少到0.35。水泥浆的最大泌水率不得超过3%,搅拌3 h的泌水率宜控制在2%。由于水泥浆的干缩性和泌水性都较大,凝结后往往形成月牙形空隙,为了增加孔道的密实性,通过试验后,在水泥浆中可掺入对预应力筋无腐蚀作用的膨胀剂(如可掺入水泥重量万分之一的铝粉或0.25%的木质素磺酸钙),水泥浆掺入膨胀剂后的自由膨胀率应小于10%。对于截面较大的孔道,水泥浆中可以适量掺入细砂配置成水泥砂浆,水泥砂浆的抗压强度应符合设计规定,设计无具体规定时,应不低于30 MPa。

(2)灌浆工艺

灌浆前,应对孔道进行清洁处理。对抽芯成型的混凝土空心孔道,应冲洗干净并使孔壁完全湿润;金属管道必要时也应冲洗以清除有害材料;对孔道内可能发生的油污等,可采用已知对预应力筋和管道无腐蚀作用的中性洗涤剂或皂液,用水稀释后进行冲洗。冲洗后,应使用不含油的压缩空气将孔道内的所有积水吹出。水泥浆或水泥砂浆要过筛,使用活塞式灌浆泵进行灌浆,不得使用压缩空气。在灌浆中应不断搅拌,以免沉淀析水。水泥浆自拌制至压入孔道的延续时间视气温情况而定,一般在 30~45 min 范围内。灌浆工作应缓慢均匀地进行,不得中断,并应将所有最高点的排气孔一一放开和关闭,使孔内排气通畅。如孔道排气不畅,应检查原因,待故障排除后重压。

灌浆压力宜为 1.0 MPa,灌浆达到孔道另一端饱满和出浆,以及达到排气孔排出与规定稠度相同的水泥浆为止。为保证管道中充满灰浆,关闭出浆口后应保持不小于 0.5 MPa 的一个稳压期,该稳压期不宜少于 2 min。灌浆顺序应先下后上,以避免上层孔道漏浆堵塞下层孔道。直线孔道灌浆,应从构件一端到另一端;曲线孔道和竖向孔道灌浆,应从孔道最低处灌浆点压入,向两端进行,由最高的排气孔排气。

灌浆过程中及灌浆 48 h 内,结构混凝土的温度不得低于 5 ℃,否则应采取保温措施。当气温高于 35 ℃时,灌浆应在夜间进行。

当孔道内水泥浆强度达到设计规定值时,方能移动构件。当设计无规定时,水泥浆强度不应低于构件混凝土强度设计值的 55%,且不低于 20 MPa。达到 100% 设计强度时,才允许吊装。

(3)辅助方法

当孔道直径较大,采用不掺微膨胀减水剂的水泥浆灌浆时,可采用下列措施:

①二次压浆法:二次压浆的时间间隔为 30~45 min。

②重力补浆法:在孔道最高点处 400 mm 以上连续不断补浆,直至浆体不下沉为止。

③真空辅助灌浆:真空辅助压浆是在预应力筋孔道的一端采用真空泵抽吸孔道中的空气,使孔道内形成负压 0.1 MPa 的真空度,然后在孔道的另一端采用灌浆泵进行灌浆。

7)预应力筋的封锚

对需封锚的锚具,预应力筋锚固后的外露长度不应小于 30 mm。一般情况下,锚固完毕并经检验合格后即可切割端头多余的预应力筋,严禁用电弧焊切割,强调用砂轮机切割。

预应力筋张拉端可采用凸出式(图 5.45)和凹入式做法(图 5.46)。采取凸出式做法时,锚具位于梁端面或柱表面,张拉后用细石混凝土将锚具封堵严,其保护层厚度不小于 50 mm。采取凹入式做法时,锚具位于梁(柱)凹槽内,张拉后用细石混凝土填平。

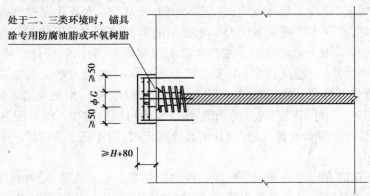

图 5.45　有黏结预应力筋外凸式封锚构造

在锚具封堵部位应预埋钢筋,锚具封闭前应将周围混凝土清理干净、凿毛或封堵前涂刷界面剂,对凸出式锚具应配置钢筋网片,使封堵混凝土与原混凝土结合牢固。封锚混凝土的

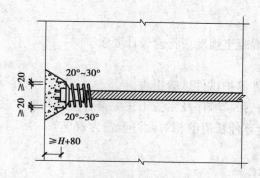

图5.46　有黏结预应力筋内凹式封锚构造

强度应符合设计要求,一般不宜低于构件混凝土强度等级值的80%,且不低于30 MPa。当需长期外露时,应采取防止锈蚀的措施。

8)后张法有黏结预应力施工质量验收

后张法预应力施工质量,应按现行国家标准《混凝土结构工程施工质量验收规范》(GB 50204—2015)的规定进行验收。

(1)主控项目

①预应力筋进场时,应按现行国家标准《预应力混凝土用钢丝》(GB/T 5223—2014)及《预应力混凝土用钢绞线》(GB/T 5224—2014)等的规定抽取试件作力学性能检验,其质量必须符合有关标准的规定。

检查数量:按进场的批次和产品的抽样检验方案确定。

检验方法:检查产品合格证、出厂检验报告和进场复验报告。

②预应力筋用锚具和连接器的性能,应符合现行国家标准《预应力筋用锚具、夹具和连接器》(GB/T 14370—2015)的规定。

检查数量:按进场的批次和产品的抽样检验方案确定。

检验方法:检查产品合格证、出厂检验报告和进场复验报告。

注:对锚具用量较少的一般工程,如供货方提供有效的试验报告,可不作静载锚固性能试验。

③道灌浆用水泥应采用普通硅酸盐水泥,其质量应符合现行国家标准《硅酸盐水泥、普通硅酸盐水泥》(GB 175—1999)的规定。孔道灌浆用外加剂的质量应符合有关国家标准《混凝土外加剂》(GB 8076—2008)的规定。

检查数量:按进场的批次和产品的抽样检验方案确定。

检验方法:检查产品合格证、出厂检验报告和进场复验报告。

注:对孔道灌浆用水泥和外加剂用量较少的一般工程,当有可靠依据时,可不作材料性能的进场复验。

④预应力筋安装时,其品种、级别、规格、数量必须符合设计要求。

检查数量:全数检查。

检验方法:观察、钢尺检查。

⑤施工过程中,应避免电火花损伤预应力筋;受损伤的预应力筋应予以更换。

检查数据:全数检查。

检验方法:观察。

⑥预应力筋张拉时,混凝土强度应符合设计要求。

检查数量:全数检查。

检验方法:检查同条件养护试件试验报告。

⑦预应力筋的张拉力、张拉顺序及张拉工艺应符合设计与施工技术方案的要求,预应力筋张拉时实际伸长值与计算伸长值的相对允许偏差为±6%。

检查数量:全数检查。

检验方法:检查张拉记录。

⑧张拉过程中,应避免预应力筋断裂或滑脱。如有发生,其断裂或滑脱的数量严禁超过同一截面预应力筋总根数的3%,且每束预应力筋不得超过1根。

检查数量:全数检查。

检验方法:观察、检查张拉记录。

⑨后张法有黏结预应力筋张拉后应尽早进行孔道灌浆。孔道内水泥浆应饱满、密实。

检查数量:全数检查。

检验方法:观察、检查灌浆记录。

⑩锚具的封闭保护应符合设计要求;当设计无具体要求时,应符合下列规定:

a. 凸出式锚固端锚具的保护层厚度不应小于50 mm。

b. 外露预应力筋的保护层厚度不应小于20 mm(正常环境)或50 mm(腐蚀环境)。

检查数量:在同一检验批内,抽查预应力筋总数的5%,且不少于5处。

检验方法:观察、钢尺检查。

(2)一般项目

①预应力混凝土用金属螺旋管的尺寸和性能应符合行业标准《预应力混凝土用金属螺旋管》(JG/T 3013—94)的规定。

检查数量:按进场的批次和产品的抽样检验方案确定。

检验方法:检查产品合格证、出厂检验报告和进场复验报告。

注:对金属螺旋管用量较少的一般工程,当有可靠依据时,可不做径向刚度、抗渗漏性能的进场复验。

②预应力筋、锚具、金属螺旋管等使用前,应进行外观检查。

检查数量:全数检查。

检验方法:观察。

③预应力筋端部锚具的制作质量、检查数量:对挤压锚具,每工作班抽查5%,且不应少于5件;对压花锚具,每工作班抽查3件;对钢丝墩头强度,每批钢丝检查6个镦头试件;对两端采用镦头锚具的钢丝束下料长度,每工作班抽查预应力筋总数的3%,且不少于3束。

④后张法有黏结预应力筋预留孔道的规格、数量、位置和形状除应符合设计要求。

检查数量:全数检查。

检验方法:观察、钢尺检查。

⑤预应力筋束形控制点的竖向位置偏差应符合规范规定。

检查数量:在同一检验批内,抽查各类构件中预应力筋总数的5%,且对各类型构件中预应力筋总数的5%,且对各类型构件均不少于5束,每束不应少于5处。

检验方法:钢尺检查。

注:束形控制点的竖向位置偏差合格点率应达到90%以上,且不得有超过表5.9数值的1.5倍的尺寸偏差。

⑥浇筑混凝土前穿入孔道的预应力筋,宜采取防止锈蚀的措施。

检查数量:全数检查。

检验方法:观察。

⑦锚固阶段张拉端预应力筋的内缩量应符合设计要求,当设计无具体要求时,应符合规范规定。

检查数量:每工作班抽查预应力筋总数的3%,且不少于3束。

检验方法:钢尺检查。

⑧后张法预应力筋锚固后的外露部分,宜采用机械方法切割;其外露长度不宜小于预应力筋直径的1.5倍,且不宜小于30 mm。

检查数量:在同一检验批内,抽查预应力筋总数的3%,且不少于5束。

检验方法:观察、钢尺检查。

⑨灌浆用水泥浆的水灰比不应大于0.45;搅拌后3 h泌水率不宜大于2%,且不应大于3%。泌水应能在24 h内全部重新被水泥浆吸收。

检查数量:同一配合比检查一次。

检验方法:检查水泥浆性能试验报告。

⑩灌浆用水泥浆的抗压强度不应小于30 N/mm^2。

检查数量:每工作班留置一组边长为70.7 mm的立方体试件。

检验方法:检查水泥浆试件强度试验报告。

注:①试件由6个试件组成,试件应标准养护28 d。

②强度为一组试件的平均值,当一组试件中抗压强度最大值或最小值与平均值相差超过20%时,应取中间4个试件强度的平均值。

5.6.3 无黏结预应力施工

无黏结预应力混凝土就是在预应力筋表面覆裹一层涂塑层后(如同普通钢筋一样先铺放在支好的模板内),再进行混凝土浇筑,待混凝土达到设计强度后,用张拉机具进行张拉,当张拉达到设计的应力后,两端用特制的锚具锚固。无黏结预应力的实质就是预应力筋与混凝土没有黏结,张拉力全靠两端的锚具传到构件上。它属于后张法施工,但不需要预留孔道、穿筋、灌浆等复杂工序,加快了施工速度。无黏结预应力筋摩擦力小,易弯成多跨曲线形状,特别适用于建造大跨度的单、双向连续多跨曲线配筋梁板结构和屋盖。

1)施工工艺

无黏结预应力主要施工工艺包括无黏结顶应力筋铺放,混凝土浇筑养护、预应力筋张拉、张拉端的切筋和封堵处理等。

2）无黏结预应力筋的铺放

（1）板中无黏结预应力筋的铺放

①单向板。单向预应力楼板的矢高控制是施工时的关键点。一般每跨板中预应力筋矢高控制点设置5处，分别为最高点2处、最低点1处、反弯点2处。预应力筋在板中最高点的支座处通常与上层钢筋绑扎在一起，在跨中最低点处与底层钢筋绑扎在一起，其他部位由支承件控制。

施工中当电管、设备管线和消防管线与预应力筋位置发生冲突时，应首先保证预应力筋的位置与曲线正确。

②双向板。双向无黏结筋铺放需要相互穿插，必须先编出无黏结筋的铺设顺序。其方法是在施工放样图上将双向无黏结筋各交叉点的两个标高标出，对交叉点处的两个标高进行比较，标高低的预应力筋应从交叉点下面穿过，按此规律找出无黏结筋的铺设顺序。

（2）梁无黏结预应力筋铺放

①设架立筋：为保证预应力钢筋的矢高准确、曲线顺滑，应按照施工图要求位置，将架立筋就位并固定。架立筋的设置间距应不大于1.5 m。

②铺放预应力筋：梁中的无黏结预应力筋成束设计，无黏结预应力筋在铺设过程中应防止绞扭在一起，保持预应力筋的顺直。无黏结预应力筋应绑扎固定，防止在浇筑混凝土过程中预应力筋移位。

③梁柱节点张拉端设置：无黏结预应力筋通过梁柱节点处时，张拉端设置在柱子处，据柱子配筋情况可采用凹入式或凸出式节点构造。

3）张拉端与固定端节点安装

（1）张拉端组装固定

应按施工图中规定的无黏结预应力筋的位置在张拉端模板上钻孔，张拉端的承压板可采用钉子固定在端模板上或用点焊固定在钢筋上。

无黏结预应力曲线筋或折线筋末端的切线应与承压板相垂直，曲线段的起始点至张拉锚固点应有不小于300 mm的直线段。

当张拉端采用凹入式做法时，可采用塑料穴模或泡沫塑料、木块等形成凹槽。

（2）固定端安装

锚固端挤压锚具应放置在梁支座内。如果是成束的预应力筋，锚固端应顺直散开放置。螺旋筋应紧贴锚固端承压板位置放置并绑扎牢固。

4）混凝土浇筑

在混凝土浇筑之前，要检查张拉端和固定端的安装是否符合设计要求，无黏结筋的束形是否符合设计要求，如不符合应及时修整。在浇筑混凝土中，不准碰撞踩踏无黏结预应力筋、支撑架及端部预埋件，确保无黏结筋的束形和锚具位置的准确。施工中要特别注意张拉端和固定端两个部位的混凝土必须振捣密实，如果混凝土浇筑成型后发现有裂缝、空鼓或其他质量问题，在张拉之前必须修补或返工。

同时制作同条件养护的混凝土试块2~3组，作为张拉前的混凝土强度依据。在混凝土初凝之后（浇筑后2~3 d内），可以开始拆除张拉端部模板，清理张拉端，为张拉作准备。

5）无黏结预应力筋的张拉

无黏结预应力筋的张拉顺序应符合设计要求,如设计无要求时,可采用分批、分阶段对称张拉或依次张拉。无黏结预应力混凝土楼盖结构的张拉顺序,宜先张拉楼板,后张拉楼面梁。板中的无黏结预应力筋,可依次顺序张拉。梁中的无黏结预应力筋宜对称张拉。

张拉时混凝土的强度值应符合设计要求,当设计无规定时,混凝土立方体抗压强度不宜低于混凝土强度设计标准值的 75%。无黏结预应力筋的张拉程序一般采用 $0 \rightarrow 103\% \sigma_{con}$。此时,最大张拉应力不应大于钢绞线抗拉强度的 80%。预应力筋张拉前严禁拆除梁板下的支撑,待该梁板预应力筋全部张拉后方可拆除。

无黏结曲线预应力筋的长度超过 30 m 时,宜采取两端张拉。当筋长超过 60 m 时宜采取分段张拉。如遇到摩擦损失较大,宜先预张拉一次再张拉。张拉中,要严防钢丝发生滑脱或拉断。滑脱或断裂的根数,不应超过结构同一截面钢丝总根数的 2%,最多只允许 1 根,对于多跨双向连续板,其同一截面应按每跨计算。张拉的顺序应符合设计要求,如设计无规定时,可采用分批、分阶段对称张拉。根据铺放顺序,先铺放的先张拉,后铺放的后张拉。

6）封锚

无黏结预应力筋的锚固区,必须有严格的密封防护措施。无黏结顶应力筋锚固后的外露长度不小于 30 mm,多余部分用砂轮锯或液压剪等机械切割,但不得采用电弧切割。

在外露锚具与锚垫板表面涂以防锈漆或环氧涂料。为了使无黏结预应力筋端头全封闭,可在锚具端头涂防腐润滑油脂后,罩上封端塑料盖帽。对凹入式锚固区,锚具表面经上述处理后,可再用微膨胀混凝土或低收缩防水砂浆密封(图 5.47);对凸出式锚固区,可采用外包钢筋混凝土圈梁封闭(图 5.48)。对留有后浇带的锚固区,可采取二次浇筑混凝土的方法封锚。

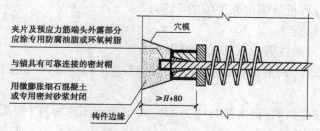

夹片及预应力筋端头外露部分
应涂专用防腐油脂或环氧树脂

穴模

与锚具有可靠连接的密封帽

用微膨胀细石混凝土
或专用密封砂浆封闭

≥H+80

构件边缘

图 5.47　无黏结预应力筋凹入式锚固区封锚构造

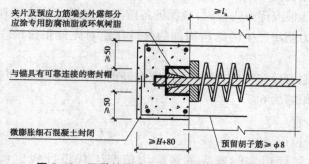

夹片及预应力筋端头外露部分
应涂专用防腐油脂或环氧树脂

≥l_n

≥50

与锚具有可靠连接的密封帽

≥50

微膨胀细石混凝土封闭

≥H+80

预留胡子筋≥φ8

图 5.48　无黏结预应力筋外凸式锚固区封锚构造

注意：无黏结预应力筋张拉端宜采用凹入式做法，采用外凸式时，外凸部分不宜突出外墙面以外。

7）无黏结预应力施工质量验收

（1）主控项目

①预应力筋进场时，应按现行国家标准《预应力混凝土用钢绞线》（GB/T 5224—2014）等的规定抽取试件作力学性能检验，其质量必须符合有关标准的规定。

检验数量：按进场的批次和产品的抽样检验方案确定。

检验方法：检查产品合格证、出厂检验报告和进场复验报告。

②无黏结预应力筋的涂包质量应符合现行行业标准《无黏结预应力钢绞线》（JG 161—2016）的规定。

检查数量：每60 t 为一批，每批抽取一组试件。

检验方法：观察，检查产品合格证、出厂检验报告和进场复验报告。

注：当有工程经验，并经观察认为质量有保证时，可不做油脂用量和护套厚度的进场复验。

③预应力筋用锚具、夹具和连接器应按设计要求采用，其性能应符合现行国家标准《预应力筋用锚具、夹具和连接器》（GB/T 14370—2015）和现行行业标准《预应力筋用锚具、夹具和连接器应用技术规程》（JGJ 85—2010）的规定。

检查数量：按进场批次和产品的抽样检验方案确定。

检验方法：检查产品合格证、出厂检验报告和进场复验报告。

注：对锚具用量较少的一般工程，如供货方提供有效的试验报告，可不做静载锚固性能试验。

④预应力筋张拉或放张时，混凝土强度应符合设计要求；当设计无具体要求时，不应低于设计的混凝土立方体抗压强度标准值的75%。

检查数量：全数检查。

检验方法：检查同条件养护试件试验报告。

⑤预应力筋的张拉力、张拉或放张顺序及张拉工艺应符合设计及施工技术方案的要求，并应符合下列规定：

a. 当施工需要超张拉时，最大张拉应力不应大于现行国家标准《混凝土结构设计规范》（GB 50010—2010）的规定。

b. 张拉工艺应能保证同一束中各根预应力筋的应力均匀一致。

c. 当预应力筋是逐根或逐束张拉时，应保证各阶段不出现对结构不利的应力状态；同时宜考虑后批张拉预应力筋所产生的结构构件的弹性压缩对先批张拉预应力筋的影响，确定张拉力。

d. 当采用应力控制方法张拉时，应校核预应力筋的伸长值。实际伸长值与设计计算理论伸长值的相对允许偏差为6%。

检查数量：全数检查。

检验方法：检查张拉记录。

⑥预应力筋张拉锚固后实际建立的预应力值与工程设计规定检验值的相对允许偏差为±5%。

检查数量:在同一检验批内,抽查预应力筋总数的3%,且不少于5束。

检验方法:检查见证张拉记录。

⑦张拉过程中应避免预应力筋断裂或滑脱;当发生断裂或滑脱时,必须符合下列规定:对后张法预应力结构构件,断裂或滑脱的数量严禁超过同一截面预应力筋总根数的3%,且每束钢丝不得超过一根;对多跨双向连续板,其同一截面应按每跨计算。

检查数量:全数检查。

检验方法:观察、检查张拉记录。

⑧预应力筋安装时,其品种、级别、规格、数量必须符合设计要求。

检查数量:全数检查。

检验方法:观察、钢尺检查。

⑨施工过程应避免电火花损伤预应力筋;受损伤的预应力筋应予以更换。

检查数量:全数检查。

检验方法:观察。

⑩预应力筋张拉或放张时,混凝土强度应符合设计要求;当设计无具体要求时,不应低于设计的混凝土立方体抗压强度标准值的75%。

检查数量:全数检查。

检验方法:检查同条件养护试件试验报告。

⑪预应力筋的张拉力、张拉或放张顺序及张拉工艺应符合设计及施工技术方案的要求,并应符合下列规定:

a. 当施工需要超张拉时,最大张拉应力不应大于现行国家标准《混凝土结构设计规范》(GB 50010—2010)的规定。

b. 张拉工艺应能保证同一束中各根预应力筋的应力均匀一致。

c. 当预应力筋是逐根或逐束张拉时,应保证各阶段不出现对结构不利的应力状态;同时宜考虑后批张拉预应力筋所产生的结构构件的弹性压缩对先批张拉预应力筋的影响,确定张拉力。

d. 当采用应力控制方法张拉时,应校核预应力筋的伸长值。实际伸长值与设计计算理论伸长值的相对允许偏差为±6%。

检查数量:全数检查。

检验方法:检查张拉记录。

⑫预应力筋张拉锚固后实际建立的预应力值与工程设计规定检验值的相对允许偏差为±5%。

检查数量:在同一检验批内,抽查预应力筋总数的3%,且不少于5束。

检验方法:检查见证张拉记录。

⑬张拉过程中应避免预应力筋断裂或滑脱;当发生断裂或滑脱时,必须符合下列规定:对后张法预应力结构构件,断裂或滑脱的数量严禁超过同一截面预应力筋总根数的3%,且每束钢丝不得超过1根;对多跨双向连续板,其同一截面应按每跨计算。

检查数量:全数检查。

检验方法:观察、检查张拉记录。

⑭锚具的封闭保护应符合设计要求;当设计无具体要求时,应符合下列规定:

a.应采取防止锚具遭受腐蚀和机械损伤的有效措施。

b.凸出式锚固端锚具的保护层厚度不应小于50 mm。

c.外露预应力筋的保护层厚度,在处于正常环境时,不应小于20 mm;处于易受腐蚀的环境时不应小于50 mm。

检查数量:在同一检验批内,抽查预应力筋总数的5%,且不少于5处。

检验方法:观察,钢尺检查。

(2)一般项目

①与预应力筋使用前应进行外观检查,其质量应符合下列要求:

a.无黏结预应力筋展开后应平顺,不得有弯折,表面不得有裂纹、小刺、机械损伤、氧化铁皮和油污等。

b.无黏结预应力筋护套应光滑、无裂缝、无明显褶皱。

检查数量:全数检查。

检验方法:观察。

注:无黏结预应力筋护套轻微破损者应外包防水塑料胶带修补,严重破损者不得使用。

c.润滑油脂用量:对ϕ^s12.7钢绞线不应小于43 g/m,对于ϕ^s15.2钢绞线不应小于50 g/m,对于ϕ^s15.7钢绞线不应小于53 g/m。

d.护套厚度:对于一、二类环境不应小于1.0 mm,对于三类环境应按设计要求确定。

②预应力筋用锚具、夹具和连接器使用前应进行外观检查,其表面应无污物、锈蚀、机械损伤和裂纹。

检查数量:全数检查。

检验方法:观察。

③锚固阶段张拉端预应力筋的内缩量应符合设计要求;当设计无具体要求时,应符合张拉端预应力筋的内缩量限值的规定。

检查数量:每工作班抽查预应力筋总数的3%,且不少于3束。

检验方法:钢尺检查。

④预应力筋下料应符合下列要求:预应力筋应采用砂轮锯或切断机切断,不得采用电弧切割。

检查数量:全数检查。

检验方法:观察。

⑤预应力筋端部锚具的制作质量应符合下列要求:挤压锚具制作时压力表油压应符合操作说明书的规定,挤压后预应力筋外端应露出挤压套筒1～5 mm。

检查数量:对挤压锚,每工作班抽查5%,且不应少于5件。

检验方法:观察、钢尺检查。

⑥预应力筋束形控制点的竖向位置偏差应符合预应力筋束形(孔道)控制点竖向位置允许偏差表的规定,见表5.9。

表 5.9 束形控制点的竖向位置允许偏差

截面高(厚)度/mm	$h \leq 300$	$300 < h \leq 1\,500$	$h > 1\,500$
允许偏差/mm	±5	±10	±15

检查数量:在同一检验批内,抽查各类型构件中预应力筋总数的5%,且对各类型构件均不少于5束,每束不应少于5处。

检验方法:钢尺检查。

注:束形控制点的竖向位置偏差合格点率应达到90%以上,且不得有超过表5.9中数值1.5倍的尺寸偏差。

⑦无黏结预应力筋的铺设尚应符合下列要求:

a.无黏结预应力筋的定位应牢固,浇筑混凝土时不应出现移位和变形。

b.端部的预埋锚垫板应垂直于预应力筋。

c.内埋式固定端垫板不应重合,锚具与垫板应贴紧。

d.无黏结预应力筋成束布置时应能保证混凝土密实并能裹住预应力筋。

e.无黏结预应力筋的护套应完整,局部破损处应采用防水胶带缠绕紧密。

检查数量:全数检查。

检验方法:观察。

⑧无黏结预应力筋锚固后的外露部分宜采用机械方法切割,其外露长度不宜小于预应力筋直径的1.5倍,且不宜小于30 mm。

检查数量:在同一检验批内,抽查预应力筋总数的3%,且不少于5束。

检验方法:观察、钢尺检查。

5.6.4 后张缓黏结预应力施工

缓黏结钢绞线既有无黏结预应力筋施工工艺简单的优点,又克服了有黏结预应力技术施工工艺复杂、节点使用条件受限的弊端,不用预埋管和灌浆作业,施工方便、节省工期。同时在性能上,既具有黏结预应力抗震性能好、极限状态预应力钢筋强度发挥充分、节省钢材的优势,同时又消除了有黏结预应力孔道灌浆有可能不密实而造成的安全隐患和耐久性问题,并具有较强的防腐蚀性能等优点,具有很好的结构性能和推广应用前景。

缓黏结钢绞线与无黏结钢绞线相比,只是其中的涂料层不同,因此其施工工艺及顺序与无黏结钢绞线基本相同。

缓黏结钢绞线的施工要点可参考无黏结钢绞线的施工要点,但要注意缓黏结钢绞线的张拉时间不能超过缓黏结钢绞线生产厂家给出的缓黏结涂料开始固化的时间。

项目小结

本章重点和难点是预应力混凝土的张拉和放张程序,要求学生在掌握预应力混凝土基本原理的基础上,重点掌握预应力钢筋的材料分类、预应力锚具夹具的检验、预应力混凝土浇筑施工要点,熟悉预应力筋的检验,熟悉预应力混凝土的检验,了解无黏结预应力和缓黏结预应力施工。

在学习本章的内容时应注意掌握预应混凝土施工质量管理流程：首先是原材料的进场检验，其次是预应力的张拉或放张，最后组织预应力混凝土分项工程质量验收。

复习思考题

1. 简述预应力混凝土的概念及特点。
2. 试述先张法、后张法预应力混凝土的主要施工工艺过程。
3. 锚具、夹具有哪些种类？其适用范围分别是什么？
4. 预应力的张拉程序有哪几种？为什么要超张拉？
5. 后张法孔道留设方法有哪几种？孔道留设要注意哪些问题？
6. 为什么要校核预应力筋的伸长值？其允许偏差是多少？
7. 锚固后的预应力检验值允许偏差是多少？如何检查？
8. 张拉过程中如出现预应力筋断裂或滑脱时，如何处理？
9. 后张法孔道灌浆有何作用？如何设置灌浆孔和泌水孔？
10. 无黏结预应力有何特点？其施工应注意哪些问题？

实训项目

请同学们根据导入案例所列的条件，分别编制两个工程的施工方案，编制内容包括材料的检测、锚固及夹具的选用、张拉方案、混凝土的浇筑、放张方案（仅运用先张法）、封锚灌浆（只包括后张法）等。

项目 6

结构吊装工程施工

● **导入案例**　某工程为装配式钢筋混凝土单层工业厂房,纵向为 6.0×15＝90 m,横向为 24.0×1＝24.0 m,跨内有一台 10 t 吊车。本工程基础为现浇钢筋混凝土杯口基础共 32 个,基础底面标高为 -2.00 m,A、B 轴线为工字形柱(共 32 根),柱顶标高 9.00 m,工字形柱单重 7.5 t,两端山墙共设有 4 根钢筋混凝土工字形抗风柱,抗风柱单重 7 t,屋架为折线形预应力钢筋混凝土屋架(共 16 榀),跨度 24 m,单重 11.5 t;预制钢筋混凝土 T 形吊车梁单重 4.5 t,屋面采用钢筋混凝土大型屋面板,单重 1.5 t,车间维护结构为 24 cm 清水砖墙,水泥砂浆勾缝,水泥砂浆粉勒脚和混凝土散水,内墙喷白灰水两道,两道连系梁为预制构件,地面为分格浇注的混凝土地坪。

　　请同学们根据上述案所列的条件,编制本工程的吊装方案,编制内容包括吊装机械的选用、吊装工艺的选择、起重机的开行路线和构件的平面布置等。

● **基本要求**　了解起重机械的类型、构造、性能及工作特点,能进行起重机械稳定性的验算和钢丝绳允许拉力的计算,并正确选择起重机械和索具设备;了解单层工业厂房结构安装的全过程,掌握柱、吊车梁、屋架等主要构件的平面布置及安装工艺;能确定合理的起重机械开行路线,制订单层装配式工业厂房结构吊装方案,并最后组织吊装工程质量检验。

● **教学重点及难点**　起重机械的正确选择,单层厂房结构安装工艺。

任务6.1 施工起重机械及索具设备准备

6.1.1 起重机械

结构安装工程使用的起重机械主要有塔式起重机、自行杆式起重机和桅杆式起重机。

1)塔式起重机

塔式起重机是一种塔身直立、起重臂旋转的起重机,这种起重机具有较大的工作空间和工作幅度,起重高度大。塔式起重机的种类很多,广泛应用于多层和高层工业与民用建筑施工中。

(1)塔式起重机的分类

塔式起重机按其架设方式、变幅方式、回转方式和起重能力分为很多类型。

①按架设方式可分为:轨道行走式、固定式、附着自升式和内爬式机。

②按变幅方式可分为:动臂式和平臂式。

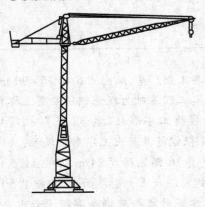

图6.1 上旋转塔式起重机

③按回转方式可分为:上转式和下转式。

④按起重能力可分为:轻型塔式起重机(起重量为0.5~3 t)、中型塔式起重机(起重量为3~15 t)和重型塔式起重机(起重量为20~40 t)。

(2)常用塔式起重机的型号和性能

①轨道式起重机:一种可在轨道上行走的回转式起重机械,其工作范围大,适用于工业与民用建筑的结构吊装或材料仓库装卸工作。

轨道式起重机按其旋转机构的位置分上旋转塔式起重机(图6.1)和下旋转塔式起重机两类。

②爬升式塔式起重机:一种安装在建筑物内部(电梯井或特设的开间)的结构上,借助套架托梁和爬升系统自己爬升的起重机(图6.2),一般每隔1~2层爬升一次。其主要特点是:机身体积小,质量轻,安装方便,特别适用于施工现场狭窄的高层建筑结构安装。爬升式塔式起重机一般由底座、套架、塔身、塔顶、行走式起重臂和平衡臂等几部分组成。爬升式起重机的爬升过程参见图6.3,主要包括:固定下支座→提升套架→下支座脱空→提升塔身→固定下支座。

③附着式塔式起重机:一种固定在建筑物近旁混凝土基础上的起重机,它借助液压顶升系统随建筑物的施工进程而自行向上接高。为了保证塔身的稳定,每隔一定距离(一般为20 m),需用锚固装置将塔身与建筑物水平连接,使起重机依附在建筑物上。这种起重机适用于一般高层建筑施工。

2)自行杆式起重机

自行杆式起重机有履带式起重机、汽车式起重机和轮胎式起重机3类。

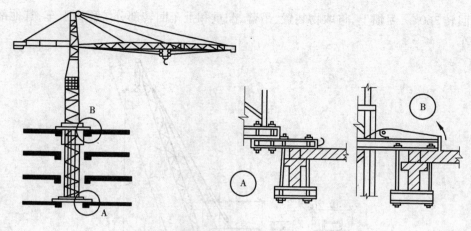

图 6.2   爬升式起重机

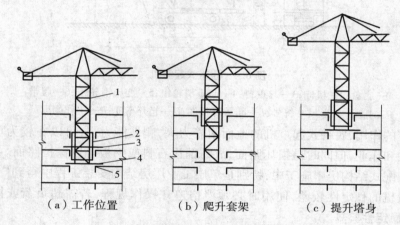

（a）工作位置　　　（b）爬升套架　　　（c）提升塔身

图 6.3   爬升起重机爬升示意图
1—塔身;2—套架;3—套架梁;4—塔身底座架;5—建筑物楼盖梁

（1）履带式起重机

①履带式起重机是以履带及其支承驱动装置为运行部分的自行式起重机,本身可以原地作 360°回转,起重时不需设支腿,可以负载行驶,操控灵活,越野性能较好,故在施工现场条件较差的工程中运用较为广泛。履带式起重机型号分类及表示方法见表6.1。

表 6.1   履带式起重机型号分类及表示方法

组		型	代　号	代号含义	主要参数		
名　称	代　号				名　　称	单位	表示法
履带式起重机	QU（起履）	机械式	QU	机械式履带式起重机	最大额定起重量	t	主参数
		液压式 Y（液）	QUY	液压式履带式起重机			
		电动式 D（电）	QUD	电动式履带式起重机			

②构造及特点:履带式起重机由行走装置、回转机构、机身以及起重臂等几部分组成,如图 6.4 所示。行走装置为链式履带,对地面的压强较低。回转机构为装在底盘上的转盘,使

机身可回转360°。习惯上,将取物装置、吊臂、配重和上车回转部分统称为上车,其他部分统称为下车。

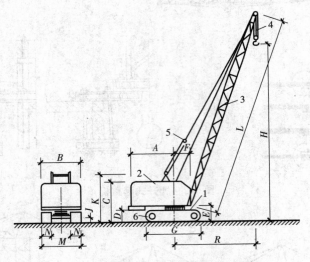

图6.4 履带式起重机

1—底盘;2—机棚;3—起重臂;4—起重滑轮组;5—变幅滑轮组;6—履带;

A、B—外形尺寸符号;L—起重臂长度;H—起升高度;R—工作幅度

由于履带的作用,履带式起重机的地面附着力大,爬坡能力强,可以在较为坎坷不平的松软地面行驶和作业,但同时易损坏路面,故需铺设石料或钢板等以保护路面。目前,履带式起重机在装配式结构房屋施工中,特别是单层工业厂房结构安装工程中得到广泛的使用。但履带式起重机的稳定性较差,使用时必须严格遵守操作规程,若需超负荷或接长起重臂时,必须进行稳定性验算。

③常用型号及性能:国产履带式起重机的起重量一般为50~750 kN,起重臂长度10~40 m。国外一些新型的履带式起重机由于常用全液压式驱动,起重量可达1 500 kN,起重臂长达100 m。

常用的履带式起重机有国产 W_1-50、W_1-100、W_1-200 型,还有些进口的机型,如日本全液压 KH 系列履带式起重机。常用履带式起重机的外形尺寸和主要技术规格见表6.2和表6.3。

表6.2 履带式起重机外形尺寸

单位:mm

符号	名 称	型 号		
		W_1-50	W_1-100	W_1-200
A	机棚尾部到回转中心距离	2 900	3 300	4 500
B	机棚宽度	2 700	3 120	3 200
C	机棚顶部距地面高度	3 220	3 675	4 125
D	回转平台底面距地面高度	1 000	1 045	1 190

符号	名　称	型　号		
		W_1-50	W_1-100	W_1-200
E	起重臂枢轴中心距地面高度	1 555	1 700	2 100
F	起重臂枢轴中心至回转中心的距离	1 000	1 300	1 600
G	履带长度	3 420	4 005	4 950
M	履带架宽度	2 850	3 200	4 050
N	履带板宽度	550	675	800
J	行走底架距地面高度	300	275	390
K	双足支架顶部距地面高度	3 480	4 170	4 300

表 6.3　履带式起重机性能表

单位:mm

参　数		单位	型　号						
			W_1-50			W_1-100		W_1-200	
起重臂长度		m	10	18	18 带鸟嘴	13	23	15	30	40
最大工作幅度		m	10.0	17.0	10.0	12.5	17.0	15.5	22.5	30.0
最小工作幅度		m	3.7	4.5	6.0	4.23	6.5	4.5	8.0	10.0
起重量	最小工作幅度时	t	10.0	7.5	2.0	15.0	8.0	50.0	20.0	8.0
	最大工作幅度时		2.6	1.0	1.0	3.5	1.7	8.2	4.3	1.5
起升高度	最小工作幅度时	m	9.2	17.2	17.2	11.0	19.0	12.0	26.8	36.0
	最大工作幅度时	m	3.7	7.6	14.0	5.8	16.0	3.0	19.0	25.0

注:表中数据所对应的起重臂倾角为:$\alpha_{min}=30°$,$\alpha_{max}=77°$。

履带式起重机主要技术性能包括 3 个参数:起重量、起重高度和起重半径。

● 起重量 Q:起重机安全工作所允许的最大起吊重物的质量。

● 起重高度 H:起重吊钩距停机地面的高度。

● 起重半径 R:起重机回转轴距吊钩中心的水平距离。

这 3 个参数之间存在相互制约的关系,数值变化取决于起重臂长度及仰角大小。当起重臂臂长 L 一定时,随着仰角 α 的增大,起重量 Q 和起重高度 H 增大,起重半径减小;当起重臂仰角 α 一定时,随着起重机臂长增加,起重半径 R 及起重高度 H 增加,而起重量 Q 减小。一般履带式起重机主要技术性能参数可以查起重机手册中的起重机性能表或性能曲线。图 6.5—图 6.7 分别为 W_1-50、W_1-100 和 W_1-200 型履带式起重机性能曲线。

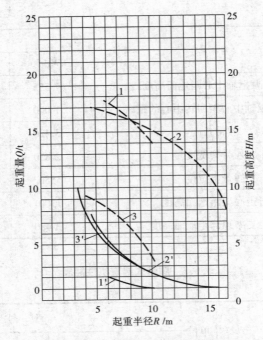

图 6.5 W$_1$-50 型履带式起重机性能曲线

1—L=18 m 有鸟嘴时 R-H 曲线;2—L=18 m 时 R-H 曲线;3—L=10 m 时 R-H 曲线;

1′—L=18 m 有鸟嘴时 Q-R 曲线;2′—L=18 m 时 Q-R 曲线;3′—L=10 m 时 Q-R 曲线

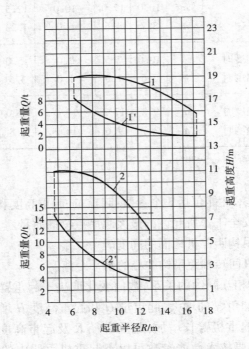

图 6.6 W$_1$-100 型履带式起重机性能曲线

1—L=23 m 时 R-H 曲线;1′—L=23 m 时 Q-R 曲线;

2—L=13 m 时 R-H 曲线;2′—L=13 m 时 Q-R 曲线

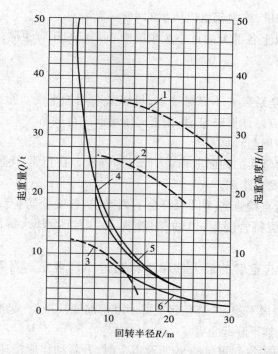

图 6.7　W$_1$-200 型履带式起重机性能曲线

1—$L=40$ m 时 R-H 曲线;1—$L=30$ m 时 R-H 曲线;3—$L=15$ m 时 R-H 曲线;
4—$L=40$ m 时 Q-R 曲线;5—$L=30$ m 时 Q-R 曲线;6—$L=15$ m 时 Q-R 曲线

④履带式起重机的稳定性验算:起重机的稳定性是指起重机在自重和外荷载作用下抵抗倾覆的能力。履带式起重机超载吊装时或因施工需要而接长起重臂时,为保证在吊装中不发生倾覆事故,必须进行稳定性验算。

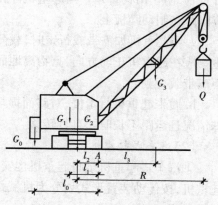

如图 6.8 所示,履带式起重机稳定性验算时,应选择起重最不利位置,即车身与行驶方向垂直的位置。此时,以履带中心 A 点为倾覆中心,保证稳定力矩大于倾覆力矩。具体验算方法有两种:一种考虑吊装荷载及所有附加荷载(风载、刹车惯性荷载等);一种只考虑吊装荷载不考虑附加荷载。在施工现场,为了计算方便,一般采用后一种方法,即只考虑吊装荷载,不考虑附加荷载。

图 6.8　履带式起重机受力简图

只考虑吊装荷载而不考虑附加荷载时起重机稳定验算应满足的条件为:

$$K = \frac{G_1 l_1 + G_2 l_2 + G_0 l_0 - G_3 l_3}{Q(R - l_2)} \geqslant 1.4 \qquad (6.1)$$

式中　G_0——原机身平衡重;

　　　G_1——起重机身可转动部分的质量;

　　　G_2——起重机身不可转动部分的质量;

G_3——起重杆质量,约为起重机质量的 4% ~ 7%;

l_0, l_1, l_2, l_3——以上各部分的重心至倾覆中心 A 点的相应距离;

R——起重半径;

Q——起重量。

验算时,如稳定安全系数 K 不满足要求,可以采取增加平衡重量、在起重臂顶端设置缆风绳等技术措施,但均应经计算确定,并在正式使用前进行试吊。

⑤履带起重机的使用与转移:

a. 起重机应在平坦坚实的地面上作业、行走和停放。在正常作业时,坡度不得大于 3°,并应与沟渠、基坑保持安全距离。

b. 起重机启动前重点检查各项目应符合下列要求:各安全防护装置及各指示仪表齐全完好;钢丝绳及连接部位符合规定;燃油、润滑油、液压油、冷却水等添加充足;各连接件无松动。

c. 起重机作业时,起重臂的最大仰角不得超过出厂规定。当无资料可查时,不得超过 78°。

d. 起重机变幅应缓慢平稳,严禁在起重臂未停稳前变换挡位;起重机载荷达到额定起重量的 90% 及以上时,严禁下降起重臂。

e. 在起吊载荷达到额定起重量的 90% 及以上时,升降动作应慢速进行,并严禁同时进行两种及以上动作。

f. 起吊重物时应先稍离地面试吊,确认重物已挂牢、起重机的稳定性和制动器的可靠性均良好后,再继续起吊。在重物升起过程中,操作人员应把脚放在制动踏板上,密切注意起升重物,防止吊钩冒顶。当起重机停止运转而重物仍悬在空中时,即使制动踏板被固定,仍应脚踩在制动踏板上。

g. 当起重机如需带载行走时,载荷不得超过允许起重量的 70%,行走道路应坚实平整,重物应在起重机正前方向,重物离地面不得大于 500 mm,并应拴好拉绳,缓慢行驶。严禁长距离带载行驶。

h. 履带起重机行走慢,对路面损坏大,故转移时应用平板拖车或铁路运输运送,只在特殊情况且运距不长时才自行转移。

(2)汽车式起重机

①汽车式起重机是将起重机构安装在普通汽车或专用汽车底盘上的一种自行式全回转起重机,按传动装置形式划分为机械式、液压式和电动式。表 6.4 为汽车式起重机的型号及分类方法。

表 6.4 汽车式起重机型号分类及表示方法

组		型	代 号	代号含义	主要参数		
名 称	代 号				名 称	单位	表示法
汽车式起重机	Q（起）	机械式	Q	机械式汽车式起重机	最大额定起重量	t	主参数
		液压式 Y（液）	QY	液压式汽车式起重机			
		电动式 D（电）	QD	电动式汽车式起重机			

②构造及特点。汽车式起重机设有可伸缩的支腿,起重时支腿落地。汽车式起重机的主要优点是:行驶速度快、移动迅速、对路面破坏小,适用于流动性大、经常变换地点的作业。这种起重机不能负载行驶,由于机身长,行驶时转弯半径较大,在进行构件安装作业时稳定性较差。

现在普遍使用的多为液压式伸缩臂汽车式起重机,常见型号有 QY5、QY8、QY12、QY16、QY32、QY40、QY60 、QY100 等多种。表 6.5 为几种液压式伸缩臂汽车式起重机的性能表。

表 6.5 液压式汽车式起重机性能

参数		单位	型号									
			Q₂-8				Q₂-12			Q₂-16		
起重臂长度		m	6.95	8.50	10.15	11.70	8.5	10.8	13.2	8.80	14.40	20.0
最大起重半径时		m	3.2	3.4	4.2	4.9	3.6	4.6	5.5	3.8	5.0	7.4
最小起重半径时		m	5.5	7.5	9.0	10.5	6.4	7.8	10.4	7.4	12	14
起重量	最小起重半径时	t	6.7	6.7	4.2	3.2	12	7	5	16	8	4
	最大起重半径时	t	1.5	1.5	1.0	0.8	4	3	2	4.0	1.0	0.5
起重高度	最小起重半径时	m	9.2	9.2	10.6	12.0	8.4	10.4	12.8	8.4	14.1	19
	最大起重半径时	m	4.2	4.2	4.8	5.2	8.4	10.8	8.0	4.0	7.4	14.2

③汽车式起重机的选用:近年来随着汽车载重能力的不断提高,各种专用底盘不断产生,起重量达上百吨的汽车起重机已不在少数,同时汽车起重机在操作和使用性能方面具有一定的优势,是目前使用最广泛的起重机。汽车式起重机的型号主要根据起重量、起重高度、起重幅度这 3 个参数来选用,这与履带式起重机选用类似,不再重复。

④汽车式起重机的使用:汽车式起重机作业前应伸出全部支腿,并在撑脚板下垫方木;调整支腿必须在无荷载时进行。起吊作业时驾驶室严禁坐人,所吊重物不得超越驾驶室上空,不得在车的前方起吊。发现起重机倾斜或支腿不稳时,应立即将重物下降落在安全地方,下降中严禁制动。

3)桅杆式起重机

桅杆式起重机属于非标准起重装置,目前随着现代起重设备的快速发展和普及,这类设备应用相对较少。桅杆式起重机具备独特优势:制作简单,装拆方便,能在比较狭窄的现场使用;起重量较大,可达 1 000 kN;无电源时可用人工绞盘;能安装其他起重机械不能安装的特殊工程和重大工程,所以在局部工程仍在大量使用。但是它的服务半径小,移动困难,需要设置较多的缆风绳,施工速度慢,因而适用于安装工程量比较集中的工程。

桅杆式起重机分为独脚拔杆、人字拔杆、悬臂拔杆、牵缆式桅杆起重机等种类。

(1)独脚拔杆

①独脚拔杆组成及特点。独脚拔杆由拔杆、起重滑轮组、卷扬机、缆风绳和锚锭组成,如图 6.9 所示。按拔杆的使用材料,独脚拔杆分为木独脚拔杆、钢管独脚拔杆、型钢格构式独脚拔杆 3 种。木独脚拔杆的直径一般为 200 ~ 300 mm,起重高度为 8 ~ 15 m,起重量不大

于 100 kN,现在已少使用;钢管独脚拔杆的起重高度在 30 m 以内,起重量不大于 300 kN;型钢格构式独脚拔杆起重高度可达 70~80 m,起重量可达 1 000 kN。

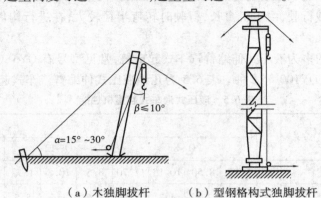

（a）木独脚拔杆　　（b）型钢格构式独脚拔杆

图 6.9　独脚拔杆

独脚拔杆在使用时,拔杆应保持一定的倾斜角,使吊装的构件不会碰撞拔杆;底座要设置拖子以便移动。拔杆的稳定主要靠拔杆顶端的缆风绳,缆风绳常采用钢丝绳,设置数量一般为 6~12 根,不得少于 4 根。

独脚拔杆的优点是设备的安装拆卸简单、操作简易、节省工期,其缺点是侧向稳定性较差,需要拉置多根缆风绳。独脚拔杆主要用于在工程中吊装塔类结构构件,还可以用于整体吊装高度大的容器设备。

②独脚拔杆架立方法主要为滑行法和旋转法两种。

a. 滑行法:将拔杆就地捆扎好,使拔杆重心位于竖立点,将辅助拔杆(约为拔杆的 2/3 高)立在拔杆的附近,辅助拔杆的滑车组吊在竖立拔杆重心以上 1~1.5 m 处,开动卷扬机,拔杆的顶端即上升,拔杆底端沿地面滑行到竖立点。当拔杆将垂直时,收紧缆风绳就竖立好了独脚拔杆,如图 6.10 所示。

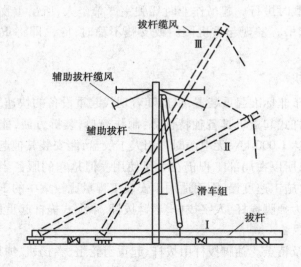

图 6.10　滑行法竖立独脚拔杆

b.旋转法:将拔杆脚放在竖立地点,并将拔杆头部垫高,在竖立地点附近立一根辅助拔杆(约为拔杆的1/2高),辅助拔杆的滑车组吊在距离拔杆头约1/4处,开动卷扬机,拔杆即绕底部旋转竖立起来,当转到拔杆与水平线夹角为60°~70°时,收紧缆风绳将拔杆拉直,如图6.11所示。

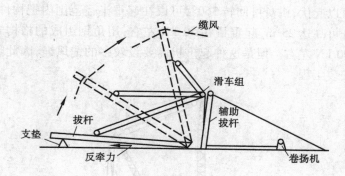

图 6.11 旋转法竖立独脚拔杆

(2)人字拔杆

人字拔杆由两根圆木或钢管用钢丝绳绑扎或铁件铰接而成,如图6.12所示。人字拔杆的底部设有拉杆或拉绳以平衡水平推力,两杆的夹角一般为30°左右,在一根拔杆底部装导向滑轮,起重索通过它连在卷扬机上,上部设缆风绳以保持拔杆的稳定。人字拔杆的特点是起重量大,稳定性比独脚拔杆好,同时所需的缆风绳数量少,但构件起吊后活动范围小,因此适用于吊装柱子等重型构件。

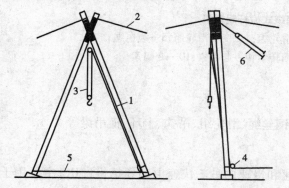

图 6.12 人字拔杆
1—圆木或钢管;2—缆风;3—起重滑车组;
4—导向滑车;5—拉索;6—主缆风

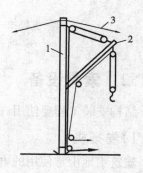

图 6.13 悬臂拔杆
1—拔杆;2—起重臂;3—缆风绳

圆木人字拔杆,圆木小头直径为200~340 mm,起重量为40~140 kN,拔杆长6~13 m。钢管人字拔杆有两种规格,规格一是钢管外径为325 mm,壁厚为10 mm,起重量为100 kN,拔杆长20 m;规格二是管外径为373 mm,壁厚为10 mm,起重量为200 kN,拔杆长16.7 m。

(3)悬臂拔杆

悬臂拔杆是在独脚拔杆中部或2/3处设置一根起重臂而成,如图6.13所示。由于起重臂铰接在拔杆的中上部,起重时会对拔杆产生较大的弯矩,为此,在铰接处可用拔杆或拉条进行加固。悬臂拔杆主要特点是起重高度和起重半径较大,起重臂可左右摆动120°~270°,这种起重机的起重量较小,适用于吊装屋面板、檩条等轻型构件。

（4）牵缆式桅杆起重机

牵缆式桅杆起重机是在独脚拔杆下端装一根起重臂而成,如图6.14所示。牵缆式桅杆起重机的起重臂可以起伏,机身可回转360°,可以在起重半径范围内把构件吊到任何位置。用圆木制作的桅杆可高达25 m,起重量在50 kN左右;用角钢组成的格构式桅杆高度可达80 m,起重量在100 kN左右。但是这种起重机需要设较多的缆风绳,因此适用于构件比较多且集中的建筑安装工程。

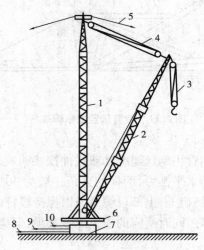

图6.14　牵缆式桅杆起重机

1—桅杆;2—起重臂;3—起重滑轮组;4—变幅滑轮组;5—缆风绳;
6—回转盘;7—底座;8—回转索;9—起重索;10—变幅索

6.1.2　索具设备

结构安装工程要使用许多辅助设备,如钢丝绳、滑轮组、吊钩、卡环、横吊梁等。

1）卷扬机

建筑工地中常使用的电动卷扬机有快速和慢速两种。快速电动卷扬机（JJK）主要用于垂直、水平运输及打桩作业,又分为单筒和双筒两种,起重能力为0.5~50 kN,速度为20~43 m/min。慢速卷扬机（JJM）主要用于结构安装、钢筋冷拉和预应力钢筋张拉,多为单筒,起重能力为3~20 kN,速度为8~9.6 m/min。

卷扬机在使用时必须做可靠的锚固,以防止在工作时产生滑移和倾覆。卷扬机常用的锚固方法有螺栓锚固法、立桩锚固法、水平锚固法和压重锚固法4种,如图6.15所示。

2）滑轮组

滑轮组由一定数量的定滑轮和动滑轮组成,如图6.16所示。滑轮组既能省力又能改变力的方向,是起重机的重要组成部分。

滑轮组的名称由组成滑轮组的定滑轮数和动滑轮数来表示,如由4个定滑轮和4个动滑轮组成的滑轮组称为"四、四"滑轮组,由 5 个定滑轮和 4 个动滑轮组成的滑轮组称为"五、四"滑轮组,其余类推。

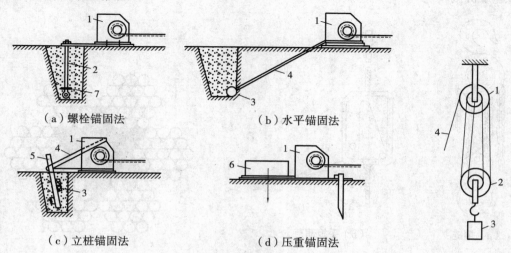

（a）螺栓锚固法　　　（b）水平锚固法

（c）立桩锚固法　　　（d）压重锚固法

图 6.15　卷扬机的锚固方法

1—卷扬法;2—地脚螺栓;3—横木;4—拉索;5—木桩;6—压重;7—压板

图 6.16　滑轮组

1—定滑轮;2—动滑轮;
3—重物;4—绳索

滑轮组跑头拉力的大小主要取决于滑轮组的工作线数和滑轮轴承处的摩擦阻力。滑轮组的工作线数是指滑轮组中共同负担构件质量的绳索根数,即取动滑轮为隔离体所截断的绳索根数。滑轮组绳索的跑头拉力 F 可按式(6.2)计算:

$$F = KQ \tag{6.2}$$

式中　F——跑头拉力,kN;

　　　Q——计算荷载,等于吊装荷载与动力系数的乘积;

　　　K——滑轮组省力系数,当绳头从定滑轮引出时,$K = \dfrac{f-1}{f^n-1} \times f^n$,当绳索从动滑轮引出时,$K = \dfrac{f-1}{f^n-1} \times f^{n-1}$。其中,$n$ 为工作绳数,f 为滑轮阻力系数,对滚动轴承取 1.02,青铜衬套取 1.04,无青铜衬套取 1.06。

除此以外,捯链、手扳葫芦在结构吊装中也是常见的收紧缆风和升降吊篮的工具,如图 6.17 所示。

3)钢丝绳

（1）钢丝绳分类

结构安装工程用钢丝绳由六股钢丝和一股绳芯捻成,如图 6.18 所示。

建筑工程常用钢丝绳有以下几种:

6×19+1,即 6 股钢丝绳,每股 19 根钢丝,再加一根线芯。这种钢丝绳粗、硬而耐磨,多用作缆风绳。

6×37+1,即 6 股钢丝绳,每股 37 根钢丝,再加一根线芯。这种钢丝绳比较柔软,一般用于穿滑轮组和作吊索,使用较多。

6×61+1,即 6 股钢丝绳,每股 61 根钢丝,再加一根线芯。这种钢丝绳质地软,一般用于重型起重机械。

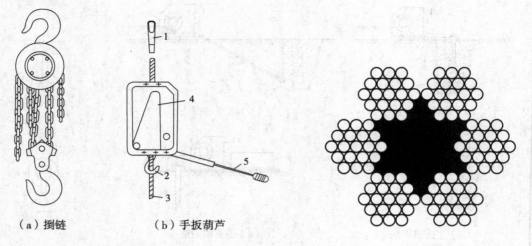

（a）捯链	（b）手扳葫芦

图 6.17　捯链与手扳葫芦　　　　　　　图 6.18　普通钢丝绳截面

常用钢丝绳的技术性能见表 6.6 和表 6.7。

表 6.6　6×19 钢丝绳的主要数据

直　径		钢丝总断面积/mm²	参考质量/[kg·(100 m)⁻¹]	钢丝绳公称抗拉强度/（N·mm⁻²）				
钢丝绳/mm	钢丝/mm			1 400	1 550	1 700	1 850	2 000
				钢丝破断拉力总和不小于/kN				
6.2	0.4	14.32	13.53	20.0	22.1	24.3	26.4	28.6
7.7	0.5	22.37	21.14	31.3	34.6	38.0	41.3	44.7
9.3	0.6	32.22	30.45	45.1	49.9	54.7	59.6	64.4
11.0	0.7	43.85	41.44	61.3	67.9	74.5	81.1	87.7
12.5	0.8	57.27	54.12	80.1	88.7	97.3	105.5	114.5
14.0	0.9	72.49	68.50	101.0	112.0	123.0	134.0	144.5
15.5	1.0	89.49	84.57	125.0	138.5	152.0	165.5	178.5
17.0	1.1	103.28	102.3	151.5	167.5	184.0	200.0	216.5
18.5	1.2	128.87	121.8	180.0	199.5	219.0	238.0	257.5
20.0	1.3	151.24	142.9	211.5	234.0	257.0	279.5	302.0
21.5	1.4	175.40	165.8	245.5	271.5	298.0	324.0	350.5
23.0	1.5	201.35	190.3	281.5	312.0	342.0	372.0	402.5
24.5	1.6	229.09	216.5	320.5	355.0	389.0	423.5	458.0
26.0	1.7	258.63	244.4	362.0	400.5	439.5	478.0	517.0
28.0	1.8	289.95	274.0	405.5	449.0	492.5	536.0	579.5
31.0	2.0	357.96	338.3	501.0	554.5	608.5	662.0	715.5
34.0	2.2	433.13	409.3	306.0	671.0	736.0	801.0	

直 径		钢丝总断面积/mm²	参考质量/[kg·(100 m)⁻¹]	钢丝绳公称抗拉强度/(N·mm⁻²)				
钢丝绳/mm	钢丝/mm			1 400	1 550	1 700	1 850	2 000
				钢丝破断拉力总和不小于/kN				
37.0	2.4	515.46	487.1	721.5	798.5	876.0	953.5	
40.0	2.6	604.95	571.7	846.5	937.5	1 025.0	1 115.0	
43.0	2.8	701.60	663.0	982.0	1085.0	1 190.0	1 295.0	
46.0	3.0	805.41	761.1	1 125.0	1 245.0	1 365.0	1 490.0	

注:表中粗线左侧可供应光面或镀锌钢丝绳,右侧只供应光面钢丝绳。

表 6.7　6×37 钢丝绳的主要数据

直 径		钢丝总断面积/mm²	参考质量/[kg·(100 m)⁻¹]	钢丝绳公称抗拉强度/(N·mm⁻²)				
钢丝绳/mm	钢丝/mm			1 400	1 550	1 700	1 850	2 000
				钢丝破断拉力总和不小于/kN				
8.7	0.4	27.88	26.21	39.0	43.2	47.3	51.5	55.7
11.0	0.5	43.57	40.96	60.9	67.5	74.0	80.6	87.1
13.0	0.6	62.74	58.98	87.8	97.2	106.5	116.0	125.0
15.0	0.7	85.39	80.57	119.5	132.0	145.0	157.5	170.5
17.5	0.8	111.53	104.8	156.0	172.5	189.5	206.0	223.0
19.5	0.9	141.16	132.7	197.5	213.5	239.5	261.0	282.0
21.5	1.0	174.27	163.3	243.5	270.0	296.0	322.0	348.5
24.0	1.1	210.87	198.2	295.0	326.5	358.0	390.0	421.5
26.0	1.2	250.95	235.9	351.0	388.5	426.5	464.0	501.5
28.0	1.3	294.52	276.8	412.0	456.5	500.5	544.5	589.0
30.0	1.4	341.57	321.1	478.0	529.0	580.5	631.5	683.0
32.5	1.5	392.11	368.6	548.5	607.5	666.5	725.0	784.0
34.5	1.6	446.13	419.4	624.5	691.5	758.0	825.0	892.0
36.5	1.7	503.64	473.4	705.0	780.5	856.0	931.5	1 005.0
39.0	1.8	564.63	530.8	790.0	875.0	959.5	1 040.0	1 125.0
43.0	2.0	697.08	655.3	975.5	1 080.0	1 185.0	1 285.0	1 390.0
47.5	2.2	843.47	792.9	1 180.0	1 305.0	1 430.0	1 560.0	
52.0	2.4	1 003.80	943.6	1 405.0	1 555.0	1 705.0	1 855.0	
56.0	2.6	1 178.07	1 107.4	1 645.0	1 825.0	2 000.0	2 175.0	
60.5	2.8	1 366.28	1 234.3	1 910.0	2 115.0	2 320.0	2 525.0	
65.0	3.0	1 568.43	1 474.3	2 195.0	2 430.0	2 665.0	2 900.0	

注:表中粗线左侧可供应光面或镀锌钢丝绳,右侧只供应光面钢丝绳。

（2）钢丝绳允许拉力的计算

钢丝绳允许拉力按式（6.3）计算：

$$[S] \leqslant \frac{\alpha P}{K} \tag{6.3}$$

式中　$[S]$——钢丝绳的允许拉力，kN；

　　　P——钢丝绳的钢丝破断拉力总和，kN；

　　　α——换算系数，钢丝绳结构为 6×19 时，取 0.85，钢丝绳结构为 6×37 时，取 0.82，钢丝绳结构为 6×61 时，取 0.80；

　　　K——钢丝绳的安全系数，按表 6.8 取用。

表 6.8　钢丝绳的安全系数

用　途	安全系数	用　途	安全系数
作缆风	3.5	作吊索、无弯曲时	6~7
用于手动起重设备	4.5	作捆绑吊索	8~10
用于机动起重设备	5~6	用于载人的升降机	14

【例 6.1】　一根全新的直径为 20 mm，用公称抗拉强度为 1 550 N/mm² 的 6×19 钢丝绳作为吊索，求它的允许拉力。

【解】　查表得 $P = 234$ kN，系数 $\alpha = 0.85$，$K = 6$。

$$[S] \leqslant \frac{\alpha P}{K} = (0.85 \times 1 \times 234)/6 = 33.4(\text{kN})$$

4）吊具

吊具主要包括吊索、卡环和横吊梁等，是构件吊装的重要工具。

（1）吊索

吊索又称千斤绳，主要用于绑扎和起吊构件，分为环状吊索和开式吊索两种，如图 6.19 所示。

（2）卡环

卡环又称卸甲，主要用于吊索之间或吊索与吊环的连接，分为螺栓式卡环、活络式卡环和弓形卡环 3 种，如图 6.20 所示。

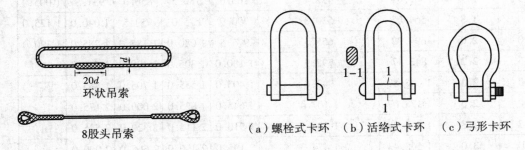

20d　环状吊索

8股头吊索

图 6.19　吊索

（a）螺栓式卡环　（b）活络式卡环　（c）弓形卡环

图 6.20　卡环

（3）吊钩

吊钩作为结构吊装作业中勾挂绳索或构件吊环的必备工具,一般用 20 号优质钢经锻造后退火制成,硬度和韧性均较高,一般分为和双吊钩两种,目前在工程应用最广泛的是带环单吊钩。

（4）横吊梁

横吊梁又称铁扁担,常用形式有钢板横吊梁和钢管横吊梁,如图 6.21 所示。采用直吊法吊装柱可用钢板横吊梁,使柱保持垂直;吊装屋架时,常用钢管横吊梁,以减少索具高度。

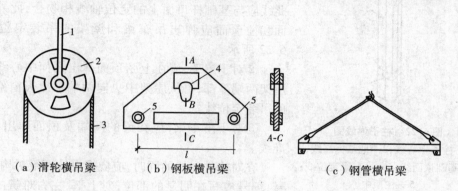

（a）滑轮横吊梁　　　　（b）钢板横吊梁　　　　（c）钢管横吊梁

图 6.21　横吊梁
1—吊环;2—滑轮;3—吊索;4—挂吊钩孔;5—挂卡环孔

【小任务】

单层工业厂房一般采用装配式钢筋混凝土结构,主要承重构件除基础现浇外,柱、吊车梁、屋架、天窗架和屋面板等均为预制构件。根据构件的尺寸和质量及运输构件的能力,预制构件中较大的一般在现场就地制作,中小型的多集中在工厂制作。

请同学们根据案例所列条件,选择合适的起重机械、钢丝绳和吊具,并进行起重机械稳定性的验算和钢丝绳允许拉力的计算。

任务 6.2　吊装工艺

6.2.1　吊装前准备

构件吊装前应充分做好准备工作,主要包括清理场地、铺设道路、敷设水电管线、检查、弹线、编号、基础的准备等。

1）检查并清理构件

（1）检查构件的外观

检查构件外观时,主要检查其型号、数量、外观尺寸(总长度、截面尺寸、侧向弯曲)、预埋件及预留孔洞位置是否与要求相符;同时检查构件表面有无孔洞、蜂窝、麻面、裂缝等缺陷;若表面有污物,则应清除。

（2）检查构件的强度

检查构件强度时，当设计无具体要求时，一般柱要达到混凝土设计强度的75%；大型构件，如大孔洞梁、屋架则应达到100%；预应力混凝土构件孔道灌浆的强度不应低于15 MPa。

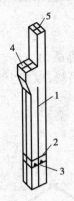

图6.22　柱子弹线图
1—柱子中心线；2—地基标高线；
3—基础顶面线；4—吊车梁定位线；
5—柱顶中

2）对构件弹线并进行编号

构件在质量检查合格后，即可在构件上弹出吊装的定位墨线，作为构件吊装、对线、校正的依据。具体做法为：

①对于柱子，应在柱身的3个面上弹出几何中心线，此线应与基础杯口面上的定位轴线相吻合，此外，在牛腿面和柱顶面应弹出吊车梁和屋架的吊装定位线，如图6.22所示。

②对于屋架，应在上弦顶面弹出几何中心线、并延至屋架两端下部，再从屋架中央向两端弹出天窗架、屋面板的吊装定位线。

③对于吊车梁，应在梁的两端及顶面弹出吊装定位准线。

在对构件弹线的同时，应依据设计图纸对构件进行编号，编号应写在明显的部位，对上下、左右难辨的构件，还应注明方向，以免吊装时搞错。

3）拼装和加固构件

为了便于运输和避免扶直过程中损坏构件，多数构件可进行现场拼装和加固。

构件的拼装分为平拼和立拼两种。前者将构件平放拼装，拼装后扶直，一般适用于小跨度构件，如天窗架；后者用于侧向刚度较差的大跨度屋架，拼装时在吊装位置呈直立状态下进行，减少了移动和扶直工序。天窗架及大型屋架可制成两个半榀，运到现场后拼装成整体。

对于一些侧向刚度较差的天窗架、屋架，在拼装、焊接、翻身扶直及吊装过程中，为了防止变形和开裂，一般都用横杆进行临时加固。

4）运输及现场堆放构件

（1）运输构件

在工厂制作或在施工现场集中制作的构件，吊装前要运到吊装地点就位。构件的运输一般采用载重汽车、半托式或全托式的平板拖车。构件在运输过程中必须保证构件不倾倒、不变形、不损坏，为此有如下要求：

①构件的强度，当设计无具体要求时，不得低于混凝土设计强度标准值的75%。

②构件的支垫位置要正确，数量要适当，装卸时吊点位置要符合设计要求。

③运输道路要平整，有足够的宽度和转弯半径。

（2）现场堆放构件

构件的堆放应按平面布置图规定的位置堆放，避免二次搬运。构件堆放应符合下列规定：

①堆放构件的场地应平整坚实，并具有排水措施。

②构件就位时，应根据设计的受力情况搁置在垫木或支架上，并应保持稳定。

③重叠堆放的构件，吊环应向上，标志朝外；构件之间垫上垫木，上下层垫木应在同一垂

直线上。重叠堆放构件的堆垛高度应根据构件和垫木强度、地面承载力及堆垛的稳定性确定。

④采用支架靠放的构件必须对称靠放和吊运,上部用木块隔开。

5)基础准备

装配式混凝土柱一般为杯形基础,基础准备工作内容主要包括:

①杯口弹线:在杯口顶面弹出纵、横定位轴线,作为柱对位、校正的依据。

②杯底抄平:为了保证柱牛腿标高的准确,在吊装前需对杯底标高进行调整(抄平)。调整前先测量出杯底原有标高,柱子不大时,只在杯底中心测一点,若柱子比较大时,则要测杯底4个角点;再测量出柱脚底面至牛腿面的实际距离,计算出杯底标高的调整值;然后用水泥砂浆或细石混凝土填抹至需要的标高。杯底标高调整后,应加以保护,以防杂物落入。

6.2.2 柱的吊装

装配式钢筋混凝土单层工业厂房的结构构件主要有柱、吊车梁、连系梁、屋架、天窗架、屋面板等。各种构件的吊装过程为:绑扎→吊升→对位→临时固定→校正→最后固定。

1)柱的绑扎

绑扎柱的工具主要有吊索、卡环和横吊梁等。为使其在高空中脱钩方便,应采用活络式卡环。为避免吊装柱时吊索磨损柱表面,要在吊索与构件之间垫麻袋或木板等。

绑扎点的数量和位置应根据柱的形状、断面、长度、配筋和起重机性能等情况确定。对中、小型柱(≤130 kN),采用一点绑扎,绑扎点一般选在牛腿下,工型断面柱的绑扎点应选在矩形断面处,双肢柱的绑扎点应选在平腹杆处;对重型柱或细而长的柱子,需选用两点绑扎或双机抬吊,绑扎点位置应使两根吊索的合力作用线高于柱子的重心,这样才能保证柱子起吊后自行回转直立。

(1)斜吊绑扎法

当柱子平放起吊,抗弯强度满足要求时,可采用此法。柱子在平放状态绑扎,直接从底模起吊,柱起吊后柱身略呈倾斜状态,如图6.23所示。吊索在柱子宽面一侧,吊钩可低于柱顶。斜吊绑扎法的特点是:柱不需翻身,起重臂和起重高度都可以短一些。但由于柱子吊离地面后呈倾斜状态,对中对位比较不方便。

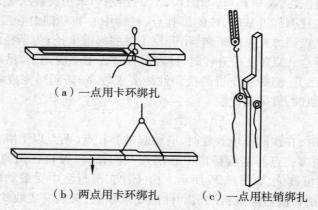

(a)一点用卡环绑扎

(b)两点用卡环绑扎　　(c)一点用柱销绑扎

图6.23　斜吊绑扎法

（2）直吊绑扎法

当柱子平放起吊，抗弯强度不能满足要求时，需先将柱子翻身，以提高柱截面的抗弯能力。柱起吊后柱身呈垂直状态，吊索分别在柱子两侧通过横吊梁与吊钩相连，如图6.24所示。这种绑扎法的特点是：柱起吊后成垂直状态，对位容易，吊钩在柱顶之上，需较大的起重高度，因此起重臂要求比斜吊法长。

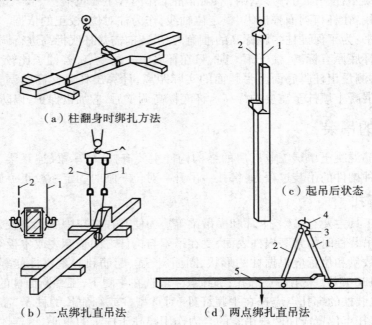

（a）柱翻身时绑扎方法

（b）一点绑扎直吊法

（c）起吊后状态

（d）两点绑扎直吊法

图6.24　直吊绑扎法

2）柱的起吊

单机吊装柱的常用方法有旋转法和滑行法。双机抬吊的常用方法有滑行法和递送法。

（1）旋转法

旋转法吊升柱时，起重机边收钩边回转，使柱子绕着柱脚旋转成直立状态，然后吊离地面，略转起重臂，将柱放入基础杯口，如图6.25（a）所示。采用旋转法时，柱在预制和堆放时的平面布置应做到：柱脚靠近基础、柱的绑扎点、柱脚中心和基础中心三点同在以起重机停机点为圆心、以停机点到绑扎点的距离（吊升柱子时的起重半径）为半径的圆弧上，即三点同弧，如图6.25（b）所示。旋转法吊升柱时，柱在吊升过程中受震动小，吊装效率高，一般中小型柱多采用旋转法吊升，但对起重机的机动性能要求较高，需同时完成收钩和回转的操作。采用自行杆式起重机时，宜采用此法。

（2）滑行法

滑行法吊升柱时，在预制或堆放柱时，应将起吊绑扎点（两点以上绑扎时为绑扎中点）布置在杯口附近，并使绑扎点和基础杯口中心两点共圆弧，以便将柱吊离地面后稍转动吊杆（或稍起落吊杆）即可就位，如图6.26所示。由于柱在滑行法中受震动较大，所以应对柱脚采取保护措施。但滑行法对起重机的机动性能要求较低，只需完成收钩上升一个动作。此法的特点是柱的布置灵活、起重半径小、起重杆不转动，操作简单，适用于柱子较长较重、现场狭窄或桅杆式起重机吊装。

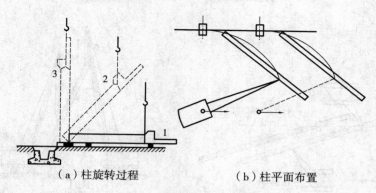

（a）柱旋转过程　　　　　　（b）柱平面布置

图 6.25　单机旋转法吊装柱
1—柱平放时;2—起吊中途;3—直立

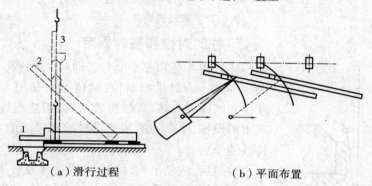

（a）滑行过程　　　　　　（b）平面布置

图 6.26　单机滑行法吊装柱
1—柱平放时;2—起吊中途;3—直立

（3）滑行法（双机）

柱应斜向布置,起吊绑扎点尽量靠近基础杯口。吊装步骤为:柱翻身就位→柱脚下设置托板、滚筒,铺好滑道→两机相对而立、同时起钩将柱吊离地面→同时落钩、将柱插入基础杯口,如图 6.27 所示。

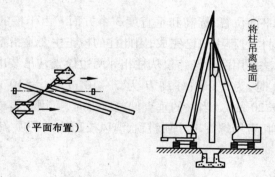

（平面布置）　　　　（将柱吊离地面）

图 6.27　双机抬吊滑行法

（4）双机递送法

柱斜向布置,起吊绑扎点尽量靠近杯口。主机起吊上柱,副机起吊柱脚。随着主机起吊,副机进行跑吊和回转,将柱脚递送至杯口上方,主机单独将柱子就位,如图 6.28 所示。

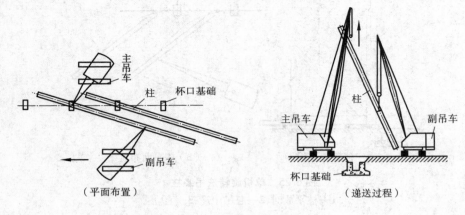

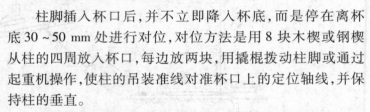

图6.28　双机递送法

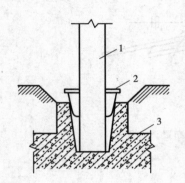

图6.29　柱的临时固定
1—柱子；2—楔块；3—基础

3）柱的对位和临时固定

柱脚插入杯口后，并不立即降入杯底，而是停在离杯底 30～50 mm 处进行对位，对位方法是用 8 块木楔或钢楔从柱的四周放入杯口，每边放两块，用撬棍拨动柱脚或通过起重机操作，使柱的吊装准线对准杯口上的定位轴线，并保持柱的垂直。

对位后，放松吊钩，柱沉至杯底，再复合吊装准线的对准情况后，对称地打紧楔块，将柱临时固定，如图 6.29 所示，然后起重机脱钩，拆除绑扎索具。当柱较高、基础杯口深度与柱长之比小于 1/20、或柱的牛腿较大时，仅靠柱脚处的楔块不能保证临时固定的柱子稳定，这时可采取增设缆风绳或加斜撑的方法来加强柱临时固定的稳定性。

4）柱的校正

柱的校正内容包括平面位置、标高和垂直度 3 个方面。由于柱的标高校正在基础抄平时已进行，平面位置在对位过程中也已完成，因此柱的校正主要是指垂直度的校正。

柱垂直度的校正方法是用两台经纬仪从柱相邻两边检查柱吊装准线的垂直度。其允许偏差值：当柱高 $H<5$ m 时，为 5 mm；柱高 H 为 5～10 m 时，为 10 mm；柱高 $H>10$ m 时，为 $(1/1\ 000)H$ 且不大于 20 mm。当柱的垂直偏差较小时，可用打紧或放松楔块的方法或用钢钎来纠正；偏差较大时，可用螺旋千斤顶斜顶、缆风校正法或平顶、钢管支撑斜顶等方法纠正（图6.30）。

5）柱的最后固定

柱子校正完成后应立即进行最后固定。最后固定的方法是在柱脚与基础杯口间的空隙内灌注细石混凝土，其强度等级应比构件混凝土强度等级提高两级。细石混凝土的浇筑分两次进行：第一次浇筑到楔块底部；第二次，在第一次浇筑的混凝土强度达25%设计强度标准值后，拔出楔块，将杯口灌满细石混凝土。

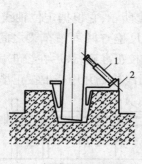 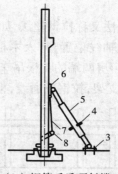

（a）螺旋千斤顶斜撑　　　　（b）钢管千斤顶斜撑

图 6.30　柱垂直度校正方法

1—螺旋千斤顶;2—千斤顶支座;3—底板;4—转动手柄;5—钢管;6—头部摩擦板;7—钢丝绳

【小任务】

请同学们根据案例中工字形柱的质量及长度,思考应采用何种柱的吊装工艺,并说明理由。

6.2.3　吊车梁的吊装

常见的吊车梁有矩形、T 形、鱼腹式等几种。吊车梁的吊装应在柱子杯口第二次浇筑的细石混凝土强度达到设计强度 75% 以后进行。

1)吊车梁的绑扎、吊升、对位和临时固定

吊车梁的绑扎点应对称设在梁的两端,吊钩垂线对准梁的重心,起吊后吊车梁保持水平状态。在梁的两端设溜绳控制梁的转动,以免与柱相碰。对位时应缓慢降钩,将梁端的安装准线与柱牛腿面的吊装定位线对准,并一次对好纵轴线,避免在纵轴线方向撬动吊车梁而导致柱偏斜。吊车梁的标高误差可在以后轨道安装时调整。一般来说,吊车梁的自身稳定性较好,对位后不需进行临时固定,但当吊车梁的高宽比大于 4 时,为防止吊车梁的倾倒,可用铁丝将吊车梁临时固定在柱上。

2)吊车梁的校正和最后固定

吊车梁的校正内容包括标高、平面位置和垂直度。标高在基础抄平时已基本完成,一般误差不会太大,如存在少许误差,可在安装轨道时,在吊车梁面上抹一层砂浆找平层进行调整。吊车梁的平面位置和垂直度的校正,对一般的中小型吊车梁,校正工作应在厂房结构校正和固定后进行,这是因为在安装屋架、支撑及其他构件时,可能引起吊车梁位置的变化,影响吊车梁的准确位置。对于较重的吊车梁,由于脱钩后校正困难,可边吊边校,但屋架等构件固定后需再复查一次。

吊车梁的垂直度用铅锤检查,当偏差超过规范规定的允许值(5 mm)时,在梁的两端与柱牛腿面之间垫铁予以纠正。

吊车梁平面位置的校正主要是检查吊车梁的纵轴线直线度和跨距是否符合要求。常用

方法主要有：

①通线法。通线法又称拉钢丝法，如图 6.31 所示，它根据定位轴线，在厂房的两端地面上定出吊车梁的安装轴线位置，打入木桩，用钢尺检查两列吊车梁之间的跨距是否满足要求，然后用经纬仪将厂房两端的 4 根吊车梁位置校正准确，最后在校正后柱列两端的吊车梁上设高约 200 mm 的支架，拉钢丝通线，根据此通线检查并用撬棍拨正吊车梁的中心线。

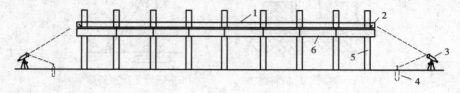

图 6.31　通线法校正吊车梁示意图

1—通线；2—支架；3—经纬仪；4—木桩；5—柱；6—吊车梁

②平移轴线法。在柱列边设置经纬仪，逐根将杯口上柱的吊装准线投射到吊车梁顶面处的柱面上，并做出标志，如图 6.32 所示。若标志线至柱定位轴线的距离为 a，则标志线距吊车梁定位轴线距离为 $\lambda-a$，其中 λ 为柱定位轴线到吊车梁定位轴线之间的距离。据此逐根拨正吊车梁的中心线，并检查两列吊车梁间的跨距是否满足要求。这种方法适用于同一轴线上吊车梁数量较多的情况。

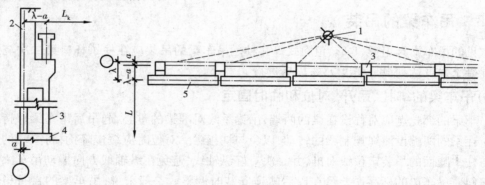

图 6.32　仪器放线法校正吊车梁的平面位置

1—校正基准线；2—吊车梁中线；3—经纬仪；4—经纬仪视线；5—木尺；
6—已吊装、校正的吊车梁；7—正吊装、校正的吊车梁；7—经纬仪

吊车梁校正后，应立即用电焊进行最后固定，并在吊车梁与柱的空隙处灌注细石混凝土。

6.2.4　屋架的吊装

钢筋混凝土预应力屋架一般在施工现场平卧叠浇生产，吊装前应将屋架扶直、就位。屋架安装的主要工序有绑扎、扶直与就位、吊升、对位、校正、最后固定等。

1）屋架绑扎方法

屋架的绑扎点应选在上弦节点处，左右对称，并且绑扎吊索的合力作用点（绑扎中心）应高于屋架重心，这样屋架起吊后不易倾翻和转动。

绑扎时,绑扎吊索与构件水平夹角扶直时不宜小于60°,吊升时不宜小于45°,以免屋架承受较大的横向压力。为减少屋架的起重高度和横向压力,可采用横吊梁进行吊装。屋架高度>1.7 m时,应加绑木、竹或钢管横杆,以加强屋架平面刚度。

一般来说,屋架跨度小于18 m时,两点绑扎;屋架跨度大于18 m时,用两根吊索四点绑扎;当跨度大于30m时,应考虑采用横吊梁,以减小起重高度;对三角组合屋架等刚性较差的屋架,由于下弦不能承受压力,绑扎时也应采用横吊梁,如图6.33所示。

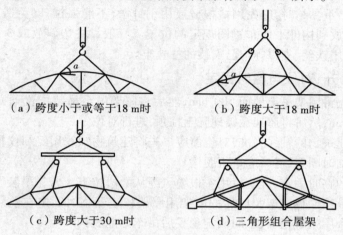

（a）跨度小于或等于18 m时　　（b）跨度大于18 m时

（c）跨度大于30 m时　　（d）三角形组合屋架

图6.33　屋架绑扎方法

2）屋架的扶直与就位

单层工业厂房的屋架一般均在施工现场平卧叠浇,因此在吊装屋架前,需将平卧制作的屋架扶成直立状态,然后吊放到设计规定的位置,这个施工过程称为屋架的扶直与就位。由于屋架平面刚度差,翻身中易损坏,18 m以上的屋架应在屋架两端用方木搭设井字架,高度与下一榀屋架上平面同,以便屋架扶直后搁置其上。

屋架的扶直方法有正向扶直和反向扶直两种,如图6.34所示。

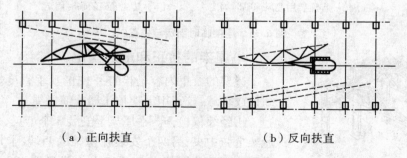

（a）正向扶直　　（b）反向扶直

图6.34　屋架的扶直

正向扶直时,起重机位于屋架的下弦一侧。首先将吊钩对准屋架平面中心,收紧吊钩,然后稍微起臂使屋架脱模,接着起重机升钩起臂,使屋架以下弦为轴转成直立状态。

反向扶直时,起重机位于屋架的上弦一侧。首先将吊钩对准屋架平面中心,收紧吊钩使屋架脱模,接着起重机升钩并降臂,使屋架以下弦为轴转成直立状态。

正向扶直和反向扶直最主要的不同点在于,扶直过程中一为升臂、一为降臂。起重机的升臂比降臂易于操作且较安全,因此应尽量采用正向扶直。

屋架扶直时应注意的问题如下:

①起重机吊钩应对准屋架中心,吊索宜用滑轮连接,左右对称。在屋架接近扶直时,吊钩应对准下弦中心,防止屋架摇摆。

②当屋架叠浇时,为防止屋架突然下滑而损坏,应在屋架两端搭设井字架或枕木垛,枕木垛的高度与下层屋架的表面平齐。

③屋架间有严重黏结时,应先用撬棍撬或用钢钎凿,不能强拉,以免造成屋架损坏。屋架扶直后,立即吊放到构件平面布置图规定的位置。一般靠柱边斜放或 3~5 榀为一组,平行柱边就位,然后用铁丝、支撑等与已安装的柱扎牢。

3)屋架的吊升、对位与临时固定

屋架吊升是先将屋架吊离地面 500 mm,然后将屋架吊至吊装位置下方,升钩将屋架吊至超过柱顶 300 mm,然后将屋架缓缓地降至柱顶,进行对位。

屋架对位以建筑物的轴线为准,对位前应事先将建筑物轴线用经纬仪投放到柱顶面上,对位后立即进行临时固定,然后起重机脱钩。

第一榀屋架的临时固定方法是:用 4 根缆风绳从两边拉牢。若先吊装了抗风柱,可将屋架与抗风柱连接。第二榀屋架及以后的屋架用屋架校正器临时固定在前一榀屋架上,每榀屋架至少需要两个屋架校正器,临时固定稳妥后吊车方能脱钩。

屋架临时固定与校正如图 6.35 所示。

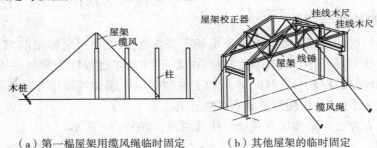

（a）第一榀屋架用缆风绳临时固定　　　（b）其他屋架的临时固定

图 6.35　屋架临时固定与校正

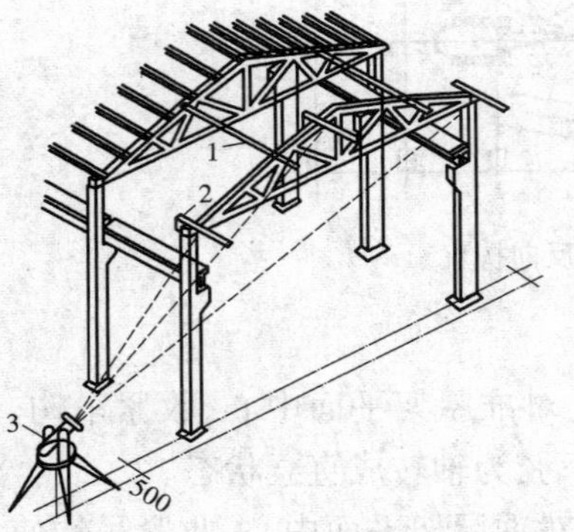

4)屋架的校正和最后固定

屋架的校正内容是检查并校正其垂直度。检查用经纬仪或垂球,校正用屋架校正器或缆风绳。

①经纬仪检查。在屋架上安装 3 个卡尺,一个安装在屋架上弦中央,另两个安装在屋架的两端,卡尺与屋架的平面垂直。从屋架上弦几何中心线量取 500 mm 在卡尺上做标志,然后在距屋架中线 500 mm 处的地面上设置一台经纬仪,检查 3 个卡尺上的标志是否在同一垂直面上,如图 6.36 所示。

②垂球检查。卡尺设置与经纬仪检查方法相同。从屋架上弦几何中心线向卡尺方向量取 300 mm 的一段距

图 6.36　屋架临时固定与校正

1—工具式支撑;2—卡尺;3—经纬仪

离,并在 3 个卡尺上做出标志,然后在两端卡尺的标志处拉一条通线,在中央卡尺标志处向下挂垂球,检查 3 个卡尺上的标志是否在同一垂直面上。

③屋架校正后,立即用电焊做最后固定。焊接时应在屋架的两侧同时对角施焊,不得同侧同时施焊。

6.2.5 屋面板及天窗架的吊装

1)屋面板的吊装

屋面板 4 个角一般预埋有吊环,吊装时用带钩的吊索勾住其吊环,吊索应等长且拉力相等,屋面板应保持水平。屋面板多采用一钩多块叠吊或平吊法,以发挥起重机的效能。吊装顺序为:由两边檐口开始,左右对称逐块向屋脊安装,避免屋架承受半跨荷载受力不均。屋面板对位后,立即用电焊固定每块板不少于 3 个角点焊接,最后一块只能焊两点。

2)天窗架的吊装

天窗架常用单独吊装,也可与屋架拼装成整体同时吊装。单独吊装时,应待屋架两侧屋面板吊装后进行,采用两点或四点绑扎,并用工具式夹具或圆木进行临时加固。

【小任务】

案例工程屋架跨度为 24 m,请同学们根据案例中屋架跨度的质量及长度,思考应采用屋架的绑扎方法、屋架扶正及就位方式,分组讨论并说明理由。

任务 6.3　单层工业厂房结构吊装方案

单层工业厂房结构吊装的施工方案主要包括确定结构吊装方法、选择起重机、确定起重机的开行路线和构件的平面布置等。确定施工方案时,应根据厂房的结构形式、构件的质量及安装高度、工程量和工期的要求,并考虑现有起重机设备条件等因素综合确定。

6.3.1 起重机的选择

1)选择起重机类型

选择起重机类型需综合考虑的因素有:结构的跨度、高度、构件质量和吊装工程量,施工现场条件,工期要求,施工成本要求,本企业或本地区现有起重设备状况。

一般来说,吊装工程量较大的单层装配式结构宜选用履带式起重机;工程位于市区或工程量较小的装配式结构宜选用汽车式起重机;道路遥远或路况不佳的偏僻地区吊装工程则可考虑独脚或人字扒杆或桅杆式起重机等简易起重机械。

2)选择起重机型号

选择起重机型号时要依据构件的尺寸、质量和安装高度,所选择起重机的 3 个工作参数,即起重量 Q、起重高度 H、工作幅度(回转半径)R 必须满足构件吊装的要求。

（1）确定起重量

选择起重机的起重量，必须大于或等于所安装构件的质量与索具质量之和，即

$$Q \geqslant Q_1 + Q_2 \tag{6.4}$$

式中　Q——起重机的起重量，t；

　　　　Q_1——构件质量，t；

　　　　Q_2——吊索质量，t。

（2）确定起重高度

起重机的起重高度（停机面至吊钩的距离）必须满足构件吊装的要求，如图 6.37 所示。

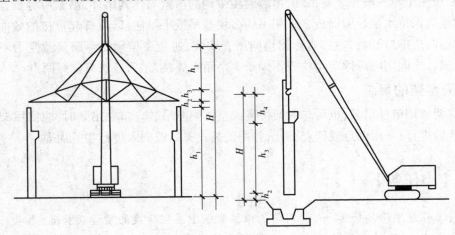

图 6.37　履带式起重机起吊高度计算简图

$$H \geqslant h_1 + h_2 + h_3 + h_4 \tag{6.5}$$

式中　H——起重机的起重高度，m；

　　　　h_1——安装支座表面高度，从停机面算起，m；

　　　　h_2——安装空隙，不小于 0.3 m；

　　　　h_3——绑扎点至构件吊起底面的距离，m；

　　　　h_4——索具高度，自绑扎点至吊钩中心的距离，m。

（3）确定起重半径

确定起重半径时一般分为两种情况：

①起重机能不受限制地开到吊装位置附近时，不需验算起重半径 R。可根据计算的起重量 Q 和起重高度 H，查阅起重机性能曲线或性能表，选择起重机的型号和起重臂长度 L，并可查得相应起重量和起重高度下的起重半径 R，作为确定起重机开行路线和停机点位置时的依据。

②当起重机不能直接开到吊装位置附近时，就需根据实际情况确定吊装的最小起重半径 R。根据起重量 Q、起重高度 H 和起重半径 R 3 个参数查阅起重机性能曲线或性能表，选择起重机的型号和起重臂长度 L。

（4）确定起重臂最小杆长

当起重机的起重臂需要跨过已安装好的构件去吊装构件时，如跨过屋架吊装屋面板，为使起重臂不与已安装好的构件相碰，需要确定起重机吊装该构件的最小起重臂长度 L 及相

应的起重半径 R,并据此和起重量 Q、起重高度 H 查阅起重机性能曲线或性能表,选择起重机的型号和起重臂长度 L。

确定起重机的最小起重臂长的方法有数解法和图解法两种。

① 数解法。如图 6.38 所示,起重臂的最小长度 L_{min} 可按式(6.6)计算:

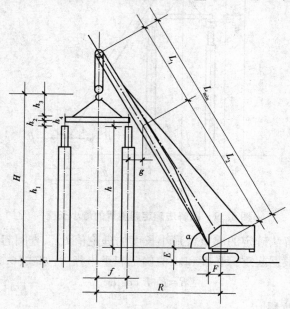

图 6.38 数解法确定起重臂的最小长度

$$L_{min} \geqslant L_1 + L_2 = \frac{h}{\sin \alpha} + \frac{f+g}{\cos \alpha} \tag{6.6}$$

式中　L_{min}——起重臂最小长度,m;

h——起重臂下铰至屋面板吊装支座的高度,m,$h = h_1 - E$;

h_1——停机面至屋面板吊装支座的高度,m;

f——吊钩需跨过已安装好结构的距离,m;

g——起重臂轴线与已安装好结构间的水平距离,至少取 1 m;

α——吊装时起重臂的仰角,可取 $\alpha = \arctan\sqrt[3]{\dfrac{h}{f+g}}$。

② 图解法。如图 6.39 所示,起重臂的最小长度 L_{min} 可按下列步骤计算:

第 1 步,按一定比例绘出吊装厂房一个节间的纵剖面图,并绘出起重机吊装屋面板时的吊钩位置处的垂线;初步选定起重机型号,根据起重机的 E 值,绘出平行于面的线 H—H;

第 2 步,从屋架顶面中心线向起重机方向水平量出一段距离 g($g = 1.0$ m),定出 P 点。按满足吊装要求的起重臂上定滑轮中心点的最小高度,在垂线 y—y 上定出 G 点,A 点距停机面的距离为 $H+d$,($H = h_1 + h_2 + h_3 + h_4$,$d$ 为吊钩至起重臂顶端滑轮中心的最小高度,一般取 $2.5 \sim 3.5$ m)。

第 3 步,连接 G、P 两点,使其延长线与 H—H 相交于点 G_0,线段 GG_0 为起重臂最小长度 L_{min},α 为吊装时起重臂的仰角。

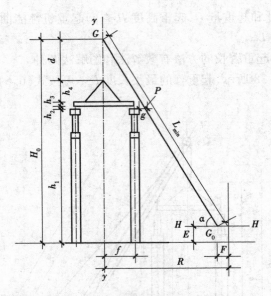

图 6.39　图解法确定起重臂的最小长度

根据数解法或图解法确定的起重臂最小长度的理论值 L_{min}，查阅起重机性能曲线或性能表，确定起重机臂长；根据起重臂长度和 α 值确定起重半径 R，如式(6.7)：

$$R = F + L \cos \alpha \qquad (6.7)$$

3)确定起重机数量

起重机的数量根据工程量、工期要求和起重机的台班产量定额，按式(6.8)计算：

$$N = \frac{1}{TCK} \sum \frac{Q_i}{P_i} \qquad (6.8)$$

式中　N——起重机台数；

　　　T——工期，d；

　　　C——每天工作班数；

　　　K——时间利用系数，一般取 0.8 ~ 0.9；

　　　Q_i——每种构件安装工程量，单位为件或 t；

　　　P_i——起重机相应的产量定额，件/台班或 t/台班。

此外，在决定起重机的数量时，还需考虑构件的装卸、拼装和堆放的需要。

【小任务】

请同学们根据上节讨论中柱、屋架吊装中对起重机械的不同要求，最后确定起重机械的性能要求和数量。

6.3.2　结构吊装方法

单层工业厂房的结构吊装方法有分件吊装法和综合吊装法。

1)分件吊装法

分件吊装法(也称大流水法),是指起重机每开行一次,只吊装一种或几种构件。通常分3次开行安装完构件:第一次吊装柱,并逐一进行校正和最后固定;第二次吊装吊车梁、连续梁及柱间支撑等;第三次以节间为单位吊装屋架、天窗架和屋面板等构件,吊装顺序如图6.40所示。

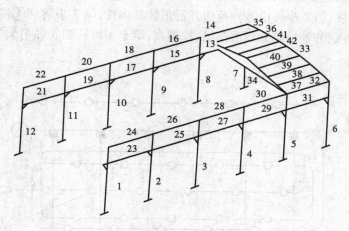

图 6.40 分件吊装法构件吊装顺序

图中数字表示构件吊装顺序,其中1~12—柱;13~32—单数是吊车梁,双数是连系梁;33、34—屋架;35~42—屋面板

由于分件吊装法每次吊装的基本上是同类构件,可根据构件的质量和安装高度选择不同的起重机,同时在吊装过程中不需频繁更换索具,容易熟练操作,所以吊装速度快,能充分发挥起重机的工作性能。另外,构件的供应、现场的平面布置以及校正等都比较容易组织。因此,目前一般单层工业厂房多采用分件吊装法。但分件吊装法由于起重机开行路线长、停机点多,不能及早为后续工程提供工作面。

2)综合吊装法

综合吊装法是指起重机在开行一次中,以节间为单位安装所有的构件。具体做法是,先吊4~6根柱子,接着就进行校正和最后固定,然后吊装该节间的吊车梁、连续梁、屋架、屋面板和天窗架等构件,吊装顺序如图6.41所示。

综合吊装法起重机开行路线短,停机点少,能及早为后续工程提供工作面。但由于同时吊装各类构件,索具更换频繁,操作多变,影响生产效率的提高,不能充分发挥起重机的性能;另外,构件供应、平面布置复杂,且校正和最后固定时间紧张,不利于施工组织。所以,一般情况不采用这种吊装方法,只有采用桅杆式等移动困难的起重机时,才采用此法。

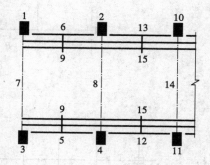

图 6.41 综合吊装法构件吊装顺序

图中数字表示构件吊装顺序,其中1~4、10、11—柱;5、6、12、13—吊车梁;9、15—连系梁;7、8、14—屋架

6.3.3 确定起重机的开行路线、停机位置

1)起重机的开行路线

吊装柱时起重机的开行路线根据厂房的跨度、柱的尺寸、质量及起重机的性能,图 6.42 即为某单跨厂房的起重机开行路线及停机位置示例。吊车进场后,第 1 步从Ⓐ轴进场,沿跨外开行吊装Ⓐ列柱;第 2 步再沿Ⓑ轴跨边开行吊装Ⓑ列柱;第 3 步转到Ⓐ轴扶直屋架及屋架就位;第 4 步再转到Ⓑ轴吊装Ⓑ列吊车梁、连梁系;第 5 步再转到Ⓐ轴吊装Ⓐ列吊车梁、连系梁,最后退场。

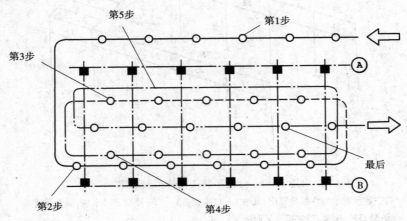

图 6.42 某单跨厂房的起重机开行路线及停机位置示例

2)吊车开行

吊装柱时,起重机的开行路线根据厂房的跨度、柱的尺寸、质量及起重机的性能,分为跨中开行和跨边开行两种,如图 6.43 所示。

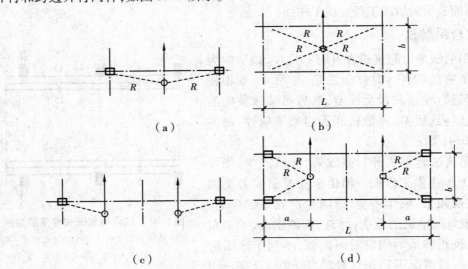

图 6.43 起重机吊装柱时的开行路线及停机位置

图 6.43(a)吊装柱子时,当起重半径 $R \geqslant L/2$(厂房跨度)时,起重机沿跨中开行,每个停机位可吊 2 根柱子。

图 6.43(b)吊装柱子时,当 $R < L/2$ 时,起重机沿跨边开行,每个停机位可吊 1 根柱子;

图 6.43(c)吊装柱子时,当 $R \geqslant \sqrt{\left(\dfrac{L}{2}\right)^2 + \left(\dfrac{b}{2}\right)^2}$,则可吊 4 根柱子。

图 6.43(d)吊装柱子时,当 $R \geqslant \sqrt{a^2 + \left(\dfrac{b}{2}\right)^2}$,则可吊 2 根柱子。

当柱布置在跨外时,起重机一般沿跨外开行,停机位置与跨边开行相似。

6.3.4 构件的平面布置

单层厂房现场预制构件的布置是一项重要的工作,布置合理可避免构件在场内的二次搬运,充分发挥起重机械的效率。需在现场预制的构件主要是柱、屋架和吊车梁,其他构件可在构件厂或场外制作。

1)柱的平面布置

柱的现场预制位置即为吊装阶段的就位位置。一般按吊装要求进行平面布置,布置方式主要有斜向布置和纵向布置。采用旋转法吊升时,斜向布置;滑行法吊装时,纵向布置,也可斜向布置。

①按旋转法起吊,一般按三点同弧作图,确定其斜向布置的位置,其作图步骤如下:

第 1 步,确定起重机开行路线到柱列中心的距离 a,要求 a 小于起重半径 R、大于起重机的最小回转半径。

第 2 步,以基础杯口中心为圆心,以 R 为半径画弧交于开行路线上一点 O,O 点即为吊装该柱时起重机的停机点。

第 3 步,按三点同弧的原则,首先在靠近基础杯口处的弧上定一点 B,作为柱脚中心位置,然后以 B 点为圆心,以绑扎点至柱脚的距离为半径画弧,与以 R 为半径的弧交于 C 点,C 点即为绑扎点位置,最后以 BC 为准画出柱的模板图,如图 6.44 所示。

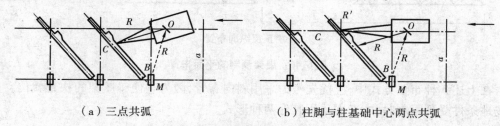

(a)三点共弧　　　　　　　　　　　(b)柱脚与柱基础中心两点共弧

图 6.44 旋转法吊装柱时柱的平面布置

②柱用滑行法起吊,按两点同弧斜向或纵向布置,绑扎点靠近杯口,如图 6.45 所示。有时为节约场地,对不太长的柱可采用两柱叠浇纵向布置。

2)屋架的平面布置

吊装屋架及屋盖结构中其他构件时,起重机均跨中开行。屋架的平面布置分为预制阶段平面布置和吊装阶段平面布置。

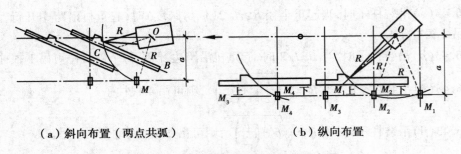

（a）斜向布置（两点共弧）　　　　（b）纵向布置

图6.45　滑行法吊装柱时柱的平面布置

（1）预制阶段的平面布置

屋架一般在跨内平卧叠浇预制，每叠3~4榀。布置方式有斜向布置、正反斜向布置和正反纵向布置3种，如图6.46所示。图中的虚线表示预应力屋架抽管及穿筋所需的长度，每叠屋架间应留1.0 m的间距，以便支模和浇筑混凝土。

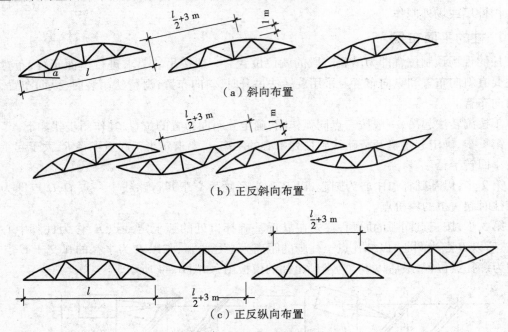

（a）斜向布置

（b）正反斜向布置

（c）正反纵向布置

图6.46　屋架预制的平面布置

在上述3种布置方式中，应优先考虑采用斜向布置，因为它便于屋架的扶直就位。只有在场地条件受到限制时，才考虑采用其他两种形式。

（2）吊装阶段的平面布置

屋架吊装阶段的平面布置是指将叠浇的屋架扶直后，排放到吊装前的预定位置。其布置方式主要有靠柱边斜向排放和靠柱边成组纵向排放。

①屋架的斜向排放（图6.47），多用于质量较大的屋架。排放位置的确定可按下列步骤进行：

第1步，确定起重机的开行路线和停机点。起重机跨中开行，在开行路线上定出吊装每榀屋架的停机点，即以屋架轴线的中点 M 为圆心，以 R 为半径画弧与开行路线交于 O 点即为停机点。

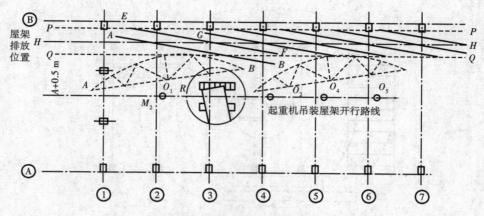

图 6.47　屋架斜向排放（虚线表示屋架预制的位置）

第 2 步，确定屋架的排放位置。先定出 P—P 线，该线距柱边距离不小于 200 mm，再定 Q—Q 线，该线距开行路线的距离为 A+0.5 m（A 为起重机机尾长），并在 P—P 线和 Q—Q 线定出中线 H—H 线，屋架排放在 P—P 线与 Q—Q 线之间，中点在 H—H 线上。

第 3 步，确定排放位置。一般从第一榀开始，以 O_2 为圆心，以 R 为半径画弧交 H—H 线于 G，G 为屋架中心点；再以 G 为圆心，以 1/2 屋架跨度为半径画弧交 P—P 线、H—H 线于 E、F，连接 E、F 即为屋架吊装位置，以此类推。第一榀因为有抗风柱，可灵活布置。

②屋架的纵向排放（图 6.48），多用于质量较轻的屋架，允许起重机负荷行使。纵向排放一般 3~4 榀为一组，靠柱边顺轴线排放。屋架之间的净距不大于 200 mm，相互之间用铁丝及支撑拉紧撑牢，每组屋架之间预留约 3 m 作为横向通道。为防止吊装过程中与已安装的屋架碰撞，每组屋架的跨中可安排在该组屋架倒数第二榀安装轴线之后约 2 m 处。

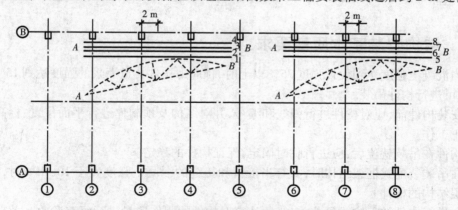

图 6.48　屋架的成组纵向排放（虚线表示屋架预制时的位置）

3）吊车梁、连系梁、屋面板的就位

吊车梁、连系梁的就位位置一般在其吊装位置的柱列附近，跨内跨外均可。当在跨内就位时，屋面板应后退 3~4 个节间开始堆放；若在跨外就位，屋面板应后退 1~2 个节间开始堆放，如图 6.49 所示。

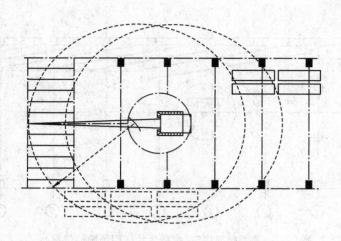

图 6.49　屋面板吊装就位布置

构件应按吊装顺序及编号进行就位或集中堆放。梁式构件叠放一般 2～3 层,大型屋面板不超过 6～8 层。

【小任务】

请同学们根据案例,分组讨论应采用何种吊装方法,并根据所确定的吊装方法制订起重机械的开行路线、停机位置、构件的平面布置,最后制订出本工程的吊装施工方案。

任务 6.4　结构安装的质量检验

6.4.1　结构安装基本质量要求

①当混凝土强度达到设计强度 75% 以上时,预应力构件孔道灌浆的强度达到 15 MPa 以上时,方可进行构件吊装。

②安装构件前,应对构件进行弹线和编号,并对结构及预制件进行平面位置、标高、垂直度等校正工作。

③构件在吊装就位后,应进行临时固定,保证构件的稳定。

④在吊装装配式框架结构时,只有当接头和接缝的混凝土强度大于 10 MPa 时,方能吊装上一层结构的构件。

⑤在进行构件的运输或吊装前,必须认真对构件的制作质量进行复查验收。此前,制作单位必须先行自查,然后向运输单位和吊装单位提交构件出厂证明书(附混凝土试块强度报告),并在自查合格的构件上加盖“合格”印章。

复查验收内容主要包括构件的混凝土强度和构件的观感质量。检查混凝土强度的工作,主要是查阅混凝土试块的试验报告单,看其强度是否符合设计要求和运输、吊装要求。检查构件的观感质量,主要是看构件有无裂缝或裂缝宽度、混凝土密实度(蜂窝、孔洞及露筋情况)和外形尺寸偏差是否符合设计要求和规范要求。

【小任务】

请同学们根据结构安装质量验收的要求,思考结构吊装工程质量控制的重点在何处,最后在本工程的吊装施工方案加以强调。

6.4.2　混凝土预制构件的允许偏差及检验方法

混凝土预制构件的允许偏差及检验方法见表6.9。

表6.9　预制构件的允许偏差及检验方法

项　目		允许偏差/mm	检验方法
长　度	板、梁	+10,-5	钢尺检查
	柱	+5,-10	
	墙板	±5	
	薄腹梁、桁架	+15,-10	
宽度、高(厚)度	板、梁、柱、墙板、薄腹梁、桁架	±5	钢尺量一端及中部,取其中较大值
侧向弯曲	梁、柱、板	$l/750$ 且≤20	拉线、钢尺量最大侧向弯曲处
	墙板、薄腹梁、桁架	$l/1\,000$ 且≤20	
预埋件	中心线位置	10	钢尺检查
	螺栓位置	5	
	螺栓外露长度	+10,-5	
预留孔	中心线位置	5	钢尺检查
预留洞	中心线位置	15	钢尺检查
主筋保护层厚度	板	+5,-3	钢尺或保护层厚度测定仪量测
	梁、柱、墙板、薄腹板、桁架	+10,-5	
对角线差	板、墙板	10	钢尺量两个对角线
表面平整度	板、墙板、柱、梁	5	2 m靠尺和塞尺检查
预应力构件预留孔道位置	梁、墙板、薄腹梁、桁架	3	钢尺检查
翘　曲	板	$l/750$	调平尺在两端量测
	墙板	$l/1\,000$	

注:1. l 为构件长度,单位为mm;

　　2. 检查中心线、螺栓和孔道位置时,应沿纵、横两个方向量测,并取其中的较大值;

　　3. 对形状复杂或有特殊要求的构件,其尺寸偏差应符合标准图或设计的要求。

6.4.3 结构安装构件允许偏差及检验方法

结构安装构件的允许偏差及检验方法见表6.10。

表6.10 结构安装构件的允许偏差和检验方法

项次	项 目			允许偏差/mm	检验方法
1	杯形基础	中心线对轴线位置偏移		10	尺量检查
		杯底安装标高		+0,-10	用水准仪检查
2	柱	中心线对定位轴线位置偏移		5	尺量检查
		上下柱接口中心线位置偏移		3	
		垂直度	≤5 m	5	用经纬仪或吊线和尺量检查
			>5 m	10	
			≥10 m 多节柱	1/1 000 柱高，且不大于 20	
		牛腿上表面和柱顶标高	≤5 m	+0,-5	用水准仪或尺量检查
			>5 m	+0,-8	
3	梁或吊车梁	中心线对定位轴线位置偏移		5	尺量检查
		梁上表面标高		+0,-5	用水准仪或尺量检查
4	屋 架	下弦中心线对定位轴线位置偏移		5	尺量检查
		垂直度	桁架拱形屋架	1/250 屋架高	用经纬仪或吊线和尺量检查
			薄腹梁	5	
5	天窗架	构件中心线对定位轴线位置偏移		5	尺量检查
		垂直度		1/300 天窗架高	用经纬仪或吊线和尺量检查
6	托架梁	底座中心线对定位轴线位置偏移		5	尺量检查
		垂直度		10	用经纬仪或吊线和尺量检查
7	板	相邻板下表面平整度	抹 灰	5	用直尺和楔形塞尺检查
			不抹灰	3	
8	楼梯阳台	水平位置偏移		10	尺量检查
		标 高		±5	
9	工业厂房墙板	标 高		±5	用水准仪和尺量检查
		墙板两端高低差		±5	

项目小结

所谓结构的装配式部分,是指建筑物的某些构件在工厂或施工现场预制成各个单体构件或单元,然后利用起重机按图纸要求在施工现场完成组装。它与现浇混凝土结构施工方法比较,具有构件生产工厂化、设计标准化、安装机械化的特点,是建筑业施工现代化的重要发展方向。

本章重点和难点是起重机的开行路线和构件的平面布置,要求学生在掌握结构吊装工程基本原理的基础上,重点掌握起重设备的选用、柱及屋架吊装工艺的确定、起重机的开行路线、构件的平面布置,熟悉吊车梁吊装时的校正。

在学习本章的内容时,应注意掌握吊装工程施工质量管理流程:首先是起重机械的选用,其次是确定起重机械开行线路和构件平面布置,然后确定吊装方案,最后组织结构吊装分项工程质量验收。

复习思考题

1. 试述桅杆式起重机的种类及特点。
2. 试述履带式起重机的主要技术参数及相互关系。
3. 塔式起重机有哪几种类型?试述其特点及适用范围。
4. 试述自升式和爬升式起重机的自升原理和爬升原理。
5. 试述柱的吊升工艺及方法。吊点选择应考虑什么原则?
6. 如何对柱进行固定和校正?
7. 屋架的正向扶直和反向扶直有何区别?
8. 试述屋架的吊升、校正和固定方法。
9. 试比较分件吊装法和综合吊装的优缺点。

实训项目

请同学们编制完成导入案例的吊装施工方案,同时绘制吊装各阶段的平面布置图,并要求附起重机械稳定性和钢丝绳承载的计算书。

参考文献

[1] 陈达飞.平法识图与钢筋算量[M].3 版.北京:中国建筑工业出版社,2017.

[2] 中国建筑标准设计研究院.混凝土结构施工图平面整体表示方法制图规则和构造详图（现浇混凝土框架、剪力墙、梁、板）(16G101-1)[M].北京:中国计划出版社,2016.

[3] 中国建筑标准设计研究院.混凝土结构施工图平面整体表示方法制图规则和构造详图（现浇混凝土板式楼梯）(16G101-2)[M].北京:中国计划出版社,2016.

[4] 中国建筑标准设计研究院.混凝土结构施工图平面整体表示方法制图规则和构造详图（剪力墙边缘构件）(12G101-4)[M].北京:中国计划出版社,2012.

[5] 中国建筑标准设计研究院.G101 系列图集施工常见问题答疑图解(13G101-11)[M].北京:中国计划出版社,2013.

[6] 中华人民共和国住房和城乡建设部.普通混凝土配合比设计规程:JGJ 55—2011[S].北京:中国建筑工业出版社,2011.

[7] 中华人民共和国住房和城乡建设部.钢筋焊接及验收规程:JGJ 18—2012[S].北京:中国建筑工业出版社,2012.

[8] 中华人民共和国住房和城乡建设部.建筑施工安全检查标准:JGJ 59—2011[S].北京:中国建筑工业出版社,2012.

[9] 中华人民共和国住房和城乡建设部.建筑工程大模板技术标准:JGJ 74—2017[S].北京:中国建筑工业出版社,2018.

[10] 中华人民共和国住房和城乡建设部.预应力筋用锚具、夹具和连接器应用技术规程:JGJ 85—2010[S].北京:中国建筑工业出版社,2010.

[11] 中华人民共和国住房和城乡建设部.无粘结预应力混凝土结构技术规程:JGJ 92—2016[S].北京:中国建筑工业出版社,2016.

[12] 中华人民共和国住房和城乡建设部.冷轧带肋钢筋混凝土结构技术规程:JGJ 95—2011[S].北京:中国建筑工业出版社,2012.

［13］中华人民共和国住房和城乡建设部.建筑工程冬期施工规程:JGJ/T 104—2011［S］.北京:中国建筑工业出版社,2011.

［14］中华人民共和国住房和城乡建设部.钢筋机械连接技术规程:JGJ 107—2016［S］.北京:中国建筑工业出版社,2016.

［15］中华人民共和国住房和城乡建设部.建筑施工门式钢管脚手架安全技术标准:JGJ 128—2019［S］.北京:中国建筑工业出版社,2019.

［16］中华人民共和国住房和城乡建设部.建筑施工扣件式钢管脚手架安全技术规范:JGJ 130—2011［S］.北京:中国建筑工业出版社,2011.

［17］中华人民共和国住房和城乡建设部.混凝土中钢筋检测技术标准:JGJ/T 152—2019［S］.北京:中国建筑工业出版社,2020.

［18］中华人民共和国住房和城乡建设部.建筑施工模板安全技术规程:JGJ 162—2008［S］.北京:中国建筑工业出版社,2008.

［19］中华人民共和国住房和城乡建设部.建筑施工碗扣式钢管脚手架安全技术规范:JGJ 166—2016［S］.北京:中国建筑工业出版社,2017.

［20］中华人民共和国住房和城乡建设部.混凝土耐久性检验评定标准:JGJ/T 193—2009［S］.北京:中国建筑工业出版社,2010.

［21］中华人民共和国住房和城乡建设部.混凝土结构工程施工规范:GB 50666—2011［S］.北京:中国建筑工业出版社,2012.

［22］中华人民共和国住房和城乡建设部.混凝土强度检验评定标准:GB/T 50107—2010［S］.北京:中国建筑工业出版社,2010.

［23］中华人民共和国国家质量监督检验总局,中国国家标准化管理委员会.碗扣式钢管脚手架构件:GB 24911—2010［S］.北京:中国标准出版社,2011.

［24］中华人民共和国住房和城乡建设部.混凝土质量控制标准:GB 50164—2011［S］.北京:中国建筑工业出版社,2012.

［25］中华人民共和国国家质量监督检验总局,中国国家标准化管理委员会.预应力筋用锚具、夹具和连接器:GB/T 14370—2015［S］.北京:中国标准出版社,2015.

［26］中华人民共和国国家质量监督检验总局,中国国家标准化管理委员会.预应力孔道灌浆剂:GB/T 25182—2010［S］.北京:中国标准出版社,2011.

［27］中华人民共和国国家质量监督检验总局,中国国家标准化管理委员会.预应力钢丝及钢绞线用热轧盘条:GB/T 24238—2017［S］.北京:中国标准出版社,2017.

［28］中华人民共和国住房和城乡建设部.大体积混凝土施工标准:GB 50496—2018［S］.北京:中国计划出版社,2018.

［29］中华人民共和国国家质量监督检验总局,中国国家标准化管理委员会.预拌混凝土:GB/T 14902—2012［S］.北京:中国标准出版社,2013.

［30］中华人民共和国住房和城乡建设部.混凝土结构工程施工质量验收规范:GB 50204—2015［S］.北京:中国建筑工业出版社,2015.

［31］王士川,赵平.土木工程施工疑难释义［M］.北京:中国建筑工业出版社,2006.

［32］《建筑施工手册》(第五版)编委会.建筑施工手册［M］.5版.北京:中国建筑工业出版

社,2012.

［33］毛鹤琴. 土木工程施工［M］. 5 版. 武汉:武汉理工大学出版社,2018.

［34］江正荣,朱国梁. 建筑施工工程师手册［M］. 4 版. 北京:中国建筑工业出版社,2017.

［35］杨宗放,李金根. 现代预应力工程施工［M］. 2 版. 北京:中国建筑工业出版社,2008.

［36］卜一德. 起重吊装计算及安全技术［M］. 北京:中国建筑工业出版社,2008.

［37］魏群,吴勇,彭成山. 常用起重机械速查手册［M］. 北京:中国建筑工业出版社,2009.